Periodensystem der Elemente

Legende:
- **Li** = Feststoff
- **Br** = Flüssigkeit
- **H** = Gas

Hauptgruppen

Nebengruppen			III	IV	V	VI	VII	VIII	Periode
	I	II						He (4,00 u) · 2 · Helium	1. PERIODE
			B (10,81 u) · 5 · Bor	C (12,01 u) · 6 · Kohlenstoff	N (14,01 u) · 7 · Stickstoff	O (16,00 u) · 8 · Sauerstoff	F (19,00 u) · 9 · Fluor	Ne (20,18 u) · 10 · Neon	2. PERIODE
			Al (26,98 u) · 13 · Aluminium	Si (28,09 u) · 14 · Silicium	P (30,97 u) · 15 · Phosphor	S (32,06 u) · 16 · Schwefel	Cl (35,45 u) · 17 · Chlor	Ar (39,95 u) · 18 · Argon	3. PERIODE
Ni · 29 · (Nickel)	Cu (63,55 u) · 29 · Kupfer	Zn (65,38 u) · 30 · Zink	Ga (69,72 u) · 31 · Gallium	Ge (72,59 u) · 32 · Germanium	As (74,92 u) · 33 · Arsen	Se (78,96 u) · 34 · Selen	Br (79,90 u) · 35 · Brom	Kr (83,80 u) · 36 · Krypton	4. PERIODE
Pd · (Palladium)	Ag (107,87 u) · 47 · Silber	Cd (112,41 u) · 48 · Cadmium	In (114,82 u) · 49 · Indium	Sn (118,69 u) · 50 · Zinn	Sb (121,75 u) · 51 · Antimon	Te (127,60 u) · 52 · Tellur	I (126,90 u) · 53 · Iod	Xe (131,30 u) · 54 · Xenon	5. PERIODE
Pt · (Platin)	Au (196,97 u) · 79 · Gold	Hg (200,59 u) · 80 · Quecksilber	Tl (204,37 u) · 81 · Thallium	Pb (207,2 u) · 82 · Blei	Bi (208,98 u) · 83 · Bismut	Po* (209 u) · 84 · Polonium	At* (210 u) · 85 · Astat	Rn* (222 u) · 86 · Radon	6. PERIODE
	111	112							7. PERIODE

Lanthanoide / Actinoide:

Tb (158,93 u) · 65 · Terbium	Dy (162,50 u) · 66 · Dysprosium	Ho (164,93 u) · 67 · Holmium	Er (167,26 u) · 68 · Erbium	Tm (168,93 u) · 69 · Thulium	Yb (173,04 u) · 70 · Ytterbium	Lu (174,97 u) · 71 · Lutetium	
Bk* (247 u) · 97 · Berkelium	Cf* (251 u) · 98 · Californium	Es* (254 u) · 99 · Einsteinium	Fm* (257 u) · 100 · Fermium	Md* (258 u) · 101 · Mendelevium	No* (259 u) · 102 · Nobelium	Lr* (260 u) · 103 · Lawrencium	

Radioaktive Elemente

Element Name	Symbol	OZ[1]	Langlebigstes Isotop Massenzahl		Halbwertszeit
Technetium	**Tc**	**43**	**98**	**$4,2 \cdot 10^6$**	**Jahre**
Promethium	Pm	61	145	17,7	Jahre
Polonium	Po	84	209	102	Jahre
Astat	At	85	210	8,1	Stunden
Radon	Rn	86	222	3,824	Tage
Francium	Fr	87	223	21,8	Minuten
Radium	**Ra**	**88**	**226**	**1600**	**Jahre**
Actinium	Ac	89	227	21,8	Jahre
Thorium	Th	90	232	$1,405 \cdot 10^{10}$	Jahre
Protactinium	Pa	91	231	$3,25 \cdot 10^4$	Jahre
Uran	**U**	**92**	**238**	**$4,47 \cdot 10^9$**	**Jahre**
Neptunium	Np	93	237	$2,14 \cdot 10^6$	Jahre
Plutonium	**Pu**	**94**	**244**	**$8,26 \cdot 10^7$**	**Jahre**
Americium	Am	95	243	$7,40 \cdot 10^3$	Jahre
Curium	Cm	96	247	$1,54 \cdot 10^7$	Jahre
Berkelium	Bk	97	247	$1,38 \cdot 10^3$	Jahre
Californium	Cf	98	251	898	Jahre
Einsteinium	Es	99	252	401	Tage
Fermium	Fm	100	257	100,5	Tage
Mendelevium	Md (Mv)	101	258	55	Tage
Nobelium	No	102	259	58	Minuten
Lawrencium	Lr (Lw)	103	260	3	Minuten

Element Name	Symbol	OZ[1]	Langlebigstes Isotop Massenzahl		Halbwertszeit
Kurtschatovium (Rutherfordium)	Ku (Rf)	104	261	65	Sekunden
Hahnium (Nielsbohrium)	Ha (Ns)	105	262	~40	Sekunden

* Radioaktives Element

Die **fett** gedruckten Elemente werden im Buch behandelt.

CHEMIE BUCH

von

Dietmar Schuphan
Michael Knappe

Verlag Moritz Diesterweg
Frankfurt am Main

Verlag Sauerländer
Aarau · Frankfurt am Main · Salzburg

Herausgegeben, gestaltet und gezeichnet von
Dietmar Schuphan

Texte
Dietmar Schuphan
Michael Knappe

unter Mitarbeit von
Elisabeth Schuphan

Beratung
Wilhelm Roer

Reinzeichnungen
Harald Hager, München

Fotografien
gemäß Bildquellenverzeichnis

Genehmigt für den Gebrauch in Schulen
Genehmigungsdaten teilen die Verlage auf Anfrage mit.

Bestellnummer 3651

ISBN 3-425-03651-3 (Diesterweg)
ISBN 3-7941-3670-5 (Sauerländer)

3. Auflage

Einbandgestaltung: Werbeatelier J. Richter, Seeheim-Jugenheim
Satz: Computer-Satz Axel Schmidt, Dreieich-Sprendlingen
Farbreproduktionen: Reprographia, Lahr
Druck und Bindearbeiten: Druckhaus Kaufmann, Lahr

Titelbild:

Unsichtbares sichtbar machen – **Ozon in der Luft**, nachgewiesen mit Kaliumiodid-Stärke-Filterpapier. Filterpapier
unten: Start; oben: Expositionsdauer: 3 Std. Amtlicher
Meßwert am Test-Tag, 21. 7.: 303 Mikrogramm, derzeitiger
Grenzwert: 180 Mikrogramm. Foto: Dietmar Schuphan

(Nachweis auch mit Teststreifen, z. B. MERCK Nr. 9512
Kaliumiodid-Stärkepapier zum Ozonnachweis).

Wichtiger Hinweis:

Alle Versuchsvorschriften sowie Substanz- und Mengenangaben in diesem Buch wurden mit größter Sorgfalt er-
arbeitet bzw. zusammengestellt. Dennoch sind Fehler nicht
immer ganz auszuschließen. Der Verlag sieht sich daher gezwungen, darauf hinzuweisen, daß weder eine Garantie noch
irgendeine Haftung übernommen werden kann für Folgen,
die auf fehlerhafte Angaben zurückgehen. Verlag und Auto-
ren sind aber für die Mitteilung eventueller Fehler jederzeit
dankbar.

Symbole und Kennzeichen

Fettdruck schwarz im Text: Wichtiger Begriff bzw. Abbildungshinweis

Fettdruck blau im Text: Merksatz

Blaue Schrift in der Abbildung: Ausgangsstoff(e) bei chemischen Reaktionen

Rote Schrift in der Abbildung: Endstoff(e) bei chemischen Reaktionen

LV Versuch, der nur von der Fachlehrerin oder dem Fachlehrer durchgeführt werden darf

V Versuch, der von Schülerinnen und Schülern durchgeführt werden kann. Beachte die Hinweise auf Seite 1

A Arbeitsaufgabe

⌂ Heimversuch: Dieser Versuch läßt sich auch zu Hause durchführen. Beachte die Regeln auf Seite 1

★ In den Versuchen verwendete Gefahrstoffe. Zum Umgang mit Gefahrstoffen siehe Seite 162

Hinweise für den Benutzer

Wie man Text und Bilder erarbeitet

1. **Überblick:** Lies den Text einmal zügig durch.

2. **Einblick:** Lies den Text ein zweites Mal. Beziehe jetzt auch die Abbildungen und Bildunterschriften mit ein. (Sollten Begriffe unklar sein, schlage im Inhaltsverzeichnis – Seite V – oder im Stichwortverzeichnis – Seite 169 – nach. Sie verweisen auf erklärende Textstellen.)

3. **Durchblick:** Ermittle das Wesentliche aus dem Text. Notiere Stichwörter und wichtige Sätze. Durchdenke den Merkstoff und präge ihn dir ein.

Die Gliederung einer Doppelseite

Bildspalte

Farbfotos und graphische Darstellungen stehen in direkter Beziehung zum Haupttext. Die **Bildunterschriften** bilden die Informationsbrücke zwischen Bildmaterial und Haupttext.

Textspalte

Der Haupttext schildert **Beobachtungen, gibt Hinweise,** liefert Informationen und faßt in **Merksätzen** zusammen. **Abbildungsverweise und Neubegriffe** sind in Fettdruck hervorgehoben.

Sauerstoff

Übersicht wichtiger Daten

Luft

Chemische Fabrik, in der Luft verflüssigt wird

Luft

Schemazeichnung zur Luftverflüssigung

Luft

ein aus Luft gewonnenes **Fertigprodukt** „flüssiger Stickstoff"

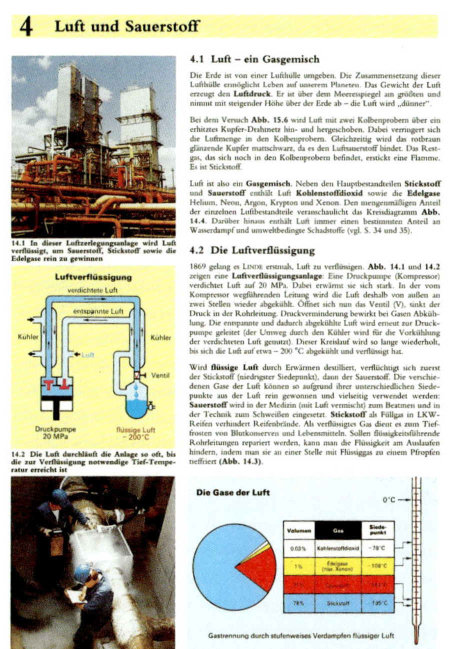

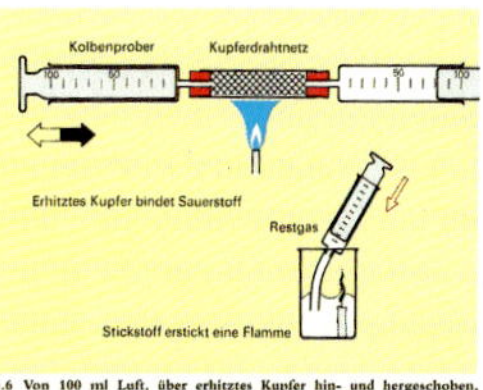

Sauerstoff

Gewinnung im Experiment

Luft / Sauerstoff

Versuche und **Aufgaben** zur Unterrichtseinheit

Sauerstoff

Nachweis

Luft

Kreisdiagramm und **Tabelle** zur Veranschaulichung der Luft-Gas-Trennung

Luft

Chemische Analyse

Sauerstoff

Transportform: Stahlflasche

Größe		Einheiten		Beziehungen
Name	Zeichen	Name	Zeichen	
Dichte	ϱ	Kilogramm / Kubikmeter	$\frac{kg}{m^3}$	$10^{-3}\,\frac{g}{cm^3} = 1\,\frac{kg}{m^3}$
		Gramm / Liter	$\frac{g}{l}$	$1\,\frac{g}{l} = 0{,}001\,\frac{g}{cm^3}$
Druck	p	Pascal	Pa	1 bar = 100 000 Pa 1 mbar = 100 Pa = 1hPa
		Bar	bar	1 000 000 Pa = 1 MPa
Elektrizitätsmenge	Q	Coulomb	C	1 C = 1 As
Energie	E	Joule	J	
Fläche	A	Quadratmeter	m^2	1 Hektar (ha) = 100 a 100 a = 10 000 m^2
Masse	m	Kilogramm	kg	1 t = 10^3 kg (Tonne)
		Atommasseneinheit	u	1 u = $1{,}66 \cdot 10^{-24}$ g
molare Masse	M	Gramm / Mol	$\frac{g}{mol}$	
Stoffmenge	n	Mol	mol	1 mol enthält $6{,}023 \cdot 10^{23}$ Teilchen
Stoffmengenkonzentration	c	Mol / Liter	$\frac{mol}{l}$	
Volumen	V	Kubikmeter	m^3	1 m^3 = 1000 dm^3 1 dm^3 = 1 l
		Liter	l	1 l = 1000 ml 1 ml = 1 cm^3

Vorsilben für Vielfache und Teile von Einheiten

Nano	n	10^{-9}	= 0,000 000 001
Mikro	μ	10^{-6}	= 0,000 001
Milli	m	10^{-3}	= 0,001
Zenti	c	10^{-2}	= 0,01
Dezi	d	10^{-1}	= 0,1
Hekto	h	10^{2}	= 100
Kilo	k	10^{3}	= 1000
Mega	M	10^{6}	= 1 000 000

Inhaltsverzeichnis

Inhaltsverzeichnis

Das Versuchsprotokoll – zeichnen, beschreiben und erklären

VIII.1 Eine chemisch-technische Assistentin in der Ausbildung, hier bei der Durchführung eines elektrochemischen Versuchs

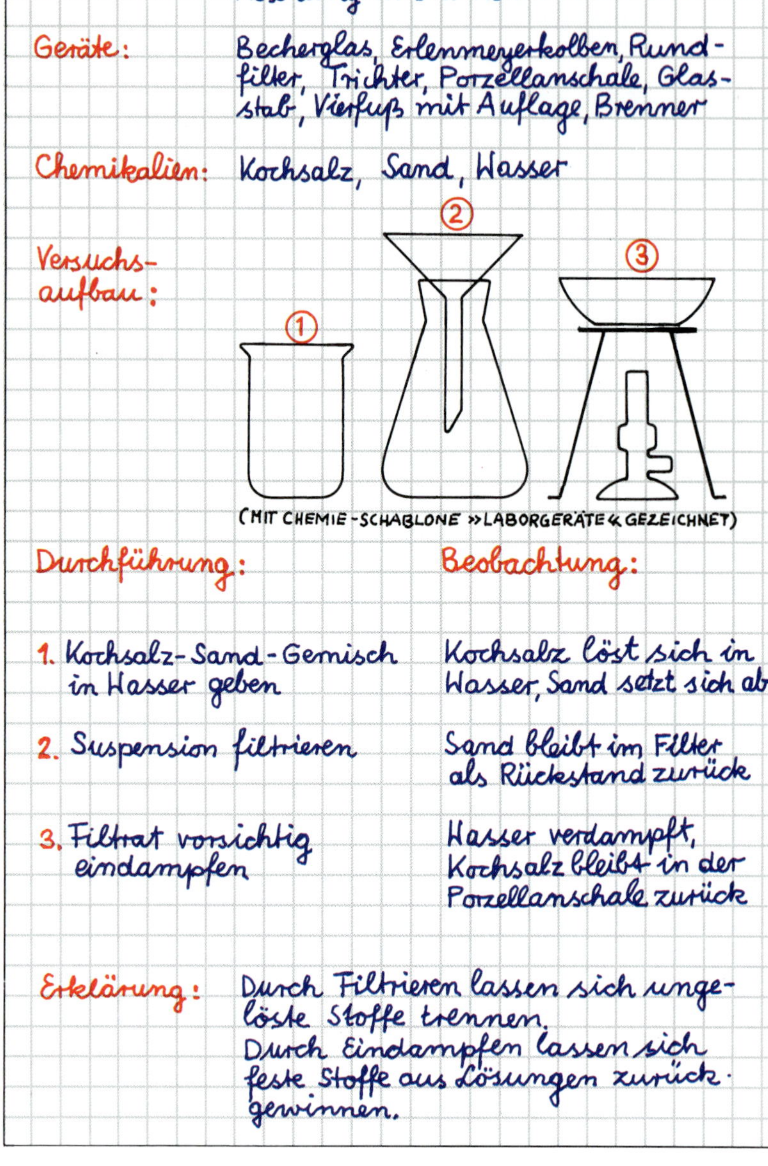

VIII.2 Chemielaboranten errichten eine Apparatur und protokollieren den Versuch

VIII.3 Ein Chemotechniker überprüft einen Industrieprozeß, den er als Laborversuch zu beschreiben und erklären gelernt hat

Selbständiges Experimentieren macht Spaß. Halte folgende Regeln ein; sie sichern unfallfreies Arbeiten und lassen Versuche gelingen.

Vor dem Versuch
1. Lies die Versuchsanleitung genau durch und besprich sie anschließend mit der Lehrerin oder dem Lehrer.
2. Erst dann stelle die notwendigen Geräte und Chemikalien übersichtlich in der Mitte des Arbeitstisches bereit.
3. Trage bei allen Experimenten eine Schutzbrille **(Abb. 1.1)**.

Umgang mit Chemikalien
Chemikalien werden in bestimmten Gefäßen aufbewahrt, die eindeutig beschriftet sind **(Abb. 1.2 und Abb. 1.4)**. Es ist strengstens verboten, Behälter und Flaschen zu verwenden, die der Aufbewahrung von Lebensmitteln dienten.
1. Greife eine Chemikalienflasche so, daß das Etikett von der Handfläche verdeckt ist; die Flaschenöffnung wird vom Gesicht weggehalten, der Stopfen umgekehrt auf den Tisch gelegt.
2. Öffne eine Chemikalienflasche nur zur Stoffentnahme und verschließe sie darauf gleich wieder.
3. Verwende Chemikalien in kleinsten Mengen. Dies vermindert Kosten, Gefahren und Umweltbelastung (entnommene Chemikalien dürfen nicht mehr in das Vorratsgefäß zurückgegeben werden).
4. Sei vorsichtig bei Geruchsproben. Stelle den Geruch (nur mit Erlaubnis der Lehrerin oder des Lehrers) durch Fächeln zur Nase fest (Abb. 1.1).
5. Koste keine Chemikalien. Berühre Chemikalien nicht mit den Fingern.
6. Gib gefährliche Chemikalienreste in besondere Abfallgefäße (und nicht in den Papierkorb oder den Ausguß).

Versuchsdurchführung
1. Achte auf standfesten Versuchsaufbau. Sind Schläuche dicht?
2. Schiebe Glasröhrchen nicht mit Gewalt durch zu eng gebohrte Gummistopfen (Glasbruch-Gefahr!). Verwende Glycerin als Gleitmittel.
3. Richte beim Erhitzen eines Reagenzglases niemals die Öffnung auf Personen und schaue nie von oben hinein (Spritzgefahr, **Abb. 1.3**).
4. Schüttle das halbvolle Reagenzglas sachte über der Flamme.

Nach dem Versuch
1. Bringe die (numerierten) Vorratsbehälter wieder an die (numerierten) Plätze im Chemikalienschrank zurück.
2. Spüle die Glasgeräte (Nachspülen mit destilliertem Wasser verhindert Kalkfleckenbildung). Wische den Arbeitsplatz sauber ab.
3. Wirf Glassplitter nur in den Abfalleimer, nie in den Papierkorb oder gar in den Ausguß. Wasche die Hände gründlich.
4. Kontrolliere, ob alle Wasser- und Gashähne geschlossen sind.

1.1 Nur mit Erlaubnis dürfen Geruchsproben zur Nase gefächelt werden. Das Tragen der Schutzbrille sollte zur Gewohnheit werden

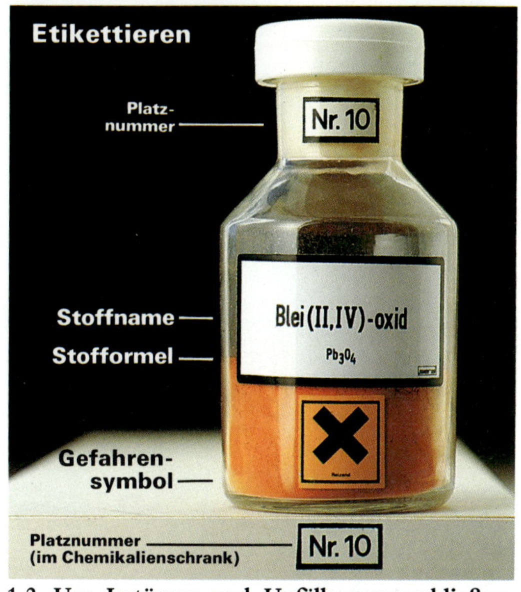

1.2 Um Irrtümer und Unfälle auszuschließen, müssen Chemikalien vorschriftsmäßig aufbewahrt und beschriftet werden

1.4 Gefährliche Chemikalien werden durch leichtverständliche Gefahrensymbole gekennzeichnet

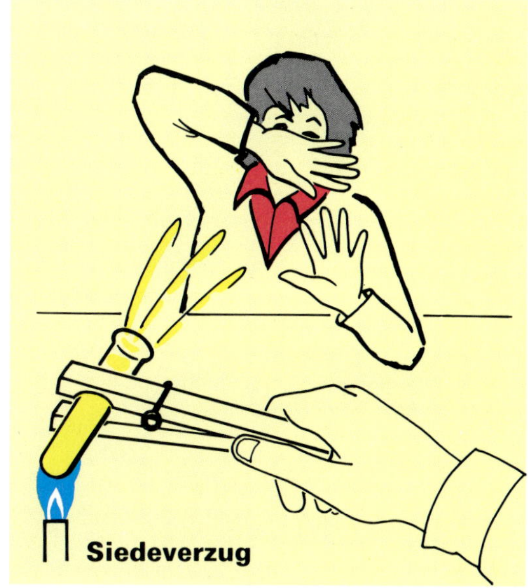

1.3 Reagenzglasöffnungen dürfen niemals auf Personen gerichtet werden

Chemie – Errungenschaften und Probleme

2.2 Keine chemische Reaktion ohne Energie. Hier: Elektrische Heizstäbe im Deckel eines Ofens, in dem Stahl „gekocht" wird

2.3 Kosmetische Produkte werden aus Farb- und Duftstoffen, verschiedenen Alkoholen, Wachsen und Ölen hergestellt

2.4 Flachglas, wie z. B. Fenster-, Spiegel- oder Sicherheitsglas, wird maschinell gegossen

2.1 100 Milliarden Einzelverpackungen jährlich machen ⅓ des Hausmülls aus, beim Volumen sogar die Hälfte. Deshalb: Verpackungen vermeiden

Lippenstift, Cassette, Schmerztablette, Plastiktüte und auch das Kunststoffherz – alles sind Produkte der Chemie. Ohne Chemie gäbe es keine Konservierungsstoffe für Lebensmittel, keine Pflanzenschutzmittel für die Landwirtschaft, aber auch keine bedrohliche Umweltverschmutzung.

Bereits im Altertum war den Babyloniern und Ägyptern die Gewinnung von Metallen und natürlichen Farben bekannt. Außerdem konnten sie Alkohol und Essig sowie Keramik und Glas herstellen.

Die Alchimisten des Mittelalters versuchten in geheimer Kunst, unedle Metalle (wie das Blei) in Gold zu verwandeln. Auch wenn dies niemals gelingen konnte, so lieferten ihre Versuche doch wertvolle Ergebnisse: Phosphor und Wasserstoff wurden entdeckt, die Herstellung von Porzellan gelang, und manche Arznei wurde entwickelt. Außerdem erfand man nützliche Versuchsgeräte und verbesserte bereits vorhandene.
Im 17. Jahrhundert erforschte der irische Chemiker ROBERT BOYLE die stofflichen Zusammenhänge der Natur. Seine erfolgreichen Versuche ließen die Chemie zu einer „exakten Naturwissenschaft" werden.

Die chemische Forschung hat inzwischen über 7 Millionen verschiedene Stoffe entwickelt, nicht zuletzt aus dem vielseitigsten Ausgangsstoff, dem übelriechenden, schwarzbraunen Erdöl.

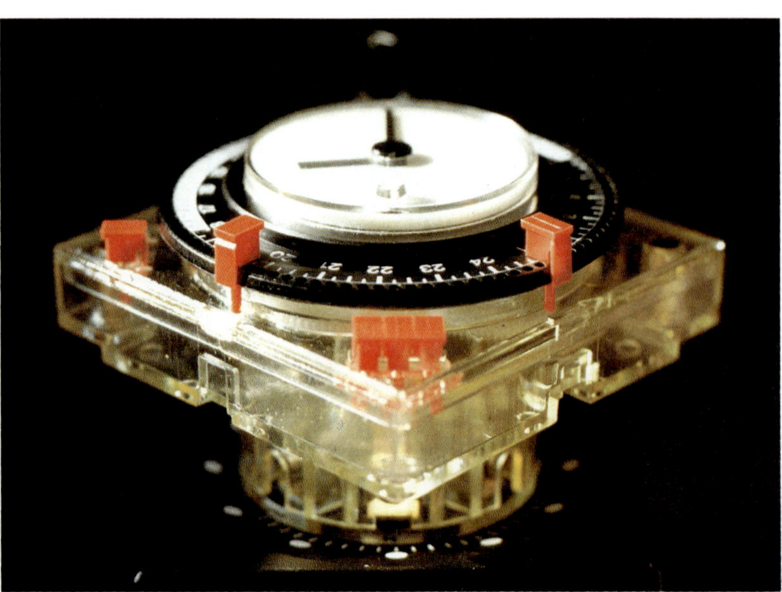

2.5 Kunststoffe sind die jüngsten und vielseitigsten Werkstoffe, die dem Menschen zur Verfügung stehen – aber ihre Entsorgung bereitet Probleme

3.1 Farbstoffe für Leder, Papier, Lacke, Kunststoffe und Textilien sollen wasch- und lichtecht sein

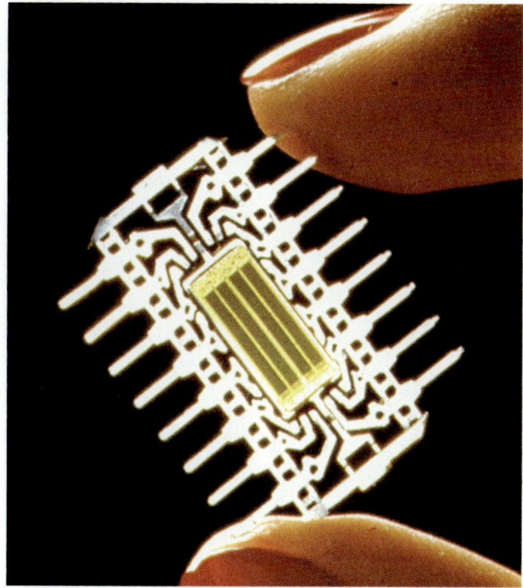

3.2 Dieser Chip mit dem Silicium-Plättchen (Mitte) kann über 1 Million Informationen speichern

Die Chemie liefert Kunststoffe, die vielen Naturstoffen überlegen sind; Medikamente, die Leben verlängern und Krankheiten heilen; Waschmittel für die Hygiene; wetterfeste Baustoffe und schützende Farblacke; Düngemittel, ohne die weltweit noch mehr Menschen verhungern würden.

Die Chemie hat aber auch unübersehbare Schattenseiten. Schadgase aus Heizungen, Autos und Fabriken verschmutzen die Luft, gefährden die Gesundheit der Menschen und lassen Bäume sterben. Flüsse kippen um und tragen ihre schmutzige Fracht in die Meere. Die Böden verseuchen durch Giftstoffe und müssen brach liegenbleiben. Das Grundwasser wird immer öfter ungenießbar.

Bürgerinitiativen und auch der BUND (Bund für Umwelt- und Naturschutz Deutschland) werden tätig. Sie machen Umweltprobleme bewußt und versuchen, die Durchführung bestehender Umweltgesetze zu kontrollieren und neue Projekte auf ihre Umweltverträglichkeit zu überprüfen.

Die Natur kennt keine Grenzen, aber sie ist an der Grenze ihrer Belastbarkeit angelangt. Bei der Umweltverschmutzung sind längst die Grenzen, nicht nur in Europa, gefallen. Daher darf auch der Umweltschutz keine Grenzen kennen. Jeder einzelne ist aufgefordert, mitdenkend zu handeln, um die bedrohlichen Umweltschäden endlich einzudämmen.

3.3 Kilometerlange Rohrleitungen leiten Chemikalien zur Weiterverarbeitung in verschiedene Fabrikbetriebe

3.5 Nicht immer sind neue Pflanzenschutzmittel auch ausreichend auf ihre Umweltverträglichkeit untersucht worden

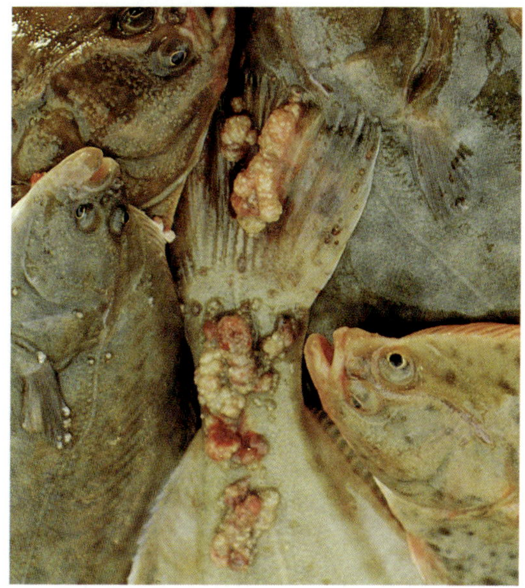

3.4 Die Blumenkohlkrankheit bei Fischen ist eine Folge der Meeresverschmutzung

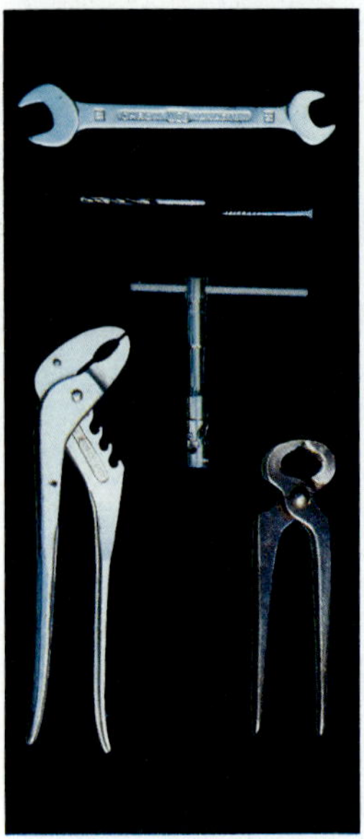

4.1 Ungleiche Formen, gleicher Stoff

4.2 Gleiche Form, ungleiche Stoffe

1.1 Eisen – ein Metall

Täglich halten wir Gegenstände aus den verschiedensten Materialien in den Händen. So bestehen Zange, Bohrer und Schraubenschlüssel – trotz unterschiedlicher Form – überwiegend aus einem **Stoff**: Eisen **(Abb. 4.1)**. Andererseits können unterschiedliche Stoffe wie Eisen, Holz oder Glas in derselben Form auftreten, etwa als Kugel **(Abb. 4.2)**.

Vorkommen und Gewinnung. Es gibt über 400 eisenhaltige Gesteinsarten, vor allem in der ehemaligen UdSSR und in den USA. Die Roheisengewinnung erfolgt in 30 m hohen Hochöfen. Diese werden von oben mit Koks und eisenhaltigem Gestein gefüllt und von unten befeuert. Das Ablassen des flüssigen Eisens erfolgt alle 4 bis 6 Stunden **(Abb. 4.5)**.

Eigenschaften. Will man Stoffe wie Eisen und Schwefel **(Abb. 5.4)** klar voneinander unterscheiden, muß man ihre typischen Eigenschaften kennenlernen. Da ist zunächst die **Farbe**: Eisen ist grau, Schwefel gelb. Über den **Geschmack** läßt sich bei beiden Stoffen – anders als bei Zucker und Salz – keine Feststellung treffen. Auch ein **Geruch** ist bei Eisen und Schwefel nicht feststellbar – Alkohol und Benzin beispielsweise riechen dagegen unverkennbar. Doch Vorsicht:

Viele Stoffe sind bereits in kleinsten Mengen giftig. Prüfe deshalb den Geschmack nur in begründeten Ausnahmefällen und den Geruch nur bei gesundheitlich unbedenklichen Stoffen (Probe vorsichtig zur Nase fächeln).

Weitere Unterscheidungsmerkmale für Stoffe erhält man durch genaues Betrachten, Betasten oder Abklopfen der **Oberfläche**. Eisen glänzt und ist glatt. Es fühlt sich kalt an, da es die (Körper-) Wärme schnell ableitet. Eisen hat eine hohe **Wärmeleitfähigkeit**, anders als z. B. Styropor. Durch Eisen kann Glas geritzt werden **(Abb. 5.1)**, nicht jedoch durch Blei: Eisen und Blei haben eine unterschiedliche **Härte**.
Wie die **Dichte** eines Stoffes bestimmt wird, zeigt **Abb. 4.3**. Eisen besitzt eine deutlich größere Dichte als Aluminium. Soll die **elektrische Leitfähigkeit** geprüft werden, schaltet man den zu untersuchenden Stoff in einen Stromkreis. Ein Eisennagel leitet den elektrischen Strom (Glühlampe leuchtet, **Abb. 4.4**), ein Stück Stangenschwefel dagegen leitet nicht (Glühlampe bleibt dunkel).
Da rostendes Eisen seinen Metallglanz verliert, gehört es zu den unedlen Metallen. Gold dagegen behält seinen Glanz, es ist daher ein Edelmetall.

Verwendung. Eisen ist das wichtigste und billigste Gebrauchsmetall. Es wird nur selten rein verwendet. Der größte Teil des Roheisens wird zu schmiedbarem Eisen, dem Stahl, weiterverarbeitet.

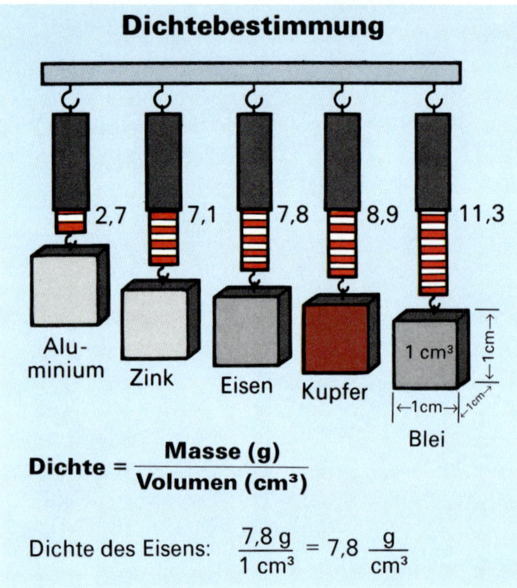

4.3 Metallwürfel mit gleichem Volumen zeigen ungleiche Massen. Leichtmetalle wiegen weniger, Schwermetalle mehr als 5 g/cm³

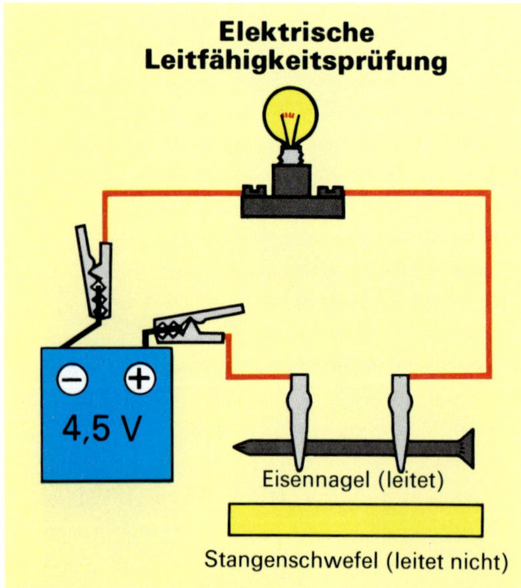

4.4 Metalle leiten den elektrischen Strom, Nichtmetalle dagegen nicht

4.5 Eisen ist ein graues, glänzendes, dehnbares Schwermetall. Es wird im Hochofen bei 1500 °C geschmolzen und abgestochen

1.2 Schwefel – ein Nichtmetall

Vorkommen und Gewinnung. Das vulkanische Gestein Siziliens enthält Schwefel in wechselnden Mengen zwischen 8 und 40 %. Erhitzt man schwefelhaltige Gesteinsbrocken, schmilzt der gelbe Schwefel und tropft vom Restgestein ab.

In den USA gibt es in Louisiana und Texas riesige Schwefellager, die allerdings unter einer mächtigen Sandschicht lagern und deshalb nicht bergmännisch abbaubar sind. Nachrutschender Sand macht das Graben eines Schachtes unmöglich. Deshalb werden Spezialrohre in die Erde gebohrt. Durch sie gelangt überhitzter Wasserdampf von 170 °C an den Schwefel. Er schmilzt und schießt unter Druck flüssig zutage. Auf „Halde" (= Hügel) gegossen, erstarrt er wieder **(Abb. 5.4)**.

Eigenschaften. Ebenso wie Salz und Zucker kommt Schwefel in **Kristallform** vor **(Abb. 5.1)**. Kristalle haben glatte, glänzende Flächen mit scharfen Kanten und Ecken.

Versucht man, Schwefelkristalle oder Eisenblech zu verformen, zeigt sich, daß sich die beiden Stoffe unterschiedlich verhalten: Der Schwefel ist spröde und zerbricht, das Eisenblech dagegen ist biegsam und formbar **(Abb. 5.1)**. Schwefelkristalle und Eisenblech unterscheiden sich also in ihrer **Verformbarkeit**. Ein weiterer Unterschied ist zu beobachten: Eisen wird von einem Magneten angezogen, Schwefel hingegen ist nicht magnetisch.

Um Stoffe ganz eindeutig beschreiben zu können, werden zu ihrer Kennzeichnung meist solche Eigenschaften angegeben, die meßbar sind, also in Zahlen ausgedrückt werden können.

Außer der Dichte lassen sich auch Schmelz- und Siedepunkt eines Stoffes durch eine Meßmethode genau bestimmen: Erwärmt man den Schwefel, steigt die Temperatur, bis er bei 113 °C zu schmelzen beginnt **(Schmelzpunkt, Smp.)**. Erst wenn der Schmelzvorgang vollständig beendet ist, steigt die Temperatur weiter bis auf 444 °C: Der Schwefel siedet **(Siedepunkt, Sdp.)**. Auch während des Siedevorgangs steigt die Temperatur nicht über den Siedepunkt hinaus **(Abb. 5.3)**.

Verwendung. Der Bedarf der chemischen Industrie an Schwefel ist beachtlich. Ein Großteil des gewonnenen Schwefels wird zur Herstellung von Schwefelsäure und zur Gummiherstellung (Hauptabnehmer: Autoreifenhersteller) benötigt. Viele Kunststoffe, Malerfarben, Zündhölzer und Schädlingsbekämpfungsmittel enthalten Schwefel. Das schon aus dem Mittelalter bekannte „Schießpulver" (Schwarzpulver) besteht aus einem Gemisch, das unter anderem Schwefel enthält.

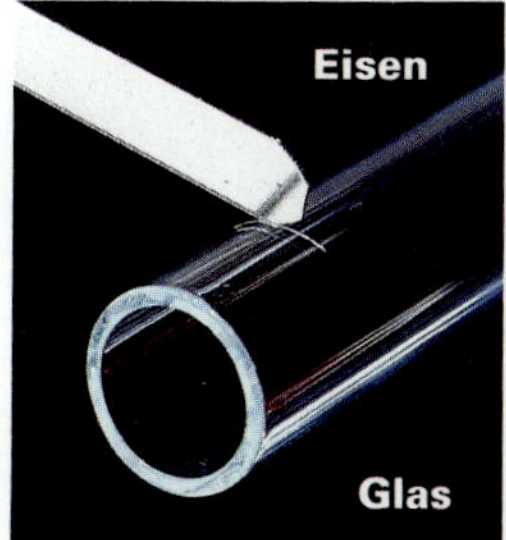
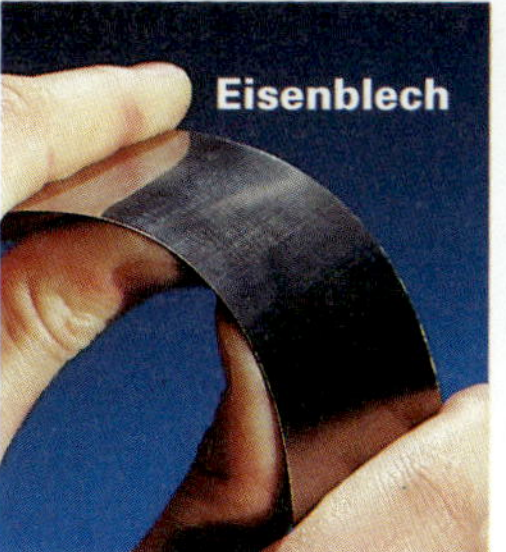

5.1 Oben: Ritzversuch zur Ermittlung der Härte eines Stoffes. Unten: Verformbarkeitsprüfung bei Eisenblech und Schwefel

[V] **5.1** Führe eine vorschriftsmäßige Geruchsprobe bei folgenden Stoffen durch: Essig, Benzin⋆ und Alkohol⋆.

[V] **5.2** Lege die Hand auf ein Eisenblech und auf eine Styroporplatte. Welcher Stoff leitet die Wärme besser?

[V] **5.3** Überprüfe und erweitere Tabelle 5.1 durch eigene Ritzversuche mit dem Fingernagel bzw. einem Stahlnagel.

[V] **5.4** Vergleiche die elektrische Leitfähigkeit von Kupfer und Kohlenstoff (Koks) nach Abb. 4.4.

[V] **5.5** Überprüfe, ob außer Eisen weitere Metalle von einem Magneten angezogen werden.

[A] **5.6** Stelle in einer Tabelle die Eigenschaften der Stoffe Schwefel und Eisen gegenüber. Der Text und die Abbildungen geben Hilfen.

5.2 Der besondere Hinweis: Oft ermöglichen es erst mehrere Eigenschaften zusammen, einen unbekannten Stoff sicher zu bestimmen

5.4 Schwefel ist ein gelbes, geruchloses Nichtmetall. Er wird unterirdisch geschmolzen und mit Preßluft zutage getrieben

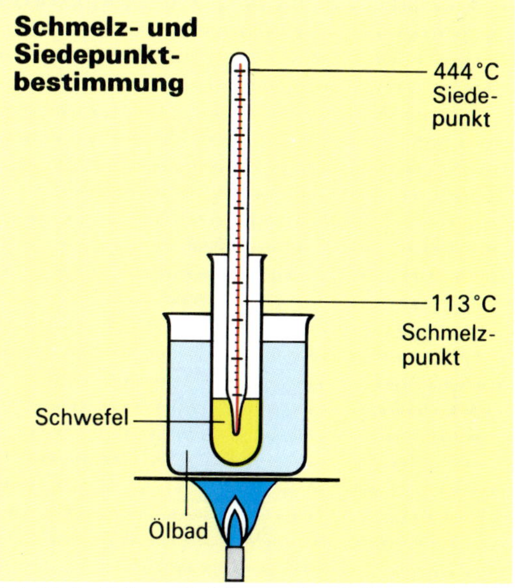

5.3 Viele Reinstoffe können durch ihren Schmelz- und Siedepunkt bestimmt werden

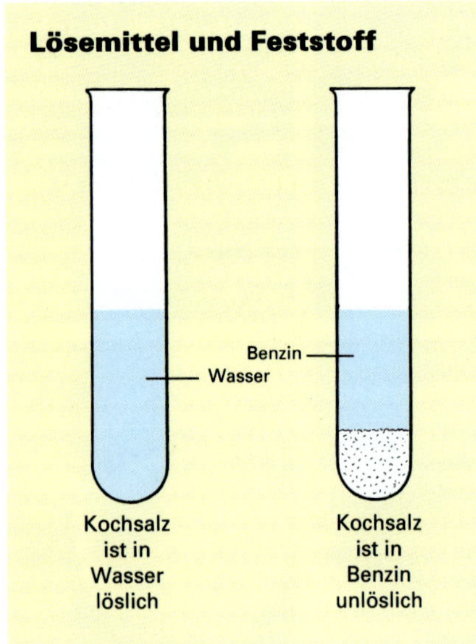

6.1 Nicht jedes Lösemittel kann auch jeden Stoff lösen

6.2 Oben: Konzentration einer Salzlösung. Unten: Löslichkeit einiger Stoffe

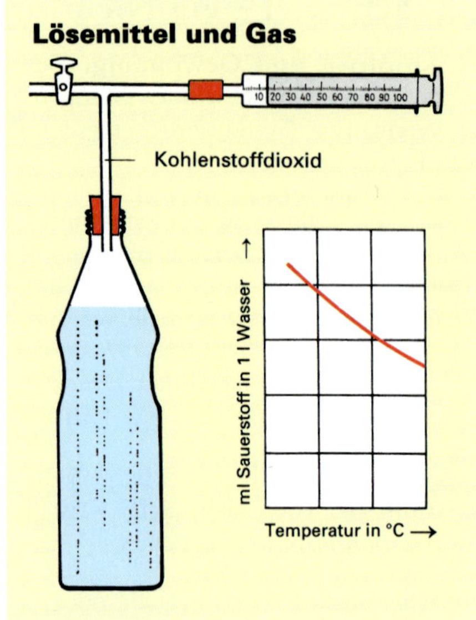

6.3 In Wasser gelöstes Gas entweicht z. B. beim Erwärmen in der Sonne

1.3 Stoffe lassen sich lösen

Viele Feststoffe können sich in bestimmten Flüssigkeiten auflösen. Beim Süßen von Tee z. B. löst sich der Feststoff Zucker auf. Zucker hat die charakteristische Eigenschaft, wasserlöslich zu sein. Auch Kochsalz löst sich in Wasser. In der Flüssigkeit Benzin dagegen ist Kochsalz unlöslich (**Abb. 6.1**). Die Flüssigkeit, die den Stoff auflöst, nennt man **Lösemittel**. Eine **Lösung** besteht aus dem Lösemittel und dem aufgelösten Stoff.

Löseverhalten fester Stoffe. Die Bereitschaft, sich in einer Flüssigkeit aufzulösen, ist bei festen Stoffen unterschiedlich: In je 100 g Wasser lösen sich 203 g Rohrzucker, aber nur 0,3 g Gips (**Tabelle 6.2**). Gibt man mehr als 0,3 g Gips in das Wasser, sinkt er ungelöst als **Bodensatz** nach unten. Die Lösung ist **gesättigt**.

Die Menge eines Stoffes, die mit 100 g Wasser eine gesättigte Lösung bildet, bezeichnet man als **Löslichkeit**. Die Löslichkeit eines Stoffes ist von der Temperatur des Lösemittels abhängig. Erwärmt man eine bereits gesättigte Salzlösung, lassen sich in ihr weitere Salzkristalle bis zur erneuten Sättigung auflösen (**Abb. 6.4**). Bei vielen Stoffen nimmt die Löslichkeit mit steigender Temperatur zu. Läßt man die heiß gesättigte Salzlösung jedoch abkühlen, fallen aus der nun „übersättigten" Lösung wieder Salzkristalle aus.

Die **Konzentration** einer Lösung gibt man in Prozenten an. Die Angabe „10 %" z. B. drückt aus, wieviel Gramm des gelösten Stoffes in 100 g Lösung enthalten sind. Eine 10 %ige Kochsalzlösung besteht demnach aus 10 g Kochsalz und 90 g Wasser (**Abb. 6.2**). Die Salz-Konzentration der Nordsee liegt bei 3,3 %.

Löseverhalten gasiger Stoffe. Daß sich auch Gase in Flüssigkeiten lösen, erfährt man beim Öffnen einer Sprudelflasche: Je stärker man die Flasche erwärmt, um so mehr Kohlenstoffdioxid-Gas entweicht. Diese Regel gilt auch für das Gas Sauerstoff, das sich in kaltem Wasser wesentlich besser als in warmem löst (**Abb. 6.3**) und dadurch Fischen das Leben ermöglicht.

Erwärmen sich die Gewässer zu stark oder werden aus Kraftwerken zu warme Abwässer in die Flüsse geleitet, kann der Sauerstoff derart verknappen, daß die Fische ersticken.

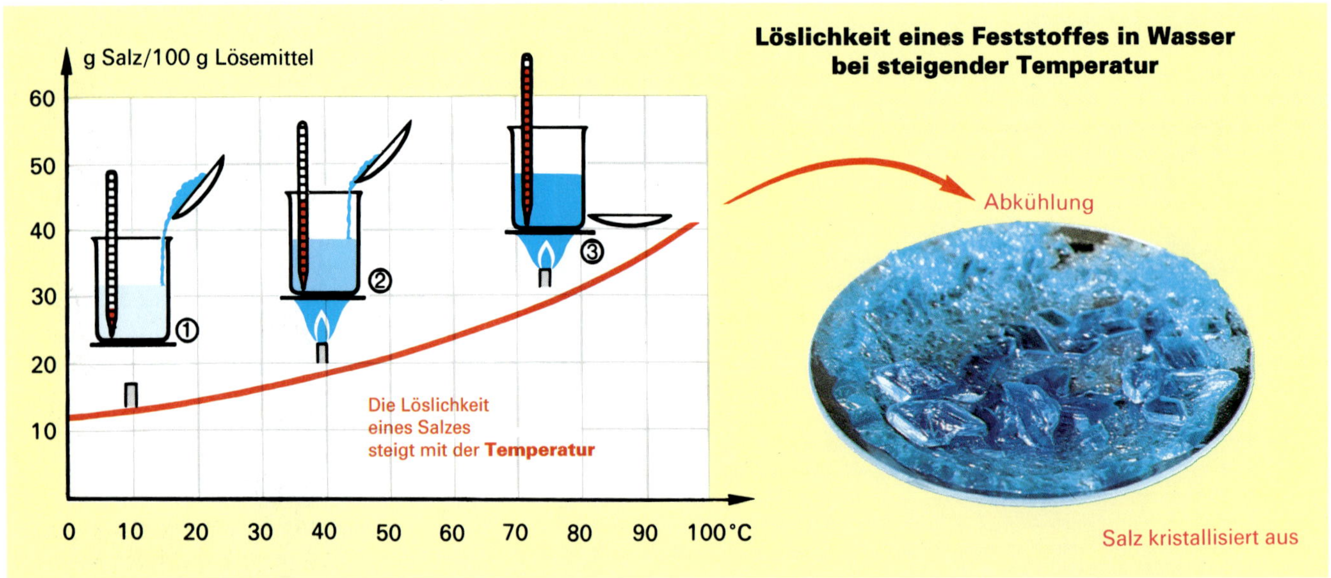

6.4 In einer gesättigten Salzlösung (1) löst sich beim Erwärmen (2) weiteres Salz bis zur erneuten Sättigung (3). Kühlt die heißgesättigte Salzlösung ab, fallen die Kristalle wieder aus

Zustandsform der Bestandteile	Gemischtyp	Beispiel
fest – fest	**Feststoff-Gemisch**	Granit, Rohsalz
fest – flüssig	**Suspension**	Lehmwasser
	Lösung	Salzlösung
fest – gasig	**Rauch** (Aerosol)	Tabakrauch Staubluft
flüssig – flüssig	**Emulsion**	Milch (Fetttröpfchen im Wasser)
	Lösung	Weinbrand (Alkohol im Wasser)
flüssig – gasig	**Schaum** (Aerosol)	Seifenschaum (Luft im Seifenwasser)
	Nebel (Aerosol)	Nebel (Wassertröpfchen in Luft)

7.1 In der Natur gibt es kaum Reinstoffe, Gemische dafür um so mehr. Hier die wichtigsten Typen

1.4 Stoffe – rein oder gemischt

Ein Bergkristall ist einzig aus dem Stoff Quarz aufgebaut. Man spricht deshalb von einem **Reinstoff**. Auch Schwefel und Eisen sind Reinstoffe. Dagegen erscheint ein Granit-brocken nur bei einem ersten flüchtigen Blick einheitlich. Bei genauer Betrachtung lassen sich verschiedene Einschlüsse ausmachen. Weißer Quarz, rotbrauner Feldspat und schwarz-glänzender Glimmer bilden ein festes **Gemisch**.

Besonders gut können die unterschiedlichen Stoffe bei Lupenvergrößerung erkannt werden **(Abb. 7.3)**. Schwieriger ist der Nachweis eines Gemisches, wenn sich die verschiedenen Stoffe nicht so leicht zu erkennen geben.

Lösung. Obwohl die farblose Kochsalzlösung wie ein Reinstoff aussieht, ist sie ein Gemisch. Auch bei einer Kaliumpermanganat(-salz-)lösung handelt es sich um ein Gemisch aus Wasser und gelöstem Salz **(Abb. 7.3, rechts)**.
Im Gegensatz zum farblosen Kochsalz lösen sich die metallisch glänzenden Kaliumpermanganat-Kristalle im Wasser mit violetter Farbe.

7.1 Gib in ein Reagenzglas ca. 2 cm hoch Wasser. Füge eine Spatelspitze Kochsalz hinzu und schüttle kräftig durch. Wiederhole diesen Vorgang so lange, bis ein Bodensatz übrig bleibt.

7.2 Betrachte Granit unter einer Lupe und stelle fest, aus wievielen Stoffen er besteht.

7.3 Zerkleinere einen grobkörnigen Granit mit dem Hammer und sortiere die Bestandteile mit einer Pinzette.

7.4 Warum wird in ein Aquarium ständig Luft „gesprudelt"? In Flüssen beobachtet man im Sommer immer häufiger Fischsterben. Erkläre die Ursache! (vgl. Abb. 6.3)

7.5 Entscheide und begründe, ob es sich um reine Stoffe oder Stoffgemische handelt: Mineralwasser, Kupferdraht, Kölnisch Wasser, Schokolade, Ölfarbe.

7.6 Zu welchem Gemischtyp gehört ein Gemisch aus:
a) Alkohol – Wasser, b) Zucker – Salz, c) Sand – Wasser, d) Öl – Wasser? (vgl. Tabelle 7.1)

7.2 Der besondere Hinweis: Die im Labor verwendeten „Reinststoffe" enthalten immer noch Spuren anderer Stoffe

Suspension. Lehmwasser ist ein Beispiel für eine Suspension (= Aufschlämmung). Ein fester, wasserunlöslicher, aber fein verteilter Stoff (hier: Lehm) trübt das Gemisch. Als Suspension fließen z. B. auch die meisten Haushaltsabwässer durch Kanäle ins Klärwerk **(Abb. 37.4)**.

Emulsion. Im Gegensatz zur Suspension ist bei der Emulsion der wasserunlösliche, fein verteilte Stoff flüssig. Milch ist eine Emulsion: Die fein verteilten Fetttröpfchen schweben ungelöst im Wasser und trüben dieses Gemisch **(Abb. 7.3)**.

Rauch. Staub- und schwarze Rußwolken sind Beispiele für den Gemischtyp Rauch: Hier schwebt ein fester, feinverteilter Stoff in der Luft.

Nebel. Winzige Flüssigkeitstropfen, fein verteilt in der Luft, bilden Nebel. „Dampf"wolken sind in Wirklichkeit Nebel.

Schaum. Auch Seifenschaum ist ein flüssig-gasiges Stoffgemisch. Beim Schaum überwiegt der flüssige Stoffanteil.

Aerosol ist der Überbegriff für fest-gasige und flüssig-gasige Stoffgemische. Rauch, Nebel und Schaum sind also Aerosole.

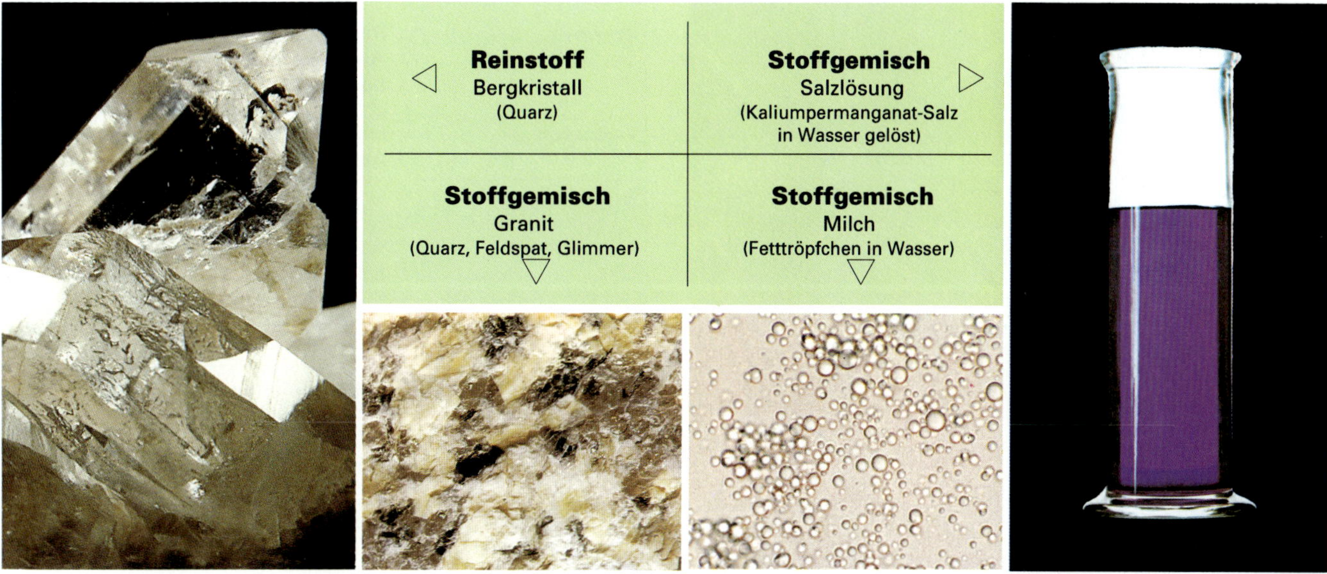

7.3 Die Zustandsform für den Reinstoff Bergkristall ist „fest". Nenne die Zustandsformen der Bestandteile sowie den Gemischtyp der drei abgebildeten Stoffgemische und vergleiche mit Tabelle 7.1

8.1 Trennung einer Suspension durch Filtrieren. Die Filtriergeschwindigkeit hängt von der Porengröße des Filters und bei der Nutsche außerdem von der Stärke des Sogs der Wasserstrahlpumpe ab

2.1 Filtrieren – das Trennen von fest und flüssig

Fast alle Stoffe liegen in der Natur nicht rein, sondern gemischt vor. Reinstoffe müssen deshalb meist vor ihrer Verwendung aus einem Gemisch abgetrennt werden.

Goldwäscher nutzen die größere Dichte des Goldes, um selbst kleinste Goldkörner (Nuggets) aus goldhaltigem Sand abzusondern (Abb. 11.5). Die leichteren Sandkörner werden mit Wasser in der „Waschpfanne" weggeschwemmt, zurück bleibt das Gold. Trübes Lehmwasser klärt sich mit der Zeit **(Abb. 9.3)**. Die Dichte des Lehms ist größer als die des Wassers. Der Lehm setzt sich deshalb als Bodensatz ab (absetzen = **sedimentieren**). Das klare Wasser kann vorsichtig abgegossen werden (abgießen = **dekantieren**).

Das Trennen einer Lehmwasser-Suspension durch Sedimentieren erfordert sehr viel Zeit. Schneller läßt sich ein festflüssiges Stoffgemisch durch **Filtrieren** trennen **(Abb. 8.1)**: In einen Trichter wird ein Papierfilter eingelegt. Das Filterpapier hat feine Poren. Durch diese Poren kann die Flüssigkeit als **Filtrat** ablaufen. Die festen Bestandteile werden vom Filterpapier zurückgehalten **(Filterrückstand)**. Bei sehr feinkörnigen Feststoffen muß ein entsprechend engporiges Filterpapier verwendet werden. Der Nachteil: Durch die engen Poren läuft das Filtrat nur sehr langsam (die mittlere Porenweite beträgt bei diesem „harten" Filterpapier etwa 0,000 002 mm).

Kommt es auf hohe Filtriergeschwindigkeit an, benutzt man eine Nutsche mit eingelegtem Rundfilterpapier und eine Saugflasche mit angeschlossener Wasserstrahlpumpe (Abb. 8.1). Die Wasserstrahlpumpe erzeugt dabei durch Unterdruck einen Sog. Das Filtrat wird durch das Filterpapier gesaugt und sammelt sich in der Saugflasche.

Abb. 8.2 zeigt eine **Druckfilterpresse** in einer Farbstofffabrik. Die farbstoffhaltige Flüssigkeit leitet man hier zwischen hintereinandergereihte Stofftaschen. Durch Zusammendrücken des „Filterpakets" wird die Flüssigkeit herausgepreßt und läuft ab. Der Farbstoff (Filterrückstand) wird mit Schaufeln von den Filterbahnen gelöst.

8.2 Die farbstoffhaltige Flüssigkeit wird mit Druck auf die Filtertücher gepreßt. Den Filterrückstand schabt man ab

Trennverfahren	Praktische Anwendungsbeispiele	Zur Trennung benutzte Eigenschaft
Filtrieren	Filtern von Rauch, Abwasser und Öl	Teilchengröße
Eindampfen	Salzgewinnung	Siedepunkt
Destillieren	Wasserentsalzung, Schnapsbrennen	Siedepunkt
Sedimentieren	Abwasserreinigung, Blutsenkung	Dichte
Zentrifugieren	Milchentrahmung	Dichte
Extrahieren	Teezubereitung, Fettgewinnung	Löslichkeit
Chromatographieren	Farbstofftrennung	Haftfähigkeit
Magnettrennung	Müllsortierung	Magnetismus

8.3 Wenn zwei sich unterscheidende Eigenschaften vorliegen, sind Stoffgemische trennbar

2.2 Destillieren – das Trennen durch Verdampfen und Abkühlen

In den Salzgärten der Mittelmeerländer gewinnt man Salz aus Meerwasser (Abb. 33.3). Das Meerwasser wird in seichte Becken geleitet und abgesperrt. In der Sommerhitze verdunstet das Wasser, zurück bleibt das Salz (verdunsten bedeutet: Dampfbildung unterhalb des Siedepunkts). In einer Destillationsapparatur **(Abb. 9.4)** können in kürzester Zeit das Salz und das reine Wasser gewonnen werden (Prinzip der **Meerwasserentsalzung**):

In einem Kolben wird die Salzlösung zum Sieden gebracht. Siedesteine (z. B. kleine Tonscherben) sorgen für gleichmäßige Dampfbildung. Der Wasserdampf durchströmt ein Glasrohr, das durch einen Wassermantel von außen gekühlt wird. Der Kühlwasserstrom ist dem Dampfstrom entgegengesetzt (Gegenstromkühlung). So kühlt der Wasserdampf ab, kondensiert (verflüssigt sich) wieder zu Wasser und wird als Destillat in der Vorlage gesammelt. Das gewonnene destillierte Wasser ist ein Reinstoff. Im Siedekolben bleibt von der Lösung nur das Salz zurück. Auch gemischte Flüssigkeiten mit unterschiedlichen Siedepunkten, z. B. Wasser und Alkohol, lassen sich durch **Destillation** trennen.

2.3 Weitere Trennverfahren: Chromatographieren – Extrahieren

Die **Chromatographie** eignet sich selbst für kleinste Stoffmengen. So läßt sich durch Chromatographie nachweisen, daß Filzstiftfarben meist Mischfarben sind. Hierzu tupft man mit braunem Filzstift einen Farbfleck auf einen Filterpapierstreifen an einem Startpunkt auf. Der Streifen wird in ein Becherglas gehängt, das etwa 1 cm hoch mit dem Fließmittel Wasser (bei wasserlöslichen Farben) gefüllt ist **(Abb. 9.1)**. Das Filterpapier saugt das Wasser hoch. Die Farben des Filzstiftflecks lösen sich und wandern mit. Da die Wandergeschwindigkeit wegen der unterschiedlichen Haftfähigkeit der Farbstoffe ungleich ist, wird der ehemals braune Farbfleck zu einer Fleckenspur der Einzelfarben auseinandergezogen.

Beim **Extrahieren (Herauslösen)** nutzt man die Tatsache, daß nur ein bestimmter Teil eines Gemisches gut löslich ist. Bei der Teezubereitung werden Farb- und Geschmackstoffe mit heißem Wasser aus den Blättern extrahiert, die unlöslichen Blattreste bleiben zurück. Schüttelt man im Scheidetrichter Spinatwasser mit Benzin, wandert der grüne Farbstoff aus dem Wasser in das Benzin. Zur Ruhe gekommen, schwimmt das Benzin-Farbstoffgemisch auf dem klaren Wasser. Der Farbstoff ist also vom Wasser abgetrennt worden. Nun können beide Flüssigkeiten nacheinander abgelassen werden **(Abb. 9.5)**.

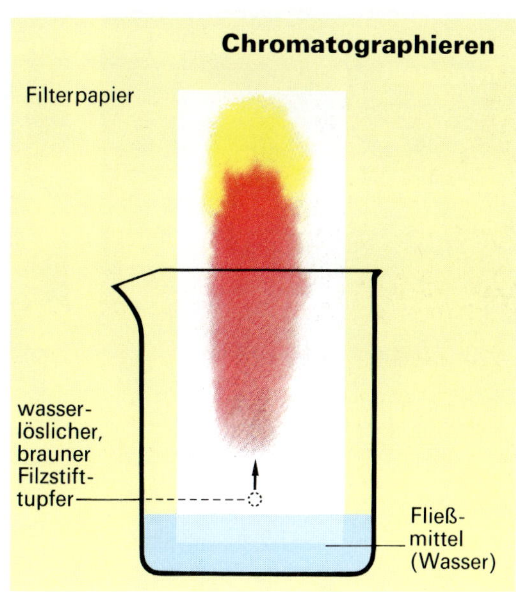

9.1 Chromatographie (Farbstofftrennung): Das Fließmittel transportiert die Farben unterschiedlich schnell

|V| **9.1** Eine Suspension aus Sand und Wasser soll getrennt werden. Benutze einen Glastrichter, in den ein zu einem Viertelkreis zusammengefaltetes Rundfilterpapier wie eine Tüte gesteckt wird. Ein Becherglas fängt das Filtrat auf.

|A|+|V| **9.2** Ein Gemisch aus Eisenspänen, Sand, Salz und Wasser soll getrennt werden. Skizziere die geplanten Versuche, notiere die einzelnen Versuchsschritte und führe sie aus.

|V| **9.3** Gib verschiedene Bodenproben (z. B. Baugrubenaushub, Gartenerde) in je einen Standzylinder. Fülle mit Wasser auf, verschließe und schüttle kräftig. Beobachte das Sedimentieren.

|V| **9.4** Erhitze eine Kochsalzlösung in einem Becherglas (mit Siedesteinchen!) zum Sieden. Halte ein Uhrglas mit einer Reagenzglasklammer in den Dampf. Prüfe (ausnahmsweise) den Geschmack und die Farbe des Destillats.

9.2 Der besondere Hinweis: Trinkwasser wird durch Sand und Kies gefiltert (s. Abb. 36.5)

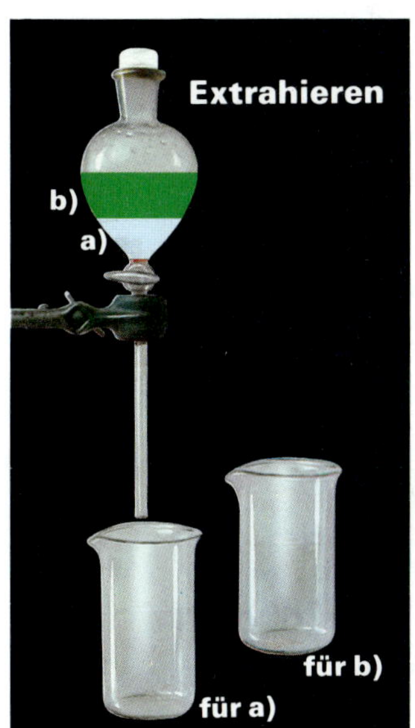

9.5 Trennung nicht mischbarer Flüssigkeiten (s. V 114.2)

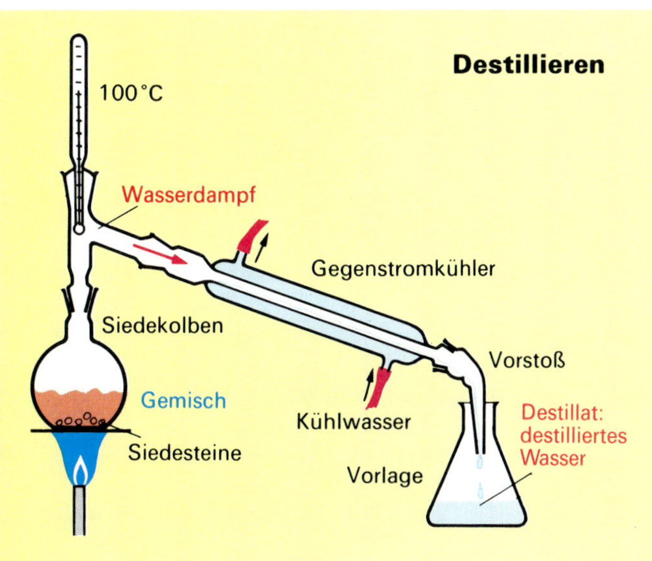

9.4 Der zuerst verdampfende Stoff eines Gemisches wird durch Kühlung kondensiert und aufgefangen

9.3 Dichtere Teilchen einer Suspension sinken zuerst

Experimentiergeräte selbst hergestellt

Projektunterricht

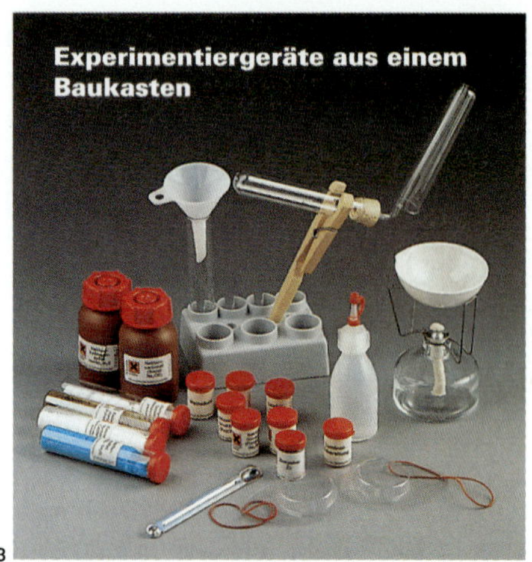

Experimentiergeräte aus einem Baukasten

Versuch: V 10.1

Geräte: 2 Stative, 2 Stativmuffen, Eisenring, Klemme, Glastrichter, Faltenfilter, großes RG, Stopfen, Filterpapierstreifen, Mörser, Pistill, Glasstab

Chemikalien / Stoffe: Laubblätter, Sand, Brennspiritus*

Durchführung: Zerreibe einige Laubblätter mit Sand und Brennspiritus im Mörser und filtriere die Farbstofflösung. Tauche einen Filterpapierstreifen mehrfach in die Lösung (dazwischen: trocknen); fülle in das RG 2 cm hoch Spiritus, hänge das Papier für 10 Minuten ein.

Versuch: V 10.2

Geräte: Meßzylinder, Waage

Chemikalien/ Stoffe: Großer Eisennagel, Wasser

Durchführung: Bestimme die Dichte eines Nagels mit Hilfe der nebenstehenden Dichteformel.
Ermittle zuerst
- die Masse des Nagels durch Wiegen in Gramm und dann
- das Volumen des Nagels durch Eintauchen in den mit Wasser nicht ganz gefüllten Meßzylinder.

Die Differenz der Wasserstände nach und vor Eintauchen des Nagels ergibt das Volumen des Nagels in cm^3.

Versuch: V 10.3

Geräte: 6 Reagenzgläser, Reagenzglasgestell, Spatel

Chemikalien/ Stoffe: Kochsalz, Zucker, Öl, Fett oder Alkohol, Kerzenwachs, Kohlenstoff, Benzin*, Wasser

Durchführung: Gib von den oben genannten Stoffen je eine kleine Menge in Wasser und in Benzin und schüttle. Notiere, welcher Stoff sich in welchem Lösemittel löst oder nicht löst. Trage die Beobachtungen in eine gegliederte Tabelle ein.

STOFF	BENZIN	WASSER

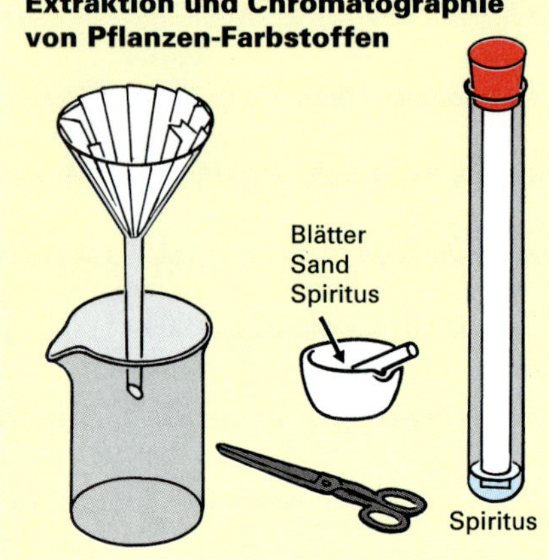

Extraktion und Chromatographie von Pflanzen-Farbstoffen

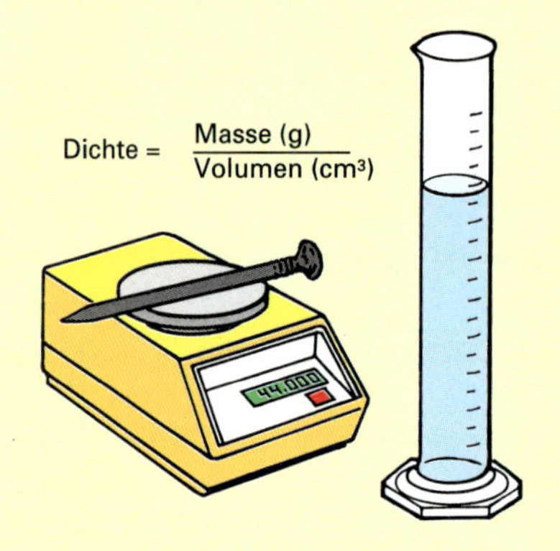

Dichtebestimmung

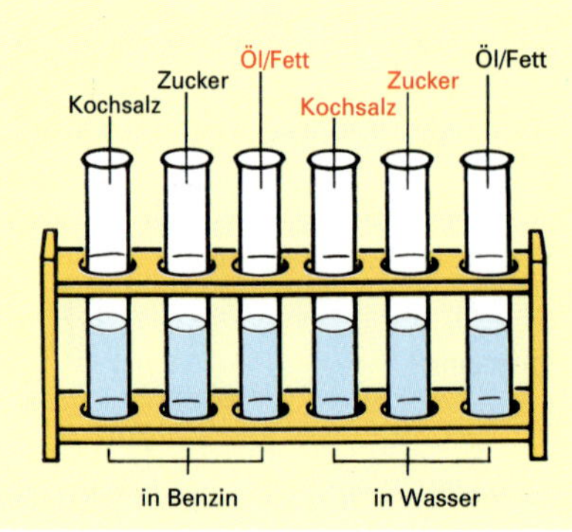

Löslichkeitsprüfung

Das Chromatogramm bringt es an den Tag

In einer Bank schiebt ein gepflegt gekleideter Herr einen Scheck in die Durchreiche. Der Kassierer mustert den Scheck und entschuldigt sich für einen Augenblick. Es dauert etwas länger. Dann erscheinen Kassierer und Polizei gleichzeitig.

Was war geschehen? Der Kassierer vermutete, daß die auf dem Scheck eingetragene Summe nachträglich nicht vom Kontoinhaber selbst verändert worden war. Deshalb sollte chromatographisch geprüft werden, ob die Summe mit zwei verschiedenen Tintenfarben geschrieben worden war.

Reingefallen?

Wer eine teure Goldkette kauft, kann u. U. getäuscht werden, denn das billige Messing sieht Gold zum Verwechseln ähnlich. Eine Dichtebestimmung kann hier Zweifel ausräumen: Messing ist eine Legierung (Schmelze) aus zwei Teilen Kupfer und einem Teil Zink (Abb. 4). Die Dichte des Messings beträgt ca. 8,5 g/cm^3. Zum Vergleich: Kupfer 8,7, Zink 7,1 und Gold 19,3!

Aber: Reines Gold ist recht weich. Deshalb werden 585 Teile Gold mit 415 Teilen Kupfer zu dem härteren 585er Rotgold legiert. Seine Dichte liegt bei 14,9 g/cm^3.

Fragen und Aufgaben

A 10.1 Welche der auf Abbildung 1 und 3 gezeigten Experimentiergeräte finden sich als Schnittzeichnung auf Seite 172? Zeichne vier Laborgeräte
a) räumlich und b) im Schnittbild.

A 10.2 Rotgold hat die Dichte 14,9 g/cm^3, die von reinem Gold beträgt 19,3 g/cm^3. Begründe den Dichteunterschied.

A 10.3 Wieso ist es möglich, zwei sehr ähnliche Filzstiftfarben mit Hilfe der Chromatographie zu unterscheiden? Untersuche hierzu zwei schwarze Filzstifte von verschiedenen Herstellern. (Die ausführliche Versuchsanleitung hierzu befindet sich auf Seite 9.)

Versuch: $\boxed{V}$ **11.1**

Geräte: Becherglas, Holzstab, Zwirnsfaden, Glasschale, Brenner, Dreifuß, Drahtnetz

Chemikalien/ Stoffe: Kupfersulfat★, Wasser

Durchführung: Löse 40 g Kupfersulfat in 100 ml Wasser unter Umrühren und Erwärmen bis 50 °C. Gieße die Salzlösung in ein Glas und lasse sie einige Std. abkühlen. Befestige den größten gebildeten Kristall an einem Faden und hänge ihn in eine neue, heiße, filtrierte Salzlösung. Der Kristall soll einige Tage bei Ruhe und gleichbleibender Temperatur wachsen.

Versuch: $\boxed{V}$ **11.2**

Geräte: Stativ, Muffe, Klemme, 2 RG, durchbohrter Stopfen, gebogenes Glasrohr, Becherglas, Brenner

Chemikalien/ Stoffe: Leitungswasser, Orangensaft, (Tintenwasser)

Durchführung: Baue eine Apparatur gemäß rechter Abb. zusammen. Befestige das schrägstehende RG am Stativ. Erwärme die Probe(n) mit fächelnder Flamme. Wiederhole den Versuch ohne rechtes RG und Kühlwasserbad. Was bewirkt die Versuchsänderung?

Versuch: $\boxed{V}$ **11.3**

Geräte: Kleines Glas, 2 Kohlestäbe, 3 Kabel, 4 Klemmen, Glühlampe (3,8 V) mit Fassung, Flachbatterie (4,5 V)

Chemikalien/ Stoffe: Destilliertes Wasser, Kochsalzlösung, Zuckerlösung

Durchführung: Prüfe die elektrische Leitfähigkeit von destilliertem Wasser, einer Kochsalzlösung und einer Zuckerlösung jeweils durch Eintauchen der Kohlestäbe (entsprechend nebenstehender Abbildung). Hinweis: Als Stromquelle nur Batterie 2 – 5 V benutzen, sonst Lebensgefahr!

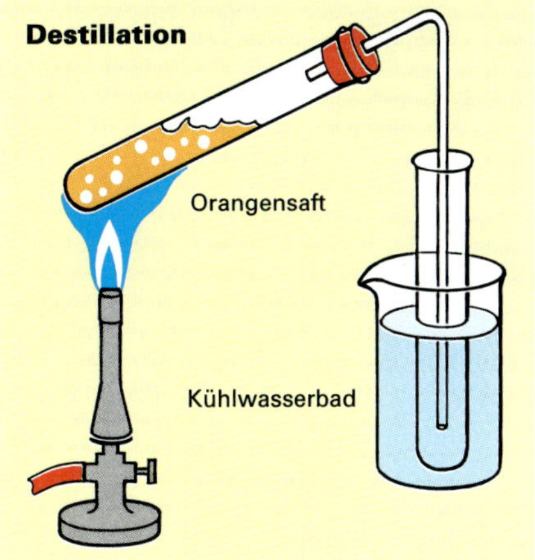

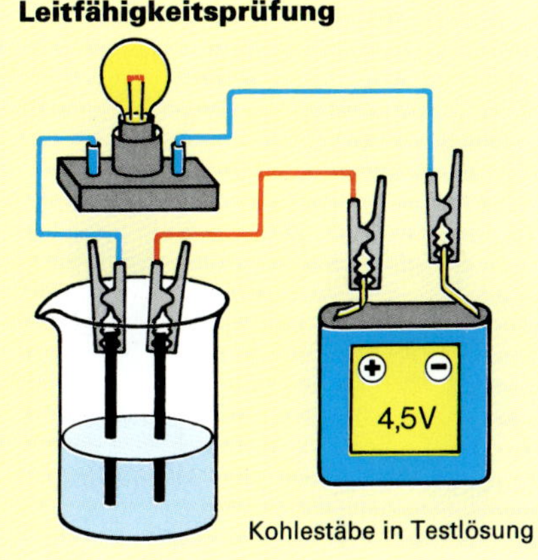

Salzmengen zum Züchten von Einzelkristallen

Salze	Salzlösung
Kupfer(II)-sulfat★ Wasser	40 g 100 ml
Kaliumalaun Wasser	20 g 100 ml
Chromalaun★ Wasser	30 g 100 ml

Die Kristalle werden um so schöner, je langsamer das Wasser verdunstet. Soll ein Kristall noch größer werden, muß die Salzlösung erneuert werden. Den Kristall mit farblosem Lack schützen.

Aqua dest – das destillierte Wasser

Alle natürlichen Wasser enthalten gelöste Salze in Spuren. Durch Destillation – die viel Wärmeenergie erfordert – lassen sich die Salze entfernen.

Das erhaltene destillierte Wasser wird für chemische Untersuchungen, für die Herstellung von Arzneimitteln und in Autobatterien verwendet.

Verliert eine Autobatterie (z. B. im Sommer durch Verdunstung) zuviel destilliertes Wasser, ist sie zerstört. Der Motor läßt sich nicht mehr mit Batteriestrom starten.

Fragen und Aufgaben

$\boxed{A}$ **11.1** a) Finde zu den Bildern Nr. 5 und 6 Versuche, die bis zur Seite 11 abgebildet sind. b) Gib an, welche Stoffeigenschaften hier in der Praxis genutzt werden.

$\boxed{A}$ **11.2** Dampfe ein paar Tropfen einer Salzlösung auf einem Objektträger ein und erkläre die Beobachtung. Ist das Auskristallisieren auch ein Trennverfahren? Begründe.

$\boxed{A}$ **11.3** Ordne die Stoffe Filzstiftfarbe, Eisen, goldhaltiger Sand den Begriffen Reinstoff, Lösung und Gemisch zu.

$\boxed{A}$ **11.4** Welches Trennverfahren wird beim Entfernen eines Fettflecks aus der Kleidung angewandt?

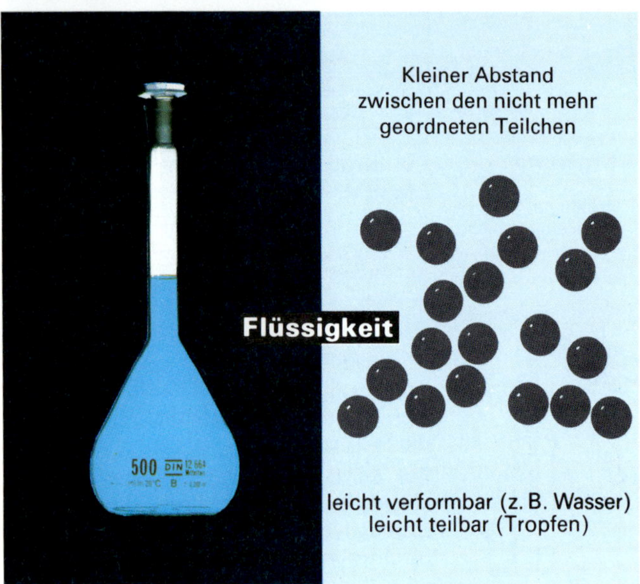

12.1 a) Feststoffe behalten ihre Gestalt

12.1 b) Feste Anordnung der Teilchen im Modell

3.1 Das Modell der Teilchen

100 ml Alkohol (Brennspiritus) und 100 ml Wasser ergeben zusammengegossen nicht erwartungsgemäß 200 ml, sondern nur etwa 195 ml. Zur Klärung dieses überraschenden Ergebnisses hilft uns ein Modellversuch:

Je ein Meßzylinder wird bis zur 100-ml-Marke mit Senfkörnern und mit Erbsen gefüllt. Werden Erbsen und Senfkörner in einen 200-ml-Meßzylinder zusammengeschüttet und vermischt, stellen wir ebenfalls eine Volumenverringerung fest **(Abb. 12.4)**. Die Senfkörner können sich zum Teil zwischen die Erbsen zwängen, so daß insgesamt weniger Platz beansprucht wird.

Stellt man sich nun Wasser und Alkohol aus kleinsten, kugelförmigen Teilchen bestehend vor **(Kugelteilchenmodell)**, läßt sich die Volumenverminderung wie bei unserem Modellversuch erklären.

Diese Modellvorstellung von winzigen, kugelförmigen Stoffteilchen ist oft nützlich, um Versuchsvorgänge zu deuten. Man sollte aber stets bedenken, daß dieses Modell der Teilchen nicht der Wirklichkeit entspricht.

3.2 Teilchen bewegen sich

Der Duft von starkem Parfüm wird bald im ganzen Raum wahrgenommen. Diesen Ausbreitungsvorgang nennt man **Diffusion**. Mit unserem Teilchenmodell läßt sich die Diffusion erklären **(Abb. 12.3)**:

Man nimmt an, daß sich die kleinsten Teilchen nicht starr an einem festen Platz befinden, sondern sich frei bewegen können (z. B. beträgt bei 0 °C und einem Druck von 0,1 MPa die durchschnittliche Geschwindigkeit eines Sauerstoffteilchens in der Luft 424 m/s). Obwohl die Geschwindigkeit der Teilchen sehr groß ist, kommen sie nur langsam voran. Sie stoßen nämlich ständig, wie Billardkugeln, auf andere Teilchen. Als Folge dieser Zusammenstöße breiten sie sich in „Zickzacklinien" im Raum aus. So läßt sich die Wanderung der Duftteilchen im Raum leicht „mit der Nase" verfolgen. Sichtbar machen läßt sich die Ausbreitung gasiger Stoffe, wenn z. B. ein Tropfen Brom in einem geschlossenen Glaszylinder verdampft. Obwohl schwerer als Luft, füllt das braune Bromgas bald den ganzen Zylinder aus **(Abb. 12.3 a)**.

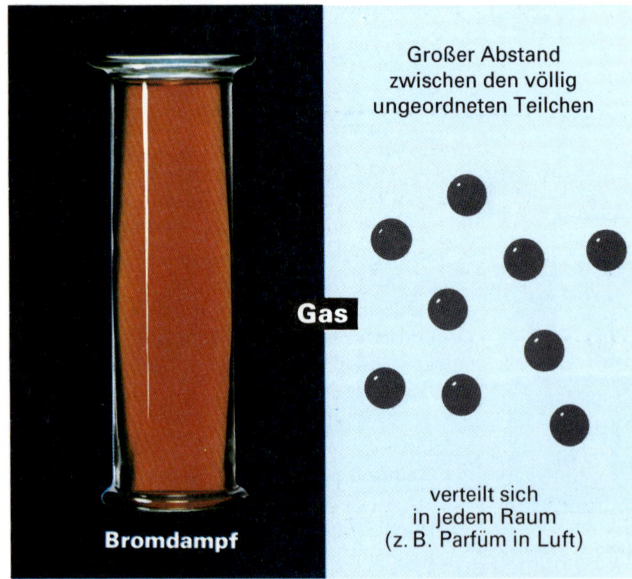

12.2 a) Flüssigkeiten passen sich jeder Form an

12.2 b) Die Teilchen können ihre Plätze wechseln

12.4 Das Teilchenmodell erklärt die Volumenverringerung beim Mischen von gefärbtem Alkohol und Wasser

12.3 a) Gase verteilen sich gleichmäßig im Raum

12.3 b) Die Teilchen bewegen sich frei

3.3 Die Teilchengeschwindigkeit bestimmt den Zustand eines Stoffes

Erhitzt man schnell einige Iod-Kristalle im Reagenzglas, schmilzt das Iod. Erwärmt man hingegen gelinde, bildet sich sofort violetter Iod-Dampf (Iod sublimiert, d. h. der flüssige Zustand wird übersprungen). Im kalten Bereich des Glases schlägt sich Iod wieder als Feststoff nieder (Iod resublimiert, **Abb. 13.3**). Je nach Temperatur kann der **Aggregatzustand** von Iod fest, flüssig oder gasig sein **(Abb. 13.1)**. Auch bei anderen Stoffen läßt sich durch Temperaturänderung ein Wechsel des Aggregatzustandes erzwingen. Wieder hilft das Teilchenmodell:

Feststoff. Die Teilchen sind regelmäßig angeordnet und eng gepackt. Anziehungskräfte untereinander verhindern ein Verschieben der Teilchen. Deshalb sind Feststoffe schwer verformbar **(Abb. 12.1)**.

Flüssigkeit. Bei Temperaturerhöhung verlassen die Teilchen ihren Platz und bewegen sich frei, der Stoff schmilzt und wird flüssig. Die Anziehungskräfte der Teilchen untereinander sind gering. Flüssigkeiten nehmen deshalb jeden beliebig geformten Raum ein **(Abb. 12.2)**.

Gas. Eine weitere Temperaturerhöhung steigert die Geschwindigkeit der Teilchen nochmals. Nun prallen sie so fest auf- und voneinander, daß jede Anziehung verlorengeht. Der Stoff wird gasig und verteilt sich im Raum **(Abb. 12.3)**. Umgekehrt kann die Teilchengeschwindigkeit eines Gases durch Abkühlen oder durch Druck so verringert werden, daß das Gas sich schließlich verflüssigt.

3.4 Das Kugelteilchenmodell erklärt den Lösevorgang

Flüssigkeitsteilchen prallen bei ihrer Eigenbewegung nicht nur mit anderen Flüssigkeitsteilchen zusammen, sondern stoßen auch auf einen dazugegebenen Feststoff. Dabei werden Teilchen aus dem Verband des Feststoffes, besonders an Ecken und Kanten, herausgeschlagen und zwischen den Lösemittelteilchen verteilt **(Abb. 13.4)**. Da sich die Teilchenbewegung durch Temperaturerhöhung steigern läßt, lösen sich Stoffe bei Erwärmung des Lösemittels entsprechend rascher (z. B. Zucker in heißem Getränk).

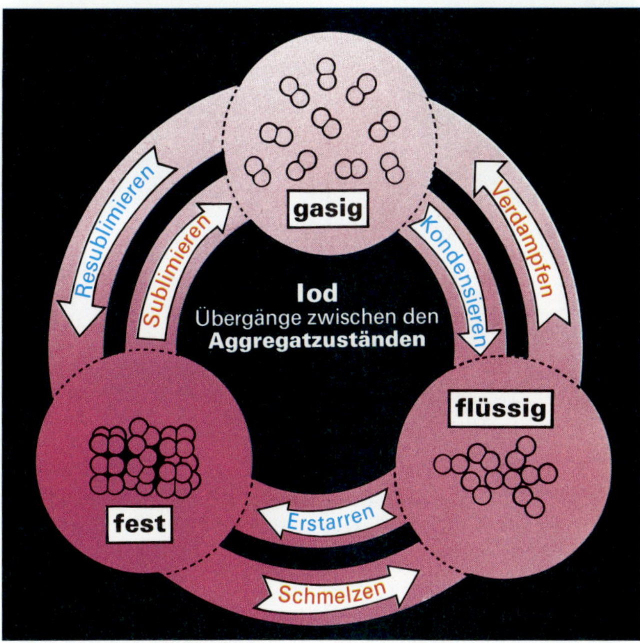

13.1 Durch Erwärmen (rot) oder Abkühlen (blau) ändert sich nur der Zustand eines Stoffes. Ein neuer Stoff entsteht nicht. Hier: Iod bleibt Iod

13.2 Die Rauhreif-Bildung erfolgt ohne sichtbare Wassertropfen: Aus Wasserdampf entstehen direkt Eiskristalle (Resublimation)

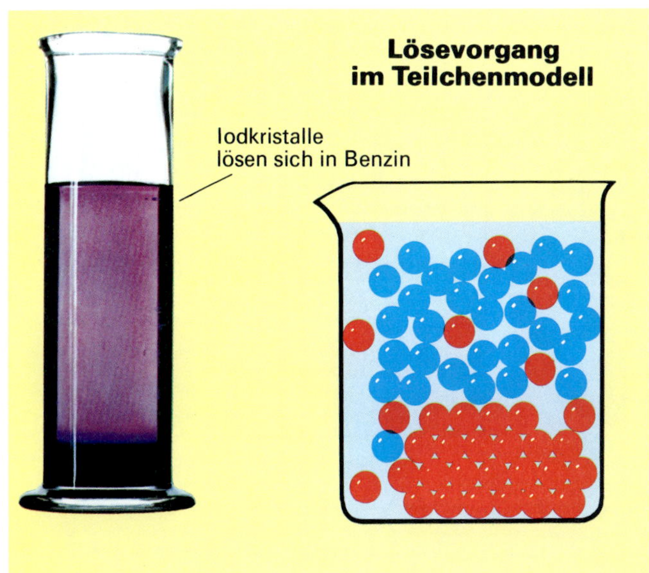

13.4 Rechts: Feststoff-Teilchen lösen sich voneinander und verteilen sich zwischen den Lösemittel-Teilchen

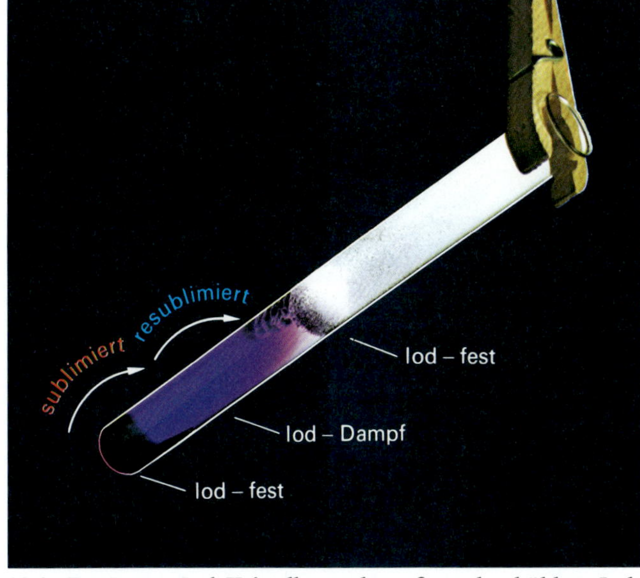

13.3 Erwärmte Iod-Kristalle verdampfen, abgekühltes Iod-Gas kristallisiert – die flüssige Phase wird übersprungen

14.1 In dieser Luftzerlegungsanlage wird Luft verflüssigt, um Sauerstoff, Stickstoff sowie die Edelgase rein zu gewinnen

Luftverflüssigung

14.2 Die Luft durchläuft die Anlage so oft, bis die zur Verflüssigung notwendige Tief-Temperatur erreicht ist

14.3 Bei schwierigen Reparaturen empfiehlt sich „Rohrfrosten" mit flüssigem Stickstoff

4.1 Luft – ein Gasgemisch

Die Erde ist von einer Lufthülle umgeben. Die Zusammensetzung dieser Lufthülle ermöglicht Leben auf unserem Planeten. Das Gewicht der Luft erzeugt den **Luftdruck**. Er ist über dem Meeresspiegel am größten und nimmt mit steigender Höhe über der Erde ab – die Luft wird „dünner".

Bei dem Versuch **Abb. 15.6** wird Luft mit zwei Kolbenprobern über ein erhitztes Kupfer-Drahtnetz hin- und hergeschoben. Dabei verringert sich die Luftmenge in den Kolbenprobern. Gleichzeitig wird das rotbraun glänzende Kupfer mattschwarz, da es den Luftsauerstoff bindet. Das Restgas, das sich noch in den Kolbenprobern befindet, erstickt eine Flamme. Es ist Stickstoff.

Luft ist also ein **Gasgemisch**. Neben den Hauptbestandteilen **Stickstoff** und **Sauerstoff** enthält Luft **Kohlenstoffdioxid** sowie die **Edelgase** Helium, Neon, Argon, Krypton und Xenon. Den mengenmäßigen Anteil der einzelnen Luftbestandteile veranschaulicht das Kreisdiagramm **Abb. 14.4**. Darüber hinaus enthält Luft immer einen bestimmten Anteil an Wasserdampf und umweltbedingte Schadstoffe (vgl. S. 34 und 35).

4.2 Die Luftverflüssigung

1869 gelang es LINDE erstmals, Luft zu verflüssigen. **Abb. 14.1** und **14.2** zeigen eine **Luftverflüssigungsanlage**: Eine Druckpumpe (Kompressor) verdichtet Luft auf 20 MPa. Dabei erwärmt sie sich stark. In der vom Kompressor wegführenden Leitung wird die Luft deshalb von außen an zwei Stellen wieder abgekühlt. Öffnet sich nun das Ventil (V), sinkt der Druck in der Rohrleitung. Druckverminderung bewirkt bei Gasen Abkühlung. Die entspannte und dadurch abgekühlte Luft wird erneut zur Druckpumpe geleitet (der Umweg durch den Kühler wird für die Vorkühlung der verdichteten Luft genutzt). Dieser Kreislauf wird so lange wiederholt, bis sich die Luft auf etwa − 200 °C abgekühlt und verflüssigt hat.

Wird **flüssige Luft** durch Erwärmen destilliert, verflüchtigt sich zuerst der Stickstoff (niedrigster Siedepunkt), dann der Sauerstoff. Die verschiedenen Gase der Luft können so aufgrund ihrer unterschiedlichen Siedepunkte aus der Luft rein gewonnen und vielseitig verwendet werden: **Sauerstoff** wird in der Medizin (mit Luft vermischt) zum Beatmen und in der Technik zum Schweißen eingesetzt. **Stickstoff** als Füllgas in LKW-Reifen verhindert Reifenbrände. Als verflüssigtes Gas dient es zum Tieffrosten von Blutkonserven und Lebensmitteln. Sollen flüssigkeitsführende Rohrleitungen repariert werden, kann man die Flüssigkeit am Auslaufen hindern, indem man sie an einer Stelle mit Flüssiggas zu einem Pfropfen tieffriert **(Abb. 14.3)**.

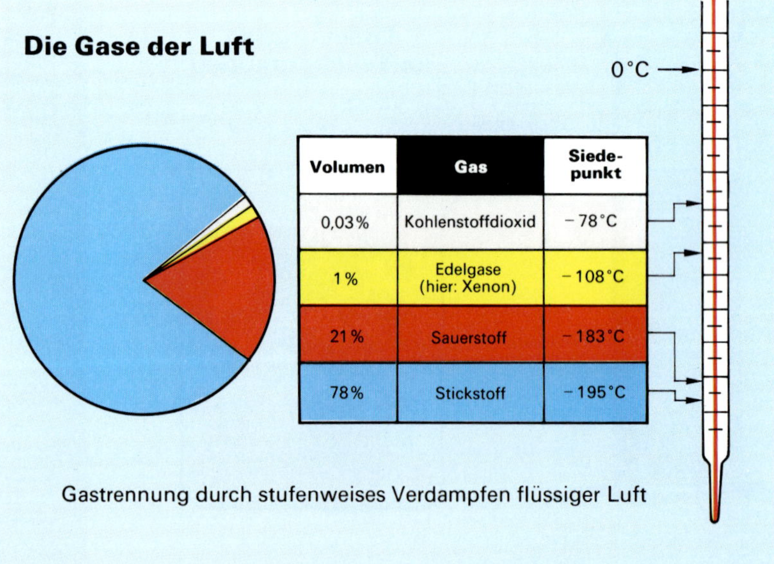

Volumen	Gas	Siede-punkt
0,03 %	Kohlenstoffdioxid	− 78 °C
1 %	Edelgase (hier: Xenon)	− 108 °C
21 %	Sauerstoff	− 183 °C
78 %	Stickstoff	− 195 °C

14.4 Da immer mehr Kohle, Öl und Benzin zu Kohlenstoffdioxid verbrannt werden, verstärkt sich der Treibhauseffekt

Entdeckung	• Der Sauerstoff wurde 1773 von SCHEELE und 1774 von PRIESTLEY entdeckt (von letzterem durch Erhitzen von Quecksilberoxid)
Physikalische Eigenschaften	• Farb-, geruch- und geschmackloses Gas (flüssiger Sauerstoff ist in dickeren Schichten bläulich) • Dichte (20 °C) 1,43 g/l; Sdp. – 183 °C, Smp. – 218,9 °C • Bei Raumtemperatur größere Dichte als Luft • Löslichkeit in Wasser (0 °C, 0,1 MPa) 7,0 mg/l
Vorkommen	• Häufigstes Element. Erdrinde, Wasser- und Lufthülle enthalten insgesamt 50 % Sauerstoff, entweder chemisch gebunden oder als Gas. Im Universum das dritthäufigste Element
Gewinnung	• Rund 99 % des Industriebedarfs wird durch Luftverflüssigungsanlagen gedeckt (siehe Abb. 14.1)
Verwendung	• Zum Schweißen; Atmungsgeräte enthalten mindestens 7 % Sauerstoff; für technische Großprozesse, wie z. B. die Stahlgewinnung; flüssiger Sauerstoff zur Verbrennung des Treibstoffes in Raketen

15.1 Chemischer Steckbrief des Sauerstoffs

4.3 Sauerstoff

Sauerstoff kommt in der **Luft** als Gas und in anderen Stoffen „**versteckt**", d. h. chemisch gebunden, vor. Für Versuche entnimmt man Sauerstoff der blauen Stahlflasche **(Abb.15.5)** oder spaltet ihn aus Kaliumpermanganat ab **(Abb. 15.2)**. Weil Sauerstoff farb- und geruchlos ist, braucht man für seine Anwesenheit einen Nachweis. Ein glimmender Holzspan flammt in reinem Sauerstoff wieder auf **(Glimmspanprobe)**. Sauerstoff fördert die Verbrennung anderer Stoffe, brennt selbst jedoch nicht **(Abb. 15.4)**.

Bei der **Atmung** von Mensch und Tier, aber auch bei der **Verbrennung** von Öl, Benzin, Kohle und Holz wird Sauerstoff verbraucht. Da der Energiebedarf steigt (Sauerstoff-Verbrauch) und außerdem jährlich eine Urwaldfläche in der Größe der Bundesrepublik Deutschland durch Brandrodung vernichtet wird (Sauerstoff-Verbrauch), sinkt der Sauerstoff-Anteil der Luft, während die Menge des Gases wächst, das bei der Verbrennung entsteht: Kohlenstoffdioxid.

Kohlenstoffdioxid hat die Eigenschaft, die Sonnenwärme ungehindert auf die Erde zu lassen, die Wärmestrahlung der Erde in den Weltraum jedoch zu behindern **(Treibhauseffekt s. S. 39)**. Die Erde heizt sich so immer mehr auf. In 50-100 Jahren werden katastrophale Klimaänderungen mit Abschmelzen des Polareises, Wüstenbildungen und Überflutungen befürchtet.

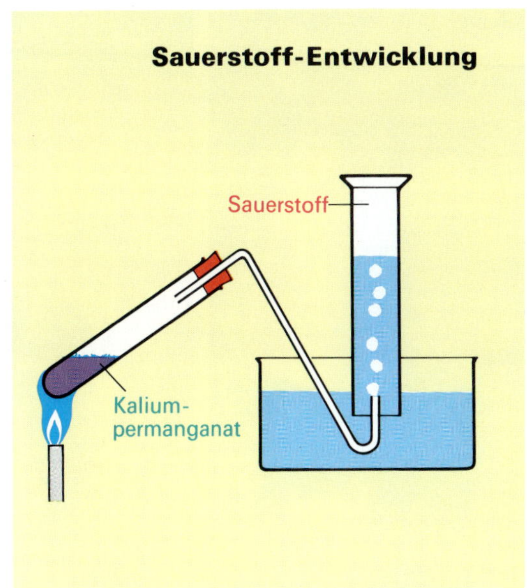

15.2 Erhitztes Kaliumpermanganat liefert Sauerstoff. Dieser verdrängt das Wasser aus dem Standzylinder

V **15.1** Etwas Kaliumpermanganat* wird in einem Reagenzglas erhitzt. Prüfe auf Sauerstoff nach Abb. 15.4.

V **15.2** Fülle 2 Reagenzgläser mit Sauerstoff, das erste mit der Öffnung nach oben, das zweite umgekehrt. Warte eine Minute und führe jeweils die Glimmspanprobe durch.

A **15.3** Je ein Standzylinder ist mit Sauerstoff bzw. Stickstoff gefüllt. Wie weist man nach, welches Gas sich in welchem Gefäß befindet?

A **15.4** Bei dem Versuch Abb. 15.6 nimmt das Volumen kurzzeitig zu. Warum soll bis zur genauen Messung des Restvolumens in den Kolbenprobern erst einige Zeit gewartet werden?

A **15.5** Berechne, wieviel Sauerstoff (in 1 und m³) im Klassenraum enthalten ist.

15.3 Der besondere Hinweis: Allein die Algen in den Ozeanen liefern 70 % unseres Luft-Sauerstoffs

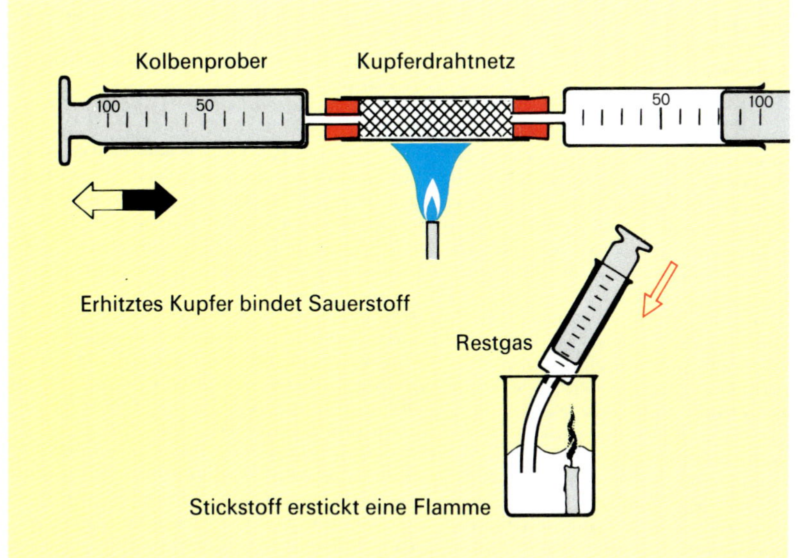

15.6 Von 100 ml Luft, über erhitztes Kupfer hin- und hergeschoben, werden 20 ml gebunden. Vom Restgas sind 78 ml Stickstoff

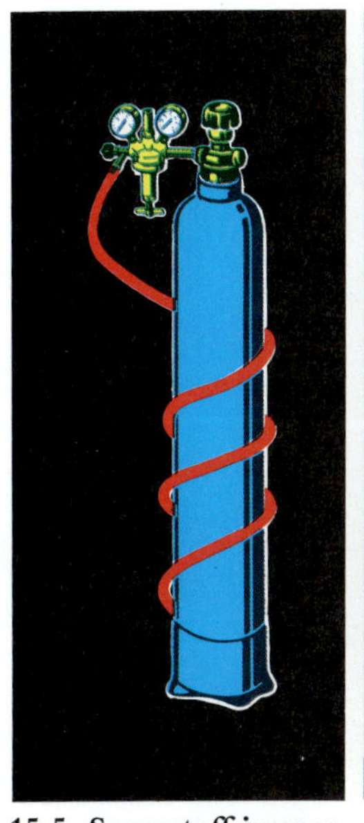

15.5 Sauerstoff immer in blauer Stahlflasche   **15.4 Sauerstoff entflammt Glimmspan**

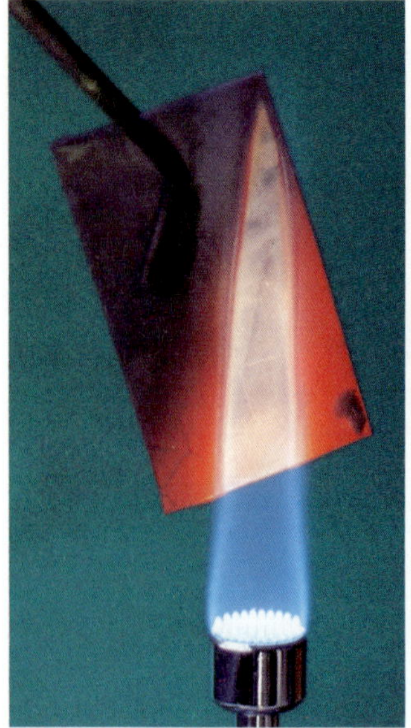

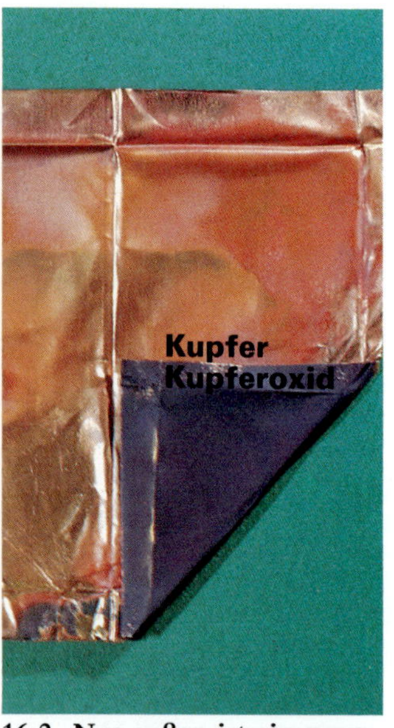

16.1 Der „Kupferbrief" glüht in der Brennerflamme

16.2 Nur außen ist ein neuer, schwarzer Stoff entstanden

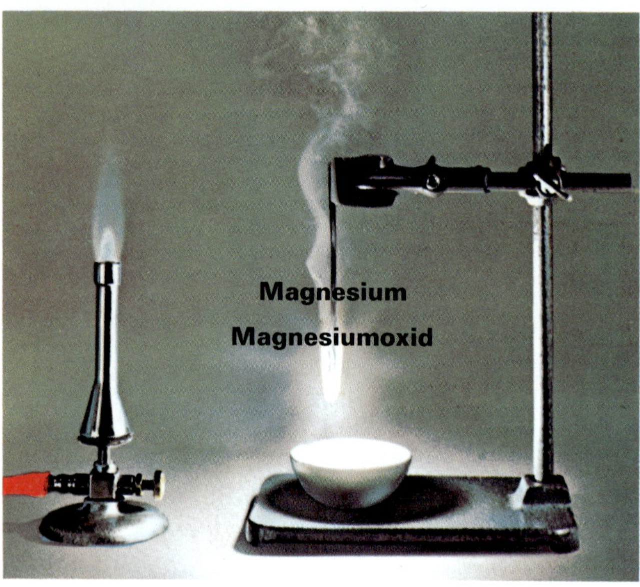

16.3 Magnesium verbrennt selbständig zu einem weißen, spröden Stoff: Magnesiumoxid (Magnesia)

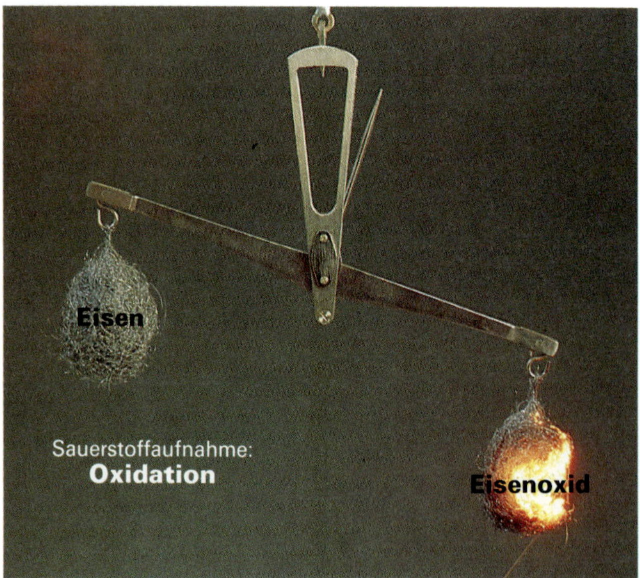

16.4 Wird Eisenwolle mit der Gasflamme berührt, fängt sie an zu glühen und wird schwerer

5.1 Metalle verbrennen mit Sauerstoff

Kupfer ist ein rotbraun glänzendes Schwermetall. Wegen seiner Beständigkeit (Kupfer rostet nicht) und seiner guten elektrischen Leitfähigkeit werden aus diesem Metall z. B. Kabel hergestellt. Dünnes Kupferblech läßt sich zu einem „Brief" falten. Wird dieser Brief in der Flamme des Brenners zum Glühen gebracht, wandelt sich das rotbraun glänzende Kupfer zu einem mattschwarzen Stoff um. Auseinandergefaltet zeigt der Brief im Inneren jedoch unverändert glänzendes Kupfer **(Abb. 16.1 und 16.2)**.

Offensichtlich ist für die Veränderung des Kupfers ein Bestandteil der Luft verantwortlich, der zur Innenseite des Kupferbriefs keinen Zutritt hatte. Die gleiche Veränderung des Kupfers zeigte auch der Versuch auf der Abb. 15.6. Es ist der Sauerstoff der Luft, der das Kupfer zu einem neuen Stoff umgewandelt hat. Deshalb muß der mattschwarze Überzug eine Verbindung zwischen Kupfer und Sauerstoff sein. Diese Verbindung heißt Kupferoxid **(Tabelle 16.5)**.

Auch andere Metalle können mit Sauerstoff zu neuen Stoffen reagieren. Das silbrig glänzende **Magnesium** ist ein Leichtmetall. Ein dünner Streifen dieses Metalls wird an ein Stativ gehängt und das untere Ende mit der Brennerflamme erwärmt. Plötzlich entzündet sich das Metall und verbrennt selbständig mit greller Flamme **(Abb. 16.3)**. Übrig bleibt ein weißer, spröder Stoff. Magnesium hat sich mit Sauerstoff zu dem neuen Stoff Magnesiumoxid umgesetzt.

Die chemische Reaktion eines Stoffes mit Sauerstoff bezeichnet man als Oxidation. Dabei entsteht ein neuer Stoff mit neuen Eigenschaften. – Eine Verbindung aus Metall und Sauerstoff nennt man Metalloxid.

Daß **Eisen** sich mit dem Sauerstoff der Luft verbindet, läßt sich aus folgendem Versuch ableiten:

An einer Balkenwaage werden zwei Knäuel Eisenwolle durch Abzupfen von Eisenfäden ins Gleichgewicht gebracht. Ein Knäuel wird mit dem Brenner nur kurz an einer Stelle erhitzt, und schon frißt sich die Glut durch sämtliche Eisenfäden – die Eisenwolle wird blauschwarz, und die Balkenwaage senkt sich. Das Knäuel ist jetzt schwerer, denn Eisen hat sich mit Sauerstoff zu dem neuen Stoff Eisenoxid verbunden **(Abb. 16.4)**.

Kupfer	Sauerstoff	Kupferoxid
Metall, rot glänzend Smp.: 1083 °C	(aus der Luft)	Metalloxid, schwarz, spröde Smp.: 1336 °C
Magnesium	Sauerstoff	Magnesiumoxid
Metall, silberglänzend Smp.: 650 °C	(aus der Luft)	Metalloxid, weiß, spröde Smp.: 2802 °C
Eisen	Sauerstoff	Eisenoxid
Metall, grau glänzend Smp.: 1536 °C	(aus der Luft)	Metalloxid, blauschwarz, spröde Smp.: 1594 °C

16.5 Die Verbrennung ist eine chemische Reaktion: Es entsteht ein neuer Stoff mit neuen Eigenschaften

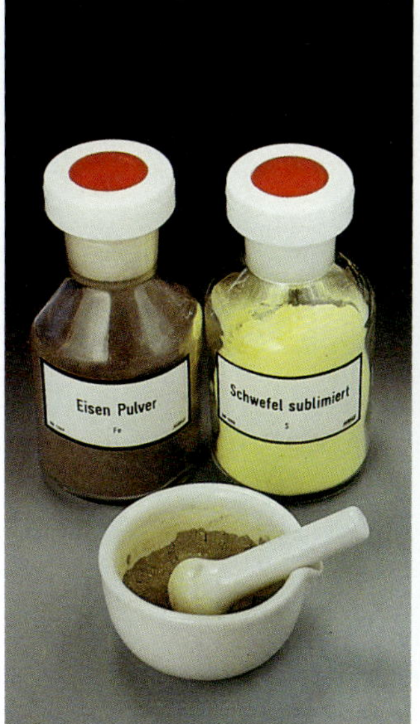

17.1 Die Ausgangsstoffe Eisen und Schwefel ...

17.2 ... reagieren unter Energie-Abgabe zu ...

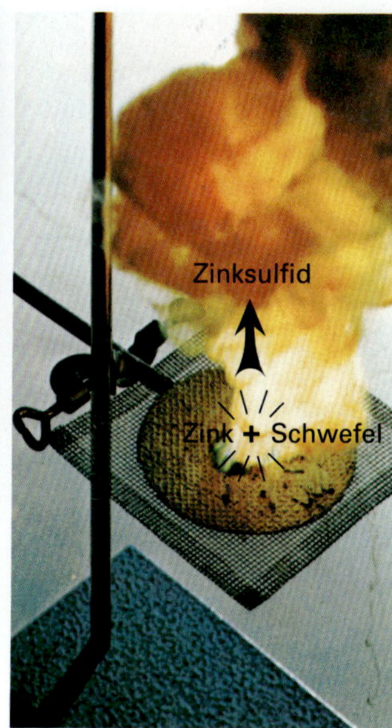

17.3 ... einem neuen Endstoff: Eisensulfid

17.4 Zink und Schwefel reagieren zu Zinksulfid

5.2 Metalle reagieren mit Schwefel

Eisen und Schwefel sollen miteinander reagieren. Deshalb werden Eisen- und Schwefel-Pulver zunächst vermischt. In diesem Gemisch haben Eisen und Schwefel jedoch noch ihre jeweils **typischen Eigenschaften behalten**: Die beiden Stoffe unterscheiden sich deutlich unter der Lupe; ein Magnet zieht das Eisen-Pulver wieder vom Schwefel weg. Schüttelt man das Gemisch im Reagenzglas mit Wasser, setzt sich das Eisen ab, und der Schwefel schwimmt oben. Mit Salzsäure schließlich entwickelt sich ein geruchloses Gas.

Wird das Eisen-Schwefel-Pulver aber mit einer weißglühenden Stricknadel gezündet, durchglüht das Gemisch „mit eigener Kraft" in Sekundenschnelle. Nach dem Erkalten zeigt schon die blauschwarze Farbe (Lupe), daß eine chemische Reaktion abgelaufen ist und ein **neuer Stoff** entstanden sein muß: Der Magnet zieht keine Eisen-Teilchen mehr heraus – der gepulverte Stoff sinkt im Wasser zu Boden – und die Salzsäure entwickelt nun ein stinkendes, giftiges Gas (LV, Abzug). Der neu entstandene Stoff ist Eisensulfid, eine Verbindung mit typischen, neuen Eigenschaften **(Abb. 17.1- 3, 5)**.

Eine Stoffumwandlung (chemische Reaktion) kann übersichtlich und kurz als **Wortschema** ausgedrückt werden. Die Bildung von Eisensulfid aus Eisen und Schwefel, als Wortschema geschrieben, sieht so aus:

Eisen + Schwefel $\longrightarrow$		Eisensulfid; Energie
Lies:		dabei wird
Eisen und Schwefel	**reagieren zu**	Eisensulfid; **(Wärme)** Energie frei

Die **Ausgangsstoffe** stehen links vom **Reaktionspfeil**, **Endstoff** und **Energieangabe** stehen immer rechts davon.

An Stelle von Eisen kann man den Versuch mit dem Metall Zink wiederholen **(Abb. 17.4)**. Wieder läuft eine chemische Reaktion ab. Unter Abgabe von Licht und Wärme bildet sich aus Zink und Schwefel Zinksulfid.

Eine Verbindung aus Metall und Schwefel nennt man Metall-Sulfid.

V **17.1** Vermische 1 Spatel Eisen-Pulver und 2 Spatel Schwefel-Pulver in einer Reibschale. Häufe das Gemisch auf ein Drahtnetz und entzünde es mit einer weißglühenden Stricknadel (Abzug, Schutzbrille). Vergleiche Ausgangs- und Endstoff(e): **a)** unter der Lupe, **b)** in ihrer Reaktion mit Wasser, **c)** in ihrer Reaktion auf einen Magneten.

A **17.2** Eiweiß enthält Schwefel. Überlege, warum man gekochte Eier nicht mit dem Silber-Löffel essen soll.

V **17.3** Gegenstände aus Kupfer-Blech kann man mit „Schwefel-Leber", einem schwefelhaltigen Stoff, schön braun färben. In einem Keramik- oder Glasgefäß wird Schwefelleber in heißem Wasser gelöst (10 g auf 1 l Wasser) und mit der Lösung das Kupfer gebürstet.

A **17.4** Die Metalle Blei und Zink bilden mit Sauerstoff Oxide – Silber mit Schwefel ein Sulfid. Stelle die entsprechenden Wortschemata auf (vgl.: Eisensulfid-Bildung).

	Eisen	Schwefel	Eisensulfid
Schmelzpunkt	1536 °C	113 °C	1193 °C
Siedepunkt	3200 °C	444 °C	zersetzt sich
Dichte	7,86	2,07	4,84
Farbe	grau	gelb	blauschwarz
elektrische Leitfähigkeit	gut	keine	schlecht
Wärmeleitfähigkeit	sehr gut	schlecht	schlecht
Verformbarkeit	verformbar	spröde	spröde
magnetische Anziehung	ja	nein	kaum
Löslichkeit in Kohlenstoffdisulfid	nicht löslich	löslich	nicht löslich

17.6 Der besondere Hinweis: Eisensulfid wird zum Schwarzfärben von Emaille verwendet

17.5 Die Eigenschaften von Ausgangsstoffen und Endstoff im Vergleich

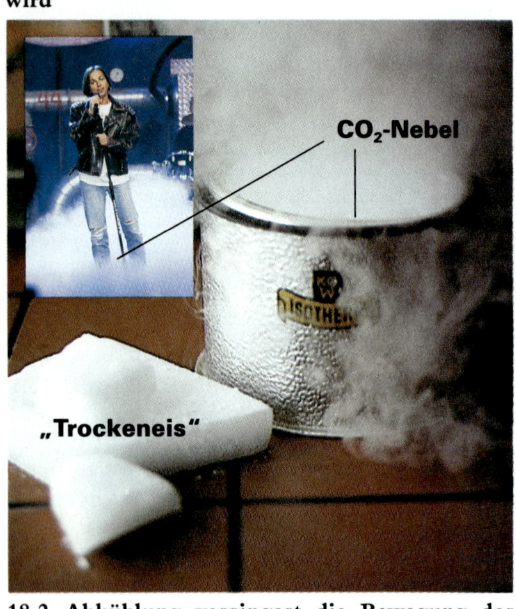

18.1 **Start einer Saturn-V-Rakete, die mit flüssigem Wasserstoff und Sauerstoff angetrieben wird**

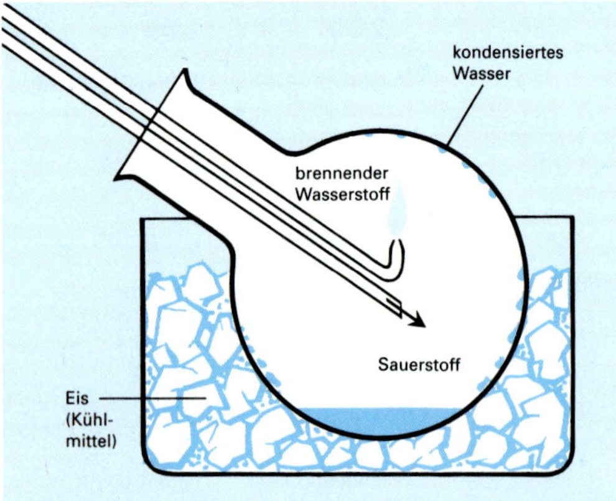

18.2 **Abkühlung verringert die Bewegung der Gasteilchen: Aus gasigem wird festes Kohlenstoffdioxid (als „Trockeneis" im Handel)**

5.3 Nichtmetalle verbrennen mit Sauerstoff

Wasser (Wasserstoffoxid). In einem mit Eis gekühlten, schwerschmelzbaren Rundkolben wird Wasserstoff in reinem Sauerstoff verbrannt (12 Min.). Durch den entstehenden heißen Wasserdampf beschlägt das kalte Glasgefäß von innen (**Abb. 18.3**, LV!).

Wasserstoff + Sauerstoff ⟶ Wasser; Energie wird frei

Ein Gasgemisch aus Wasserstoff und Sauerstoff (Knallgas) kann bereits durch den kleinsten Funken explosionsartig reagieren. Äußerste Vorsicht ist deshalb beim Experimentieren erforderlich. Flüssiger Wasserstoff und flüssiger Sauerstoff sind als Treibstoff für Weltraumraketen geeignet (**Abb. 18.1**).

Phosphoroxid. Phosphor verbrennt zu einem schneeartigen Pulver, dem Phosphoroxid (**Abb. 18.4**). Dieses Oxid nimmt begierig den Wasserdampf der Luft auf und zerfließt dabei zu einem zähen Brei. Wegen dieser Eigenschaft wird es im Labor als Trockenmittel verwendet.

Phosphor + Sauerstoff ⟶ Phosphoroxid; Energie wird frei

Kohlenstoffdioxid. Kohlenstoff (z. B. in Form von Holzkohle) verbrennt mit Sauerstoff zu dem Gas Kohlenstoffdioxid (**Abb. 18.5**).

Kohlenstoff + Sauerstoff ⟶ Kohlenstoffdioxid; Energie wird frei

Kohlenstoffdioxid ist farb- und geruchlos. Es ist schwerer als Luft und sammelt sich daher am Boden an. Stark konzentriert kann das Gas zum Ersticken führen. Kohlenstoffdioxid entsteht bei der Verbrennung von Holz, Benzin, Heizöl und Erdgas. In graue Stahlflaschen abgefüllt, wird das Gas in der Getränkeindustrie benutzt (Mineralwasser, Treibgas beim Bierzapfen). **Trockeneis** ist gefrorenes Kohlenstoffdioxid und deshalb fest (Temperatur unter − 78,5 °C, **Abb. 18.2**). Es wird zur Tiefkühlung benutzt. Nebeleffekte, z. B. in der Disco, entstehen, wenn Trockeneis auf heißes Wasser geworfen wird.

Schwefeldioxid. Auch Schwefel ist brennbar. In reinem Sauerstoff kann man eine leuchtend blaue Flamme beobachten (**Abb. 18.6**).

Schwefel + Sauerstoff ⟶ Schwefeldioxid; Energie wird frei

Schwefeldioxid ist ein farbloses, stechend riechendes, giftiges Gas. Als Desinfektionsmittel tötet es Schimmelpilze und Bakterien ab (z. B. wird Trockenobst „geschwefelt", um die Haltbarkeit zu erhöhen).

18.3 **Die Verbrennung von Wasserstoff in reinem Sauerstoff liefert Wasser (LV 19.4)**

18.4/5/6 **Phosphor, Kohlenstoff und Schwefel verbrennen in reinem Sauerstoff – stets entstehen ein Oxid und „Verbrennungswärme"**

5.4 Langsame Oxidation

Oxidationsvorgänge laufen nicht immer so schnell ab, daß es zu Flammerscheinungen kommt (Flammen sind brennende „Gasströme"). Bei der langsamen Oxidation verbindet sich der Sauerstoff mit dem oxidierbaren Stoff fast „unbemerkt". Das **Rosten** des Eisens ist hierfür ein Beispiel. Feuchtigkeit beschleunigt die Rostbildung **(Abb. 19.1)**. Rost ist wasserhaltiges Eisenoxid.

Die meisten Metalle oxidieren langsam an der Luft. Man nennt diesen Vorgang **Korrosion**. Auch Aluminium verändert sich. Im Gegensatz zum porösen Rost ist die zusammenhängende Schicht aus Aluminiumoxid widerstandsfähig sowie wasser- und luftundurchlässig: Das Metall erhält so einen Schutzfilm gegen weitere Oxidation.

Nährstoffe (wie z. B. die Kohlenhydrate Zucker und Stärke) enthalten chemisch gebundenen Kohlenstoff. Durch langsame Oxidation dieser Nährstoffe werden im Körper Bewegungsenergie und Wärme freigesetzt. In der ausgeatmeten Luft sind die Oxidationsprodukte Wasser(dampf) und Kohlenstoffdioxid enthalten. Dieses ist mit einer Apparatur nach **Abb. 19.4** nachweisbar: **Kalkwasser – das Nachweismittel für Kohlenstoffdioxid** – wird getrübt.

5.5 Brandbekämpfung auf drei Arten

Brände werden meist mit Wasser gelöscht. Das Wasser kühlt die brennenden Stoffe so weit ab, daß die **Entzündungstemperatur** (Temperatur, ab der ein Stoff Feuer fängt) **unterschritten** wird. Der dabei entstehende Wasserdampf erschwert dem Luftsauerstoff den Zutritt zum Brand.

Benzin- und Ölbrände können nicht mit Wasser bekämpft werden. Das brennende Benzin würde auf dem Löschwasser schwimmen. In einem solchen Fall muß mit **Kohlenstoffdioxid** gelöscht werden. Besonders wirkungsvoll ist der Schaumlöscher. Der Kohlenstoffdioxid-Gas enthaltende Schaum **erstickt die Flammen** sofort, da es die Sauerstoff-Zufuhr unterbricht **(Abb. 19.2)**. Pulverlöscher enthalten einen Stoff, der Kohlenstoffdioxid abspaltet. Mit einer Löschdecke aus Spezialgewebe können Kleiderbrände erstickt werden. Bei Waldbränden stoppt man das Feuer durch **Entzug des brennbaren Stoffes**; man schlägt breite Schneisen.

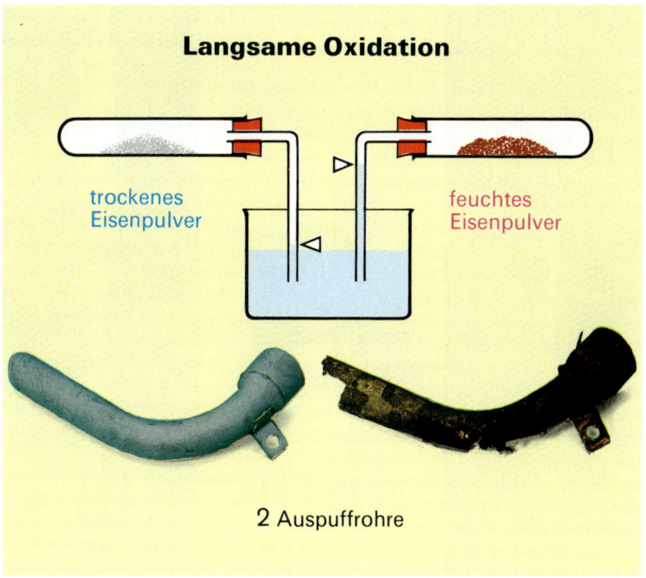

19.1 **Rostet Eisen, wird Sauerstoff verbraucht. Trockenes Eisen rostet langsam, angefeuchtetes schnell**

19.2 **Der Kohlenstoffdioxid-Schaum umhüllt den Brandherd und schneidet die Sauerstoff-Zufuhr ab: Das Feuer erstickt**

[V] 19.1 Bringe Holzkohle in einem Verbrennungslöffel zum Glühen. Tauche den Löffel in einen mit Sauerstoff gefüllten Standzylinder und bewege ihn auf und ab. Schüttle das entstandene Gas mit Kalkwasser.

[V] 19.2 In einem Becherglas sind auf einem treppenartig geknickten Blechstreifen drei Kerzen festgeschmolzen. Zünde sie an und leite Kohlenstoffdioxid in das Gefäß.

[IV] 19.3 Ein Verbrennungslöffel mit brennendem Schwefel wird unter dem Abzug in einen mit Sauerstoff gefüllten Standzylinder geführt. Achte auf die Flammenfärbung, prüfe den Geruch! Der Versuch wird mit rotem Phosphor* wiederholt.

[IV] 19.4 Wasserstoff* wird ein paar Minuten in reinem Sauerstoff verbrannt (eisgekühltes Gefäß aus schwer schmelzbarem Glas, Schutzbrille, Schutzscheibe) (s. Abb. 18.3).

[V] 19.5 Greife eine Kupferdrahtspirale mit der Pinzette und senke sie in ein Kerzenlicht, bis die Flamme erlischt. Erkläre das Versuchsergebnis.

[V] 19.6 Setze den Versuch nach Abb. 19.1 an. Prüfe **a)** nach Stunden und **b)** nach 3 Tagen.

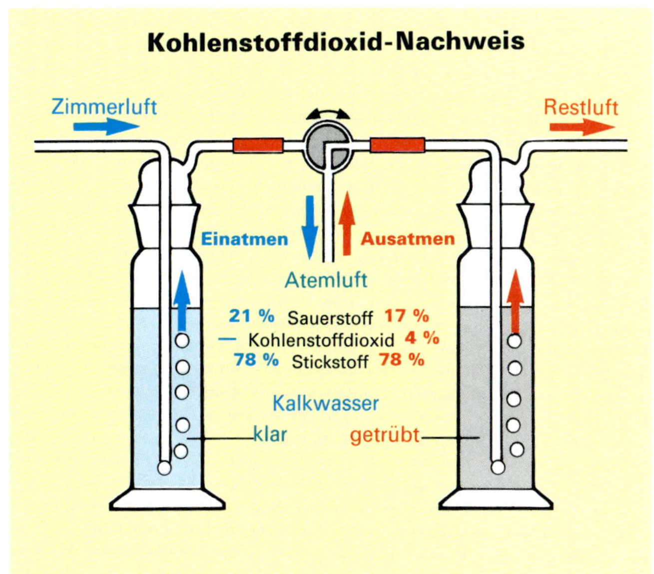

19.4 **Kohlenstoffdioxid – Prüfung von eingeatmeter und ausgeatmeter Luft. Kohlenstoffdioxid trübt Kalkwasser**

19.3 **Der bes. Hinweis: Gärender Wein bildet Kohlenstoffdioxid. Deshalb prüfen Winzer die Kellerluft mit Kerzenlicht**

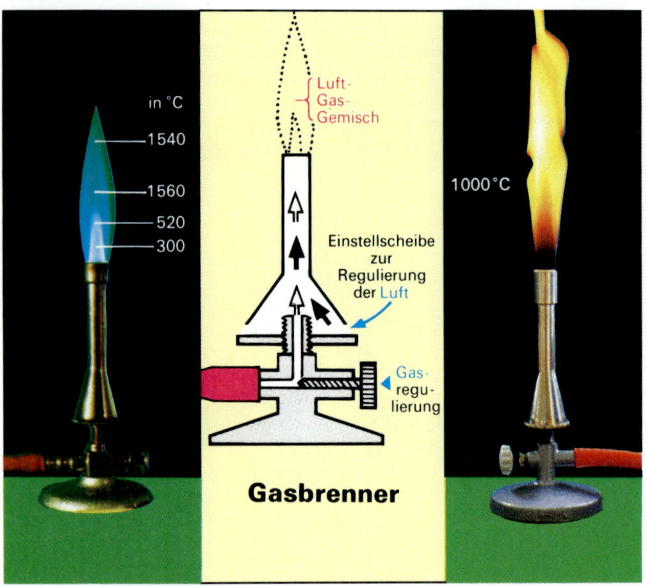

20.1 Die Gasflamme wird um so heißer, je mehr Luft sich mit dem Gas mischt; li. rauschende, re. leuchtende Flamme

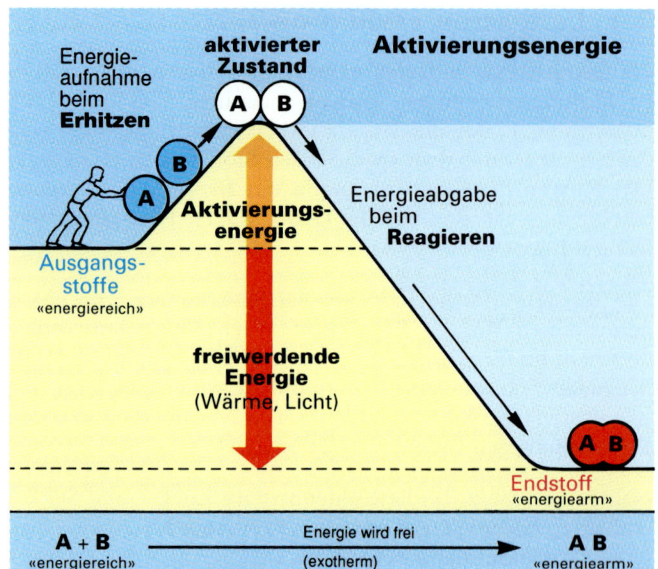

20.2 Im aktivierten Zustand startet die Reaktion und läuft selbständig ab (wie beim sich entzündenden Streichholz)

5.6 Keine Reaktion ohne Energie

Verbrennungsgeschwindigkeit und Teilchenzahl. An einem TECLU-Brenner **(Abb. 20.1)** können die Größe der Flamme durch die Gasmenge und die Temperatur durch die Luftmenge beeinflußt werden. Wird die Einstellscheibe nach unten gedreht, strömt Luft in den Schornstein und vermischt sich mit dem Heizgas. Hierbei trifft eine große Zahl von Luftsauerstoff-Teilchen gleichzeitig auf eine große Zahl von Heizgas-Teilchen: Die Verbrennung läuft schnell und heftig ab; die Flamme ist heiß und rauscht.

Die Geschwindigkeit einer Verbrennung steigt mit der Anzahl der Stoffteilchen, die gleichzeitig miteinander reagieren können.

Verklumptes Mehl (kleine Oberfläche) läßt sich schwer entzünden. Zerstäubtes Mehl (große Oberfläche) verbrennt explosionsartig (Modellversuch **Abb. 20.4**, Lehrerversuch): Wird Mehl in der Luft zerstäubt, können sehr viele Mehl- mit Sauerstoff-Teilchen reagieren. Deshalb sind Mehlstaub- explosionen in Getreidemühlen gefürchtet.

Die Aktivierungsenergie startet chemische Reaktionen. Die Bildung von Eisensulfid aus Eisen und Schwefel setzt Energie frei **(Abb. 21.1)**. Trotzdem muß, um die Reaktion zum „Zünden" zu bringen, das Eisen- und Schwefelgemisch erst mit einer weißglühenden Stricknadel angeheizt werden. Durch die Zufuhr dieser **Aktivierungsenergie** werden die Eisen- und Schwefelteilchen in so starke Bewegung versetzt, daß sie heftig aufeinanderprallen: Die chemische Reaktion setzt ein. Das Gemisch beginnt zu glimmen. Die Stricknadel wird weggezogen. Die jetzt freiwerdende Wärmeenergie pflanzt sich schlagartig selbständig durch das ganze Eisen- und Schwefelgemisch fort. Nach dem Erlöschen liegt Eisensulfid vor (Abb. 17.1-3).

Die für einen Reaktionsstart notwendige Energie nennt man Aktivierungsenergie (Abb. 20.2).

Die Reaktion zwischen Eisen und Schwefel muß auch in der Natur stattgefunden haben. Nur so ist zu erklären, daß es besonders in vulkanischen Gebieten mit Eisen- und Schwefelvorkommen Kristalle aus Eisensulfid gibt. Eisensulfid ist bekannt als Pyrit oder Katzengold.

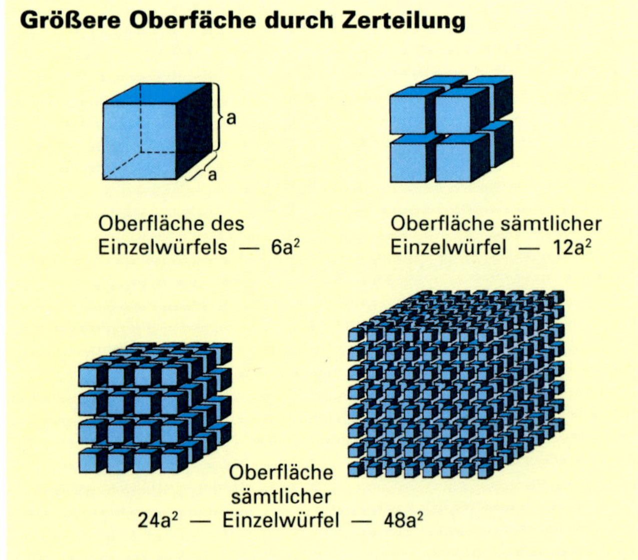

20.3 Je zerteilter ein Stoff ist, desto größer ist seine Oberfläche

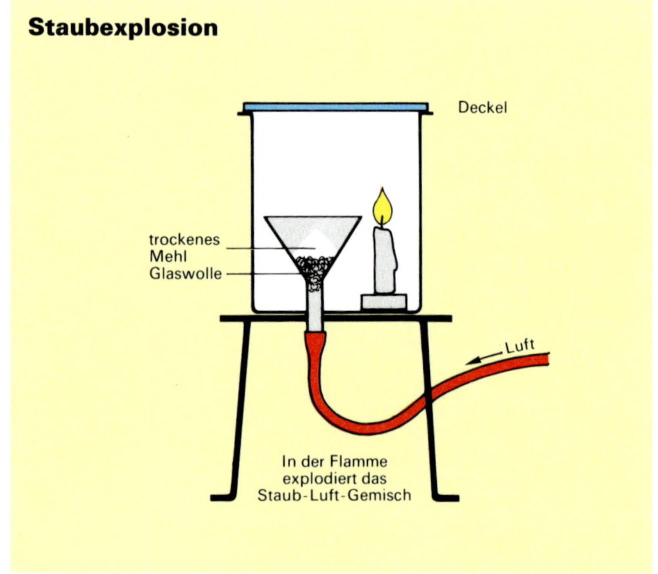

20.4 Je zerteilter der Stoff ist (größere Oberfläche), desto heftiger ist die Reaktion: Staub verbrennt explosionsartig

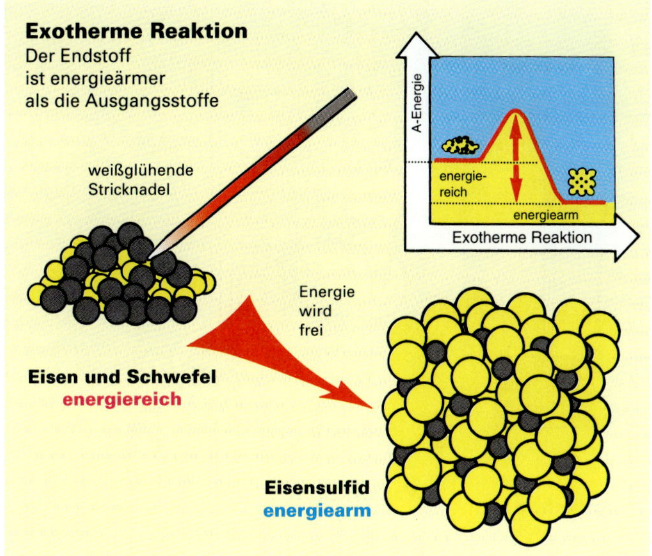

21.1 Die bei der Synthese von Eisen und Schwefel frei-werdende Energie (roter Pfeil) macht Eisensulfid energiearm

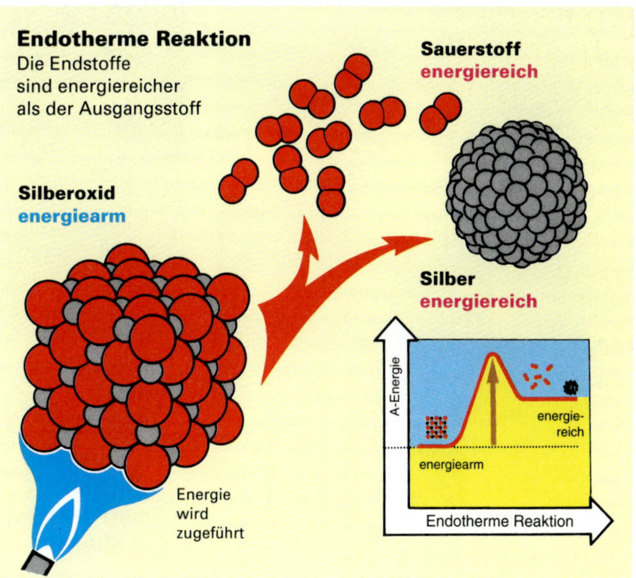

21.2 Die in die Zerlegung von Silberoxid gesteckte A-Ener-gie (brauner Pfeil) macht Sauerstoff und Silber energiereich

Bei chemischen Reaktionen wird Wärme frei oder aufgenommen. Bei allen Oxidationen wird **Energie** frei. Sie wird als **Wärmeenergie** oder als **Lichtenergie** abgege-ben. Die Heftigkeit, mit der eine Oxidation abläuft, ist nicht nur von der Menge, sondern auch von der Art der Stoffe ab-hängig. Magnesium reagiert mit Sauerstoff wesentlich stür-mischer als Eisen (siehe Abb. 16.3 und 16.4). Je stärker das **Bindungsbestreben** der Reaktionspartner zueinander ist, desto mehr Energie wird frei. Das Bindungsbestreben zwi-schen Silber und Sauerstoff ist nur schwach. Deshalb wird bei der Silberoxid-Bildung nur ein geringer Energiebetrag abge-geben. Umgekehrt läßt sich das Silberoxid durch Energiezu-fuhr wieder in Silber und Sauerstoff zerlegen. Dabei muß der gleiche Energiebetrag zugeführt werden, der vorher bei der Silberoxid-Bildung frei wurde. Der **Energiegehalt** der Stof-fe vor und nach der chemischen Reaktion ist verschieden **(Abb. 21.1, 21.2).**

Analyse und Synthese. Bei der Zerlegung von Silberoxid erhält man die Elemente Silber und Sauerstoff. Dieses Ver-fahren ist eine Analyse **(Abb. 21.3 und 21.2).** Silberoxid läßt sich aus den Elementen Silber und Sauerstoff aufbauen. Dieses Beispiel ist eine Synthese.

Die Zerlegung einer Verbindung nennt man Analyse, den Aufbau einer Verbindung Synthese.

Element und Verbindung. Silberoxid kann in Silber und Sauerstoff aufgespalten werden. Silber läßt sich aber nicht weiter in andere Stoffe zerlegen, auch Sauerstoff nicht. Stoffe wie Silber oder Sauerstoff nennt man Elemente. Silberoxid ist eine Verbindung aus den Elementen Silber und Sauerstoff.

Bisher sind 105 verschiedene Elemente bekannt. Aus ihnen sind alle übrigen Stoffe (also Verbindungen wie z. B. Sulfide und Oxide) aufgebaut **(Abb. 21.4).**

Chemische Reaktionen, bei denen Energie frei wird, nennt man exotherm.
Chemische Reaktionen, die nur unter Energiezufuhr ablaufen, nennt man endotherm.

Elemente sind Reinstoffe, sie lassen sich nicht in andere Stoffe zerlegen. Dagegen sind Verbindungen Reinstoffe, die sich in andere Stoffe zerlegen lassen.

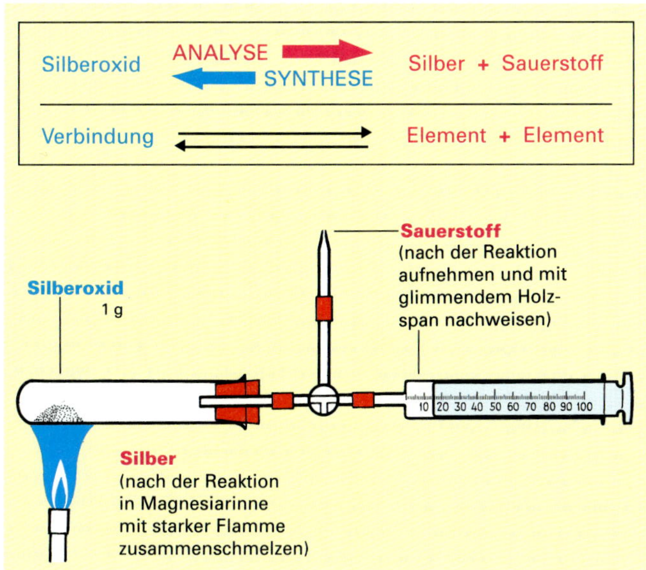

21.3 Wird schwarzes Silberoxid erhitzt, zerfällt es in Silber und Sauerstoff. Diese Stoffzerlegung ist eine Analyse

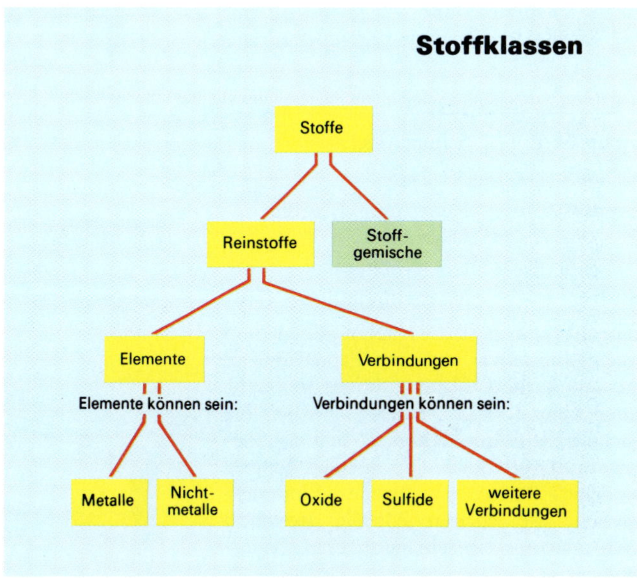

21.4 Die Einteilung der Stoffe in Stoffklassen. Finde zu je-dem Oberbegriff bekannte Beispiele

PROJEKT: Chemie erleben

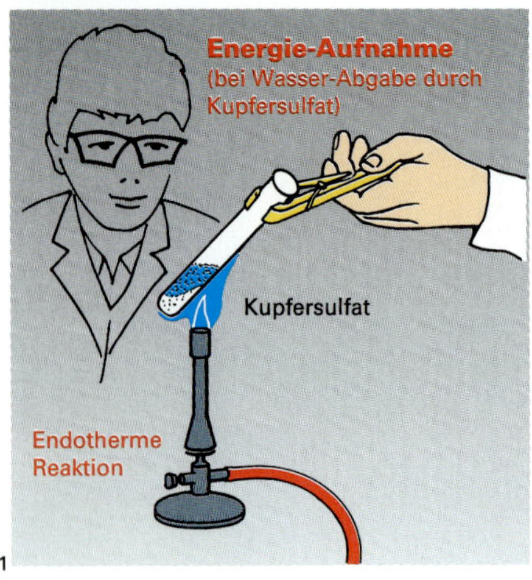

1

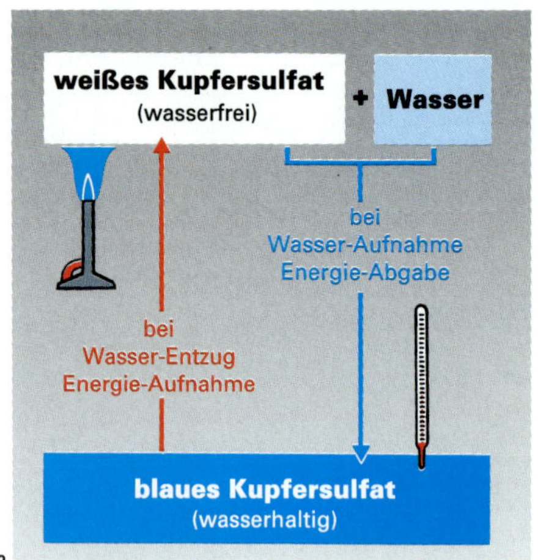

2

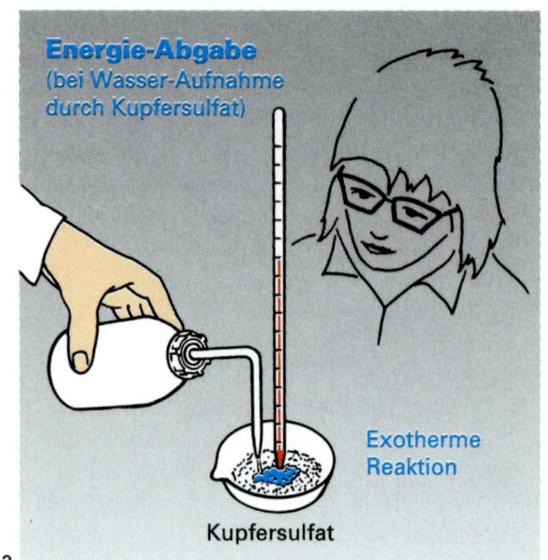

3

Versuch: V 22.1

Geräte: Becherglas 200 ml, Glasstab, Pappdeckel, Thermometer

Chemikalien: Bariumhydroxid*, Ammoniumthiocyanat* (NH_4SCN)

Durchführung: Stelle das Becherglas auf einen angefeuchteten Pappdeckel. Dann gib nacheinander 3 g festes Bariumhydroxid und 3 g festes Ammoniumthiocyanat in das Glas. Verrühre beide Stoffe. Hebe das Becherglas nach 3 Minuten hoch. Begründe, ob es sich bei diesem Vorgang um eine exotherme oder endotherme Reaktion handelt.

Versuch: V 22.2

Geräte: Dreifuß, quadratisches Eisenblech, Brenner

Chemikalien/ Stoffe: Streichholzköpfe, Papier, Holzkohle, Kerzenwachs (oder roter Phosphor*, Schwefel, Holz, Magnesiumband)

Durchführung: Stelle den Gasbrenner so unter den Dreifuß, daß er alle vier Proben auf der Metallplatte gleich stark erwärmt.

Halte die Reihenfolge fest, in der sich die Stoffe entzünden, und vergleiche sie mit der Tabelle der Entzündungstemperaturen.

Sicherheit: Schutzbrille!

Versuch: V 22.3

Geräte: Papierrinne, Blasrohr, Gasbrenner

Chemikalien/ Stoffe: Kupfer-, Eisen-, Magnesiumpulver*

Durchführung: Blase Kupfer-, Eisen- und Magnesiumpulver aus einer Papierrinne in die entleuchtete Flamme (nicht in Richtung einer Person blasen!). Ordne die Metalle nach ihrer Heftigkeit, sich mit Sauerstoff zu verbinden. Die unedlen Metalle (welche?) weisen ein großes Bindungsstreben, die edleren Metalle (welche?) kein oder nur ein sehr geringes zu Sauerstoff auf.

Energie-Umsatz bei chemischen Reaktionen

Entzündungstemperaturen

Streichholzkopf	60 °C
Papier	250 °C
Holzkohle	ab 150 °C
Kerzenwachs	250 °C

Warum ohne Sonne kein Motor läuft

Fast die gesamte Energie, mit der Motoren angetrieben werden, stammt von der Sonne. Diese Energie wurde vor Jahrmillionen in Pflanzen und tierischen Kleinstlebewesen gespeichert. Abgestorben zersetzten sich diese Organismen nach und nach – unter Druck, Hitze und Sauerstoffabschluß – und wurden schließlich zu den Energieträgern Kohle, Erdgas und Erdöl (siehe stark vereinfachtes Schema, Abb. 5). Energie geht nie verloren; sie geht nur von einer Form in die andere über.

Aus Erdöl wird Benzin gewonnen; Benzin verbrennt mit Sauerstoff explosionsartig (exotherm). Im Motor führt dieser Vorgang zur Beschleunigung eines Autos.

Zündung ohne Flamme

Konzentriert man Sonnenlicht mit einem Vergrößerungsglas in einem Punkt auf Papier, entflammt es.

Bei einem Gasfeuerzeug entzünden überspringende Funken ausströmendes Gas.

Wird Heu feucht eingelagert, kann es durch Gärung und Fäulnis so heiß werden, daß es zur „Selbstentzündung" kommt. Deshalb wird gelagertes Heu mit Temperaturfühlern (Sonden) überwacht.

Von den Urmenschen weiß man, daß sie ihr Feuer mit einem Hartholzstab aus einem Weichholzstück herausrieben. Durch Blasen der Funken auf trockenes Moos und Laub wurde dann mühsam das Feuer entfacht.

Fragen und Aufgaben

A 22.1 Überlege bei V 22.1, woher die Energie stammt, die die beiden miteinander reagierenden Stoffe benötigen.

A 22.2 Trockeneis (s. S. 18) darf nicht mit bloßer Hand angefaßt werden. Begründe!

A 22.3 Ein Eisennagel, Eisenwolle und Eisenspäne sollen entzündet werden: Der Nagel glüht, die Wolle brennt, und die Späne sprühen. Begründe!

A 22.4 Erhitzt man blaues Kupfersulfat, entweicht Wasserdampf, und das Salz wird weiß. Bei Wasser-Zugabe bildet sich das blaue Salz unter Erwärmen wieder (Abb. 1 u. 3). Erkläre die Begriffe endotherm und exotherm mit Hilfe von Abb. 2.

4

5

6

Versuch: $\boxed{V}$ 23.1

Geräte: 6 RG, RG-Gestell, Thermometer

Chemikalien/ Stoffe: siehe Abbildung, Wasser

Durchführung: Fülle in je ein Reagenzglas die Salze etwa ½ cm hoch. Gib dann in jedes Reagenzglas Wasser, etwa 3 cm hoch (die Temperatur des Wassers muß zuvor festgestellt werden).

Schüttle die Reagenzgläser und notiere die Temperaturänderung. Deute die unter dem Reagenzglasgestell befindlichen Farbpunkte.

Versuch: $\boxed{V}$ 23.2

Geräte: Becherglas 50 ml, Lämpchen, z. B. 3,7 V/0,3 A (Solarmotor, LCD-Uhr)

Chemikalien/ Stoffe: Kupferdraht, Magnesiumband, Natriumhydrogensulfat, Wasser

Durchführung: Löse 3 Spatelspitzen Natriumhydrogensulfat in einem Becherglas mit Wasser. Verbinde ein Lämpchen über Drähte mit einem Kupferdraht und einem Magnesiumband. Tauche beide Metalle wenige Millimeter voneinander entfernt in die Lösung und beobachte genau das Lämpchen und das Magnesiumband.

Versuch: $\boxed{V}$ 23.3

Geräte: Becherglas 100 ml, Pappdeckel, 2 durchbohrte Stopfen, 2 Kabel mit Klemmen, Flachbatterie 4,5 V

Chemikalien/ Stoffe: Kupfersulfat★, Essig (5%ig), Kupferdraht, alter Schlüssel, Kohlestab

Durchführung: 10 g Kupfersulfat werden in 50 ml Wasser gelöst. Dazu kommen 5 ml Essig (5%ig). Das Metallstück (z. B. ein alter Schlüssel) muß fettfrei und sauber sein. Es hängt am Kupferdraht in der Lösung. Der Batteriestrom soll 3 – 5 Minuten fließen.

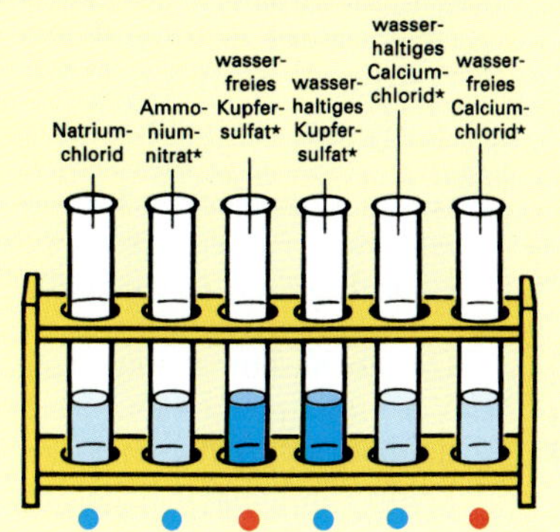

Chemische Vorgänge erzeugen elektrische Energie

Elektrische Energie löst chemische Vorgänge aus
(Verkupfern eines Schlüssels)

Streusalz – oder doch lieber Splitt?

Bei vereisten Straßen hoffen Autofahrer auf den Streuwagen. Das hat seinen Grund: Bei Temperaturen unter 0 °C ist Wasser zu Eis erstarrt.

Nach dem Streuen schmilzt das Eis, da die nun auf den Straßen vorhandene Salzlösung einen tieferen Erstarrungspunkt als Wasser hat, nämlich –13 °C. So bleiben Straßen längere Zeit eisfrei. Der Preis: sterbende Straßenbäume, belastete Gewässer und Kläranlagen, Metall- und Betonschäden.

Deshalb muß für ebene Straßen und Gehwege gelten: Splitt statt Streusalz verwenden.

Elektrischer Strom aus der Zitrone?

Es gibt keine chemischen Vorgänge, die ohne Energieänderungen ablaufen. Dabei wird entweder Energie frei (exotherm), oder Energie wird aufgenommen (endotherm), (Abb. 1 bzw. 3).

Manchmal muß elektrische Energie aufgenommen werden, damit chemische Reaktionen eintreten (Abb. V 23.3).

Auch der umgekehrte Vorgang ist möglich – chemische Abläufe liefern elektrische Energie: Stecke je ein Kupfer- und Zinkblech in eine Zitrone. Verbinde die Metallstreifen (Cu = Pluspol) mit einem empfindlichen Solarmotor oder einer LCD-Uhr (Abb. V 23.2).

Fragen und Aufgaben

$\boxed{A}$ **23.1** Welche Erkenntnis wird in der Praxis umgesetzt, wenn ein Feuer (Abb.4) mit Wasser gelöscht wird ? (s. S. 19 und V 22.2)

$\boxed{A}$ **23.2** Mische in einem Becherglas zerkleinertes Eis und Kochsalz im Verhältnis 2:1. Gib 5 ml Wasser in ein Reagenzglas und kühle es in der Kältemischung. Miß und notiere im Minutenabstand die Temperatur von Kältemischung und Wasser.

$\boxed{A}$ **23.3** Worin liegt der Vorteil, Gegenstände aus Eisen zu verkupfern oder zu verchromen?

$\boxed{A}$ **23.4** Ordne die Versuche (S. 22 u. 23) nach der Art der auftretenden Energie:
a) Wärme, b) Licht, c) elektrische Energie.

23

24.1 John Dalton schrieb 1803 seine Vorstellung vom Atom nieder, ersann Elementsymbole und berechnete Atommassen

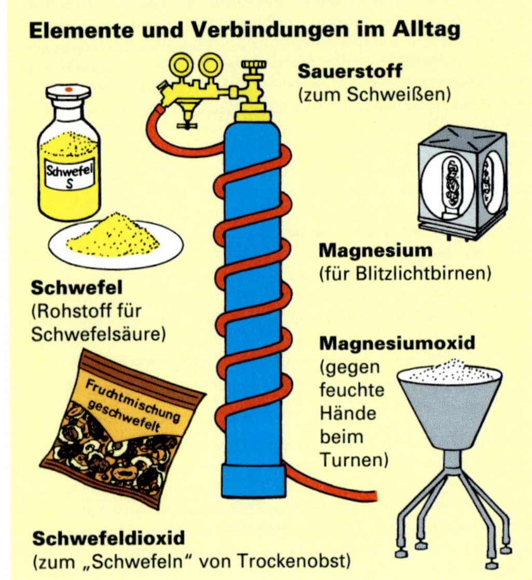

24.2 Wie stark Modelle von dem tatsächlichen Aussehen der Stoffe abweichen, zeigt der Vergleich der Abb. 24.2 und 24.3

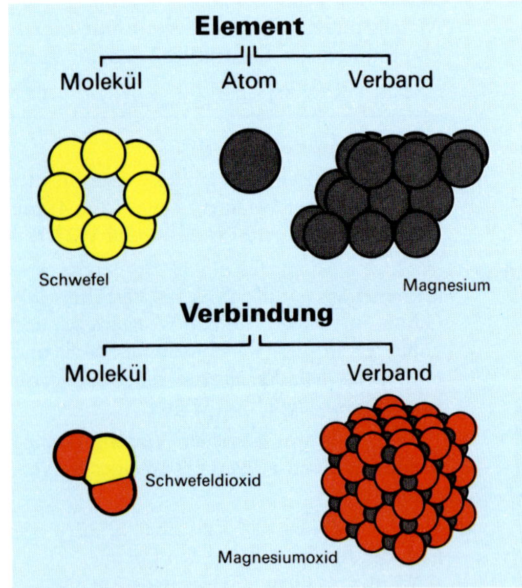

24.3 Begriffe für Modelle kleinster Teilchen in unterschiedlicher Anordnung

6.1 Das Teilchenmodell für Element und Verbindung

Wenn etwas in Wirklichkeit unübersichtlich, zu groß, zu klein oder gar unsichtbar ist, erfindet man ein **anschauliches Modell**. Deshalb gibt es für die unübersichtlichen Straßennetze einen Atlas, für die große Erde einen Globus und für die kleinsten, unsichtbaren Teilchen ein Kugelmodell.

Die Idee von den kleinsten Teilchen, mit der das Lösen von Stoffen und der Wechsel der Aggregatzustände erklärt werden (S. 12 und 13), ist schon sehr alt: Bereits vor über 2000 Jahren vermutete der griechische Philosoph DEMOKRIT (460-371 v. Chr.), daß alle Stoffe aus kleinsten, nicht weiter zerlegbaren Teilchen bestehen. Weil „unteilbar" auf griechisch „atomos" heißt, nannte DEMOKRIT diese Teilchen **Atome**.

Der englische Chemiker DALTON (1766-1844) übernahm den alten Ausdruck „Atom" und benutzte ihn für „kleinste kugelförmige Teilchen" **(Abb. 25.3)**. Nach Dalton sind alle Atome eines Elements (z. B. alle Sauerstoff-Atome) untereinander gleich. Die Sauerstoff-Atome unterscheiden sich jedoch von den Atomen anderer Elemente (wie Schwefel oder Magnesium) in ihrer Größe und damit in ihrer Masse **(Abb. 24.1)**. Das **Dalton-Atommodell** ist heute noch gebräuchlich, weil es die Atome als Massekügelchen einfach und anschaulich darstellt.

Jedes chemische Element besteht aus gleichen Teilchen, den Atomen. Die Atome der verschiedenartigen Elemente unterscheiden sich in ihrer Größe und Masse.

Dennoch: Die direkte Gegenüberstellung der wirklichen Elemente und Verbindungen **(Abb. 24.2)** mit den entsprechenden unwirklichen Modellbildern **(Abb. 24.3)** zeigt, daß Modell und Wirklichkeit miteinander keine Ähnlichkeit haben müssen. Wie aber ließe sich bildlich – besser als mit dem **Kugelteilchenmodell** – die unterschiedliche Atomanordnung zwischen dem festen, gelben, geruchlosen Schwefel und dem gasigen, farblosen, stechend riechenden Schwefeldioxid darstellen? Das gleiche gilt für den Vergleich zwischen dem metallisch glänzenden Magnesium und dem weißen Magnesiumoxid-Pulver.

6.2 Atom, Molekül und Verband

Durch Experimente weiß man heute, daß es Atome tatsächlich gibt (und daß sie sogar teilbar sind). So treten die Teilchen der Edelgase wie das Neon der Neonleuchten nur als Einzel-Atome auf. Anders verhält es sich mit den unedlen Gasen, wie z. B. dem Sauerstoff. Der Sauerstoff tritt immer paarweise verbunden auf.

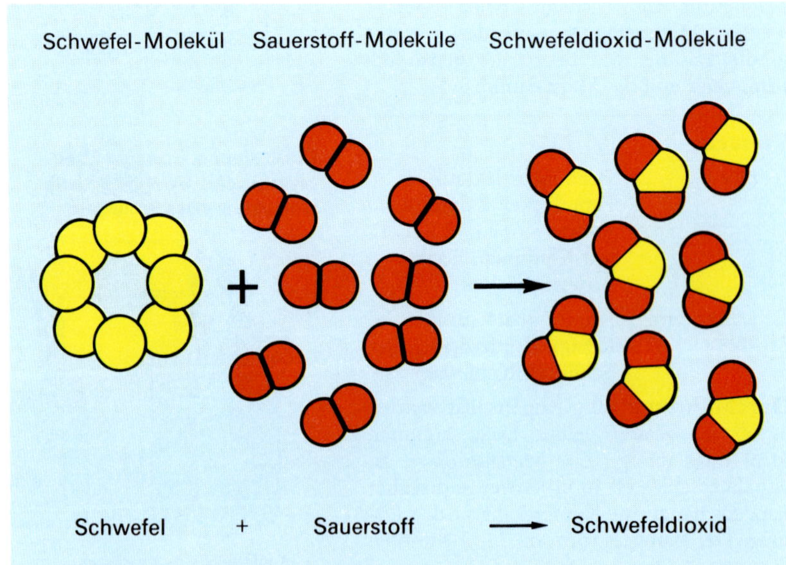

24.4 Bei einer chemischen Reaktion werden die kleinsten Teilchen der Stoffe umgruppiert. So entstehen neue Stoffe mit neuen Eigenschaften

Schwefel bildet aus je acht verbundenen Schwefel-Atomen sogar Ringe. Atom-Zusammenschlüsse, wie bei Sauerstoff und Schwefel, nennt man **Moleküle (Abb. 24.4)**. In Feststoffen, wie Magnesium und Magnesiumoxid, lagern sich die Atome – regelmäßig angeordnet und dicht gepackt – zu einem **Verband** zusammen **(Abb. 24.3)**.

6.3 Die Atommasse

Der Durchmesser eines Atoms ist unvorstellbar klein **(Abb. 25.1)**. Nicht anders sieht es mit der Masse eines Atoms aus: Ein einzelnes Wasserstoff-Atom z. B. hat die Masse von „ganzen" 0,000 000 000 000 000 000 000 001 673 g. Eine solche Massenangabe in Gramm ist unübersichtlich. Deshalb führte man eine überschaubare Einheit, die sogenannte **Atommasseneinheit**, ein. Das Kurzzeichen hierfür ist **u** (engl.: mass **u**nit = Masseneinheit). 1 u ist der 12. Teil der Masse eines Kohlenstoff-Atoms (ein Kohlenstoff-Atom hat die Masse 12 u). 12 Wasserstoff-Atome haben (ungefähr) die gleiche Masse wie 1 Kohlenstoff-Atom **(Abb. 25.2)**. Die Masse eines einzelnen Wasserstoff-Atoms muß also 1 u betragen. 32mal so „schwer" wie ein Wasserstoff-Atom ist ein Schwefel-Atom mit der Atommasse 32 u. Die **Tabelle 25.2** zeigt die auf- oder abgerundeten Massenzahlen.

6.4 Atome werden umgruppiert

Der Feststoff Schwefel reagiert mit dem Gas Sauerstoff zu gasigem Schwefeldioxid (s. Abb. 18.6). Die Entstehung von Schwefeldioxid aus den Elementen läßt sich anschaulich mit dem Kugelteilchenmodell erklären **(Abb. 24.4)**: Acht ringförmig zusammengeschlossene Atome bilden das Schwefel-Molekül. Dagegen ist das Sauerstoff-Molekül aus nur zwei Atomen zusammengesetzt. Kommt es zur chemischen Reaktion, brechen die einzelnen Moleküle auf – neue Gruppierungen der Atome werden möglich. Je ein Schwefel-Atom reagiert mit zwei Sauerstoff-Atomen zu einem Schwefeldioxid-Molekül. Solche Umgruppierungen kennzeichnen alle chemischen Reaktionen.

Bei chemischen Reaktionen werden die Atome der beteiligten Stoffe umgruppiert.

Im Falle des Schwefeldioxids sind voneinander unabhängige Moleküle entstanden. Bei anderen chemischen Reaktionen können sich Atome (aus einem Verband) mit Molekülen zu einem neuen Verband ordnen. So entsteht bei der chemischen Reaktion von festem Magnesium mit gasigem Sauerstoff festes Magnesiumoxid. Bei diesen Atom-Umgruppierungen verändern sich die Atomdurchmesser **(Abb. 25.4)**.

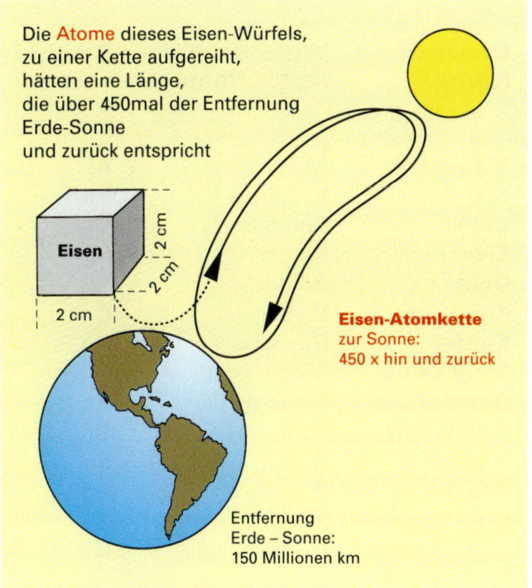

25.1 Auch Vergleiche lassen die Winzigkeit der Atome nur erahnen

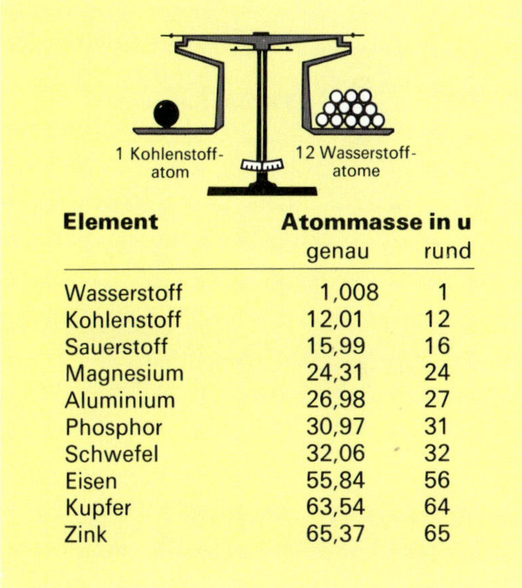

Element	Atommasse in u	
	genau	rund
Wasserstoff	1,008	1
Kohlenstoff	12,01	12
Sauerstoff	15,99	16
Magnesium	24,31	24
Aluminium	26,98	27
Phosphor	30,97	31
Schwefel	32,06	32
Eisen	55,84	56
Kupfer	63,54	64
Zink	65,37	65

25.2 Die Atommassen einiger Elemente in u

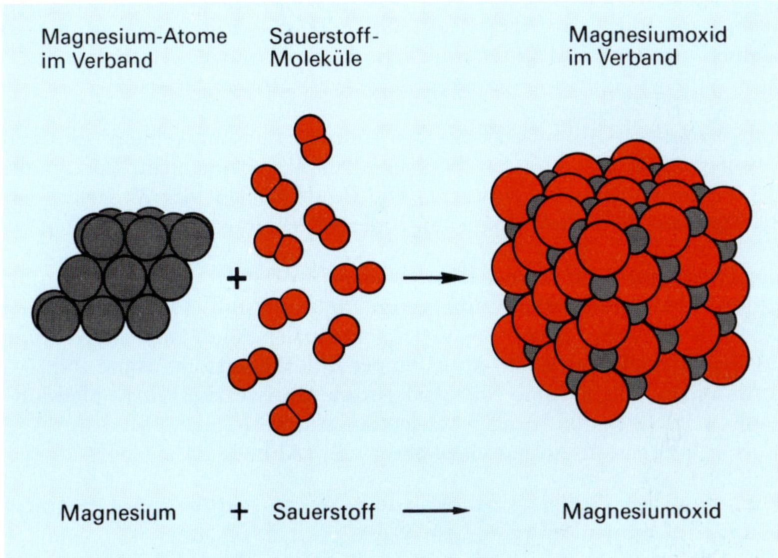

25.4 Wenn Teilchen bei einer Reaktion ihren Verband verlassen und sich neu ordnen, kann sich die Teilchengröße ändern

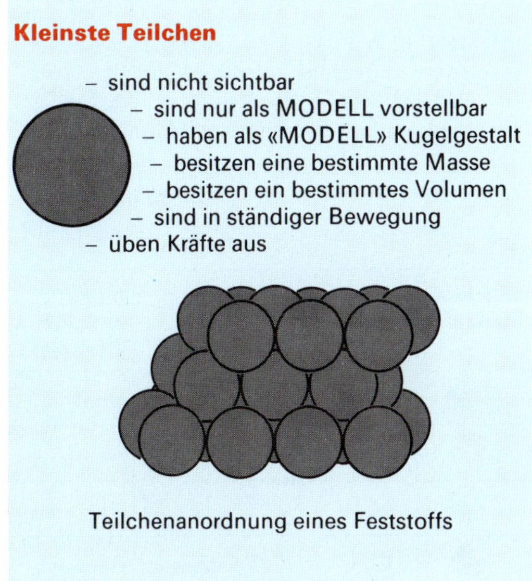

25.3 Die dichteste Kugelpackung (unten) ist ein Modell für Feststoffe

Deutscher Name	Wissenschaftlicher Name	Symbol
Aluminium	Aluminium	Al
Blei	Plumbum	Pb
Chlor	Chlorum	Cl
Eisen	Ferrum	Fe
Gold	Aurum	Au
Kohlenstoff	Carboneum	C
Kupfer	Cuprum	Cu
Magnesium	Magnesium	Mg
Quecksilber	Hydrargyrum	Hg
Sauerstoff	Oxygenium	O
Schwefel	Sulfur	S
Silber	Argentum	Ag
Stickstoff	Nitrogenium	N
Wasserstoff	Hydrogenium	H

26.1 Die heute üblichen Symbole der Elemente sind von lateinischen oder griechischen Namen abgeleitet

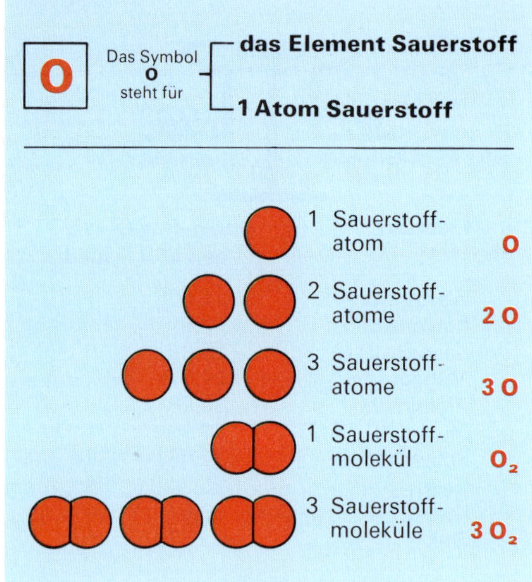

26.2 Die Symbol-Formel-Beziehung

[A] 26.1 Bestimme die Wertigkeit der Metalle in den nachfolgenden Verbindungen und stelle ihre Formeln zeichnerisch dar: Al_2S_3, $MgCl_2$, FeO, $FeCl_3$, PbO, PbO_2 (siehe Abb. 27.1).

[A] 26.2 Wie liest man die folgenden Symbole: 4 O, 2 O₂, H₂, 3 Fe, Cu, 2 Mg (siehe Abb. 26.2)?

Teilchen-Modell	Formel	Atomzahlenverhältnis	Bindefähigkeit = Wertigkeit
	HCl	1:1 Chlor	einwertig
	H₂O	2:1 Sauerstoff	zweiwertig
	NH₃	3:1 Stickstoff	dreiwertig
	CH₄	4:1 Kohlenstoff	vierwertig

26.3 Die Wertigkeitszahl gibt an, wie viele Wasserstoff-Atome ein Atom binden kann

7.1 Elementsymbol für eine chemische Kurzschrift

Die Alchimisten des 16. / 17. Jahrhunderts – die Chemiker des Mittelalters – versuchten, durch allerlei geheimnisvolle Experimente zum Teil Unmögliches zustande zu bringen. So wollten sie aus unedlen Metallen, wie z. B. Blei, Gold herstellen. Für ihre Versuchsprotokolle verwendeten sie eine Geheimschrift.

Die heute benutzte **internationale chemische Zeichensprache** erfand der Schwede Berzelius 1814. Er leitete die kurzen, aus ein oder zwei Buchstaben bestehenden **Symbole** von den damals üblichen lateinischen oder griechischen Elementnamen ab **(Tabelle 26.1)**.

Beachte: Die Buchstaben der Symbole werden immer in **Druckschrift** geschrieben. Man benutzt **Großbuchstaben**. Nur bei Elementen, deren Symbol aus zwei Buchstaben besteht, wird der **zweite** Buchstabe **klein** geschrieben. Bei Symbolen aus zwei Buchstaben spricht man die Buchstaben getrennt aus (Aluminium = Al, lies: „A-el").

7.2 Jedes Element besteht aus einer Atomart

Reinstoffe, die sich nicht weiter in andere Stoffe zerlegen lassen, nennt man **Elemente**. Sauerstoff oder Schwefel sind hierfür Beispiele. Elemente bestehen nur aus einer einzigen Atomsorte. Das chemische Symbol (zum Beispiel **S**) bedeutet zweierlei:
a) ein bestimmtes chemisches Element (hier das Element **Schwefel**)
b) ein einzelnes Atom dieses Elements (hier **1** Schwefel-Atom).

Eine Zahl, vor das Elementsymbol geschrieben, gibt die Anzahl von Einzel-Atomen an; nur die Zahl 1 wird nicht geschrieben (z. B. 8 S: acht einzelne Schwefel-Atome, aber S: ein Schwefel-Atom).

Atome können sich zu **Molekülen** verbinden. Eine kleingeschriebene, tiefgesetzte Zahl **(Index)**, dem Symbol nachgestellt, nennt die Zahl der miteinander verbundenen Atome (z. B. O_2: zwei Sauerstoff-Atome sind zu einem Molekül verbunden; S_8: acht Schwefel-Atome bilden ein Molekül). Sind mehrere Moleküle gemeint, muß die entsprechende Zahl vor das Molekül gesetzt werden (z. B. 3 O_2: drei Sauerstoff-Moleküle).

Die **Abb. 26.2** veranschaulicht den Zusammenhang von Symbol, Zahl und Index.

7.3 Die Wertigkeit der Atome

Alle Moleküle des Schwefeldioxids sind aus einem Schwefel-Atom und zwei Sauerstoff-Atomen zusammengesetzt (vgl. Abb. 24.4). Im Verband des Magnesiumoxids dagegen kommt auf je ein Magnesium-Atom nur ein Sauerstoff-Atom (vgl. Abb. 25.4). Das Zahlenverhältnis der Atome in Verbindungen ist also unterschiedlich. Atome können sich mit anderen Atomen nur in einem bestimmten Zahlenverhältnis verbinden.

Ein Wasserstoff-Atom vermag sich immer nur mit einem einzigen weiteren Atom zu verbinden. Die Bindefähigkeit nennt man **Wertigkeit**. Wasserstoff ist demnach einwertig. Die Bindefähigkeit des Wasserstoffs ist das Maß, mit dem die Wertigkeiten anderer Elemente ermittelt werden.

Ein Chlor-Atom bindet ein Wasserstoff-Atom (HCl = Chlorwasserstoff): Chlor-Atome sind deshalb **einwertig**. Ein Sauerstoff-Atom bindet zwei Wasserstoff-Atome (H_2O = Wasser): Demnach sind Sauerstoff-Atome **zweiwertig**. Ein Stickstoff-Atom bindet drei Wasserstoff-Atome (NH_3 = Ammoniak): Folglich sind Stickstoff-Atome **dreiwertig**. Ein Kohlenstoff-Atom schließlich bindet vier Wasserstoff-Atome (CH_4 = Methan): Also müssen Kohlenstoff-Atome **vierwertig** sein **(Abb. 26.3)**.

Die Zahl der Wasserstoff-Atome, die ein Atom binden (oder ersetzen) kann, nennt man die Wertigkeit des Atoms.

Element	Symbol	Wertigkeit
Wasserstoff	H	I
Chlor	Cl	I
Kupfer	Cu	I, II
Sauerstoff	O	II
Magnesium	Mg	II
Zink	Zn	II
Eisen	Fe	II, III
Blei	Pb	II, IV
Schwefel	S	II, IV, VI
Aluminium	Al	III
Stickstoff	N	III, V
Phosphor	P	III, V
Kohlenstoff	C	IV

$$H_2O \quad Cu_2O \quad CuO \quad Fe_2O_3$$

27.1 Einige Elemente, geordnet nach ihren häufigsten Wertigkeitsstufen. U.: Zeichnerische Formel-Ermittlung

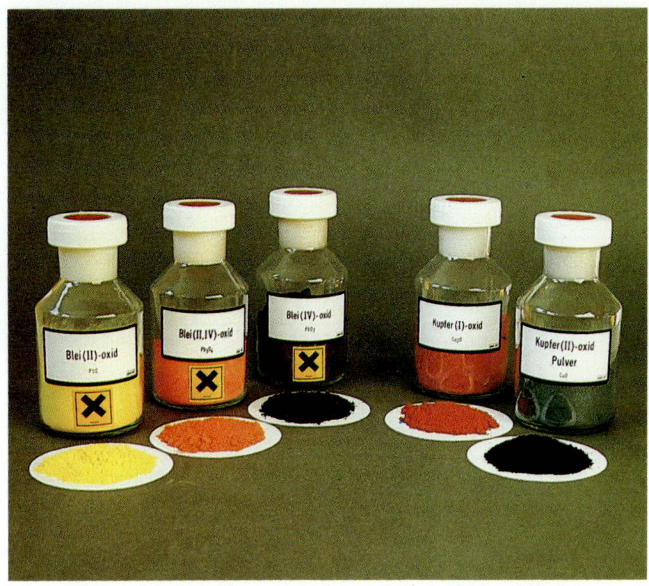

27.2 Blei oder Kupfer treten in mehreren Wertigkeiten auf, sie können mit Sauerstoff verschiedene Oxide bilden

7.4 Die Wertigkeit der Atome in chemischen Verbindungen

Verbindungen können in chemischer Kurzschrift als **Formeln** wiedergegeben werden. Formeln lassen sich aber erst aufstellen, wenn die Wertigkeiten der beteiligten Elemente bekannt sind. Zu beachten ist, daß einige Elemente, je nach Reaktionsbedingung und Reaktionspartner, **unterschiedliche Wertigkeiten** haben können **(Abb. 27.2)**. Am Beispiel des Aluminiumoxids soll das Aufstellen einer Formel gezeigt werden **(siehe Abb. 27.3)**:

Aluminiumoxid ist eine Verbindung aus einem Metall (Aluminium) und einem Nichtmetall (Sauerstoff). Es ist üblich, in einer Formel das Metall-Symbol zuerst zu schreiben. Elementsymbole und Wertigkeiten (römische Ziffern) können der **Tabelle 27.1** entnommen werden. Aluminium (Al) ist demnach dreiwertig, Sauerstoff (O) zweiwertig.

Striche (im Kästchen) unter dem Elementsymbol stehen für die Wertigkeit. Jetzt muß das Zahlenverhältnis der Aluminium- und Sauerstoff-Atome in der Verbindung Aluminium-oxid ermittelt werden. Das **kleinste gemeinsame Vielfache (k. g. V.) der Wertigkeiten** (hier III und II) wird ermittelt (Das k. g. V. von III und II ist 6.). Das Zahlenverhältnis der Aluminium- und Sauerstoff-Atome erhält man, wenn das k. g. V. durch die entsprechende Wertigkeit geteilt wird (bei Aluminium 6:III = 2, bei Sauerstoff 6:II = 3). Das **Atomzahlenverhältnis** von Aluminium zu Sauerstoff muß also 2:3 betragen. Mit den Strichkästchen läßt sich das Atomzahlenverhältnis überprüfen. 2 Aluminium-Atome (2mal Wertigkeit III) können die Wertigkeiten von 3 Sauerstoff-Atomen (3mal Wertigkeit II) ausgleichen. Jetzt kann die Formel aufgestellt werden. Zusammengefaßt gelten folgende Regeln:

In der Formel erscheint zuerst das Metall, dann das Nichtmetall. Durch die tiefgestellte Zahl (Index), die sich auf das vorangegangene Atom bezieht, wird angegeben, wieviel Atome des betreffenden Elements sich an der Verbindung beteiligen.

Da im Aluminiumoxid das Zahlenverhältnis Al:O = 2:3 ist, muß demnach die **Verhältnisformel** Al_2O_3 lauten.

	Aufstellen und Bezeichnen einer chemischen Formel	**Schrittfolge**
1	Einsetzen der Namen der Elemente	Aluminium · Sauerstoff
2	Einsetzen der Elementsymbole	Al · O
3	Feststellen der Wertigkeit der Elemente (Abb. 27.1)	
4	Finden des k.g.V. der Wertigkeiten	6
5	k.g.V. durch Wertigkeit dividieren	$\frac{6}{3} = 2$ · $\frac{6}{2} = 3$
6	Das Atomzahlen-Verhältnis ermitteln	Al Al · O O O
7	Ableiten der Formel der Verbindung	Al_2O_3

27.3 Das Aufstellen und Bezeichnen einer chemischen Formel am Beispiel des Aluminiumoxids

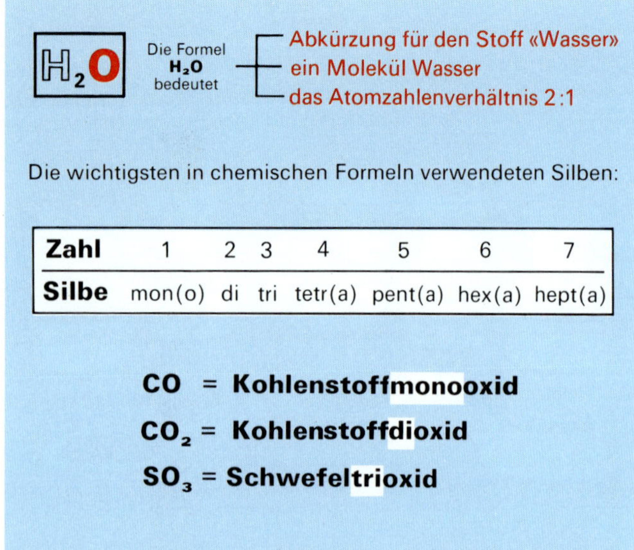

28.1 Bei einigen Verbindungen ist noch die alte, direkt von der Formel abgeleitete Bezeichnung gebräuchlich

7.5 Der Zusammenhang zwischen Symbol, Zahl und Namen einer chemischen Verbindung

Der Name einer chemischen Verbindung liefert oft Hinweise auf ihre Zusammensetzung. Besteht eine Verbindung lediglich aus zwei Elementen, wird der **Name aus Silben der Elementnamen** gebildet und die Endsilbe -id angehängt. Der Name Magnesiumoxid sagt aus, daß der Stoff aus den Elementen Magnesium und Sauerstoff (lat. oxygenium) besteht: Magnesium-ox-id.

Können **Atome eines Elements in mehreren Wertigkeitsstufen** auftreten, wird im Namen der Verbindung zusätzlich seine Wertigkeit angegeben. Sie erscheint dann als römische Zahl in Klammern hinter dem Namen des Elements. Beispiel PbO: Blei(II)-oxid, lies: Blei-zwei-oxid (Pb = 2wertig); PbO_2: Blei(IV)-oxid (Pb = 4wertig); s. **Abb. 27.2**.

Einige **veraltete Bezeichnungen** von Stoffen sind immer noch gebräuchlich. Diese Namen zeigen durch Silben (lateinischer oder griechischer Zahlwörter) die Anzahl von Atomen in einer Verbindung an **(Abb. 28.1)**. Im Kohlen-

stoffmonooxid-Molekül CO ist ein Kohlenstoff-Atom mit einem Sauerstoff-Atom verbunden. Dagegen läßt der Name Kohlenstoffdioxid auf die Formel CO_2 schließen - zwei Sauerstoff-Atome sind an ein Kohlenstoff-Atom gebunden.

7.6 Das chemische Reaktionsschema

Ein **Wortschema** benennt die Ausgangsstoffe und die Endstoffe einer chemischen Reaktion (vgl. S. 17). Das **Reaktionsschema** sagt zusätzlich etwas über das Mengenverhältnis der Stoffe aus, die miteinander reagieren. Zwei Beispiele für Reaktionsschemata **(Tabelle 29.1)**:

Beispiel 1: Kupfer und Schwefel reagieren zu Kupfersulfid. Zunächst müssen die Namen der Stoffe durch Symbole bzw. durch Formeln ersetzt werden. Jetzt erfolgt das Einrichten des Schemas: **Vorzahlen**, vor das Symbol bzw. die Formel geschrieben, geben das Zahlenverhältnis der Teilchen an. In Kupfersulfid Cu_2S verhalten sich die Kupfer- zu den Schwefelteilchen wie 2:1. Deshalb wird vor das Elementsymbol des Kupfers als Ausgangsstoff die Vorzahl 2 geschrieben. Das Symbol des Schwefels bleibt ohne Vorzahl, was soviel wie 1 bedeutet. Eine genaue **Endkontrolle** verhindert, daß Fehler übersehen werden. Die Anzahl der Atome links und rechts des Reaktionspfeils muß übereinstimmen. Ist dies nicht der Fall, müssen die Vorzahlen entsprechend geändert werden. Niemals aber darf der Index einer Formel verändert werden.

Beispiel 2: Wasserstoff und Sauerstoff reagieren zu Wasser. Hierbei bilden ein Sauerstoff- und zwei Wasserstoff-Atome das Molekül H_2O. Die Ausgangsstoffe Wasserstoff und Sauerstoff liegen in der Natur als zweiatomige Moleküle vor (vgl. S. 24), also müssen H_2 und O_2 in das Reaktionsschema eingesetzt werden. Da sich bei der Wasserformel die Wasserstoff-Atome (H_2) mit den Sauerstoff-Atomen (O_2) stets im Verhältnis 2:1 (H_2O) verbinden, muß deshalb vor das Elementsymbol H_2 eine 2 geschrieben werden (2 H_2:O_2 = 2:1). Als letztes wird die **Anzahl gleichartiger Atome** links und rechts des Reaktionspfeils ausgeglichen: Die Anzahl der Wasserstoff-Atome und der Sauerstoff-Atome ist auf der linken Seite des Reaktionspfeils doppelt so groß wie rechts. Vor die Formel H_2O wird die Vorzahl 2 gesetzt.

Der **Aggregatzustand der Stoffe** wird durch Buchstaben angegeben, die in Klammern dem Symbol oder der Formel als Index folgen. (s) steht für fest (engl. solid), (l) für flüssig (engl. liquid) und (g) für gasig (engl. gaseous).

7.7 Das Gesetz von der Erhaltung der Masse

Bei chemischen Reaktionen werden Atome umgruppiert. Jedes dieser Atome hat eine bestimmte Atommasse. Weil bei einer chemischen Reaktion keine Atome „verlorengehen", muß die Gesamtmasse der Stoffe **vor** der Reaktion gleich der Gesamtmasse der Stoffe **nach** der Reaktion sein. Dieser Sachverhalt läßt sich an einem Beispiel verdeutlichen **(Abb.29.3)**. Dort ist die Summe der Massenzahlen der Stoffe links und rechts des Reaktionspfeils gleich. In einer Blitzlichtlampe reagiert bei Zündung ein Magnesium-Faden mit Sauerstoff zu Magnesiumoxid. Dabei wird viel Lichtenergie frei. Die Waage zeigt vor und nach der Blitzlichtzündung übereinstimmende Masse **(Abb.29.2)**.

Bei chemischen Reaktionen ist die Masse der Ausgangsstoffe ebensogroß wie die Masse der Endstoffe.

A **28.1** Weil bei einer chemischen Reaktion keine Atome verschwinden, muß die Anzahl der Atome vor der Reaktion (Ausgangsstoffe) und die Anzahl der Atome nach der Reaktion (Endstoffe) gleich sein. Überprüfe bzw. korrigiere folgende Reaktionsschemata:
a) S + O₂ ⟶ SO₂
b) Mg + 2O₂ ⟶ MgO
c) Fe + O₂ ⟶ Fe₂O₃
d) Cu + S ⟶ Cu₂S

A **28.2** Ersetze Wortschemata durch Reaktionsschemata:
Blei + Sauerstoff ⟶ Blei(IV)-oxid
Kupfer + Sauerstoff ⟶ Kupfer(I)-oxid
Kupfer + Sauerstoff ⟶ Kupfer(II)-oxid
Aluminium + Schwefel ⟶ Aluminiumsulfid
(Schwefel ist bei dieser Reaktion zweiwertig).

V **28.3** Stelle zwei Kerzen auf zwei Waagschalen und tariere aus. Zünde eine Kerze an (vgl. mit Abb. 16.4).

V **28.4** Gib 4 Streichhölzer in ein Reagenzglas und stülpe einen Luftballon über seine Öffnung. Hänge das Reagenzglas an den Arm einer Waage und tariere aus. Entzünde die Streichhölzer durch Erwärmen von außen.

28.2 Der besondere Hinweis: Chemische Symbole werden in allen Ländern der Welt einheitlich geschrieben

1	**Aufstellen des Wortschemas**	Wasserstoff + Sauerstoff ⟶ Wasser(-stoffoxid) Kupfer + Schwefel ⟶ Kupfersulfid	
2	**Einsetzen der Symbole bzw. Formeln für die Ausgangsstoffe** Bedenke, die meisten elementaren*) Gase sind zweiatomige Moleküle: H_2, O_2, N_2 usw.	$Cu + S$ ┄┄▸	$H_2 + O_2$ ┄┄▸
3	**Feststellen der Formel des Endstoffes** Beachte die Wertigkeit der Atome (H, Cu = einwertig; S, O = zweiwertig)	$Cu + S$ ┄┄▸ Cu_2S	$H_2 + O_2$ ┄┄▸ H_2O
4	**Einrichten des Reaktionsschemas** a) Stelle fest, auf welcher Seite des Reaktionsschemas die Zahl gleichartiger Atome nicht übereinstimmt. b) Multipliziere Elementsymbole (bzw. ganze Formeln) mit Vorzahlen so, daß die Gesamtzahl der Atome jedes einzelnen Elements auf beiden Seiten des Reaktionspfeils übereinstimmt. **Merke:** An einer Formel selbst darf die tiefgesetzte Zahl (Index) – Cu_2S bzw. H_2O – nicht verändert werden, da sie die mengenmäßige Zusammensetzung der Teilchen innerhalb der Verbindung angibt.	$Cu + S$ ┄┄▸ Cu_2S $2\,Cu + S ⟶ Cu_2S$	$H_2 + O_2$ ┄┄▸ H_2O $2\,H_2 + O_2 ⟶ 2\,H_2O$
5	**Endkontrolle** Prüfe, ob die Zahl gleichartiger Atome rechts und links vom Reaktionspfeil übereinstimmt. *) elementar = nur aus einer Atomart aufgebaut; Beispiel: Elementarer Wasserstoff besteht nur aus H-Atomen	$2\,Cu_{(s)} + S_{(s)} ⟶ Cu_2S_{(s)}$ (s) = fest	$2\,H_{2(g)} + O_{2(g)} ⟶ 2\,H_2O_{(l)}$ (g) = gasig (l) = flüssig

29.1 Reaktionsschema, als Wortschema geschrieben, besagen z. B. nur, wer mit wem sich zu was verbindet. Symbol- und Formelschemata dagegen geben auch Aufschluß über die Anzahl der reagierenden Teilchen. Zwei Beispiele zeigen, wie ein Reaktionsschema aufgestellt wird. Statt Reaktionsschema ist auch die Bezeichnung „Reaktionsgleichung" üblich

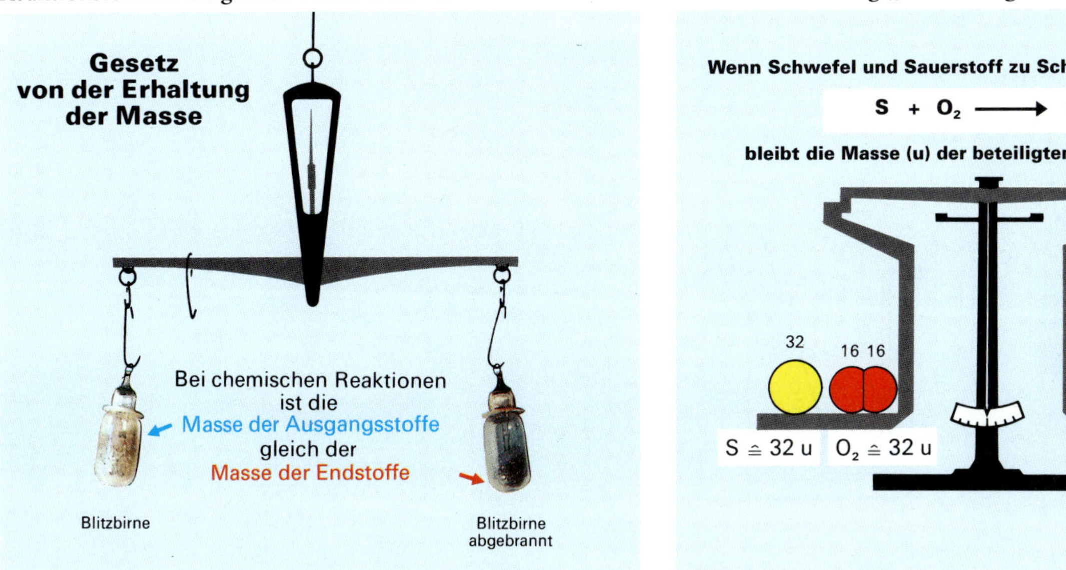

29.2 Masse kann weder entstehen noch verschwinden. Sie läßt sich nur in andere Zustandsformen umwandeln

29.3 Das Massenerhaltungsgesetz veranschaulicht im Modell, durch Massenzahlen und ein Reaktionsschema

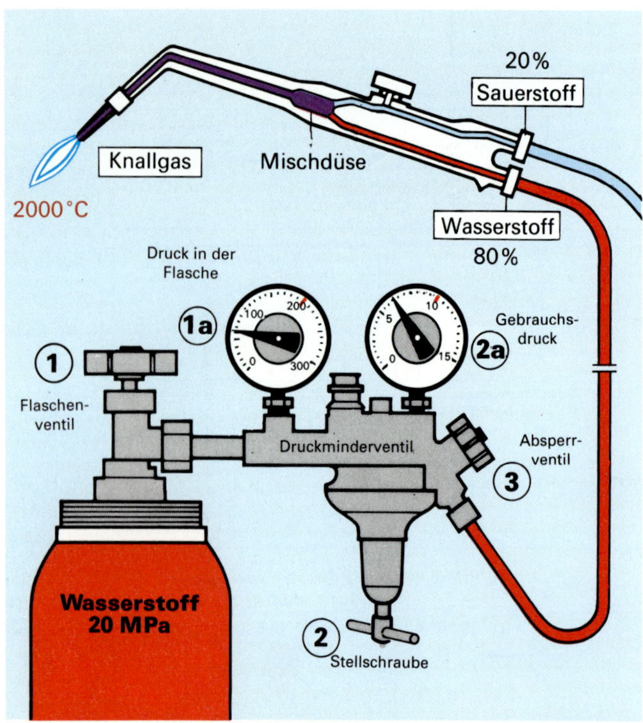

30.1 Zum Schweißen werden Wasserstoff wie Sauerstoff aus Flaschen entnommen. Durch Öffnen der Ventile 1–3 läßt sich hoher Flaschendruck reduzieren (siehe auch 31.1)

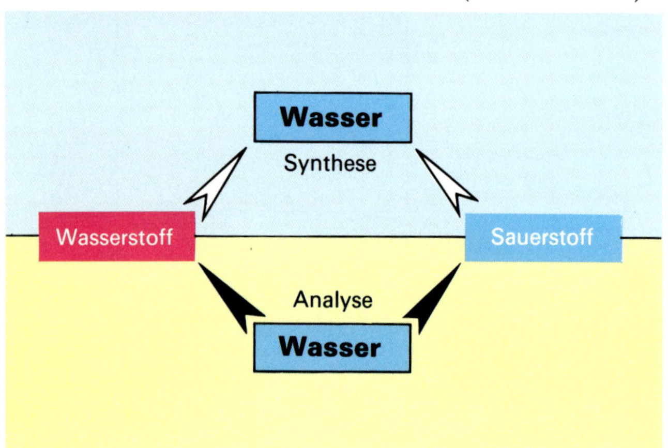

30.2 Analyse und Synthese des Wassers. Während die Analyse Energie benötigt (endothermer Vorgang), wird bei der Synthese Energie frei (exothermer Vorgang)

8.1 Wasser – Element oder Verbindung?

Dreiviertel der Erdoberfläche ist vom Wasser der Ozeane bedeckt. Wasserläufe durchziehen das Festland; in tieferen Erdschichten findet man Grundwasser. Ohne Wasser wäre Leben nicht möglich. Unser Körper besteht zu 60-70 % aus Wasser. Der Wasseranteil vieler Pflanzen übersteigt gar 90 %. Bereits vor 2500 Jahren sahen griechische Gelehrte Wasser als eines der „vier Elemente" (Feuer, Erde, Luft und Wasser) an, aus denen alle Stoffe bestehen. Diese – falsche – Vermutung hielt sich bis in das 18. Jahrhundert. Sie läßt sich mit der Versuchsanordnung **Abb. 30.3** leicht widerlegen:

An zwei Elektroden (Stäbe aus Graphit oder Metall zur Stromzuführung), die in ein wassergefülltes U-Rohr tauchen, wird Gleichstrom angeschlossen. Sofort bilden sich an den Elektroden Gasbläschen. Sie werden in je ein mit Wasser gefülltes Reagenzglas geleitet und gesammelt. Dabei wird am Minus-Pol eine doppelt so rasch ablaufende Gasentwicklung wie am Plus-Pol beobachtet.

Das Gas, das sich am Minus-Pol bildet, verbrennt mit pfeifendem bis knallendem Geräusch, wenn die Öffnung des Reagenzglases an die Flamme des Brenners gehalten wird (Knallgasprobe, Abb. 31.3). Nur **Wasserstoff** verursacht ein solches Verbrennungsgeräusch.

Ganz anders verhält sich das Gas, das sich am Plus-Pol sammelt. Bei der Glimmspanprobe (Abb. 15.4, Sauerstoff-Nachweis) flammt der Span auf. Am Plus-Pol hat sich also Sauerstoff-Gas gebildet. Die Stoffzerlegung (Analyse) zeigt, daß **Wasser** eine Verbindung aus den Elementen Wasserstoff und Sauerstoff ist. Ist Wasser demnach das Verbrennungsprodukt des Wasserstoffs – also „Wasserstoffoxid"?

Über einer Wasserstoff-Flamme beschlägt kaltes Glas (s. Abb. 18.3). Trockenes, blaues **Cobaltchlorid-Papier** wird von diesem nassen Beschlag rosa gefärbt. Die gleiche Farbveränderung bewirkt ein Wassertropfen: Die Rosafärbung von blauem Cobaltchlorid-Papier ist der Nachweis für Wasser (Abb. 33.4). So steht fest: Aus Wasserstoff und Sauerstoff läßt sich Wasser synthetisieren **(Abb. 30.2 und 30.4)**.

Wasser ist eine Verbindung aus den Elementen Wasserstoff und Sauerstoff.

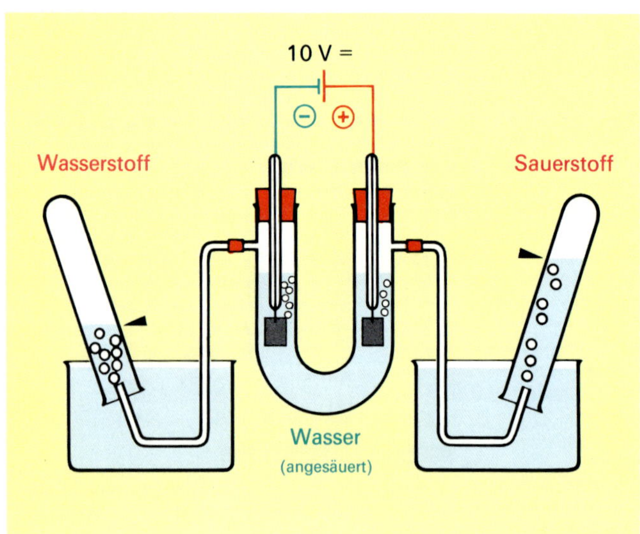

30.3 Wasseranalyse: Der Minus-Pol setzt 2 Teile Wasserstoff, der Plus-Pol 1 Teil Sauerstoff frei

30.4 Wassersynthese aus Knallgas, das durch einen (verlängerten) Glimmspan gezündet werden kann

Entdeckung	• Der Wasserstoff wurde 1766 von HENRY CAVENDISH entdeckt. Er erkannte, daß „brennbare Luft" (Wasserstoff) mit Sauerstoff unter Bildung von Wasser reagiert
Physikalische Eigenschaften	• Farb- und geruchloses, in Wasser kaum lösliches Gas • Dichte 0,09 g/l, das leichteste aller Gase (14mal leichter als Luft) • Sdp. – 253 °C, Smp. – 262 °C
Vorkommen	• Am Aufbau der Erde, der Wasser- und Lufthülle zu insgesamt 1 % vertreten (neunthäufigstes Element). Das Universum besteht zu 90 %, die Sonne fast nur aus Wasserstoff
Gewinnung	• Technisch wird Wasserstoff aus Rohöl (50 %), Erdgas (30 %) und Koksvergasung (16 %) gewonnen
Verwendung	• Riesige Wasserstoffmengen werden für die **Ammoniak**-Synthese benötigt. Aus Ammoniak stellt man unter anderem Düngemittel her. • Ferner dient das Gas zur Herstellung von **Salzsäure**.

31.1 Chemischer Steckbrief des Wasserstoffs

8.2 Wasserstoff – das leichteste Element

Die Gewinnung von Wasserstoff gelingt entweder durch Zerlegen von Wasser mit Gleichstrom oder aber durch chemische Vorgänge (Abb. 32.3 + 4). In Gegenwart von Sauerstoff brennt Wasserstoff mit kaum sichtbarer, blauer Flamme. In reinem Wasserstoff erstickt die Flamme **(Abb. 31.4)**.

Experimente mit Wasserstoff sind gefährlich, denn Wasserstoff-Sauerstoff-Gemische, **Knallgas,** entzünden sich explosionsartig (Abb. 30.4). Bevor eine Versuchsapparatur, durch die Wasserstoff strömt, erhitzt wird, muß die Knallgasprobe gemacht werden.

Die Knallgasprobe ist der Wasserstoff-Nachweis (Abb. 31.3).

Wasserstoff ist wichtiger Ausgangsstoff der chemischen Großindustrie. Wasserstoff-Gasflaschen sind rot gekennzeichnet. Ein Druckminderventil verringert den Flaschendruck von 20 MPa auf den gewünschten Gebrauchsdruck **(Abb. 30.1)**. Das Gas kann zum Schweißen und Schneiden von Eisen verwendet werden. Die geringe Dichte des Wasserstoffs sorgte früher bei Luftschiffen für den notwendigen Auftrieb **(Abb. 31.2)**. Als Raketentreibstoff hat sich Wasserstoff bewährt (Abb. 18.1). Versuche laufen, um mit diesem Gas auch Kraftfahrzeuge anzutreiben **(Abb. 31.5)**.

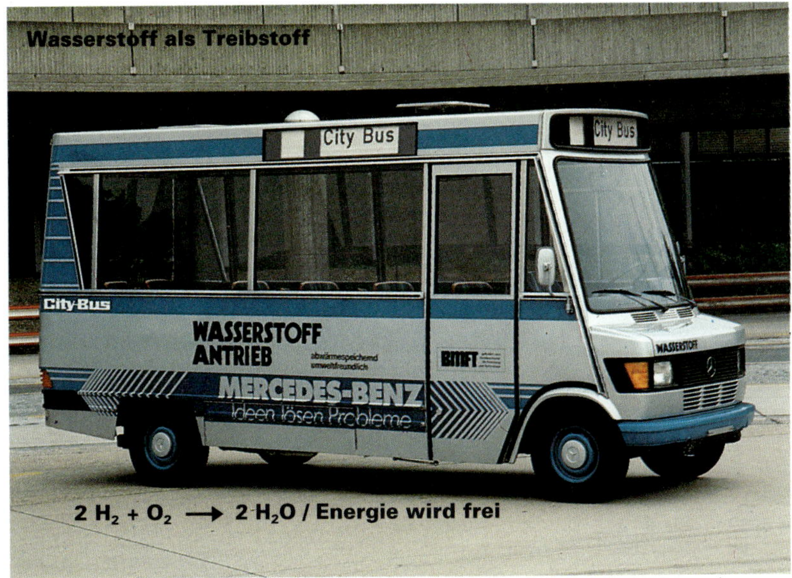

31.5 Die kohlenstoffdioxidfreie Verbrennung von 1 kg Wasserstoff liefert mehr Energie als 1 kg Benzin. Allerdings entstehen auch Stickoxide

31.2 1937 brannte das mit Wasserstoff gefüllte Luftschiff „Hindenburg" bei der Landung in Lakehurst, USA, ab

31.3 Knallgasprobe: Nur wenn der Wasserstoff beim Entzünden verpufft und ruhig abbrennt, liegt kein explosives „Knallgas" vor

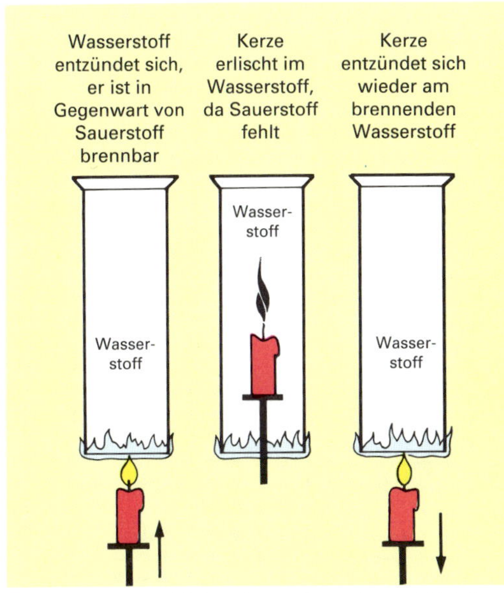

31.4 Wasserstoff ist brennbar (mit fahlblauer Flamme), er unterhält die Flamme jedoch nicht

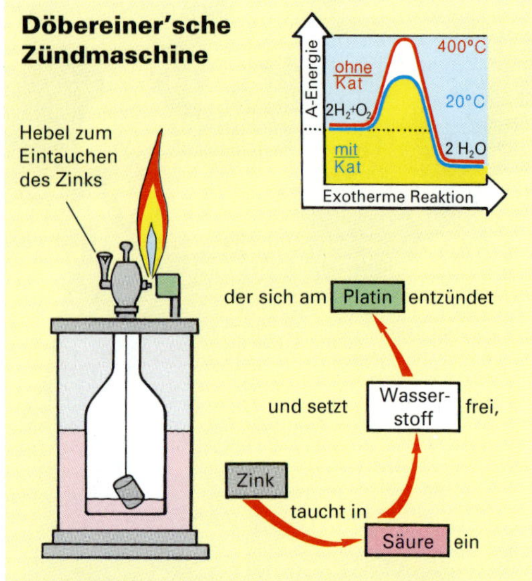

32.2 Das erste Feuerzeug: Wasserstoff, aus Zink und Salzsäure erzeugt, entzündet sich bei Luftzutritt an einem Platin-Schwamm schon bei 20 °C

32.3 Magnesium–Fackeln verbrennen unter Wasser nach dem Reaktionsschema:
$Mg + H_2O \longrightarrow MgO + H_2$ / Energie wird frei

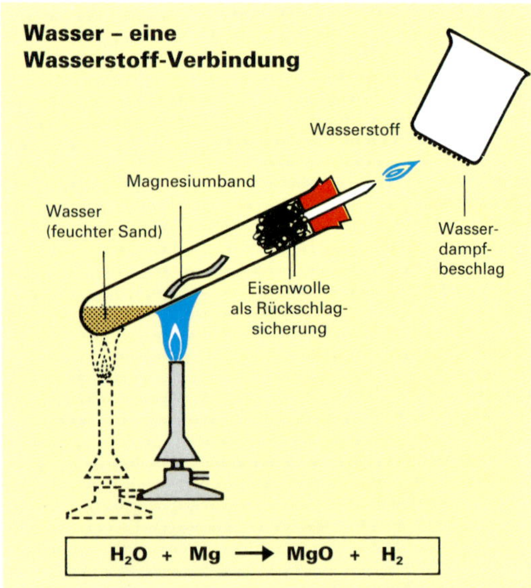

32.4 Die Reaktion zwischen Wasserdampf und Magnesium setzt Wasserstoff frei (LV!)

32.1 Der bes. Hinweis: Bei der Herstellung von 75–90 % (!) aller chemischen Produkte verringern Katalysatoren den Rohstoff- und Energieverbrauch

8.3 Die Wasserstoff-Verbrennung

Magnesium entschlüsselt die Zusammensetzung der Verbindung Wasser auf zweierlei Art. 1) Zieht ein Taucher brennende Magnesium-Fackeln unter Wasser, erlischt das Licht nicht: Das Bindungsstreben des Magnesiums zu Sauerstoff ist so groß, daß er diesen dem Wasser entreißt **(Abb. 32.3)**. 2) Leitet man Wasserdampf über erhitztes Magnesium-Band, entweicht Wasserstoff **(Abb. 32.4)**.

Ein Knallgasgemisch kann monatelang aufbewahrt werden, ohne sichtbar Wasser zu bilden. Erst ab 400 °C erfolgt die (Explosions-) Reaktion oder – bei Anwesenheit von Platin – gefahrlos schon bei 20 °C. Diese Entdeckung machte DÖBEREINER bereits 1823 und wendete sie in seinem Feuerzeug an **(Abb. 32.2)**. Stoffe wie Platin nennt man **Katalysatoren.**

Katalysatoren setzen die Aktivierungsenergie herab, beschleunigen die Reaktion und liegen danach wieder unverändert vor.

Wegen seiner hohen Verbrennungswärme gilt der Wasserstoff als möglicher **Energieträger der Zukunft**. Der Wasserstoff ließe sich aus Wasser durch Elektrolyse gewinnen (Abb. 30.3). Den hierfür benötigten Strom könnten z.B. Solarzellen liefern. Das Gas würde – durch Pipelines geleitet – Kraftwerke und Heizungen befeuern, bzw. Autos antreiben **(Abb. 32.5)**.

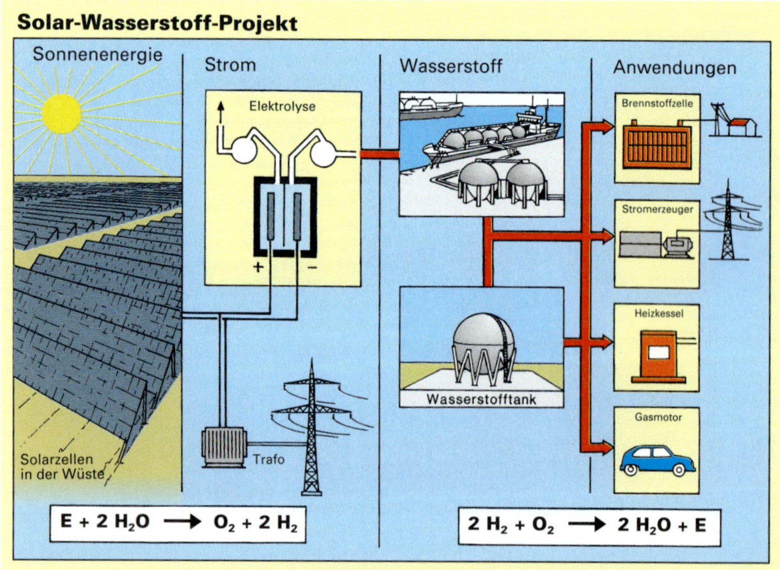

32.5 Die bei der Wasserzerlegung aufgewendete elektrische Energie wird bei der Wasserstoff-Verbrennung wieder abgegeben und genutzt

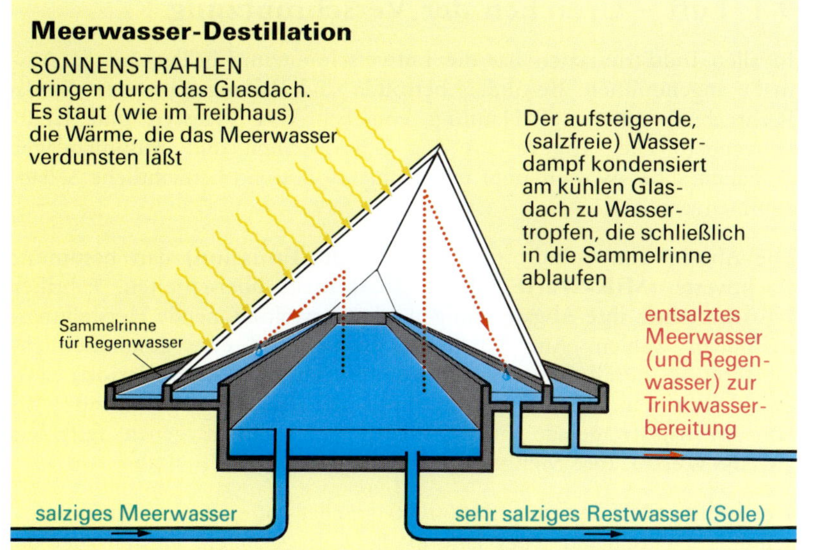

33.1 Soll das aus Meerwasser destillierte Wasser als Trinkwasser verwendet werden, muß ihm wieder etwas Salz zugesetzt werden

33.2 Diese Sonnen-Destillationsanlage liefert am Tag aus jedem m² Meerwasserfläche bis zu 3 Liter entsalztes Wasser

8.4 Wasser – entsalzt

Meerwasser ist wegen seines hohen Salzgehalts (um 3,5 %) für Trink- und Bewässerungszwecke unbrauchbar. Da sich das Salz aber durch Destillation vom Wasser trennen läßt (siehe S. 9), haben die unter Süßwassermangel leidenden Küstenbewohner des Mittelmeers verschiedene Anlagen zur **Trinkwassergewinnung aus Meerwasser** gebaut. Eine dieser Konstruktionen ähnelt Treibhäusern **(Abb. 33.1 und 33.2)**:

Lange, flache Wasserbecken sind zeltartig mit Glasscheiben überdacht. Die Böden der Becken bedeckt ein schwarzer Gummibelag; dieser heizt sich bei Sonnenschein mehr als die Glasscheiben auf (vergleiche den Wärmeunterschied von Windschutzscheibe und schwarzem Polster eines Autos in der Sonne!). So staut sich unter den Glasscheiben so viel Wärme, daß das Wasser Tag und Nacht verdunstet. Der dabei entstehende Wasserdampf kondensiert am kühlen Glasdach zu destilliertem Wasser, das in die Sammelrinne abläuft. Zudem wird in einer zweiten, äußeren Rinne Regenwasser aufgefangen.

Destilliertes Wasser ist chemisch rein. Es gefriert bei 0 °C und siedet bei 100 °C. Diese beiden Werte sind die Richtpunkte der Temperaturskala nach CELSIUS **(Abb. 33.5)**.

33.3 „Salzgärten": Am Mittelmeer wird Salz aus Meerwasser durch Wasserverdunstung gewonnen

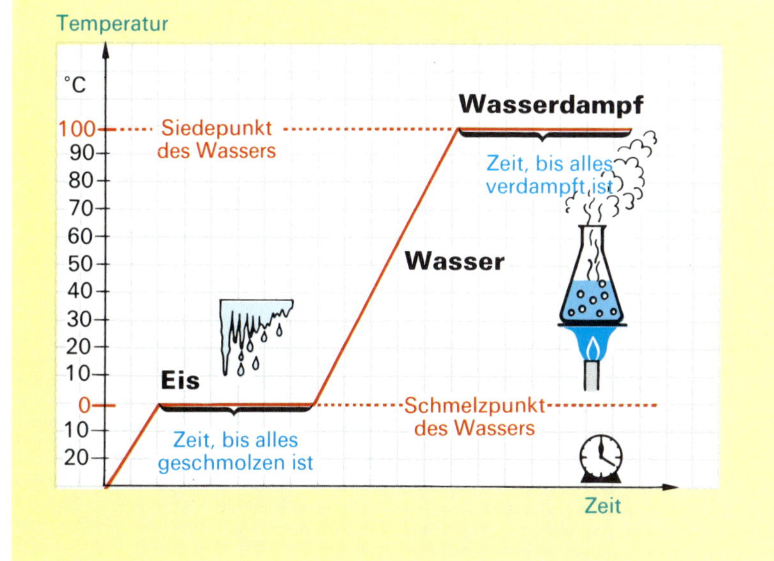

33.5 Schmelz- und Siedepunkt des Wassers nach Celsius: Der Schmelzpunkt ist auf 0 °C, der Siedepunkt auf 100 °C festgelegt

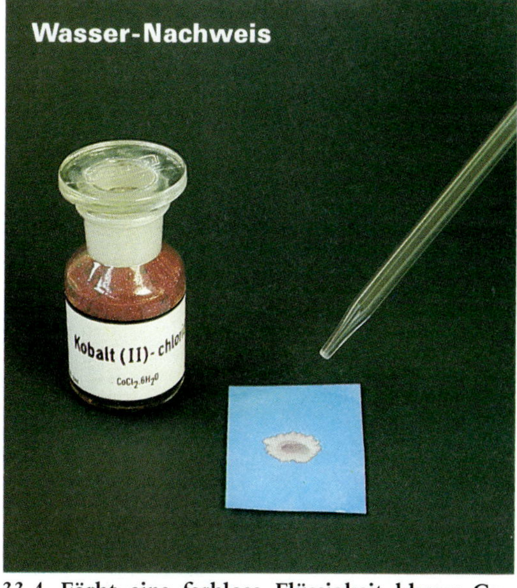

33.4 Färbt eine farblose Flüssigkeit blaues Cobaltchlorid-Papier rosa, liegt Wasser vor

34.1 Luftkontrolle: Bei geringer Verschmutzung leuchtet ein grünes, bei erhöhter Verschmutzung ein rotes Lämpchen auf

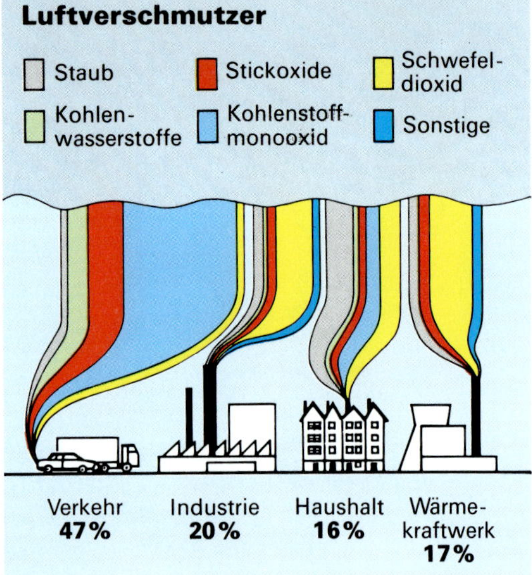

34.2 Nur der Einbau wirksamer Filter kann den zu hohen Schadstoff-Ausstoß in die Luft senken

34.3 Der Sandstein des Kölner Doms wird durch Sauren Regen „zerfressen"

9.1 Luft – Ursachen der Verschmutzung

In allen Industriestaaten hat die Luftverschmutzung beängstigende Ausmaße angenommen. Besonders betroffen sind Ballungsgebiete (z. B. das Ruhrgebiet) mit einer Häufung von Fabriken, Häusern und Kraftfahrzeugen. Die **Abgase** aus den Schornsteinen und Auspuffanlagen enthalten außer Wasserdampf und Kohlenstoffdioxid beträchtliche Schadstoffmengen.

Die Abgabe von Schadstoffen an die Luft **(Emission)** darf bestimmte Richtwerte **(MIK-Werte, Abb. 35.4)** nicht überschreiten. Fabriken müssen deshalb ihre Abgase reinigen oder umweltschonende Herstellungsmethoden wählen. Am Arbeitsplatz selbst muß eine gesundheitliche Gefährdung durch Einwirkung von Schadstoffen **(Immission)** ausgeschlossen sein. Die Konzentrationen der einzelnen Schadstoffe, die am Arbeitsplatz gerade noch erlaubt sind, werden genau festgelegt **(MAK-Werte)**. Ihre Mengenangabe erfolgt in **mg/m³**.

Der größte Teil der über 28 000 000 t Schadstoffe, die in der Bundesrepublik Deutschland jedes Jahr in die Luft gelangen, entsteht bei der Energiegewinnung. Durch Verbrennen von Kohle und Erdölprodukten, wie Heizöl, Benzin und Dieselkraftstoff, werden luftverschmutzende Stoffe freigesetzt **(Abb. 34.2)**. Hier die Wirkung einiger Schadstoffe:

Stickoxide sind gasige Verbindungen des Stickstoffs mit Sauerstoff. Sie entstehen bei Verbrennungsvorgängen im Benzin- und Dieselmotor sowie in Heizungsanlagen. Stickoxide gehören zu den schädlichsten Abgasstoffen. Bereits 1 mg/m³ Stickstoffdioxid NO_2 in der Atemluft ist gesundheitsschädigend – die Schleimhäute der Atemorgane (Luftröhre, Bronchien, Lunge) werden angegriffen. Stickoxide bilden mit Luftfeuchtigkeit Säure. Diese ist zu etwa einem Drittel an der Bildung des „Sauren Regens" beteiligt.

Schwefeldioxid. Kohle und Erdölprodukte enthalten Schwefel. Deshalb entsteht bei ihrer Verbrennung Schwefeldioxid. Die höchsten Schadstoffmengen werden während der Heizperiode gemessen. Schwefeldioxid-Gas verursacht Erkrankungen des Atmungs- und des Kreislaufsystems. Auch Schwefeldioxid bildet mit Luftfeuchtigkeit Säure. Diese gilt als Hauptverursacher des Sauren Regens, auf den besonders Nadelbäume empfindlich reagieren (Waldsterben). Aber auch Bauwerke bleiben nicht verschont **(Abb. 34.3)**.

Kohlenwasserstoffe. Unverbrannte Kraftstoff- und Heizölteilchen (Kohlenstoff-Wasserstoff-Verbindungen) gelangen als Gas in die Luft. Sie schädigen die Atmungsorgane und wirken krebserregend.

34.4 Während der Schwefeldioxid-Ausstoß zurückging, stieg die Stickoxid-Bildung von 1 Mio. auf 3 Mio./Jahr (alte Bundesländer 1950 – 87)

Kohlenstoffmonooxid. Das geruch- und farblose Kohlenstoffmonooxid entsteht bei unvollständiger Verbrennung – besonders im Benzinmotor. In Städten ist Kohlenstoffmonooxid die bedrohlichste Schadstoffemission. Bereits ein Anteil von 0,3 % in der Atemluft kann tödlich sein, denn Kohlenstoffmonooxid stoppt den Sauerstoff-Transport im Blut und führt dadurch zur Erstickung.

Staub. Gefährlich ist Asbeststaub (Abrieb von Kupplungs- und Bremsbelägen); er zerstört Lungengewebe und verursacht Krebs. Fahrzeuge, die z. T. immer noch mit bleihaltigem Benzin betrieben werden, geben mit den Abgasen feinst zerteiltes Bleioxid ab. Über die Nahrungskette (Pflanze, Tier, Mensch) oder direkt über die Lunge gelangt es in den menschlichen Körper. Blei-Verbindungen sind sehr giftig; sie schädigen vor allem Leber und Nieren.

9.2 Smog – Warnung, Alarm, Katastrophe

Im Dezember 1952 lag wochenlang eine für das Sonnenlicht fast undurchdringliche Dunstglocke aus Rauch und Nebel über London. Die stickige Luft verursachte Atem- und Kreislaufbeschwerden. Über 4000 Menschen starben **(Abb. 35.3)**. Die Smogkatastrophe von London war die Folge einer hemmungslosen Luftverschmutzung (**Smog:** Wortschöpfung aus engl. smoke = Rauch und fog = Nebel). Aber auch in der Bundesrepublik sind industrielle Ballungsgebiete stark smoggefährdet.

Smog entsteht bei ungünstigen, windarmen Wetterlagen - besonders häufig in der kalten Jahreszeit. Feine Staubteilchen und gasige Verunreinigungen wie Stickoxide und Schwefeldioxid sammeln sich bis in eine Höhe von 150 m zu einer Dunstglocke. Zwischen dieser kalten Dunstglocke und den darüber liegenden wärmeren Schichten ist ein Luftaustausch nicht mehr möglich, da nur warme – nicht aber kalte – Luft nach oben steigt. Eine solche Umkehrung der Wetterverhältnisse nennt man **Inversion**. Sie kann über Wochen anhalten **(Abb. 35.1)**.

In smoggefährdeten Gebieten wurden zentral gesteuerte Überwachungssysteme zur Feststellung schädlicher Emissionen errichtet **(Abb. 34.1)**. Werden kritische Werte erreicht, erfolgt **Smogwarnung**: Die Bevölkerung wird aufgefordert, nur noch öffentliche Verkehrsmittel zu benutzen. Herz- und Kreislaufkranke sollen die Wohnung nicht verlassen. Fabriken müssen schädliche Emissionen weiter einschränken (z. B. dürfen nur noch besonders schwefelarme Brennstoffe eingesetzt werden).

Verschlimmern sich trotz dieser Maßnahmen die Verhältnisse, kann durch Gesetz der örtliche Kraftfahrzeugverkehr eingeschränkt oder sogar ganz verboten werden. Fabriken müssen ihre Produktion dann so lange einstellen, bis die Gefahr gebannt ist **(Abb. 35.2)**.

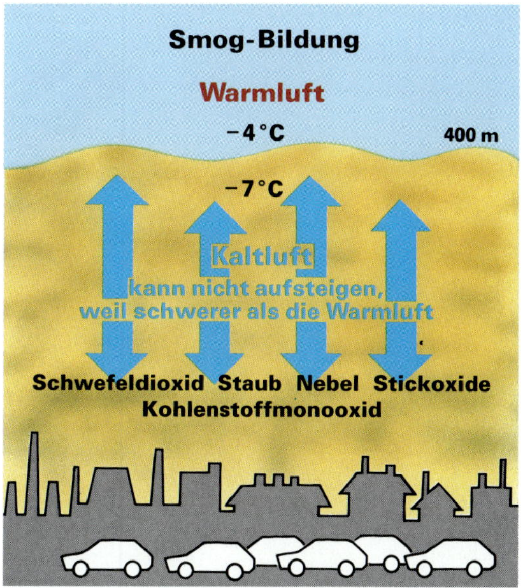

35.1 Smog tritt meist bei naßkalter Luft (Nebel) auf. Bei Windstille ziehen die Schadstoffe nicht ab, sondern werden bodennah gestaut

35.2 Fernseh-Luftüberwachung einer Industrieanlage. Auf Monitoren (nicht im Bild) sollen Störfälle rechtzeitig festgestellt werden

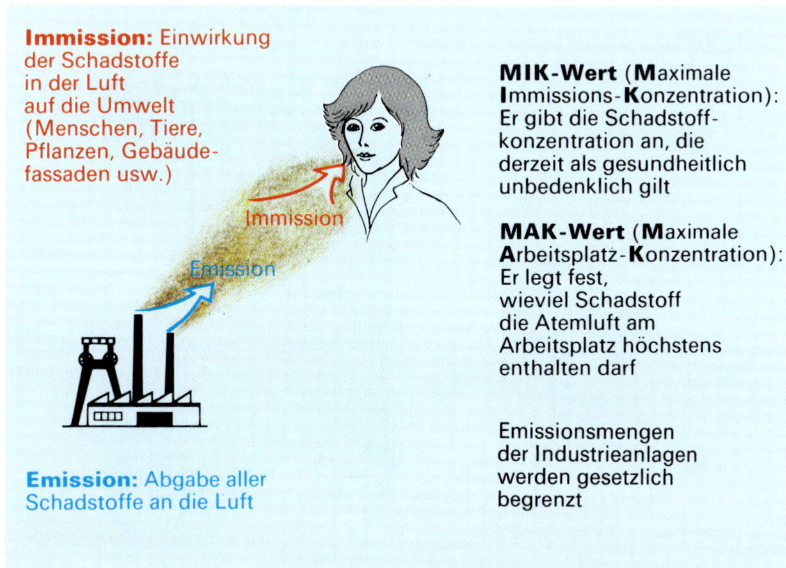

35.4 Die zulässigen Schadstoff-Mengen in der Luft werden durch eine Kontrollstelle festgelegt und jährlich überprüft

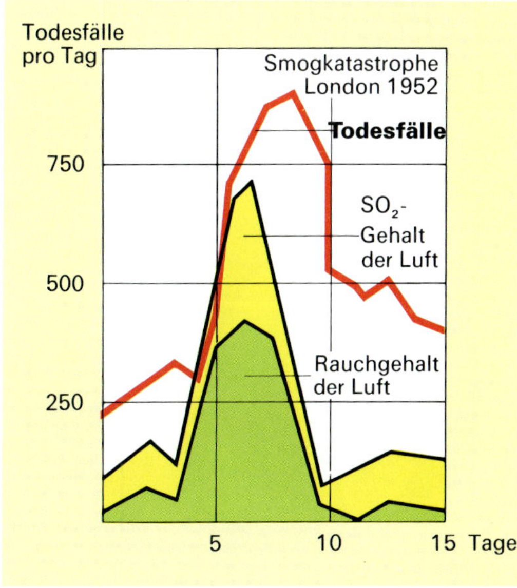

35.3 Durch Smog starben in einem Monat über 4000 Menschen mehr als sonst üblich

36.2 Mit Reagenziensätzen lassen sich gleich vor Ort einige Wasseruntersuchungen durchführen

A 36.1 Überlege, a) welche Schmutz- und Schadstoffe aus dem Haushalt in das Abwasser gelangen, b) warum Wasserschutzgebiete Sperrzonen sind.

A 36.2 Erfrage beim Wasserwerk die Wasserhärte eures Wohngebietes. Ermittle die gerade notwendige Waschpulvermenge, welche die Dosiervorschrift eures Waschmittels angibt.

A 36.3 Erkunde, wo und wie eure Abwässer geklärt werden!

A 36.4 Im Winter wird der Einsatz von Streusalz immer mehr eingeschränkt. Nenne Gründe hierfür!

V 36.5 Färbe Wasser im Erlenmeyerkolben mit einem Tropfen blauer Tinte oder Indigo-Lösung. Gib zwei Spatelspitzen Aktivkohle hinzu, verschließe das Gefäß, schüttle kräftig und filtriere.

36.3 Der besondere Hinweis: Der Wassergehalt der Atmosphäre (Lufthülle der Erde) erneuert sich etwa alle 10 Tage wieder

36.4 Die Poreninnenflächen von 1 g Aktivkohle ergeben die Fläche eines Fußballfeldes

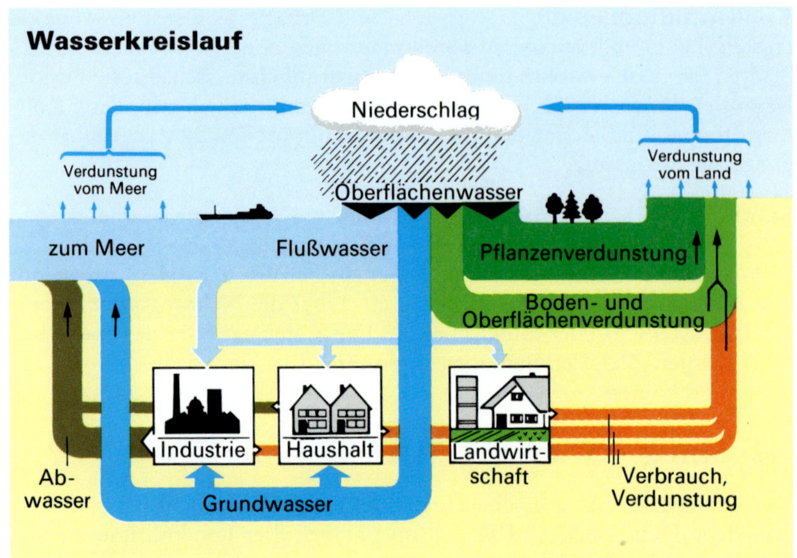

36.1 Wasserkreislauf-Schema: Niederschlag, Abfluß und Verdunstung (durch Pflanzen, Dampfkraftwerke, auf Straßen, Dächern usw.)

9.3 Wasserkreislauf

Die jährliche Niederschlagsmenge in Mitteleuropa beträgt im Durchschnitt 800 mm (d. h. auf dem Boden würde das Wasser 80 cm hoch stehen). Durch Verdunstung (Pflanzen und Erdoberfläche) gelangt die Hälfte davon direkt wieder in die „Luft". In Bodenschichten eingesickertes Wasser sammelt sich als **Grundwasser**. Es ist besonders arm an Verunreinigungen und deshalb als Trinkwasser geeignet. Ablaufender Regen und Tauwasser gelangen, ohne zu versickern, als **Oberflächenwasser** in Seen und Flüsse. Mit den oft ungenügend gereinigten Abwässern aus Industrie und Haushalt fließt das Oberflächenwasser zum Meer. Hier bildet sich durch Verdunstung Wasserdampf. Kühlt der Wasserdampf ab, kondensiert er zu Wolken, die dann wieder abregnen – der Wasserkreislauf ist geschlossen **(Abb. 36.1)**.

9.4 Wasser – hart oder weich

Wasser, das reich an **„gelöstem Kalk"** ist, nennt man **hart**. Hartes Leitungswasser gibt es daher in Kalksteingebieten. Trinkwasser aus Sandsteingebieten enthält sehr wenig gelöste Bestandteile; es ist **kalkarm** und folglich **weich**. Hartes Wasser beeinträchtigt die Wirkung von Waschmitteln. Deshalb enthalten Waschmittel sogenannte Wasserenthärter **(Abb. 37.1)**.

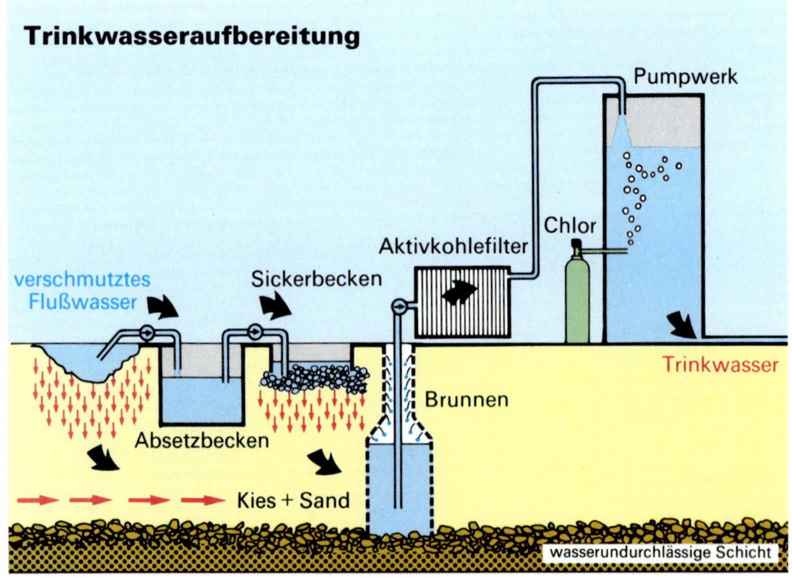

36.5 Kies- und Sandschichten filtern aus Schmutzwasser ungelöste Stoffe, Aktivkohle filtert gelöste Stoffe; Chlor tötet Krankheitserreger ab

Waschmittel-Dosiervorschrift

So waschen Sie immer richtig:
in der Trommelwaschmaschine für 4 – 5 kg Trockenwäsche:

Härte-bereich*	Wasser-härte	Vorwäsche	Hauptwäsche	nur Hauptwäsche
1 weich	0 – 7	50 ml	140 ml	160 ml
2 mittel	7 – 14	60 ml	180 ml	190 ml
3 hart	14 – 21	70 ml	220 ml	220 ml
4 sehr hart	über 21	80 ml	260 ml	260 ml

* Der Härtebereich bzw. die Wasserhärte in Grad deutscher Härte (°dH) erfahren Sie bei Ihrem zuständigen Wasserwerk

37.1 Vollwaschmittel enthalten bereits Wasserenthärter. Ein Enthärter-Zusatz ist nur bei sehr hartem Wasser sinnvoll (s. V. 159.2)

37.2 1g Calciumoxid CaO, in 10 1 Wasser gelöst, ergibt die Wasserhärte 10

9.5 Wasserverschmutzung

Die Verschmutzung unserer Gewässer nimmt ständig zu (**Abb. 37.3**). Außer durch ausgeschwemmte Düngesalze wird das Wasser weltweit durch Abwässer aus den Haushalten mit Fäkalien und Waschmitteln und durch **industrielle Abwässer** belastet. Nehmen die Schmutzstoffe überhand, versagt die natürliche Selbstreinigungskraft; das Gewässer „kippt um".

Das Reinigen verschmutzter Abwässer in **Kläranlagen** ist teuer, aber unbedingt notwendig: In der mechanischen Reinigungsstufe werden grobe Verunreinigungen abgetrennt. Im Belebungsbecken schafft das Einblasen von Luftsauerstoff günstige Bedingungen für Mikroorganismen, die Fäulnisstoffe biologisch abbauen. Der anfallende Faulschlamm wird im Faulturm von bestimmten Bakterien zersetzt. Es bildet sich Methangas. Phosphate lassen sich jedoch nur bis zu 90 % durch Eisenchlorid ($FeCl_3$) chemisch binden und abtrennen (**Abb. 37.4 und 37.5**).

Trinkwasseraufbereitung. Viele Städte beziehen ihr Wasser aus verschmutztem Oberflächenwasser. Hieraus müssen zuerst feste Verunreinigungen im Absetz- und Sickerbecken abgetrennt werden. Unerwünschte, gelöste Verunreinigungen nimmt Aktivkohle auf (**Abb.36.4**). Mit Chlor entkeimt, gelangt das Trinkwasser ins Leitungsnetz (**Abb. 36.5**).

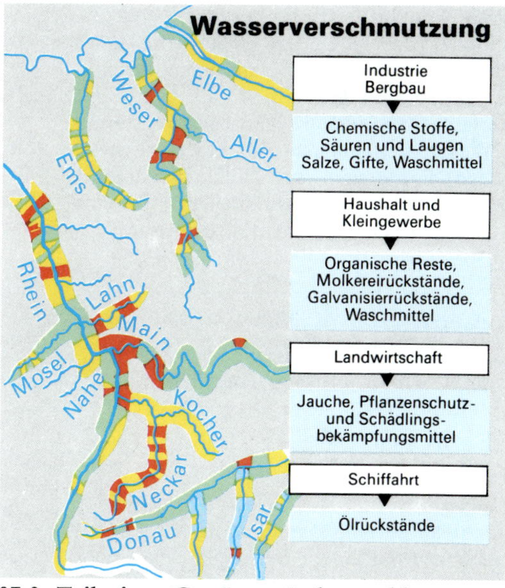

37.3 Teil einer Gewässergütekarte: blau = geringe, grün = mäßige, gelb = starke und rot = übermäßige Verschmutzung

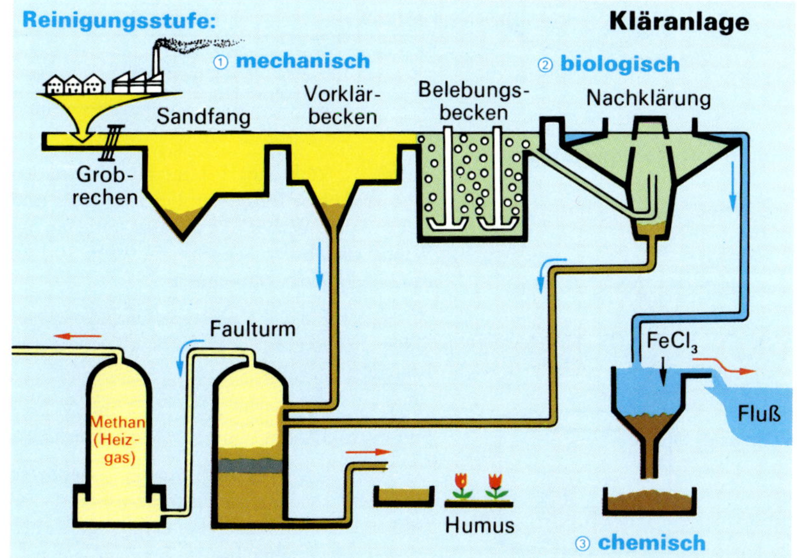

37.5 Klärstufen: 1. Grobteilchen fallen zu Boden, 2. Mikroorganismen zersetzen Schmutzstoffe, 3. Eisen(III)-chlorid fällt Phosphate aus

37.4 Geklärtes Wasser enthält, gelangt es in den Fluß, leider noch „Rest"-Verunreinigungen

PROJEKT: Chemie erleben

1

2

3

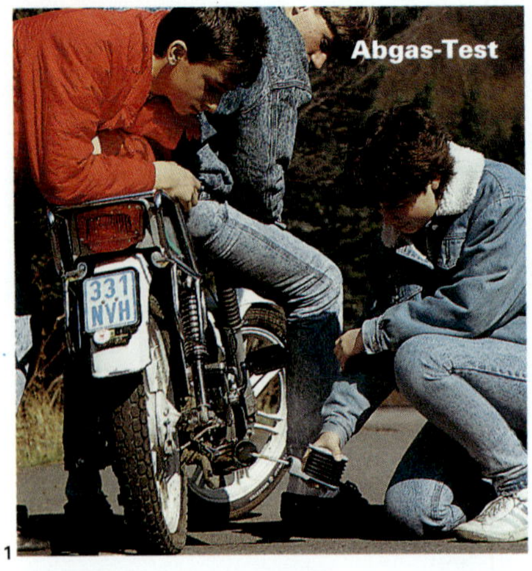

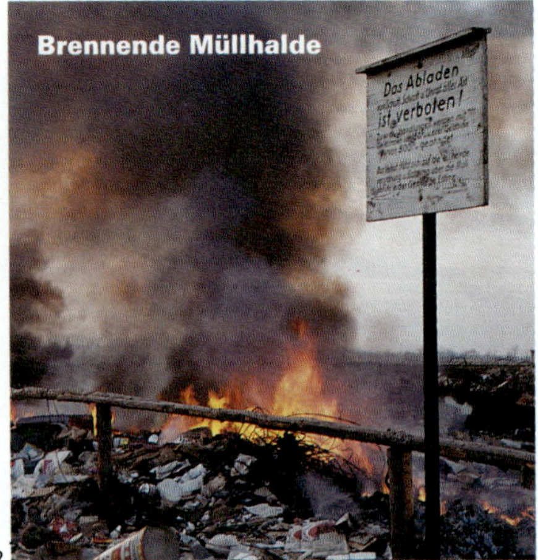

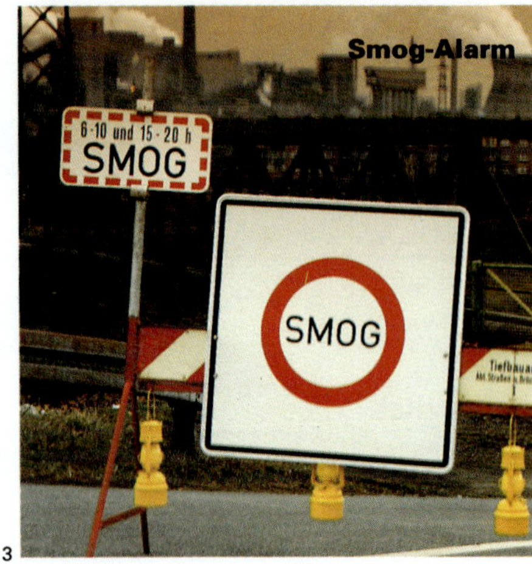

Versuch: V 38.1

Geräte/Stoffe: Trinkglas, Lupe, weißes bzw. Millimeter-Papier, Tesafilm®, evtl. Mikroskop

Durchführung: Spanne über die Öffnung eines Trinkglases zwei Tesafilm®-Streifen mit der Klebeseite nach oben (siehe Abbildung). Stelle das Glas (an einem Werktag) erhöht im Freien auf.
Entferne den einen Klebestreifen nach einem Tag, den anderen nach einer Woche. Klebe die Streifen auf Millimeterpapier. Wieviel Staub- und Rußteilchen lassen sich mit der Lupe auf 1 cm² nachweisen?

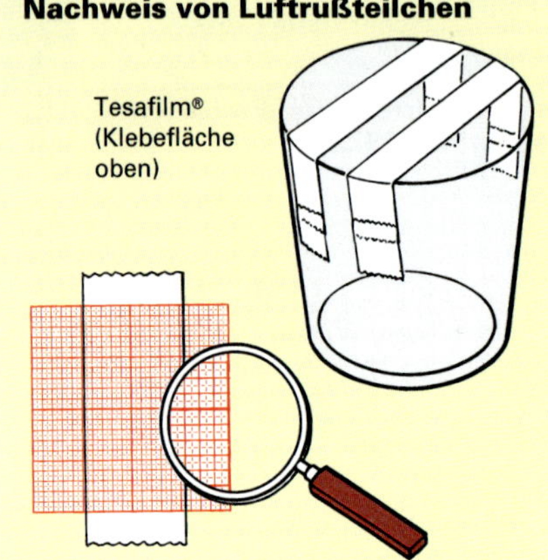

Nachweis von Luftrußteilchen

Versuch: V 38.2

Geräte: 2 Standzylinder, 2 große Bechergläser, Thermometer

Chemikalien/Stoffe: Zigarette, heißes Wasser, Eis, Kochsalz

Durchführung: Stelle a) einen Standzylinder in ein Becherglas mit heißem Wasser, b) einen zweiten in ein Becherglas mit einer Kältemischung aus Eis und Kochsalz. (Kältemischung einige Minuten wirken lassen.)
Miß die Temperatur jeweils im unteren und oberen Zylinderbereich. Nun wirf in jeden Standzylinder eine brennende Zigarette und beobachte den aufsteigenden Rauch.

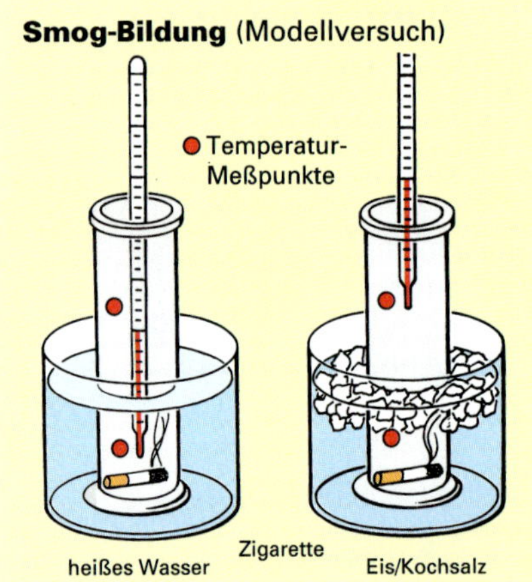

Smog-Bildung (Modellversuch)

Versuch: V 38.3

Geräte: Becherglas, Glaswanne

Chemikalien/Stoffe: Kohlenstoffdioxid (aus der Stahlflasche), 2 Kerzen

Durchführung: Stelle zwei ungleich hohe Kerzen in eine Glaswanne und entzünde sie. Dann leite aus der grauen Stahlflasche (mit Hilfe des Lehrers) Kohlenstoffdioxid in ein Becherglas. Nun wird das Becherglas neben (!) den brennenden Kerzen „ausgegossen", also nicht über den Flammen.
Hinweis: Die Dichte des Kohlenstoffdioxids ist etwa 1½ mal so groß wie die der Luft.

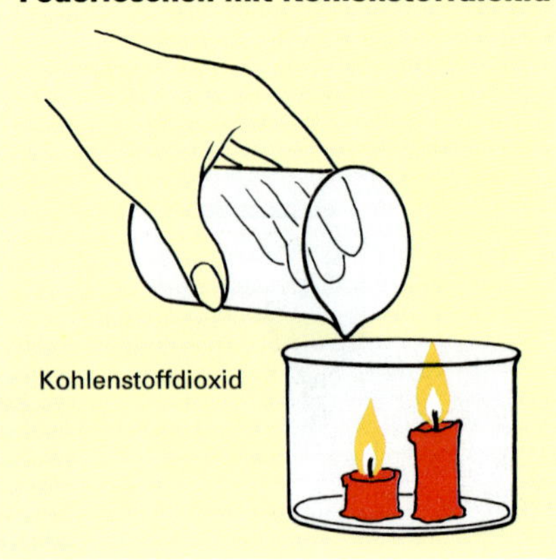

Feuerlöschen mit Kohlenstoffdioxid

Wie sich Smog verhindern ließe

Wenn bodennahe, schadstoffbelastete Kaltluft unter Warmluft nicht abziehen kann, bildet sich Smog: eine Glocke aus Dunst, Staub und Abgasen (Seite 35; Abb. 35.1)
Smog bedroht besonders Kleinkinder und Menschen mit Herz- und Lungenerkrankungen. Luft-Meßstationen überwachen vor allem die SO_2- und CO-Anteile: Wird 3 Stunden lang ein bestimmter Grenzwert überschritten, gibt es Smog-Alarm, Stufe I, II oder III (s. u.).
Als Hauptursache für den Schadstoffausstoß gelten Schornsteine und Motorauspuffe. Daher: Heizthermostate auf 18 °C stellen; überflüssige Autofahrten vermeiden. (45 % aller Autofahrten sind Freizeitfahrten!)

SMOG-Alarm	Maßnahmen*
Stufe I: CO – 30 mg/m³; SO_2 – 0,6 mg/m³	Appell, das eigene Auto nicht zu benutzen und die Heizung zu drosseln
Stufe II: CO – 45 mg/m³; SO_2 – 1,2 mg/m³	Fahrverbot für Autos von 6 – 10 h und 15 – 20 h; Industrie muß schwefelarmes Heizöl verwenden
Stufe III: CO – 60 mg/m³; SO_2 – 1,8 mg/m³	Absolutes Fahrverbot für Privatautos, Betriebe werden stillgelegt, Heizungsanlagen abgeschaltet

* Maßnahmen in einzelnen Bundesländern unterschiedlich

MIK-Wert	30 Min.	24 h
Kohlenstoffmonooxid	50	10 mg/m³
Schwefeldioxid	1,0	0,3 mg/m³

Fragen und Aufgaben

A 38.1 Verbrennt 1 Liter Heizöl, werden ca. 4 kg Abgase freigesetzt; bei 1 kg Koks sind es ca. 3 kg. Wieviel kg Abgase verlassen im Winter täglich den Schornstein, wenn 20 l Öl bzw. 25 kg Koks verbrennen?

A 38.2 Ein mit Kohlenstoffdioxid-Gas gefülltes Becherglas wiegt mehr als ein leeres. Erkläre!

A 38.3 Vergleiche Abb. 35.1 mit V 38.2 und begründe den Hinweis „Modellversuch".

A 38.4 Im Leerlauf geben Motoren besonders viel Kohlenstoffmonooxid ab (Abb. 1). Nenne Fälle, wo es sehr gefährlich ist, wenn Kraftfahrzeuge im Leerlauf laufen.

Polkappen schmelzen

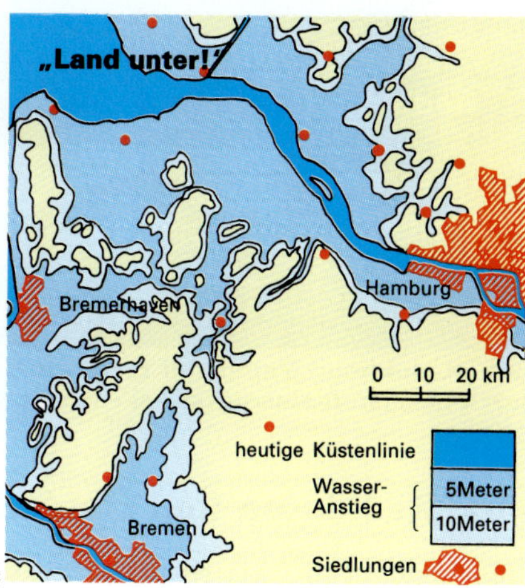

Versuch: $\boxed{V}$ **39.1**

Geräte: Becherglas, Rundkolben, zweifach durchbohrter Stopfen, Thermometer, 20 cm Steigrohr (evtl. Magnetrührer)

Chemikalien: Eis, Wasser

Durchführung: Gib abgekochtes Wasser (und einen Rührstab) in den Kolben und verschließe ihn mit einem Stopfen. Durch den Stopfen sind ein Thermometer und ein Steigrohr gesteckt. Tauche den Kolben in ein mit Eis gefülltes Becherglas (das auf einem Magnetrührer steht).
Notiere alle 5 Minuten die Temperatur und den Wasserstand im Steigrohr.

Versuch: $\boxed{V}$ **39.2**

Geräte: Stehkolben (1 l), durchbohrter Stopfen, 100-W-Lampe, Thermometer

Chemikalien: Kohlenstoffdioxid, Wasser

Durchführung: Schüttle 20 ml Wasser im Stehkolben, so daß der Wasserdampf sich verteilt, und bestrahle mit einer 100-W-Lampe aus ca. 20 cm Entfernung. Notiere die Temperaturänderung im Kolben nach 3 Minuten.
Wiederhole den Versuch mit Kohlenstoffdioxid und Luft, wobei jeweils mit der gleichen Kolbentemperatur begonnen werden muß.

Versuch: $\boxed{V}$ **39.3**

Geräte: Stativ, Muffe, Klammer, Verbrennungsrohr, Gummigebläse, 2 durchbohrte Stopfen, 2 Winkelröhrchen, Reagenzglas, Brenner, Pinzette

Chemikalien: Holzkohle, Kalkwasser

Durchführung: Erhitze in einem Verbrennungsrohr Holzkohle bis zur Rotglut. Pumpe anschließend ständig Luft durch das Rohr. Leite die entweichenden Gase durch ein Winkelrohr in ein Reagenzglas mit Kalkwasser. Pumpe – zur Kontrolle – Luft direkt in ein RG mit Kalkwasser.

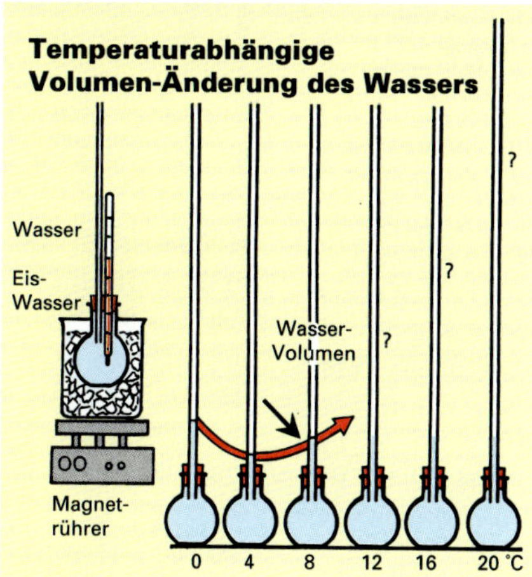

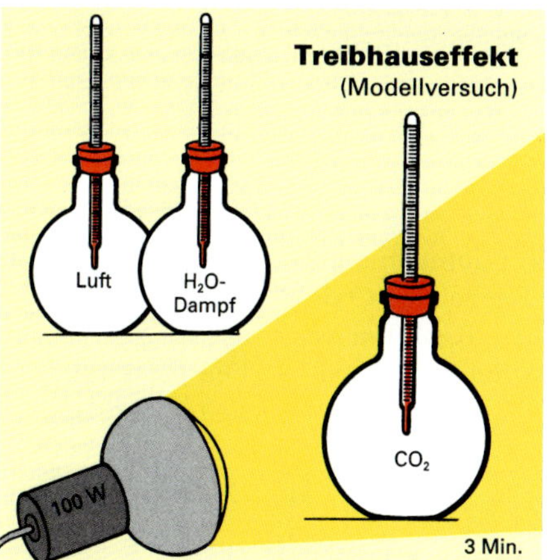

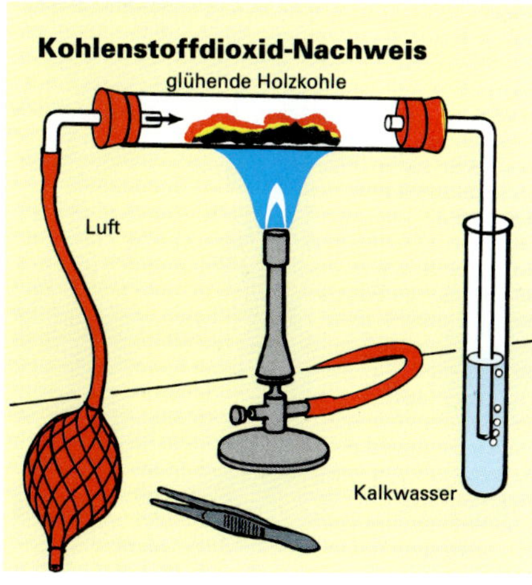

Warum der Treibhauseffekt Folgen hat

Weil wir übermäßig Kohle, Heizöl, Erdgas, Kerosin, Diesel und Benzin verbrennen und zulassen, daß Regenwälder niedergebrannt werden, steigt der CO_2-Gehalt der Atmosphäre unaufhörlich. So kommt es zum Treibhauseffekt (Abb. 5). Nach Modellrechnungen werden die Jahrestemperaturen auf der Erde bis zum Jahr 2050 um etwa 5 °C steigen. Die Folgen: Der Meeresspiegel hebt sich um 4 – 5 m, weil das Polareis teilweise abschmilzt und das erwärmte Meerwasser sich ausdehnt (Abb. 6; V 39.1). Aus dem warmen Wasser verdampft verstärkt CO_2 – das vergrößert den Treibhauseffekt. (Meerwasser enthält 4 x mehr CO_2 als die Atmosphäre.)

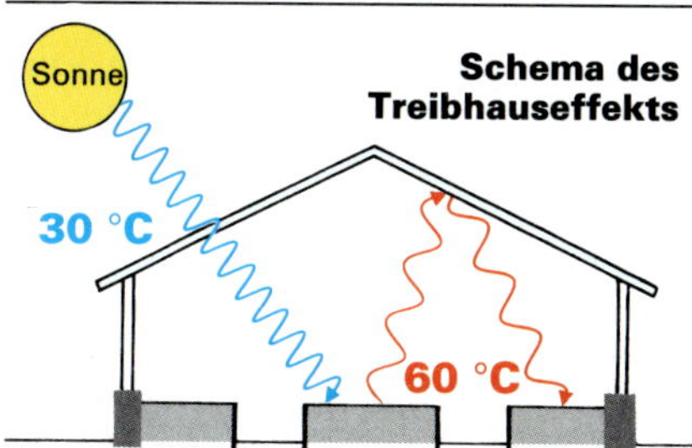

Die kurzwellige Sonnenstrahlung (blau) gelangt durch das Glasdach in das Treibhaus und erwärmt die Beete, die daraufhin längerwellige Wärmestrahlung (rot) abgeben. Diese kann jedoch das Glasdach nicht durchdringen und heizt daher das Treibhaus auf.

Fragen und Aufgaben

$\boxed{A}$ **39.1** Stelle eine geöffnete Flasche Sprudel in heißes Wasser. Leite das entweichende Gas durch Kalkwasser. Leite außerdem das Gas in ein Glas mit einer brennenden Kerze (s. Abb. V 38.3).

$\boxed{A}$ **39.2** Nenne zwei Ursachen dafür, daß bei steigendem Treibhauseffekt die landwirtschaftlich nutzbaren Flächen kleiner werden.

$\boxed{A}$ **39.3** Gib Verbrennungsreaktionen an, die die Natur und solche, die der Mensch verursacht.

$\boxed{A}$ **39.4** Begründe, warum der Treibhauseffekt erst seit einigen Jahren von sich reden macht.

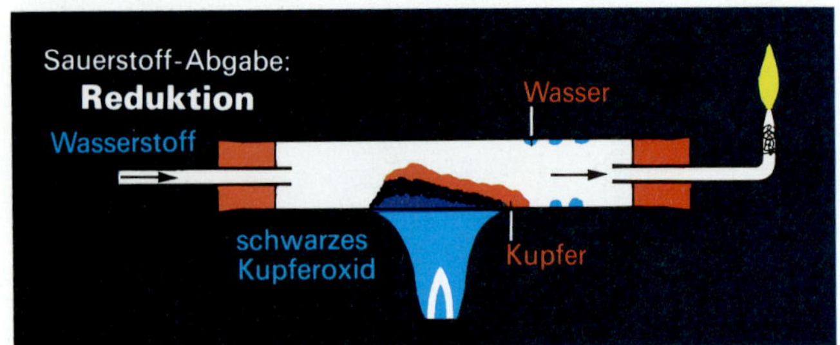

40.1 Reduktion: Wasserstoff reduziert Kupferoxid zu Kupfer durch Sauerstoff-Entzug; dabei entsteht Wasser

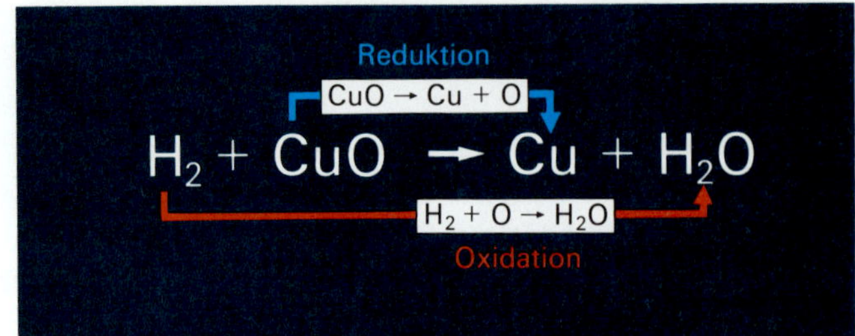

40.2 „H_2" ist ein Reduktionsmittel: Es reduziert CuO zu Cu. „CuO" ist ein Oxidationsmittel: Es oxidiert H_2 zu H_2O

10.1 Reduktion und Oxidation

Kupferoxid kann in Kupfer zurückverwandelt werden (Abb. 40.1). Hierzu wird Wasserstoff-Gas durch ein Verbrennungsrohr geleitet, das Kupferoxid enthält. An der Austrittsdüse läßt sich das entweichende Gas (nach der Knallgasprobe!) entzünden. Die Höhe der Flamme (2 – 3 cm) dient zum Abschätzen der durch das Rohr strömenden Gasmenge. Erhitzt man nun das Kupferoxid, sammeln sich am Ende des Glasrohrs kleine Wassertropfen. Gleichzeitig verliert das Kupferoxid seine schwarze Farbe – es wird zu rotbraunem Kupfer. Im Gegensatz zur Oxidation des Kupfers wird bei diesem Experiment der Sauerstoff vom Kupferoxid abgetrennt. Diese Umkehrung der Oxidation ist eine **Reduktion**.

Wird einer chemischen Verbindung Sauerstoff entzogen, spricht man von einer Reduktion.

Der dem Kupferoxid entzogene Sauerstoff oxidiert den durch das Rohr strömenden Wasserstoff zu Wasser. Dieses schlägt sich als Kondenswasser am kalten Rohrende nieder. Neben der Reduktion des Kupferoxids spielt sich also eine Oxidation des Wasserstoffs ab. Weil **Red**uktion und **Ox**idation gekoppelt ablaufen, nennt man eine solche Reaktion **Redox-Reaktion**.

Bei einer Redoxreaktion wird der Sauerstoff-aufnehmende Stoff **Reduktionsmittel**, der Sauerstoff-abgebende **Oxidationsmittel** genannt. In der beschriebenen Reaktion ist Wasserstoff das Reduktionsmittel und Kupferoxid das Oxidationsmittel (siehe **Abb. 40.2**).

Thermitverfahren. In der Technik wird als Redoxreaktion das Thermitverfahren zum Verschweißen von Eisenbahnschienen eingesetzt (**Abb. 40.4**). Auch bei dem Modellversuch **Abb. 40.5** zündet brennendes Magnesium ein Eisenoxid-Aluminium-Gemisch. Während der stürmisch verlaufenden Redoxreaktion entreißt das Aluminium dem Eisenoxid den Sauerstoff. Die freiwerdende Oxidationsenergie bringt das Eisen zum Schmelzen (erreichbare Temperatur: 2500 °C). Glutflüssig tropft es in die Sandschale.

Kohlenstoff als Reduktionsmittel von Bleioxid. Ein billiges Reduktionsmittel ist Kohlenstoff. Im Experiment **Abb. 40.3** wird Bleioxid mit Holzkohlepulver vermischt und erhitzt. Das entweichende Gas trübt Kalkwasser. Damit ist Kohlenstoffdioxid nachgewiesen: Der Kohlenstoff hat sich mit dem Sauerstoff des Bleioxids verbunden. Im Reagenzglas liegt das Blei als Element vor.

10.2 Energieumsatz bei Redox-Reaktionen

Eine Umkehrung der Redoxreaktion (Abb 40.2) ist nicht möglich – Kupfer reagiert nicht mit Wasser. Es überwiegt das Bestreben des Wasserstoffs, mit Sauerstoff verbunden zu bleiben; das Bindungsbestreben zwischen Kupfer und Sauerstoff dagegen ist zu schwach. Dieses chemische Verhalten läßt sich erklären, wenn die Energie berücksichtigt wird, die bei allen chemischen Reaktionen eine Rolle spielt (vgl. die Aufstellung **Abb. 41.2** mit den Beispielen **Abb. 41.1**).

Die Reaktion zwischen Wasserstoff und Kupferoxid gliedert sich in Oxidation und Reduktion; die Oxidation ist exotherm:

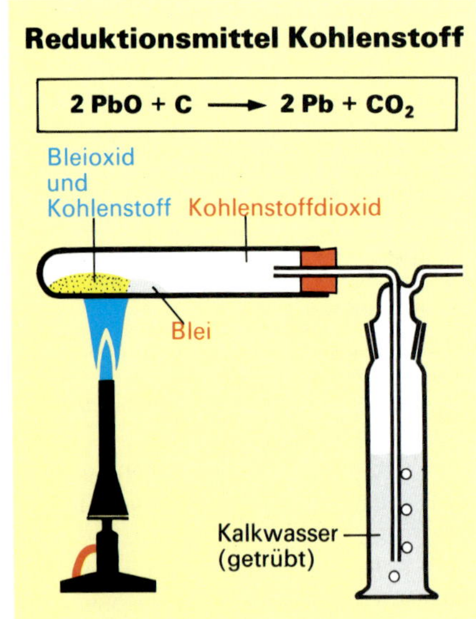

40.3 Kohlenstoff reduziert Bleioxid zu Blei. Kalkwasser weist CO_2 nach

40.4 Thermitverfahren: Flüssiges Eisen schweißt Schienen zusammen

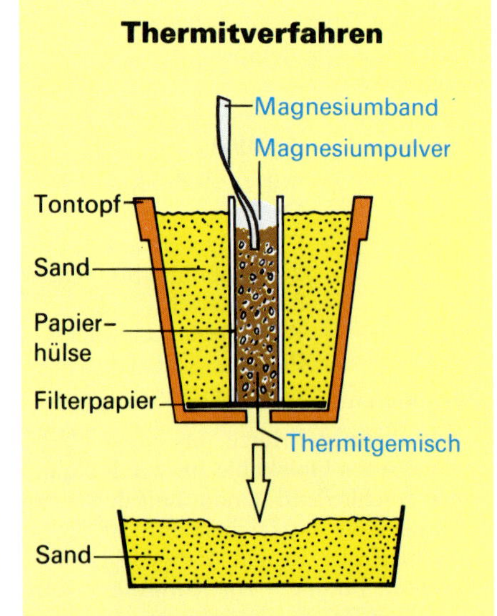

40.5 Durch Mg-Band gezündet, wird Fe_2O_3 durch Aluminium zu Fe reduziert

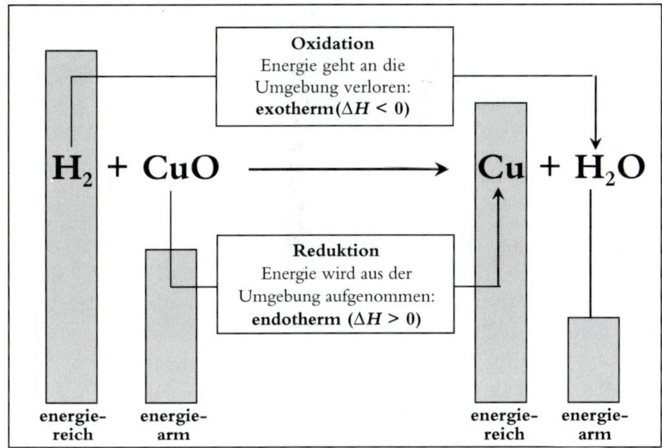

Das Oxidationsprodukt (hier: H_2O) ist energieärmer als der Ausgangsstoff H_2; man schreibt: $\Delta H < O$. Umgekehrt wird bei einer Reduktion Energie aus der Umgebung chemisch gebunden. Das Reaktionsprodukt (hier: Cu) ist folglich energiereicher als der Ausgangsstoff CuO; man schreibt: $\Delta H > O$. Eine Redoxreaktion ist möglich, wenn bei einer Oxidation mehr Energie frei wird, als bei der Reduktion chemisch gebunden wird – die Reaktion muß exotherm bleiben:

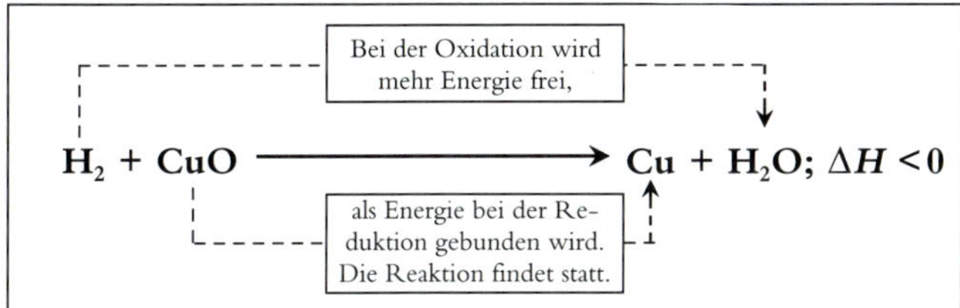

Umgekehrt würde bei der Oxidation von Kupfer zu Kupferoxid weniger Energie frei, als bei der Reduktion von Wasser zu Wasserstoff chemisch gebunden würde. Deshalb reagiert Kupfer mit Wasser nicht:

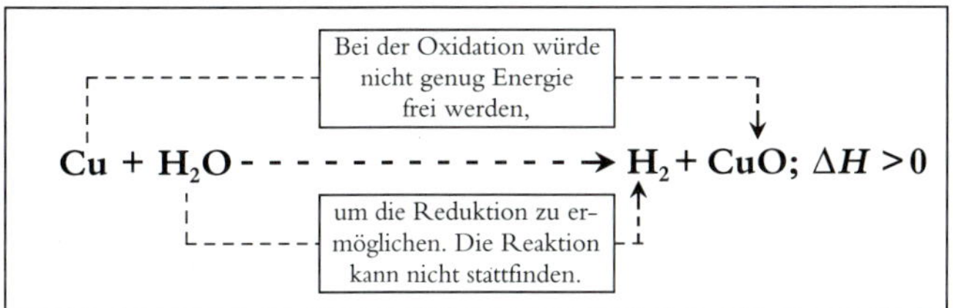

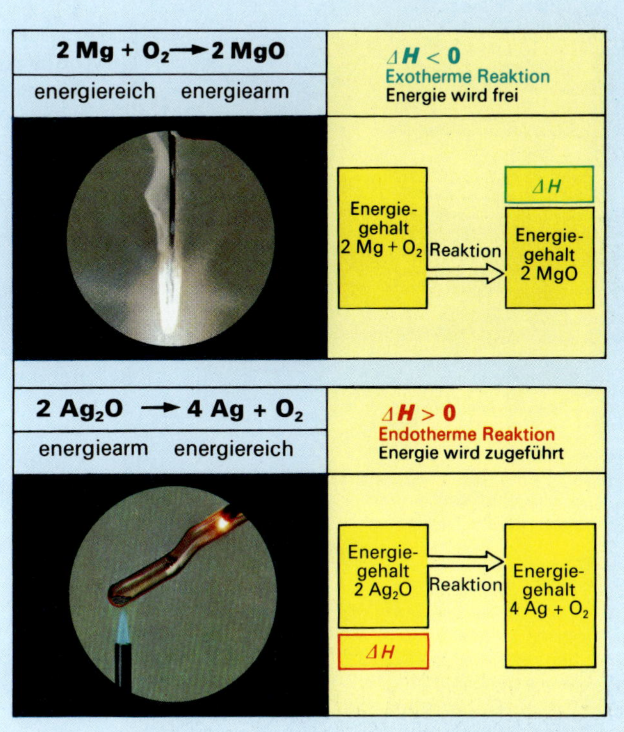

41.1 Bei chemischen Reaktionen entstehen neue Stoffe; dabei wird Energie frei oder zugeführt. Das Zeichen ΔH wird in Abb. 41.2 erklärt

[V] **41.1** Mische 0,1 g Kohlenstoff und 1 g Kupfer(II)-oxid miteinander und erhitze das Gemisch im Reagenzglas.

[LV] **41.2** 15 g Eisenoxid werden mit 5 g Aluminium-Grieß gemischt, nach Abb. 40.5 in eine Papierhülse gepreßt und diese in einem kleinen Blumentopf in Sand eingebettet. Ein Magnesium-Band, das in Magnesium-Pulver steckt, dient als Zünder (Schutzbrille, Schutzscheibe).

[A] **41.3** Wende die Begriffe „Oxidationsmittel" und „Reduktionsmittel" auf die chemischen Vorgänge der Abb. 40.3 und 40.4 an.

[A] **41.4** Eisen(III)-oxid läßt sich mit Wasserstoff* reduzieren. Schreibe das Reaktionsschema auf!

1 Alle Stoffe besitzen (chemische) Energie. Sie wird in Joule (sprich: dschul) gemessen.
Um 1 kg oder 1 Liter Wasser von 14,5 auf 15,5 °C zu erwärmen, werden 4,19 kJ (1 Kilojoule = 1000 Joule) benötigt

2 Der Energie-Gehalt ist von Stoff zu Stoff verschieden.

3 Eine chemische Reaktion verändert Stoffe und ihren Energie-Gehalt.

4 Die Reaktionsenergie ist die Energie-Differenz zwischen den Stoffen nach und vor der Reaktion.

5 Das Zeichen für Energie-Differenz ist ΔH (sprich: Delta H).
Δ = griechischer Großbuchstabe für D, er ist das Zeichen für Differenz; H = englische Abkürzung für ‚Heat' (Wärme)

6 Nach einer exothermen Reaktion liegen im Vergleich mit den Ausgangsstoffen energieärmere Endprodukte vor. Exotherm bedeutet: Energie geht an die Umgebung verloren. Man schreibt: $\Delta H < 0$.

7 Nach einer endothermen Reaktion liegen im Vergleich mit den Ausgangsstoffen energiereichere Endprodukte vor. Endotherm bedeutet: Energie wird aus der Umgebung aufgenommen. Man schreibt: $\Delta H > 0$.

41.2 Ohne Energie keine chemische Reaktion. Energie kann weder gewonnen noch vernichtet werden, sondern nur von einer Energieform in eine andere umgewandelt werden (vgl. mit Abb. 29.2)

11.1 Eisen – das wichtigste Gebrauchsmetall

Eisen ist der bedeutendste Werkstoff. Seine Vorzüge entdeckten die Menschen wahrscheinlich schon in vorgeschichtlicher Zeit: Es wurden gehämmerte Werkzeuge gefunden, die man aus Eisenmeteoriten gefertigt hatte. In Europa beginnt die Eisengewinnung erst im 7. Jh. v. Chr.

Meist liegt das Eisen als Oxid vor, vermischt mit Begleitgestein, der Gangart **(Abb. 42.3)**. Liegt der Eisengehalt im Gestein zwischen wirtschaftlich lohnenden 25 bis 70 %, spricht man von Eisen-**Erzen**. Obwohl Eisen das vierthäufigste Element der Erdrinde ist, sind abbauwürdige Vorkommen selten. In der Bundesrepublik Deutschland werden importierte Erze verarbeitet (= verhüttet); die heimischen können nicht mehr lohnend verwertet werden, da ihr Eisengehalt zu gering ist.

Erze, die Eisen nicht als Oxid (Fe_2O_3), sondern als Schwefelverbindung (FeS_2) enthalten, müssen vor der Roheisengewinnung „geröstet", d. h. unter Luftzufuhr stark erhitzt werden. Dabei entstehen Eisenoxide. Das so geröstete Erz wird zerkleinert. Die nicht eisenhaltigen, wertlosen Gesteinsbrocken schwemmt man mit Wasser heraus („Naßwäsche").

Die ersten Öfen zur Eisengewinnung wurden mit Holzkohle betrieben. Der Kohlenstoff der Holzkohle diente als Reduktionsmittel (vgl. mit Abb. 40.3). In den heutigen Hochofenanlagen (Eisenhütten) übernimmt Koks die Reduktion. Koks gewinnt man durch Ausglühen von Steinkohle (siehe Abb. 45.4 und Abb. 108.4).

11.2 Vorgänge im Hochofen

Die Arbeitsweise eines Hochofens kann man an einem einfachen **Modell** darstellen **(Abb. 42.2)**: Der aus Spezialglas gefertigte Ofen ist mit einem Gemisch aus gemahlenem Eisenerz und gekörnter Aktivkohle gefüllt. Mit dem Brenner wird die Füllung von außen erhitzt. Danach bläst der Fön Heißluft in den Ofen. Bei hoher Temperatur verbrennt die Kohle unvollständig zu Kohlenstoffmonooxid. Kohlenstoffmonooxid entreißt dem Eisenoxid den Sauerstoff und oxidiert dabei zu Kohlenstoffdioxid. Zurück bleibt geschmolzenes Eisen.

Moderne **Hochöfen** sind bis 50 m hoch. Ohne Betriebsstörung können sie 10 Jahre lang ununterbrochen Tag und Nacht „gefahren" werden. Der gemauerte Schacht erweitert sich von oben nach unten, damit sich die Füllung durch die Wärmeausdehnung nicht festsetzen kann. Wasserkästen kühlen das Mauerwerk **(Abb. 43.1)**. Der Innendruck von 0,2 MPa wird durch ein um das Mauerwerk gebautes Stahlkorsett aufgefangen. Man füllt (beschickt) den Hochofen von oben durch die sogenannte Gicht.

42.1 Die Hütte Rheinhausen im Ruhrgebiet: Hochofenanlage, Rohstofflager, Wasserstraße, Gleise und Straßen bilden eine Einheit

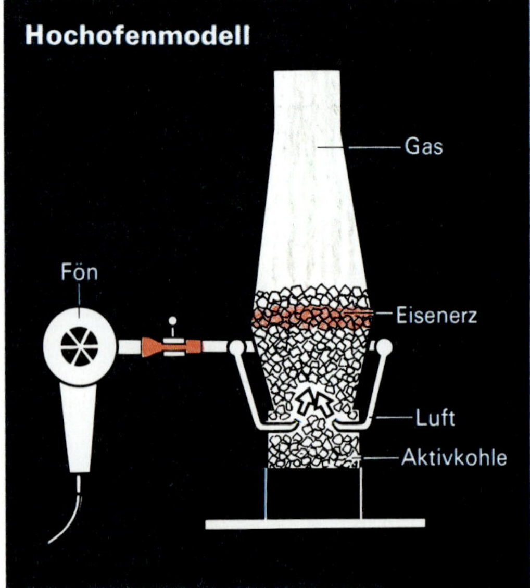

42.2 Ein Brenner muß den unteren Glasaufsatz des Modells erhitzen, bis die Kohle glüht

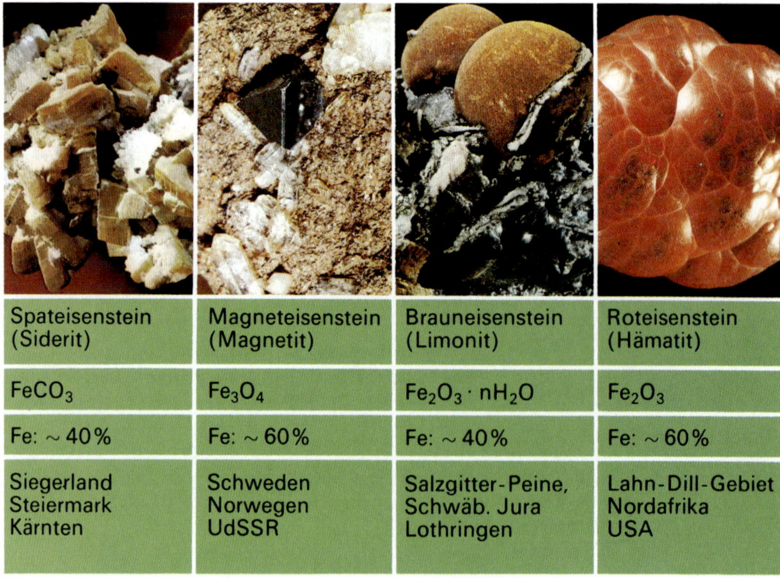

Spateisenstein (Siderit)	Magneteisenstein (Magnetit)	Brauneisenstein (Limonit)	Roteisenstein (Hämatit)
$FeCO_3$	Fe_3O_4	$Fe_2O_3 \cdot nH_2O$	Fe_2O_3
Fe: ~ 40%	Fe: ~ 60%	Fe: ~ 40%	Fe: ~ 60%
Siegerland Steiermark Kärnten	Schweden Norwegen UdSSR	Salzgitter-Peine, Schwäb. Jura Lothringen	Lahn-Dill-Gebiet Nordafrika USA

42.3 Deutsche Eisenerze mit hohem Eisengehalt sind selten. Diese vier hochprozentigen Eisenerze werden importiert

Beschickt wird mit wechselnden Lagen aus Erz, Koks und Zuschlägen (meist Kalk). Erz und Zuschläge nennt man **Möller**. Eine Glockenschleuse schließt den Ofen auch bei der Füllung gasdicht ab. Im Bereich der Rast verläuft eine Ringleitung. Sie führt Heißluft, die in den Ofen über Düsen (Windformen) eingeblasen wird. Der Kohlenstoff des Kokses oxidiert bei einer Temperatur von 1600 °C unvollständig zu Kohlenstoffmonooxid. Durch die Schornsteinwirkung des Ofens steigt das Kohlenstoffmonooxid nach oben und reduziert in der **Reduktionszone** das Eisenoxid zu Eisen. Die insgesamt komplizierten chemischen Vorgänge lassen sich vereinfacht durch ein Reaktionsschema wiedergeben:

$$Fe_2O_3 + 3\,CO \longrightarrow 2\,Fe + 3\,CO_2 \; / \; \text{Energie wird frei}$$

Das entstandene schwammige Eisen sackt mit den Füllschichten immer weiter nach unten. In der **Kohlungszone** nimmt es fein verteilten Kohlenstoff auf. Dieser entsteht aus einem Teil des Kohlenstoffmonooxids, das sich zu Kohlenstoffdioxid und Kohlenstoff umsetzt ($2\,CO \longrightarrow CO_2 + C$). Durch die Kohlenstoff-Aufnahme verringert sich der Schmelzpunkt von 1539 °C für reines Eisen auf 1200 °C für das Gemisch. Flüssig tropft es durch die glühende Koksschicht und sammelt sich im Gestell.

Geschmolzene Gesteinsteilchen bilden die **Schlacke**. Sie wird durch die Zuschläge dünnflüssig. Wegen ihrer geringeren Dichte schwimmt die Schlacke auf dem **Roheisen** und schützt dadurch das Metall – eine Oxidation des flüssigen Roheisens durch die über der Schlacke eingeblasene Heißluft ist deshalb unmöglich. Öffnungen zum Abstich des Eisens und der Schlacke sind versetzt angeordnet. Tonpfropfen verschließen die Löcher. Von Zeit zu Zeit werden sie aufgebohrt und das flüssige Roheisen und die Schlacke abgelassen. Die Schlacke ist kein „Abfall", sondern begehrter Baustoff (Formsteine, Zement).

Das aufsteigende, heiße **Gichtgas** erwärmt im oberen Teil des Hochofens die Koks- und Möllerschichten auf 200 °C, bevor es durch den Gichtgasabzug abgeleitet wird. Gichtgas enthält Kohlenstoffmonooxid. Es dient als Heizgas, um die in den Hochofen eingeblasene Luft vorzuwärmen. Zu seiner Entstaubung durchströmt das Gichtgas nacheinander den Staubsack, den Wirbler und den Naßreiniger **(Abb. 43.3)**.
Das gereinigte Gas wird unter Luftzufuhr in den mit Gittersteinen ausgemauerten **Winderhitzern** verbrannt. Die heißen Verbrennungsgase heizen die Gitterung bis zu 1200 °C auf. Anschließend wird der Brenner gestoppt und Frischluft in entgegengesetzter Richtung durch die Gitterung geleitet. Die heißen Steine erwärmen die Frischluft: Als „Heißwind" gelangt die Luft nun durch die Ringleitung in den Ofen. Zu einer Hochofenanlage gehören drei Winderhitzer. Zwei Winderhitzer werden wechselseitig aufgeheizt, ein dritter dient als Reserve.

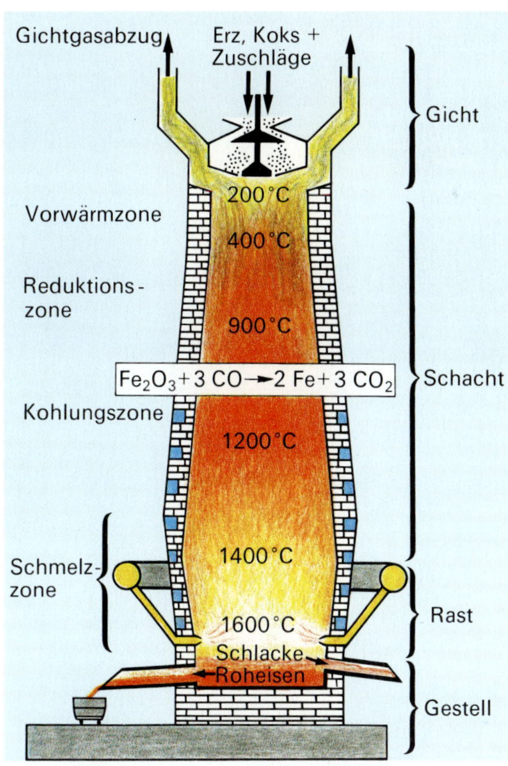

43.1 Hochofen-Schnittbild. Im Mauerwerk die Wasserkühlung (blau). Der Heißwind wird durch die Ringleitung (gelb) eingeblasen

LV 43.1 Mische 2 Teile Eisenoxid Fe_2O_3 und 3 Teile Holzkohlepulver. Fülle damit ein schwerschmelzbares Reagenzglas 3 cm hoch. Erhitze 5 Minuten bei Rotglut.

V 43.2 Berühre verschiedene Eisenerze mit einem Magneten. Ermittle die Wertigkeit von Eisen in der Verbindung Fe_3O_4.

A 43.3 Im Text ist die Redoxreaktion im Hochofen für das Erz Hämatit wiedergegeben. Schreibe das Reaktionsschema auf, das für Magnetit Fe_3O_4 zutrifft.

A 43.4 Eisenkies FeS_2 wird vor dem Hochofenprozeß geröstet; es entstehen Fe_2O_3 und SO_2. Stelle das Reaktionsschema auf.

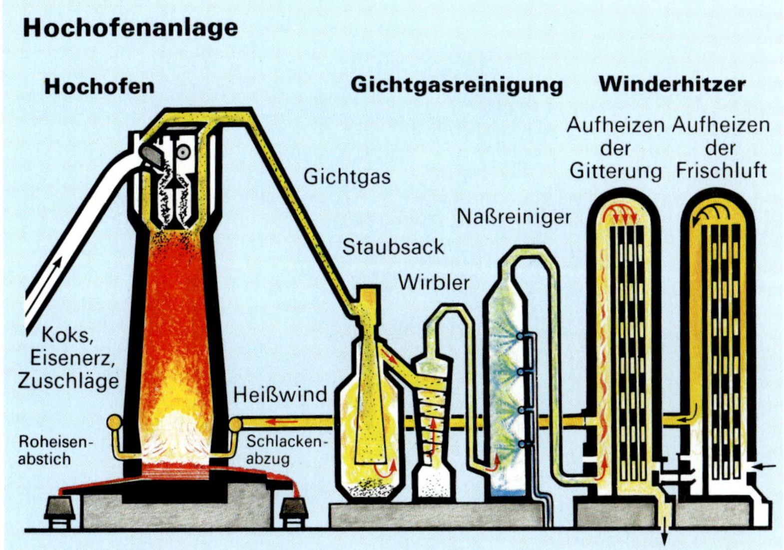

43.3 Verbrauch für 1 t Roheisen: 2 t Erz, 1 t Koks, 0,5 t Kalk und 5 t Luft. Abstich: alle 3 – 4 Stunden; in 24 Std. gewinnt man 2000 t Roheisen

43.2 Eisen ist das bei weitem wichtigste Gebrauchsmetall. Es wird nur selten rein verwendet

44.2 Elektrostahlöfen. Oben: Kohleelektroden. Der durch sie erzeugte Lichtbogen liefert Stromwärme. Unten: geöffnete Schafttür

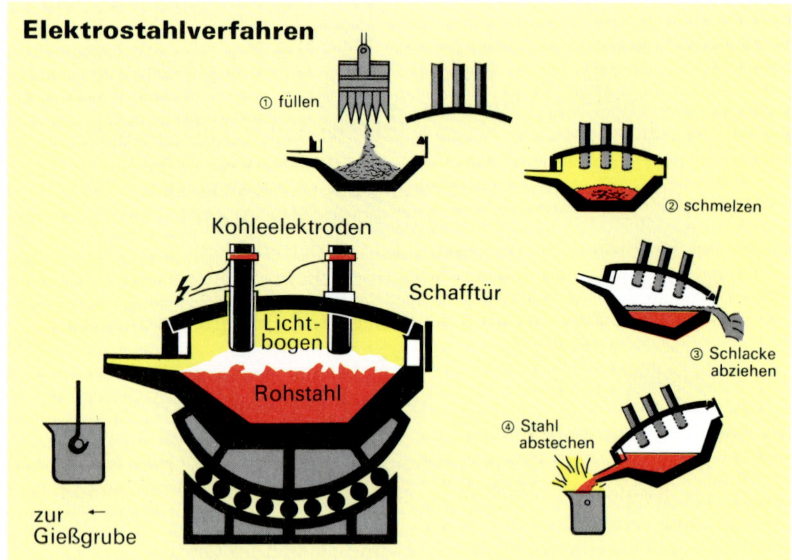

44.1 Elektrostahlofen zum Schmelzen von Stahlschrott bei 3000 °C. Dieses Verfahren dient der Erzeugung hochwertiger Spezialstähle

11.3 Vom spröden Roheisen zum schmiedbaren Stahl

Das aus dem Hochofen kommende **Roheisen** ist als Werkstoff noch ungeeignet. Es enthält **3-5 % Kohlenstoff** und geringe Mengen Fremdstoffe wie Phosphor, Schwefel, Silicium und Mangan. Es ist spröde, d. h. es bricht leicht und läßt sich daher weder walzen noch schmieden; Schweißverbindungen sind nicht möglich. Deshalb wird nur ein Teil einer besonders behandelten Roheisensorte als **Gußeisen** verarbeitet. Aus diesem sehr rostbeständigen Gußeisen stellt man durch Eingießen in Hohlformen Kanaldeckel, Heizkörper, Öfen, Röhren, Motorblöcke und Maschinenteile her.

Um Eisen verformbar zu machen, müssen der **Kohlenstoff-Gehalt unter 1,7 %** gesenkt und die Fremdstoffe weitgehend entfernt werden. Dies geschieht durch Verbrennen der Fremdstoffe zu ihren Oxiden („Frischen" des Roheisens) – aus Roheisen wird **Stahl (Abb. 45.3)**. Zwei Verfahren haben Bedeutung, das LD- und das Elektrostahlverfahren.

LD-Verfahren (nach dem österreichischen Stahlwerk **L**inz-**D**onawitz). Das Roheisen wird nach dem Hochofenabstich – zusammen mit rohstoffsparendem Eisenschrott – in einen schwenkbaren **Konverter** gefüllt **(Abb. 45.1)**. Das Fassungsvermögen dieses Konverters beträgt bis zu 350 t.

Legierte Stähle			
V$_2$A-stahl	Nickel-stahl	Invar-stahl	Schnell-arbeits-stähle
Bestecke	Panzer-platten	Uhren-pendel	Werk-zeuge
Fe und Cr: 19% Ni: 8%	Fe und Cr: 25% Ni: 20% Si: 0,5%	Fe und Ni: 36%	Fe und Cr: 4% W: 15% V: 2%
rostet nicht, säure-beständig	hart und zäh	geringe Wärme-aus-dehnung	selbst bei Rotglut noch hart

44.3 Das meiste Roheisen wird zu schmiedbarem Eisen, dem Stahl, weiterverarbeitet

44.4 Oben: Hochofenschlacke. Mitte: In Barren gegossene Roheisenabstich-Kontrollproben. Unten: Zuschläge für die Stahlgewinnung

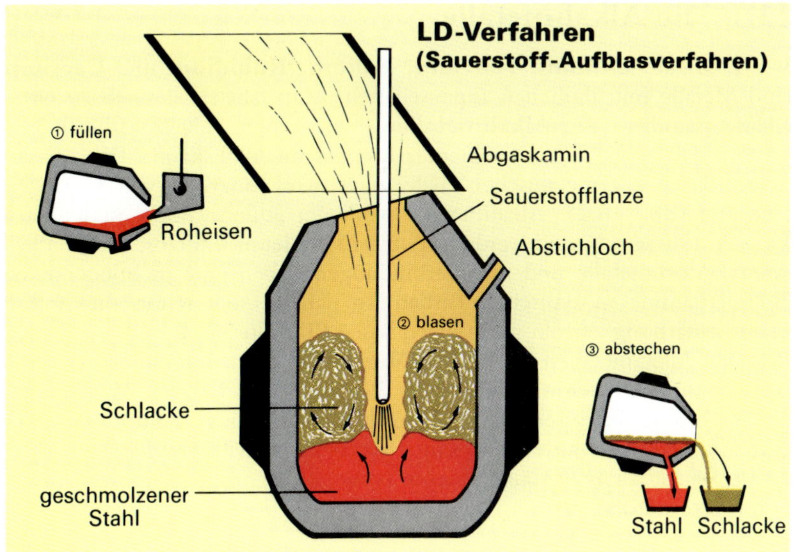

45.1 Der mit 1 MPa auf das Roheisen geblasene Sauerstoff oxidiert Kohlenstoff sowie Silicium, Phosphor, Mangan und Schwefel

Der mit hohem Druck auf die Schmelze geblasene reine Sauerstoff oxidiert die Fremdstoffe. Durch die Oxidationswärme und die Gasentwicklung – es entstehen CO, CO_2, SO_2 – gerät die Schmelze in Wallung. Die übrigen Oxide bilden mit zugegebenem Kalk Schlacke. Der Stahl und die darauf schwimmende Schlacke werden getrennt abgestochen.

Elektrostahlverfahren. Im Elektrostahlofen werden besonders hochwertige Stähle bei Temperaturen um 3000 °C geschmolzen **(Abb. 44.1 und 44.2)**. Die hohe Temperatur liefert ein elektrischer Lichtbogen, der sich zwischen den Kohleelektroden ausbildet (Spannung: 50 – 150 V, Stromstärke: 4000 A). Gefüllt wird der Elektrostahlofen mit Roheisen und Schrott. Der Sauerstoff-Anteil des Schrotts oxidiert die Fremdstoffe.

Legieren von Stählen. Durch Zusatz geringer Mengen bestimmter Metalle zur Schmelze können Metallgemische (Legierungen) mit besonderen Eigenschaften hergestellt werden **(Tabelle 44.3)**. Stahlveredler sind Chrom, Nickel, Mangan, Wolfram, Molybdän und Vanadium.

Weiterverarbeitung des Stahls. Der flüssige Stahl kann – wie Gußeisen – in Formen gegossen werden **(Stahlformguß)**. Der größte Teil der Produktion wird in Walzwerke geleitet, wo man die glühenden Rohstahlblöcke zu Profilen, Platten und Blechen auswalzt **(Abb. 45.2)**.

45.2 Polternd rollt der Rohstahlblock über die vollautomatische Walzstraße und wird zu Schiene, T-Träger oder Blech gewalzt

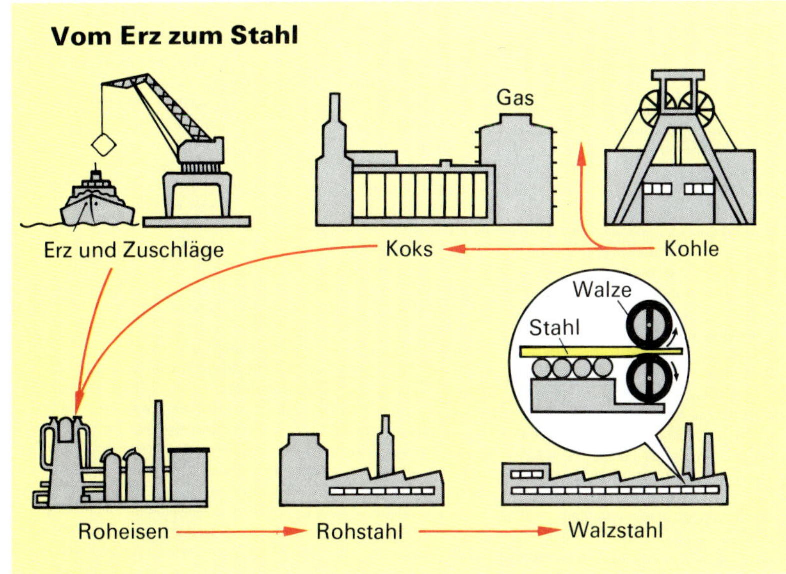

45.4 Wird Kohle unter Luftabschluß erhitzt, entsteht Koks. Er ist Brennstoff und Reduktionsmittel bei der Verhüttung von Eisenerz

Gußeisen oder Stahl?		
C-Gehalt	**Eigenschaften**	**Verwendung**
Gußeisen C-Gehalt: 3,2 – 3,6 %	Formgebung durch Gießen geringe Bruch- und Schlagfestigkeit, hart, aber spröde	Kanaldeckel Heizkörper Öfen Röhren Motorblöcke Maschinenteile
Stahl C-Gehalt: 0,5 – 1,7 %	plastisch verformbar zugfest schmiedbar schweißbar	Maschinenteile Federn Autobleche Baustahl

45.3 Der Kohlenstoff-Gehalt bestimmt Eigenschaften und Verwendung des Eisens

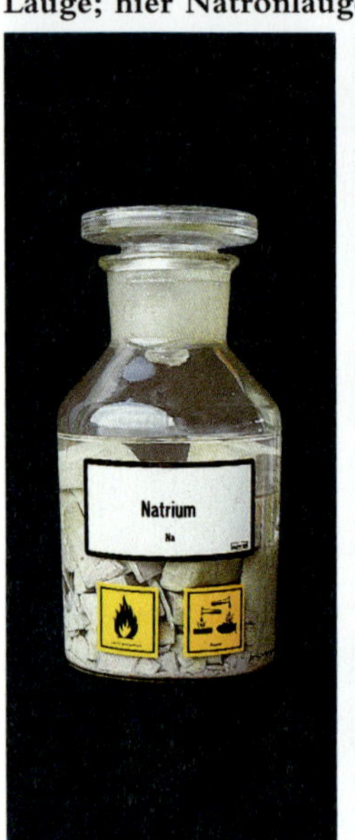

46.1 Die Rotfärbung des zugesetzten farblosen Phenolphthaleins beweist die Bildung einer Lauge; hier Natronlauge (Lehrerversuch)

46.2 Alkalimetalle werden in Petroleum aufbewahrt. Die frische Schnittfläche des Natriums reagiert sofort mit (Luft-)Sauerstoff

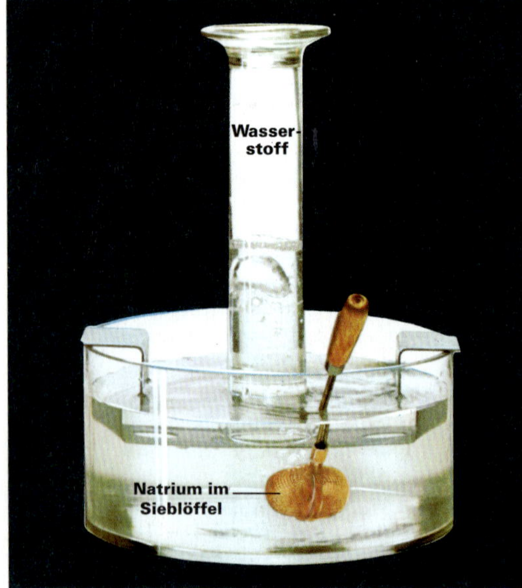

46

46.3 Reaktion von Natrium mit Wasser: Wasserstoff wird frei (LV, Schutzbrille, -scheibe!)

12.1 Die Alkalimetalle

Die Elemente **Lithium, Natrium, Kalium, Rubidium** und **Caesium** sind Metalle mit ähnlichen Eigenschaften. Man faßt sie deshalb zu einer Elementfamilie – den **Alkalimetallen** – zusammen. Alkalimetalle sind so weich, daß man sie mit einem Messer schneiden kann. Die frische Schnittfläche, die metallischen Glanz zeigt, wird innerhalb von Sekunden stumpf **(Abb. 46.2)**. Alkalimetalle oxidieren äußerst rasch an feuchter Luft. Aus diesem Grund werden sie unter Petroleum (Luftabschluß) aufbewahrt. Alkalimetalle und ihre Verbindungen färben eine nichtleuchtende Brennerflamme in typischen Farben, so daß sie sich schon durch ihre Flammenfärbung einzeln nachweisen lassen **(Tabelle 46.4)**.
Von den Alkalimetallen hat nur das Natrium große technische Bedeutung. So braucht die chemische Industrie Natrium, um Benzin, Waschmittel und Farbstoffe herzustellen. In Kernreaktoren und Flugzeugmotoren dient Natrium als „Kühlmittel". Es kann, durch einen Kühlkreislauf gepumpt, große Wärmemengen transportieren (vergleichbar mit der Wasserkühlung eines Automotors).

12.2 Natriumhydroxid NaOH$_{(s)}$ und Natronlauge NaOH$_{(aq)}$

Gibt man ein erbsengroßes, entrindetes Stück Natrium mit der Pinzette auf Wasser, schmilzt das Metall zur Kugel und fährt zischend (exotherme Reaktion) hin und her, bis es verschwindet (Schutzscheibe, Schutzbrille). Schlieren, die im Wasser „hängen", lösen sich auf. Die gebildete Lösung, **Natronlauge**, fühlt sich seifig an und färbt den zugegebenen Indikator (Nachweismittel) Phenolphthalein rot **(Abb. 46.1)**. Das Wasser wird bei dieser Reaktion zersetzt. Es entsteht Wasserstoff, der die dahinschmelzende Natriumkugel wie ein „Luftkissenfahrzeug" trägt. Drückt man Natrium unter Wasser, läßt sich das freiwerdende Wasserstoff-Gas auffangen **(Abb. 46.3)**.

$$2 \text{ Na} + 2 \text{ H}_2\text{O} \longrightarrow 2 \text{ NaOH}_{(aq)} + \text{H}_2 \text{ / Energie wird frei}$$

Die Abkürzung (aq) bedeutet, daß Natronlauge in Wasser gelöstes NaOH ist (lat. aqua = Wasser). Verdampft man den Wasseranteil der Natronlauge, bleibt ein weißer, fester Stoff zurück, **Natriumhydroxid NaOH**. Eine Lauge ist also die Lösung eines Hydroxids in Wasser. Der Name **Hydroxid** ist zusammengesetzt aus den gr. bzw. lat. Worten: **Hydr**ogenium = Wasserstoff und **Oxy**genium = Sauerstoff. Natriumhydroxid nimmt aus der Luft begierig den Wasserdampf auf und zerfließt dabei wieder zur Lauge. Natriumhydroxid ist wasseranziehend, d. h. **hygroskopisch (Abb. 47.4)**. Es ist in Abflußreinigern enthalten, die beim Zusammentreffen mit Wasser eine stark ätzende und damit reinigende Flüssigkeit bilden (vgl. V. 53.1).

Alkalimetall	Symbol	Dichte $\frac{g}{cm^3}$	Smp. °C	Flammen-färbung	Reaktion in Wasser
Lithium	**Li**	0,53	179	karminrot	
Natrium	**Na**	0,97	98	gelb	
Kalium	**K**	0,86	64	violett	
Rubidium	**Rb**	1,53	39	rotviolett	
Caesium	**Cs**	1,87	29	blau	nimmt zu

46.4 Die Alkalimetalle sind silbrig-weiße Metalle mit sehr geringer Härte. Von allen Metallen sind Alkalimetalle am reaktionsfähigsten

Auch Kalium reagiert mit Wasser zu einer Lauge: **Kalilauge**. Die Reaktion ist so heftig, daß sich der freiwerdende Wasserstoff durch die Reaktionswärme von selbst entzündet.

$$2\ K + 2\ H_2O \longrightarrow 2\ KOH_{(aq)} + H_2\ /\ \text{Energie wird frei}$$

Natronlauge und Kalilauge greifen die Haut an. Beim Arbeiten mit Alkalimetallen und ihren Laugen müssen deshalb Schutzbrille und Schutzhandschuhe getragen werden.

12.3 Die Erdalkalimetalle

Die Elemente **Beryllium, Magnesium, Calcium, Strontium** und **Barium** bilden die Elementfamilie der **Erdalkalimetalle**. Der Name rührt von der erdigen Beschaffenheit ihrer Oxide her. Wie die Alkalimetalle oxidieren auch sie an der Luft – aber so langsam, daß zu ihrer Aufbewahrung bereits gut schließende Gefäße genügen.

Die Erdalkalimetalle reagieren ebenfalls mit Wasser. Die Reaktionsbereitschaft ist jedoch gering. So reagiert Magnesium nur mit siedendem Wasser **(Abb. 47.1)**. Die aufsteigenden Gasbläschen sind Wasserstoff. Zugegebene Phenolphthalein-Lösung zeigt eine Lauge an. Im Gegensatz zu den einwertigen Alkalimetallen sind die Erdalkalimetalle zweiwertig. Die Formel $Mg(OH)_2$ zeigt, daß das zweiwertige Magnesium zwei Hydroxidteilchen binden kann (denn das einzelne Hydroxidteilchen ist ja einwertig). **Magnesiumlauge** ist in Wasser gelöstes Magnesiumhydroxid.

Die Reaktion von Calcium mit Wasser ist heftiger als die des Magnesiums, hier genügt warmes Wasser: **Abb. 47.2**. **Calciumlauge** ist **Kalkwasser**, das Nachweismittel für Kohlenstoffdioxid. Es enthält gelöstes Calciumhydroxid.

Kalkwasser und Magnesiumlauge sind schwache Laugen, starke Laugen dagegen sind Natronlauge und Kalilauge. Farblose Phenolphthalein-Lösung färbt sich in Laugen rot, Universal-Indikator wird blau: Lösungen, die diese Farbumschläge verursachen, nennt man **alkalisch**.

Zur Kennzeichnung der Stärke einer alkalischen Lösung setzt man den **pH-Wert** ein. Die Skala reicht von **> 7 bis 14**. Reines Wasser hat den pH-Wert 7, die stärkste alkalische Lösung den pH-Wert 14. Mit Hilfe von Universal-Indikatorpapier läßt sich der pH-Wert einer alkalischen Lösung durch Farbskala-Vergleich leicht bestimmen **(Abb. 47.5)**.

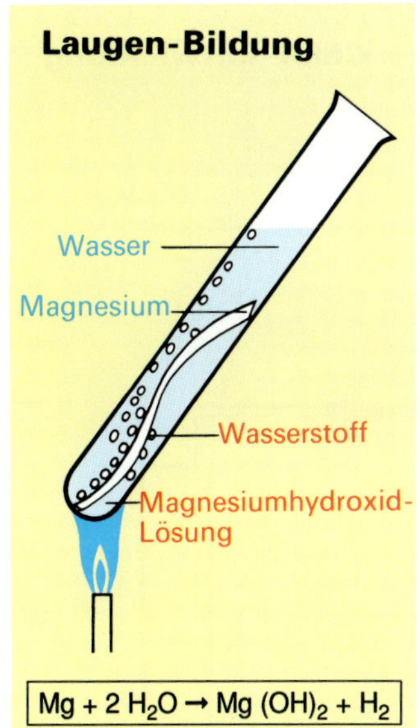

47.1 Magnesium reagiert mit siedendem Wasser zu Magnesiumlauge und H_2

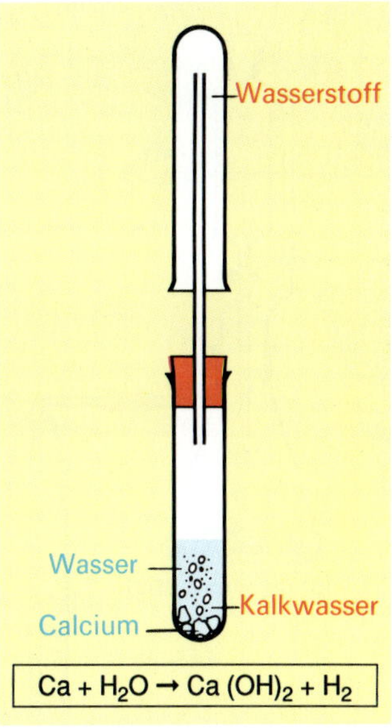

47.2 Calcium reagiert mit warmem Wasser zu Calciumhydroxid und Wasserstoff

A **47.1** Alkali- und Erdalkalimetalle kommen in der Natur nicht elementar vor. Dafür gibt es jedoch viele Alkali- und Erdalkaliverbindungen. Suche die Begründung.

V **47.2** Gib blankgeschmirgeltes Magnesiumband in ein Reagenzglas, fülle mit 2 ml Wasser auf, versetze mit etwas Phenolphthalein-Lösung und erwärme.

V **47.3** Erwärme Calcium-Späne mit 4 ml Wasser im Reagenzglas. Blase nach dem Erkalten mit einem Trinkhalm Atemluft in die Flüssigkeit.

A **47.4** Gasbetonsteine sind porös und deshalb wärmedämmend. Bei ihrer Herstellung wird dem Betonbrei ein Gemisch aus Calcium- und Magnesium-Pulver zugegeben. Erkläre warum!

A **47.5** Selbst die kleinste Natrium-Menge, die in das Auge gerät, kann zur Erblindung führen. Begründe! Gib Sicherheitsratschläge.

A **47.6** Erkundige dich über Wirkung und Gebrauch einer Augenwaschflasche (siehe innerer Buchdeckel, hinten).

47.3 Der besondere Hinweis: Brauereien setzen Natronlauge zur Reinigung der Bierflaschen ein. – Bei Magenübersäuerung (Sodbrennen) hilft Magnesiumhydroxid

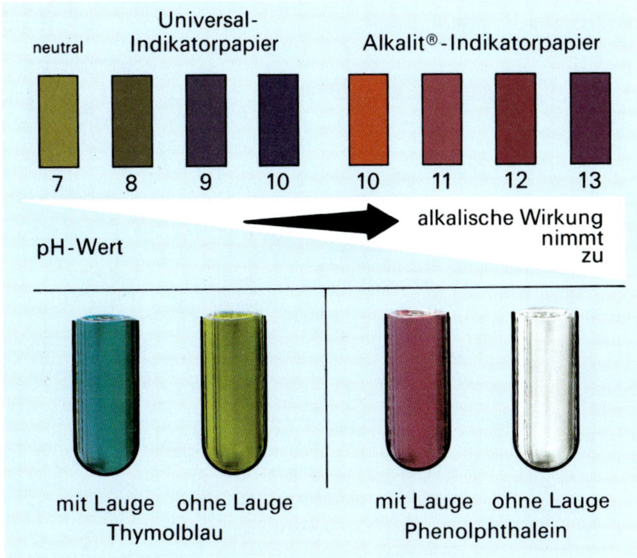

47.5 Thymolblau und Phenolphthalein zeigen alkalische Lösungen an, Universal-Indikatorpapier deren pH-Wert

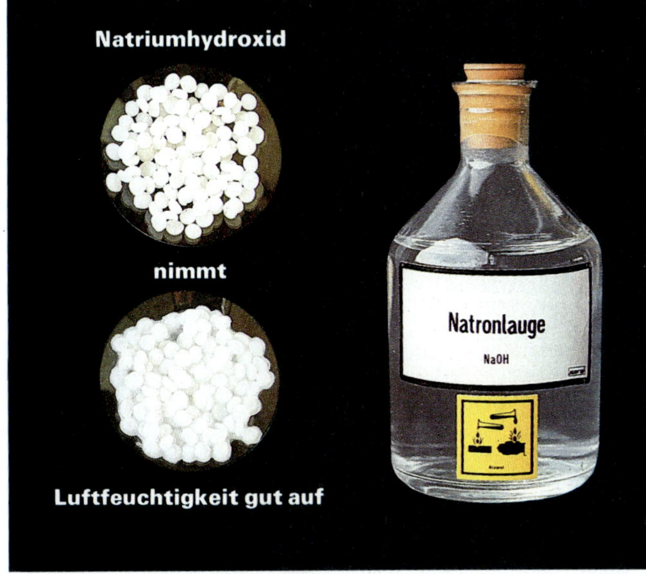

47.4 Natriumhydroxid nimmt aus der Luft Wasserdampf auf und bildet so Natronlauge

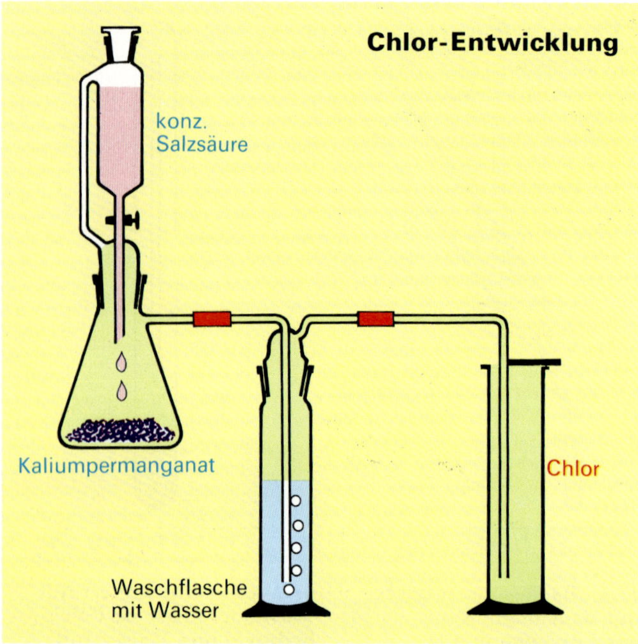

48.1 Tropft im Gasentwickler konzentrierte Salzsäure auf Kaliumpermanganat, wird gelbgrünes Chlor freigesetzt (LV, Abzug!)

[LV] **48.1** Ein großer Standzylinder wird mit Chlor-Gas★ gefüllt und verschlossen. Anschließend werden Blütenblätter, angefeuchtetes, farbiges Gewebe und ein feuchtes, bedrucktes Stück Papier eingeworfen. Beobachte die Bleichwirkung. (Vorsicht! Abzug!)

[V] **48.2** Prüfe Farbe und Geruch von in Wasser gelöstem Chlor★. Erwärme das Chlorwasser und prüfe erneut.

[V] **48.3** Untersuche die Löslichkeit von festem Iod★ (ätzend) in kaltem und heißem Wasser, in Alkohol★ (feuergefährlich) und Benzin★ (feuergefährlich).

[V] **48.4** Warum darf der Glastrichter auf Abb.49.1 nicht in das Wasser eintauchen? (Hinweis: Der Rundkolben mit dem Kochsalz erwärmt sich bei der Reaktion.)

[A] **48.5** Das Badewasser eines Schwimmbades enthält 0,3 mg Chlor pro Liter. Befrage einen Bademeister, wie er die Wassergüte überwacht.

48.2 Der besondere Hinweis: Fluor ist das reaktionsfreudigste aller Elemente. Brom ist (neben Quecksilber) das einzige bei Raumtemperatur flüssige Element

Halogen	Symbol (Teilchen im Gaszustand)	Atommasse u	Siedepunkt °C	Schmelzpunkt °C	Farbe
Fluor	F_2	19	– 188	– 220	schwach gelblich
Chlor	Cl_2	35	– 35	– 101	gelbgrün
Brom	Br_2	80	+ 58	– 7	braunschwarz (Dampf rotbraun)
Iod	I_2	127	+ 184	+ 114	blauschwarz (Dampf violett)

48.3 Halogen bedeutet Salzbildner. Alle Halogene sind giftig. Sie verätzen die Atmungsorgane und die Haut

12.4 Die Halogene

Die Elemente Fluor, Chlor, Brom und Iod bilden die Elementfamilie der **Halogene** (griech. Halogen = Salzbildner). Innerhalb der Elementfamilie läßt sich eine regelmäßige Abstufung der gemeinsamen Eigenschaften erkennen. So nimmt die Reaktionsfreudigkeit vom Fluor über Chlor und Brom zum Iod hin ab. Auch werden die Elemente in dieser Reihenfolge immer fester. Fluor und Chlor sind Gase. Brom ist eine Flüssigkeit und Iod ein Feststoff **(Abb. 48.3)**.

Fluor ist ein schwach gelbliches Gas. Es ist so reaktionsfreudig, daß es bei Raumtemperatur mit den meisten Stoffen unter Flammerscheinungen reagiert (z. B. mit H_2O, CO_2). Solche Brände können deshalb kaum gelöscht werden. Der Körper braucht Fluor-Verbindungen in Spuren (Spurenelement): Zum Aufbau der Zähne und Knochen müssen sie mit der Nahrung aufgenommen werden. Zähne und Knochen enthalten 0,001 % chemisch gebundenes Fluor.

Chlor. Der Name weist auf die gelb-grüne Farbe des Gases hin (griech. chloros = gelbgrün, vgl. mit dem Ausdruck: Chlorophyll = Blattgrün) **(Abb. 48.4)**. Chlor ist wesentlich schwerer als Luft. Heute ist Chlor einer der wichtigsten Rohstoffe der chemischen Industrie. Viele Produkte (z. B. der Kunststoff PVC) enthalten Chlor. Trinkwasser und das Wasser in Schwimmbecken werden mit Chlor desinfiziert (entkeimt): Das Chlor reagiert mit Wasser. Dabei entsteht u. a. atomarer Sauerstoff (einzelne, unverbundene Atome), der Krankheitskeime abtötet.

Brom ist eine schwarz-rote, unangenehm riechende Flüssigkeit (griech. bromos = stinkend). Gefäße, die Brom enthalten, müssen immer dicht verschlossen im Giftschrank aufbewahrt werden, weil das flüssige Brom sehr leicht verdunstet. Brom ist äußerst giftig. Auf der Haut ruft es schwere Verätzungen hervor. Eine Brom-Verbindung (Silberbromid) wird in Fotopapier und Filmen verwendet, da sie im Licht schwarz wird.

Iod bildet schwarz-violette, metallisch glänzende Kristalle. Beim Erwärmen sublimiert Iod zu veilchenfarbenem Iod-Dampf (Abb. 13.3). Wie Fluor ist Iod ein Spurenelement. Iod-Mangel führt zur Kropfbildung der Schilddrüse. In iodarmen Gegenden wird deshalb das Trinkwasser vorsorglich mit geringen Mengen Iod-Salz angereichert.

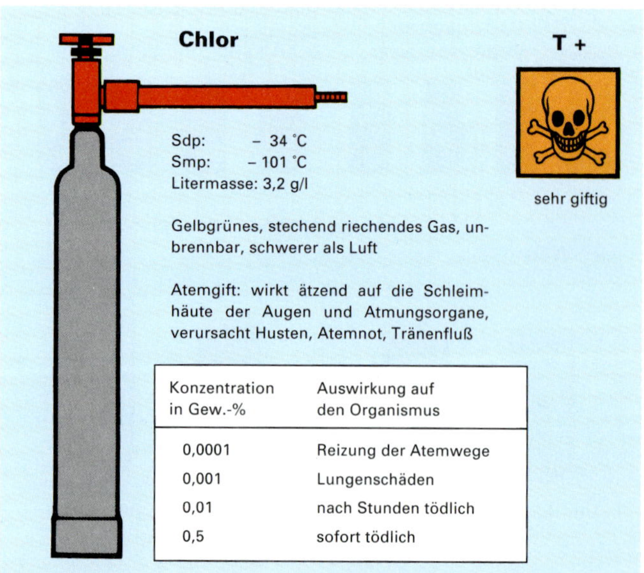

48.4 Chlor wird in grauen Stahlflaschen gehandelt. In Schwimmbädern riecht man „hypochlorige Säure"

12.5 Chlorwasserstoff HCl$_{(g)}$ und Salzsäure HCl$_{(aq)}$

Mit der Apparatur **Abb. 49.1** läßt sich **Chlorwasserstoff-Gas** HCl$_{(g)}$ herstellen. Hierzu tropft man konzentrierte Schwefelsäure auf Kochsalz. Das entstehende HCl-Gas wird durch konz. Schwefelsäure geleitet: Sie bindet Wasser und trocknet so das Gas. Das stechend riechende, farblose Gas wird dann zum Wasser geführt. Herabsinkende Schlieren zeigen eine Reaktion mit Wasser an. Etwa 500 Liter Chlorwasserstoff können sich bei 0 °C in 1 (!) Liter Wasser auflösen.

Der Springbrunnenversuch **Abb. 49.2** veranschaulicht das begierige Löseverhalten: Der Rundkolben ist mit Chlorwasserstoff-Gas gefüllt. Wird der Hahn geöffnet, lösen bereits die ersten eindringenden Wassertropfen das gesamte Gas: Im Kolben entsteht ein Unterdruck, so daß der höhere Außen-(Luft-)druck das Wasser in den Kolben drückt. Der dem Wasser zugegebene Indikator färbt sich rot – dies ist der Nachweis für Säuren; Chlorwasserstoff reagiert mit Wasser zu **Salzsäure**.

$$\underset{\text{Chlorwasserstoff}}{HCl_{(g)}} \xrightarrow{\text{Wasser}} \underset{\text{Salzsäure}}{HCl_{(aq)}} \text{ / Energie wird frei}$$

Die wäßrige Lösung von Chlorwasserstoff heißt Salzsäure HCl$_{(aq)}$.

Unsere Magenschleimhaut scheidet Magensaft ab, der 0,3 % Salzsäure enthält. Sie tötet Bakterien ab; ein Überschuß an Säure verursacht „Sodbrennen". Salzsäure wird zum Abwaschen von Klinkerwänden benutzt, um (nach dem Verfugen) die Kalkreste zu entfernen. **Konzentrierte Salzsäure** ist 38 %ig, d. h. 1 kg Salzsäure enthält 380 g Chlorwasserstoff-Gas. Als starke Säure löst sie unedle Metalle und Kalkstein auf. Beim Umgang mit Salzsäure ist größte Vorsicht geboten! Aus einer geöffneten Flasche entweicht ein Teil des Chlorwasserstoff-Gases (= „Salzsäure-Gas"), das mit der Luftfeuchtigkeit Nebel bildet.

Die **Stärke einer sauren Lösung** kann man in Zahlenwerte stufen. Die **pH-Skala** reicht von **< 7 bis 0**. Reines Wasser hat den pH-Wert 7. Je stärker sauer eine Lösung ist, um so kleiner ist ihr pH-Wert. Der pH-Wert 0 gilt für stark saure Lösungen. Mit Universal-Indikatorpapier lassen sich pH-Werte einfach bestimmen **(Abb. 49.3)**.

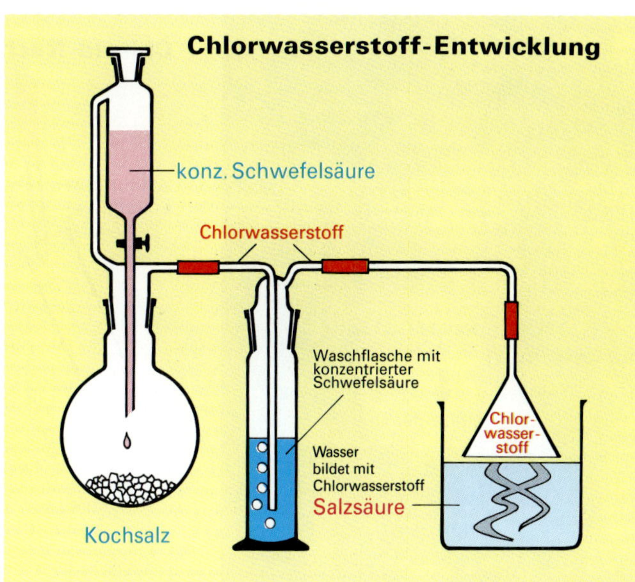

49.1 Tropft konzentrierte Schwefelsäure auf Kochsalz, bilden sich Natriumsulfat und wasserlöslicher Chlorwasserstoff (LV, Abzug!)

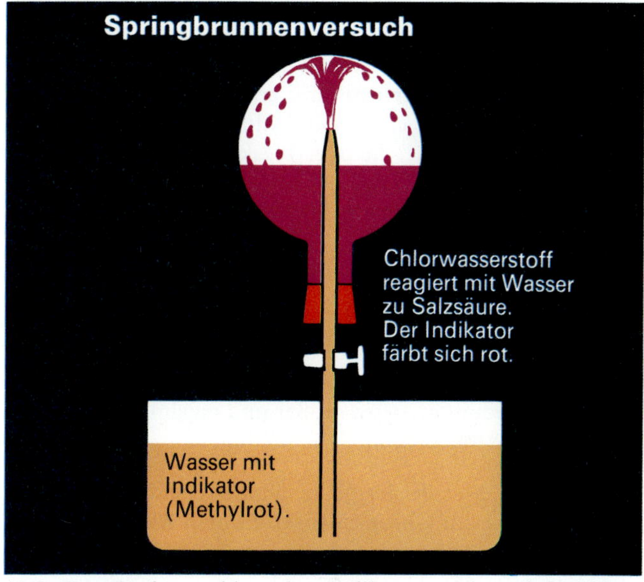

49.2 Der Farbumschlag des Indikators zeigt, daß Chlorwasserstoff mit Wasser eine Säure gebildet hat (LV, Abzug!)

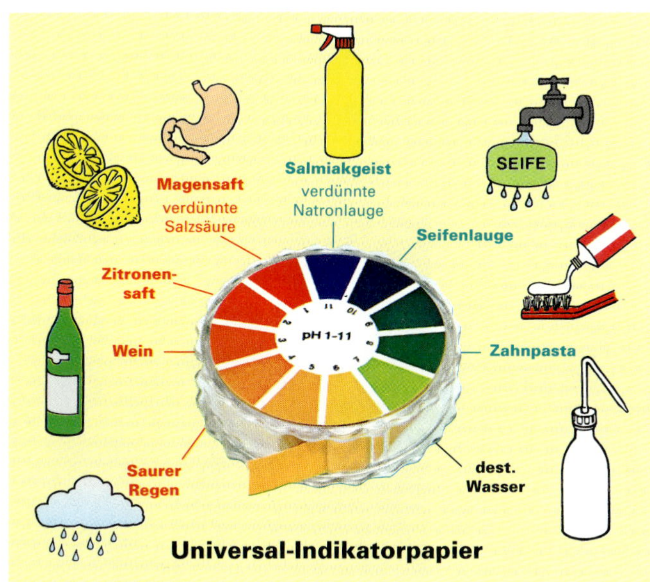

49.4 Das pH-Papier zeigt die Stärke saurer und alkalischer Lösungen durch einen Farbskala-Vergleich an

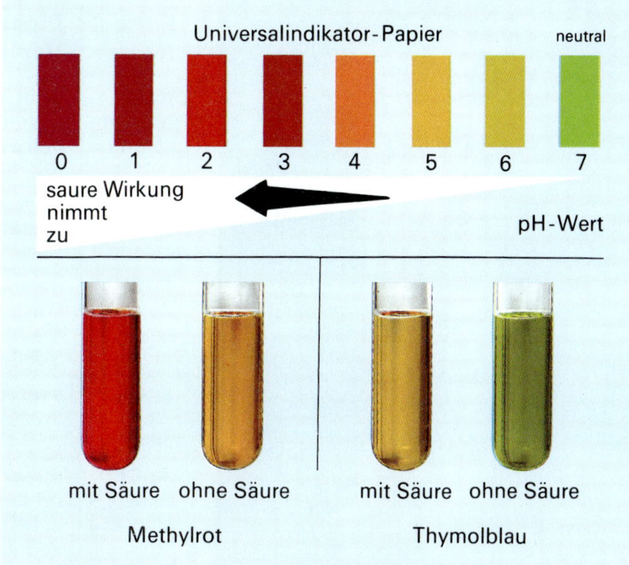

49.3 Methylrot und Thymolblau zeigen saure Lösungen an, Universal-Indikatorpapier zudem den pH-Wert

50.1 Zum Glühen erhitztes Natrium verbrennt mit Chlor zu Natriumchlorid

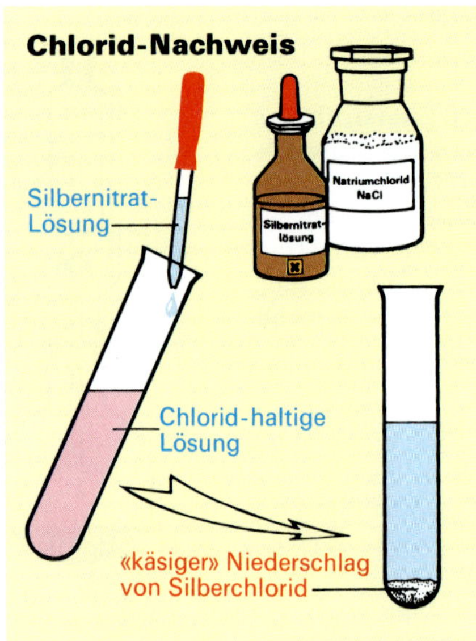

50.2 Silbernitrat-Lösung weist gelöste Chloride nach

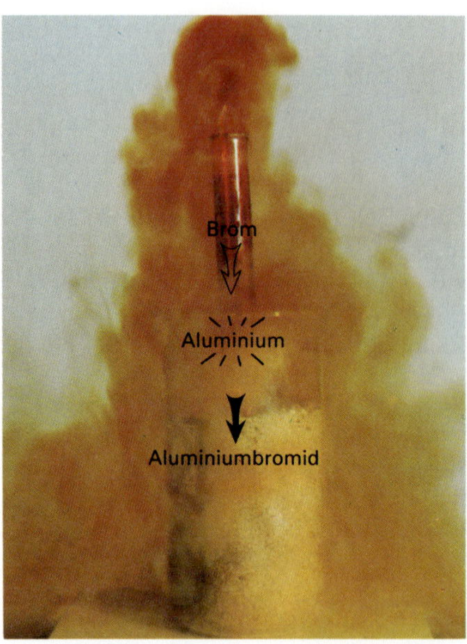

50.3 Heftige Reaktion zwischen Brom und Aluminium zu Aluminiumbromid

12.6 Halogene bilden Salze

In einem seitlich durchlöcherten Reagenzglas wird ein kleines, blankes Stück **Natrium** stark erhitzt. Taucht man dieses Reagenzglas sofort in einen mit **Chlor**-Gas gefüllten Standzylinder, erfolgt eine heftige Reaktion: Mit grellgelber Flamme setzt sich das Natrium mit dem Chlor zu **Natriumchlorid** um (**Abb. 50.1,** LV, Abzug):

$$2\ Na + Cl_2 \longrightarrow 2\ NaCl\ /\ \text{Energie wird frei}$$

Natriumchlorid ist Kochsalz. Es bleibt als Rückstand im Reagenzglas und löst sich in Wasser. Verdunstet das Wasser wieder, zeigen sich würfelförmige Kristalle. Je langsamer das Lösemittel verdunstet, desto größer und regelmäßiger werden die Kristalle (Abb. 53.5).

Auch andere Metalle reagieren ähnlich heftig mit Chlor. **Eisen** verbrennt in **Chlor** zu **Eisenchlorid** (**Abb. 50.4,** LV, Abzug):

$$2\ Fe + 3\ Cl_2 \longrightarrow 2\ FeCl_3\ /\ \text{Energie wird frei}$$

Gibt man Silbernitrat-Lösung zu einer Eisenchlorid- oder Natriumchlorid-Lösung, fällt sofort ein weißer, käsiger Niederschlag von Silberchlorid aus. **Silbernitrat-Lösung** ist deshalb ein Nachweismittel für Chloride (**Abb. 50.2**).

Silbernitrat-Lösung ist ein Nachweismittel für Chloride. Es entsteht ein Niederschlag aus Silberchlorid.

Außer Chlor reagieren auch andere Halogene mit Metallen heftig. Ein **Aluminium**-Blechstreifen, in ein Reagenzglas mit **Brom** geworfen, setzt sich zu **Aluminiumbromid** um, einem weißen Rauch, der bei der Reaktion von braunem Brom-Dampf überdeckt wird (**Abb. 50.3,** LV, Abzug).

$$2\ Al + 3\ Br_2 \longrightarrow 2\ AlBr_3\ /\ \text{Energie wird frei}$$

Halogene bilden mit Metallen Salze, die sogenannten Halogenide (Fluoride, Chloride, Bromide, Iodide). Zu den Salzen zählen aber auch die Metalloxide (z. B. MgO) und Metallsulfide (z. B. FeS).

Verbindungen aus Metallen und Nichtmetallen gehören zur Stoffklasse der Salze.

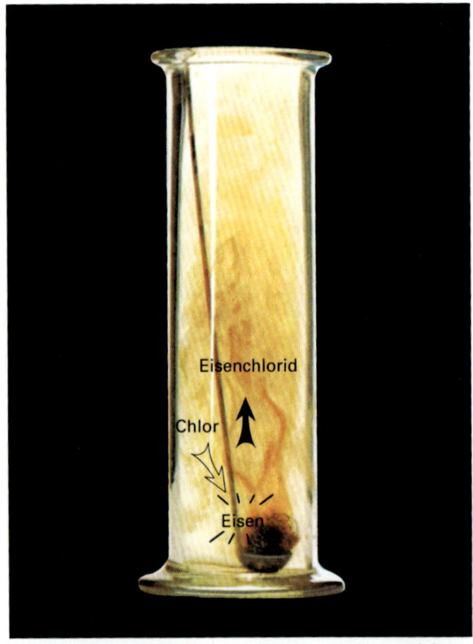

50.4 Eisen-Wolle verbrennt in Chlor-Gas zu Eisenchlorid

Formel Name	Eigenschaften Verwendung
NaCl Natriumchlorid	nicht hygroskopisch, Konservierungsmittel, Speise-, Vieh- und Streusalz, Rohstoff für HCl, Cl₂ u. Na-Verbindungen
KCl Kaliumchlorid	wasserlöslich, wesentlicher Bestandteil vieler Kalidüngesalze
CaCl₂ Calciumchlorid	hygroskopisch, Trockenmittel für Gase, Staubbekämpfung auf Straßen (Staubbindemittel)
ZnCl₂ Zinkchlorid	hygroskopisch, Imprägnierung von Holz
AgCl Silberchlorid	schwerlöslich, lichtempfindlich, in Fotokopierpapieren enthalten

50.5 Eigenschaften und Verwendung einiger Chloride

50.6 Ein Leckstein (Viehsalz) nützt, Streusalz schädigt (Kastanienblätter)

LV **51.1** Man schüttelt in einem Reagenzglas etwas Magnesium-Pulver★ mit Bromwasser★. Man gießt die Flüssigkeit über dem Magnesium-Pulver★ in ein zweites Reagenzglas ab und dampft sie ein. (Schreibe das dazugehörige Reaktionsschema.)

V **51.2** Gibt man Silbernitrat-Lösung zu Leitungswasser, so tritt eine schwache Trübung auf. Erkläre!

V **51.3** Versetze Kochsalz-Lösung im Reagenzglas mit Silbernitrat-Lösung (Abb. 50.2). Filtriere den Niederschlag ab. Entfalte das Filterpapier und schneide es mit dem anhaftenden Niederschlag auseinander. Bewahre die eine Hälfte im Dunkeln auf. Vergleiche nach einigen Stunden. (Hinweis: Silberchlorid ist in der lichtempfindlichen Schicht der Fotofilme enthalten [siehe Seite 91].)

A **51.4** Stelle zu den Wortschemata die zugehörigen Reaktionsschemata auf:
Zink + Salzsäure → Zinkchlorid + Wasserstoff
Zinkoxid + Salzsäure → Zinkchlorid + Wasser

51.1 Der bes. Hinweis: Würden alle Meere verdunsten, bliebe eine erdballumhüllende, 40 m hohe Salzschicht zurück

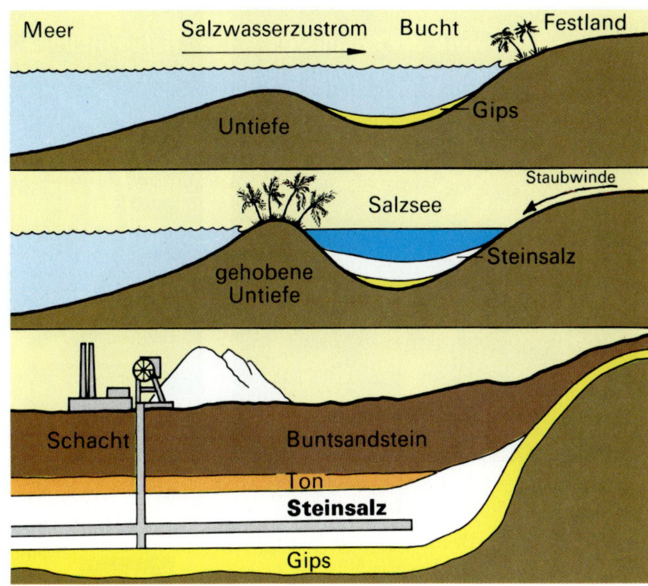

51.2 Schematische Darstellung der Entstehung einer Salzlagerstätte durch Austrocknen eines Meeresteils

12.7 Säuren neutralisieren Laugen

Gibt man zu **Natronlauge** eine genau entsprechende Menge **Salzsäure**, zeigt zugegebener Universal-Indikator durch seine gelbgrüne Farbe an, daß weder eine Säure noch eine Lauge vorliegt. Die Flüssigkeit reagiert **neutral**. Der Indikatorfarbstoff läßt sich durch Schütteln mit Aktivkohle und anschließendes Filtrieren entfernen (vgl. Abb. 36.4). Wird das klare Filtrat eingedampft, kristallisiert Natriumchlorid (also Kochsalz) aus. Das Reaktionsschema **Abb. 51.3** zeigt, daß neben dem Kochsalz auch Wasser entsteht. Die meßbare Temperaturerhöhung (Neutralisationswärme) kennzeichnet die Neutralisation als **exotherme Reaktion**.

Bei dieser Neutralisation reagieren Natronlauge und Salzsäure zu Kochsalz und Wasser.

Abwässer, die Säuren oder Laugen enthalten, dürfen nicht in die Kanalisation gelangen. Sie müssen erst durch die **Neutralisationsreaktion** entgiftet werden. Eine automatisch arbeitende Meß- und Regelanlage läßt die dazu notwendige Säure bzw. Lauge zufließen **(Abb. 51.4)**.

12.8 Koch-, Vieh-, Stein- oder Streusalz

Kochsalz ist lebenswichtig: Es reguliert z. B. den Wasserhaushalt im Blut und ist Ausgangsstoff zur Salzsäure-Bildung im Magen. Tiere erhalten (Vieh-) Salz mit dem Futter; draußen legt man Lecksteine aus **(Abb. 50.6)**. Da Salz das Mikrobenwachstum in Lebensmitteln begrenzt, wird es als Konservierungsmittel, z. B. bei Salzheringen, eingesetzt. Kochsalz und Gestein bilden zusammen **Steinsalz**: Es entstand vor ca. 200 Millionen Jahren, als abgeschnittene Meeresarme austrockneten und mit Staub- und Gesteinsschichten bedeckt wurden **(Abb. 51.2)**.

Ungereinigtes Steinsalz wird gefärbt als **Streusalz** eingesetzt (s. Seite 23). Streusalz ist jedoch aus verschiedenen Gründen schädlich: Es verätzt Hunde- und Katzenpfoten, bildet auf Schuhen weiße Ränder, fördert die Rostbildung am Auto, schädigt Gebäude, Straßen und Brücken aus Beton, zerstört Bakterienkulturen in Kläranlagen, belastet das Grundwasser und die Pflanzen an Straßenrändern **(Abb. 50.6)**. In der Industrie verwendet man über 90 % des Steinsalzes für die Produktion von Natrium, Chlor und Natriumhydroxid.

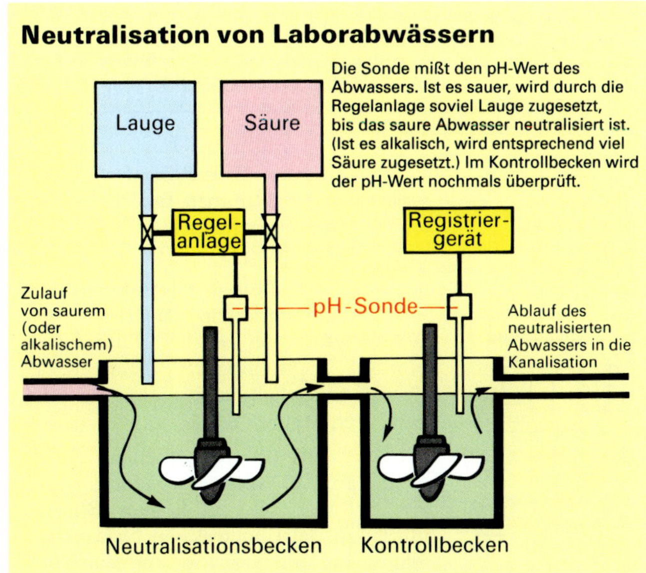

51.4 Bevor saure bzw. alkalische Laborabwässer in die Kanalisation gelangen, müssen sie neutralisiert werden

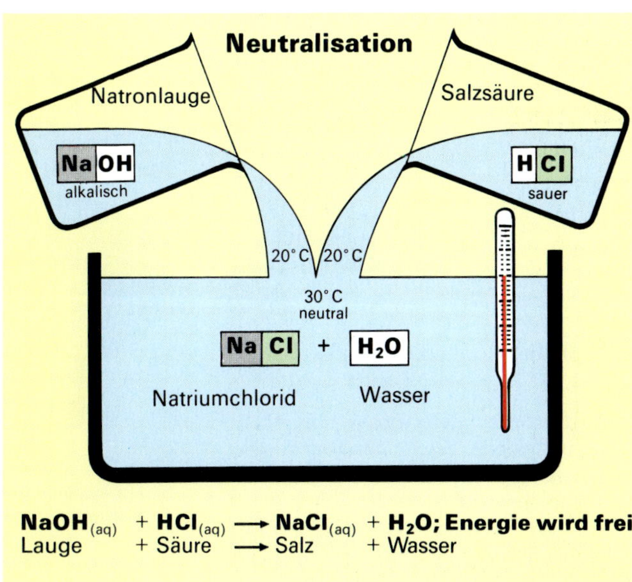

51.3 Neutralisiert man eine Lauge mit einer Säure, wird Energie frei. Durch Eindampfen erhält man das feste Salz

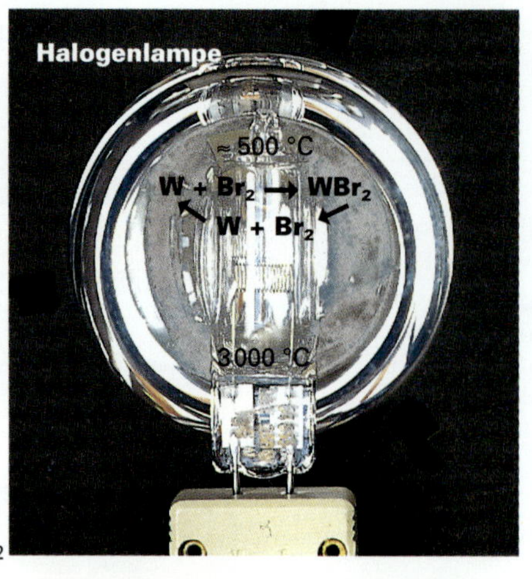

Versuch: $\boxed{V}$ 52.1

Geräte: Brenner, 6 Uhrgläser, Becherglas 50 ml, Magnesiastab, Cobaltglas

Chemikalien: LiCl, NaCl, KCl, CaCl$_2$★, SrCl$_2$★, BaCl$_2$★, verdünnte Salzsäure★

Durchführung: Tauche das Ende des Magnesiastabs in verd. Salzsäure und glühe ihn aus. Gib je eine Spatelspitze der o. a. Salze auf ein Uhrglas. Befeuchte den Stab mit dest. Wasser, nimm eine Salzprobe auf und halte sie in die Flamme. Betrachte die Na-Flamme durch das Cobaltglas (K-Spuren?). Vor jeder Probe muß das Ende vom Magnesiastab abgebrochen werden.

Sicherheit: Schutzbrille, säurefeste Unterlage

Versuch: $\boxed{V}$ 52.2

Geräte: Pinsel, Porzellanschale, Glasschale, Brenner, Dreifuß, Drahtnetz

Chemikalien/ Stoffe: Aluplatte (0,5 mm), verd. Salzsäure★, Wachs

Durchführung: Schmilz in einer Porzellanschale Kerzenwachs und tauche die Aluplatte ein. Ritze mit dem Pinselstiel ein Wort in die erkaltete Wachsschicht und gib die Platte ca. 15 Min. in die mit verdünnter Salzsäure gefüllte Glasschale. Lege die Platte danach in heißes Wasser, um das Wachs abzulösen.

Versuch: $\boxed{V}$ 52.3

Geräte: Messer, Mörser, Pistill, Becherglas 100 ml, Erlenmeyerkolben 100 ml, Brenner, Dreifuß, Drahtnetz, 4 RG, RG-Gestell, Trichter, Filter

Chemikalien/ Stoffe: Rotkohl, Zitrone, Seife, Salz, Zucker, Spiritus★

Durchführung: Zerquetsche Rotkohlblätter im Mörser. Koche den Brei 10 Min. in wenig Brennspiritus/Wasser-Gemisch, laß abkühlen und filtriere den Saft. Verteile das Filtrat auf 4 RG und gib Zitronensäure, Seifenlauge, Salz- oder Zuckerlösung hinzu. Notiere alle Beobachtungen.

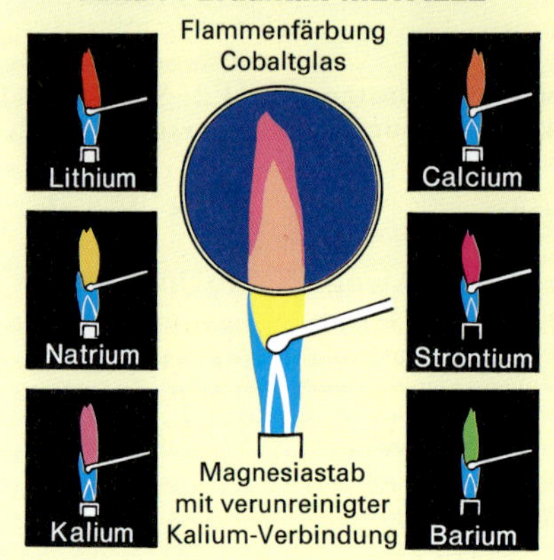

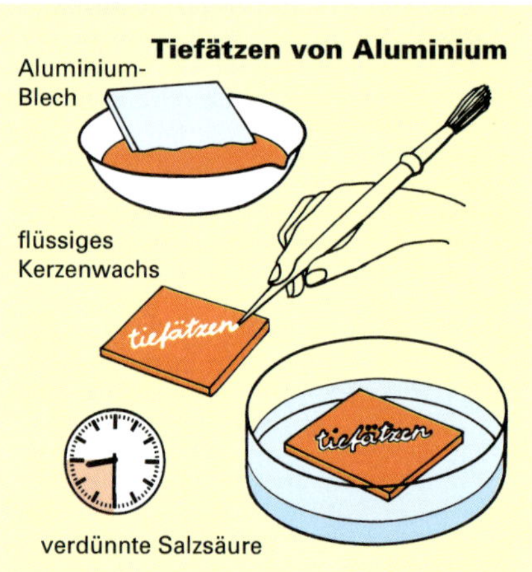

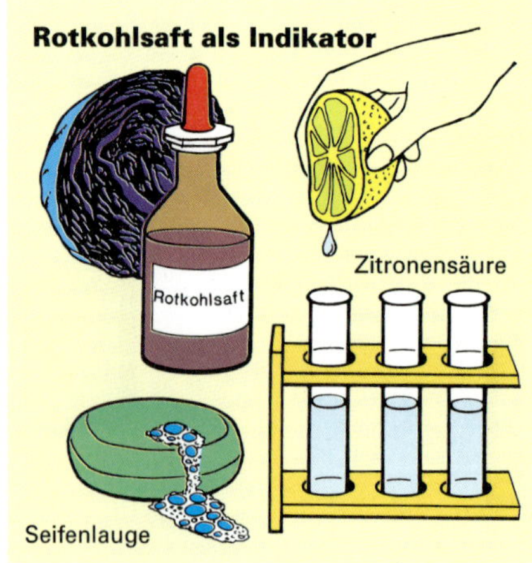

Die Alkali- und Erdalkalimetalle: zwei bemerkenswerte Elementfamilien

Das grelle, gelbe Licht, das Dunst und Nebel durchdringt, erzeugt eine Straßenlampe, in der das Alkalimetall Natrium durch elektrische Energie verdampft wird. – Welche Erdalkalimetallsalze im einzelnen bei einem Feuerwerk welche Farbe bewirken, erfährt man durch V 52.1.

Natrium reagiert mit Wasser zu Natronlauge. Sie wird 3%ig als Brezellauge (Abb. 4) oder 56%ig als Abflußreiniger verwendet (V 53.1). Natronlauge benötigt man bei der Herstellung von Seife und Papier. Die Lauge ist Abbeizmittel für Farben und dient verdünnt zur Reinigung von Bierflaschen.

Halogene bilden nicht nur Salze

Halogene sind z. B. in Salzen zu finden: Im Natrium-„chlorid" (Kochsalz, Abb. 5), im Natrium-„fluorid" (Zahnpastazusatz, Abb. 6) und im Silber-„bromid" (Schwarzweißfilme). Chlor wird dem Schwimmbadwasser zugesetzt, um Bakterien abzutöten. Chlor ist Bestandteil der Salzsäure, die zum Tiefätzen von Metallen verwendet wird (V 52.2).

Die äußerst hellen, langlebigen Halogenlampen enthalten Brom (Abb. 2): Bei dieser sehr heißen Wolframlampe verdampft Wolfram, das mit Brom zu Wolframbromid reagiert. Dieses zerfällt an der heißen Wendel wieder in die Elemente (Metallniederschlag am Glühdraht).

Fragen und Aufgaben

A 52.1 Spritzt überkochendes Kartoffelwasser in die Flammen eines Gasherdes, leuchtet die Flamme gelb (!) auf. Deute diese Beobachtung (V 52.1).

A 52.2 Die Abb. 3 zeigt eine schwimmende Zeitungsleserin im Toten Meer. Wieso wäre ein solches Foto in der Nordsee nicht möglich? (Hinweis: Der Gesamt-Salzgehalt der Nordsee: 3,3 %, der des Toten Meeres: 24 %).

A 52.3 Für den Menschen ist ein Zuwenig an Kochsalz so schädlich wie ein Zuviel, weil dies zu hohem Blutdruck führt. Überlege, in welchen Nahrungsmitteln bereits Salz (versteckt) enthalten ist.

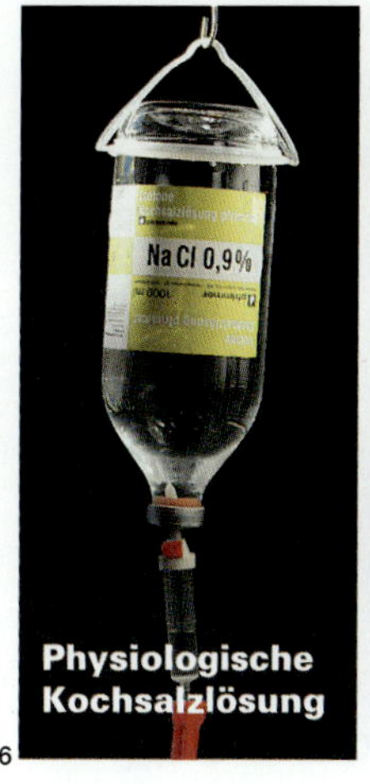

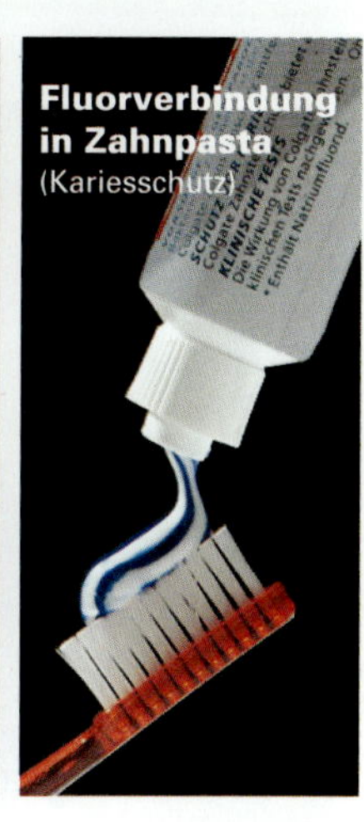

Sicherheit: Abflußreiniger: „Verursacht schwere Verätzungen … Spritzer in die Augen gründlich mit Wasser abspülen und Arzt konsultieren … Enthält 56 % Natriumhydroxid". Schutzbrille!

Versuch: $\boxed{\text{V}}$ 53.1

Geräte: Becherglas 100 ml, Glasstab, Thermometer

Stoffe: Abflußreiniger, Indikator

Durchführung: Gib einen Löffel Abflußreiniger in das mit Wasser gefüllte Becherglas. Miß die Temperatur und prüfe mit Universalindikatorpapier. Gib nebenstehende „Abflußverstopfer" hinzu; Welche Stoffe verändern sich nach 15 Minuten?

Sicherheit: Schutzbrille!

Versuch: $\boxed{\text{V}}$ 53.2

Geräte: 6 Reagenzgläser, Reagenzglasgestell

Chemikalien: verd. Salzsäure*, Teststoffe siehe Abbildung

Durchführung: Fülle verdünnte Salzsäure (3 cm hoch) in 6 Reagenzgläser ab. Gib die angeführten Teststoffe hinzu, beobachte und notiere die Ergebnisse.

Sicherheit: Schutzbrille!

Versuch: $\boxed{\text{V}}$ 53.3

Geräte: 2 RG, Tropfpipette, Thermometer, Brenner, Dreifuß, Drahtnetz, Porzellanschale, Lupe

Chemikalien/ Stoffe: verd. Salzsäure*, verd. Natronlauge*, Indikator

Durchführung: Gib in ein RG (od. BG) verd. Natronlauge. Setze Indikator hinzu. Laß verd. Salzsäure unter leichtem Schwenken zutropfen, bis der Indikator nach Gelbgrün umschlägt. Miß die Temperatur der Lauge, der Säure und der Mischung. Dampfe die neutrale Lösung ein.

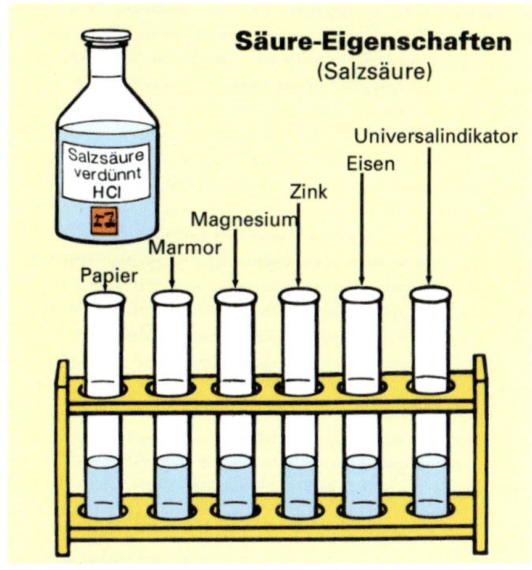

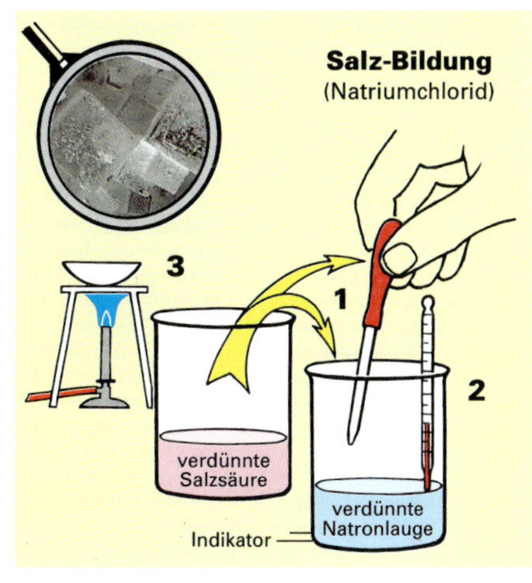

Kochsalzmangel mit bösen Folgen

Die im Magensaft enthaltene 0,5%ige Salzsäure wird von bestimmten Drüsen gebildet. Das hierzu benötigte Kochsalz wird dem Blut entzogen. Fehlt (z. B. nach langem Schwitzen) Salz im Blut, verringert sich die Säurebildung und damit die Fähigkeit, die mit der Nahrung aufgenommenen Bakterien abzutöten. Eine mögliche Folge: Durchfall.

Ein Liter Blut eines Erwachsenen enthält ca. 9 g Natriumchlorid. Wenn jemand bei einem Unfall viel Blut (und damit Salz) verliert, erhält er als Blutersatz zunächst eine 0,9%ige (physiologische) Kochsalzlösung (Abb. 6).

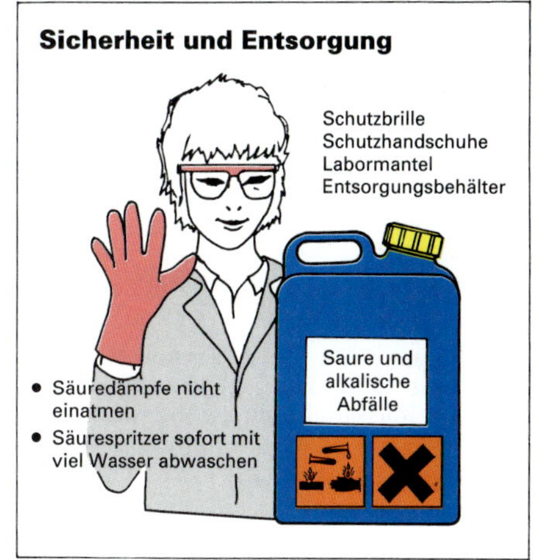

Fragen und Aufgaben

$\boxed{\text{A}}$ **53.1** Ein verstopfter Abfluß soll gereinigt werden. Drei Abhilfen bieten sich an:
1. Siphon abschrauben und reinigen.
2. Saugheber ins Becken tauchen (die Gummiglocke erzeugt durch Zug und Druck abwechselnd Unter- und Überdruck).
3. Abflußreiniger in den Abfluß schütten, 1 Tasse kaltes Wasser nachgießen, eine halbe Stunde wirken lassen. – Wäge Vorteile und Risiken der 3 Vorschläge ab.

$\boxed{\text{A}}$ **53.2** Pflanzennahrung enthält – im Gegensatz zu Fleischnahrung - nur wenig Natriumchlorid. Überlege, welchen Tieren man einen Salzstein hinlegt und welche niemals daran lecken würden.

Mol-Einheit der Stoffmenge

Die Menge eines Stoffes,
die $6 \cdot 10^{23}$ Teilchen enthält,
bezeichnet man als 1 mol

Teilchen können z. B. Atome oder Moleküle sein.

Die Menge Kohlenstoff, die $6 \cdot 10^{23}$, also
600 000 000 000 000 000 000 000 C-Atome
enthält, bezeichnet man als 1 mol Kohlenstoff

54.1 Wie das Kilogramm die Maßeinheit für die Masse ist, ist das Mol die Maßeinheit für die Stoffmenge, d. h. die Teilchenanzahl

Molare Masse (g/mol)

$6 \cdot 10^{23}$ **C**-Atome haben die Masse 12 g

1 **C**-Atom hat die Masse $\dfrac{12}{6 \cdot 10^{23}}$ g = 12 u

1 u hat die Masse $\dfrac{12}{12 \cdot 6 \cdot 10^{23}}$ g

$6 \cdot 10^{23}$ **C**-Atome mit einer Masse von je 12 u ergeben die Masse 12 g

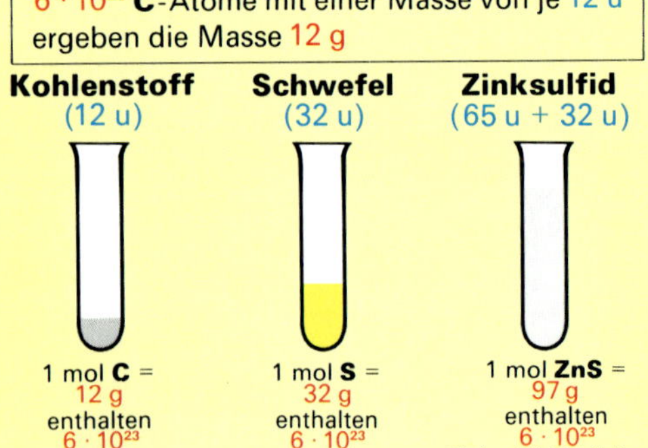

54.2 Masse wird in der Einheit Kilogramm (kg) gemessen. Für sehr kleine Massen wird die atomare Masseneinheit (u) benutzt

Molares Volumen

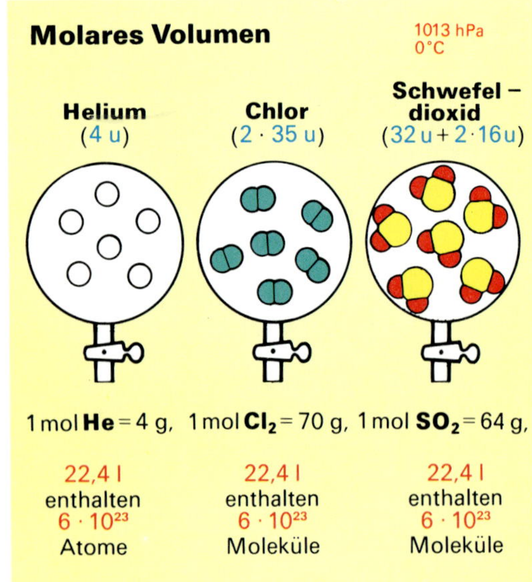

54.3 Angaben über Gase beziehen sich auf Normbedingungen, also auf 0 °C und 1013 hPa

13.1 Das Mol

Um die Massen verschiedener Atome miteinander vergleichen zu können, wurde die Atommasseneinheit u eingeführt (vgl. S. 25). Ein Kohlenstoffatom z. B. hat die **Atommasse 12 u.** Diese Masse ist unvorstellbar klein und deshalb auch nicht wägbar. Erst 600 Trilliarden Kohlenstoffatome (das sind $6 \cdot 10^{23}$ Atome) haben eine **wägbare Masse** von **12 g**. Diese Menge an Kohlenstoffatomen nennt man **1 mol**. Die Masseneinheiten u und g stehen also über die **Teilchenzahl $6 \cdot 10^{23}$** miteinander in Beziehung (**Abb. 54.1**). Ein zweites Beispiel: 1 Schwefelatom hat die Masse 32 u, 1 mol Schwefel – also $6 \cdot 10^{23}$ Schwefelatome – wiegt demnach 32 g (**Abb. 54.2**).

$6 \cdot 10^{23}$ Teilchen eines Stoffs bilden 1 mol.

Auch von Verbindungsteilchen läßt sich die Masse 1 mol angeben. Es muß nur die Summe der molaren Massen der Elementatome gebildet werden: Die Einzelatome des Zinksulfids ZnS bilden eine Teilchenmasse von 97 u (Zn: 65 u, S: 32 u); 97 g enthalten somit $6 \cdot 10^{23}$ ZnS-Teilchen.

13.2 Das molare Volumen

Das **Volumen von Gasen** ist von der **Temperatur** und dem **Druck** abhängig. Erhöht man die Temperatur eines Gases, so vergrößert sich das Volumen, denn das Gas dehnt sich aus (**Abb. 55.1**). Hindert man jedoch bei steigender Temperatur das Gas an der Ausdehnung, steigt der Druck an (**Abb. 55.2**). Ebenfalls steigt der Druck, wenn bei gleichbleibender Temperatur das Volumen verringert wird (**Abb. 55.3**). Will man die Volumina verschiedener Gase vergleichen, muß man deshalb von gleichen Bedingungen ausgehen. Als **Normbedingungen** gelten eine Temperatur von 0 °C und ein Druck von 0,1 MPa (genau: 1013 hPa).

Der italienische Physiker AVOGADRO stellte 1811 bei verschiedenen Gasen eine Beziehung zwischen Volumen und Stoffmenge fest:

1 mol eines Gases nimmt unter Normbedingungen ein Volumen von 22,4 l ein.

Das bedeutet, daß unter Normbedingungen in einem Gasvolumen von 22,4 Liter $6 \cdot 10^{23}$ Teilchen enthalten sind. 4 g **Helium** (He: 4 u) nehmen einen Raum von 22,4 l ein. Diese Gasmenge enthält $6 \cdot 10^{23}$ Heliumatome. 22,4 l **Chlor** Cl₂ haben die Masse 70 g (Cl: 35 u, Cl₂: 2·35 u = 70 u). Die Zahl der Chlormoleküle in diesem Volumen beträgt ebenfalls $6 \cdot 10^{23}$. Die gleiche Anzahl Teilchen ist in 22,4 l **Schwefeldioxid** SO₂ enthalten; die Gasmenge wiegt 64 g (S = 32 u, 2·O = 2·16 u), (**Abb. 54.3**).

V 54.1 Bestimmung der Gasdichte: Eine 150 ml-Doppelhahnkugel wird mit der Wasserstrahlpumpe fast luftleer gepumpt und gewogen. Dann verbindet man die Kugel über ein Schlauchstück mit einem Kolbenprober, der mit 100 ml des zu untersuchenden Gases gefüllt ist. Die Hähne werden geöffnet (das Gas strömt ein) und wieder geschlossen. Die Kugel wird vom Kolbenprober getrennt und erneut gewogen. Aus der für 100 ml Gas erhaltenen Masse rechnet man die Dichte (g/l) aus.

A 54.2 10 g Schwefel werden verbrannt. Berechne die Masse des erhaltenen SO₂-Gases in g. Welchen Raum nimmt dieses Gas ein?

Gas-Stahlflaschen
Farbanstriche

Wasserstoff		Stickstoff	
Sauerstoff		Chlor	
Kohlenstoffdioxid		Helium	
		Acetylen	

54.4 Der bes. Hinweis: Das Volumen einer „leeren" Stahlflasche (0,1 MPa) beträgt 20 l; bei 15 MPa enthält sie 150 · 20 l = 3000 l Gas!

13.3 Gasreaktionen

Wasserstoff bildet mit Chlor-Gas Chlorwasserstoff-Gas. Im Experiment reagieren immer 1 Volumenteil Wasserstoff mit 1 Volumenteil Chlor zu 2 Volumenteilen Chlorwasserstoff HCl **(Abb. 55.4)**. Da 2 HCl-Teilchen je ein Chlor- und ein Wasserstoff-Atom enthalten, müssen sich die Chlor- und Wasserstoff-Teilchen bei der HCl-Bildung halbiert haben. Demnach müssen für die Bildung zweier HCl-Teilchen je ein zweiatomiges Wasserstoff- wie Chlor-Teilchen angenommen werden.

13.4 Berechnung chemischer Reaktionen

Für eine Reaktion können die Stoffmengen berechnet werden, wenn das Zahlenverhältnis der Teilchen sowie deren molare Massen bekannt sind.

Beispiel: Welche Menge Schwefel wird benötigt, um aus 10 g Kupfer Kupfersulfid Cu_2S herzustellen?

1. Das Reaktionsschema wird erstellt (vgl. S. 29):

$$2\,Cu \quad + \quad S \quad \longrightarrow \quad Cu_2S$$

2. Schreibe unter die Symbole, wieviel mol Teilchen eines jeden Stoffes miteinander reagieren; gib die Stoffmengen auch in Gramm an:

$$2\,Cu \quad + \quad S \quad \longrightarrow \quad Cu_2S$$

2 mol Cu $\triangleq$ 2·64 g   1 mol S $\triangleq$ 32 g

3. Darunter setze die gegebene und die gesuchte Stoffmasse (x Gramm):

$$2\,Cu \quad + \quad S \quad \longrightarrow \quad Cu_2S$$

2 mol Cu $\triangleq$ 128 g   1 mol S $\triangleq$ 32 g
gegeben: 10 g   gesucht: x g

4. x wird berechnet:

Für 128 g Kupfer benötigt man 32 g Schwefel
Für   10 g Kupfer benötigt man   x g Schwefel

$$x = \frac{10 \cdot 32}{128} = 2{,}5 \text{ g Schwefel}$$

Um aus 10 g Kupfer Kupfersulfid herzustellen, benötigt man 2,5 g Schwefel.

Die experimentelle Ermittlung einer Formel. Sind bei einer chemischen Reaktion die Menge der Ausgangsstoffe und die Menge des Reaktionsproduktes bekannt, läßt sich die Formel des neuen Stoffs ermitteln.
Beispiel: Bestimme die Formel von Eisensulfid. 56 g Eisen werden mit Schwefel erhitzt. Man erhält 88 g Eisensulfid. Es reagieren also 32 g Schwefel mit dem Eisen. 1 mol Eisen reagiert mit 1 mol Schwefel. Das Molverhältnis 1:1 wird in der Formel FeS ausgedrückt.

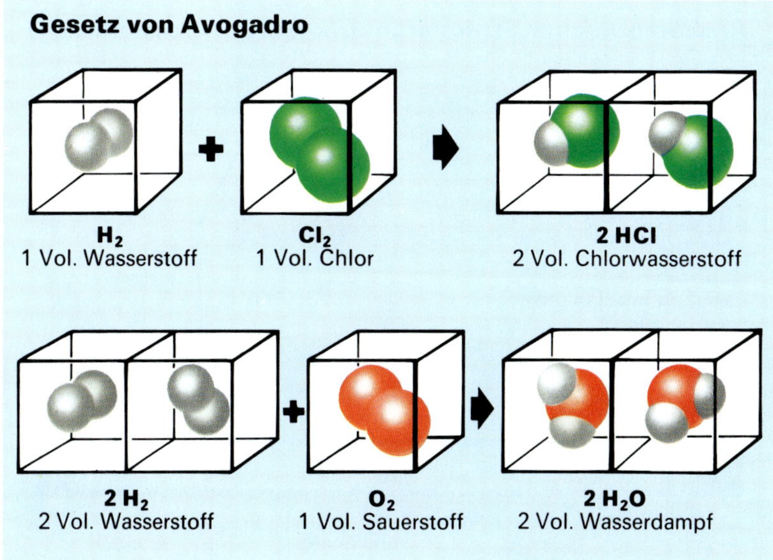

55.4 Nach Avogadro bestehen Gase wie Wasserstoff, Sauerstoff und Chlor nicht aus Einzelatomen, sondern aus zweiatomigen Molekülen

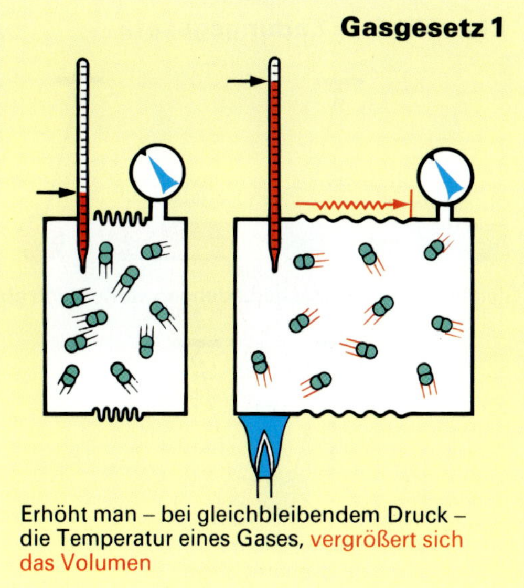

55.1 Für jedes beliebige Gas findet man den gleichen Zusammenhang zwischen Druck, Temperatur und Volumen (Gasgesetz 1, 2 und 3)

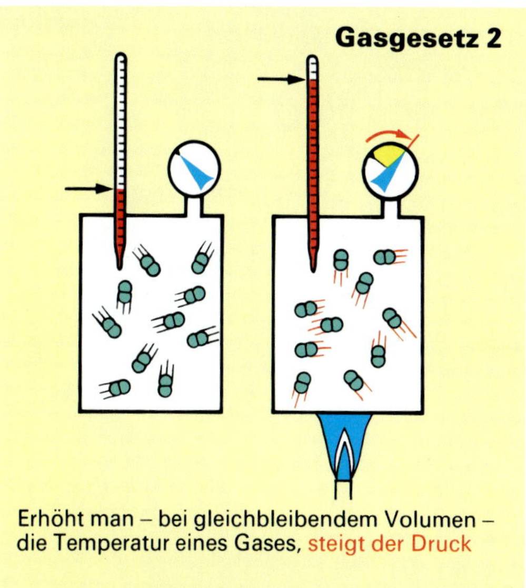

55.2 Bei Temperaturerhöhung um 1 °C vergrößert sich das Volumen um 1/273 des bei 0 °C gemessenen Volumens

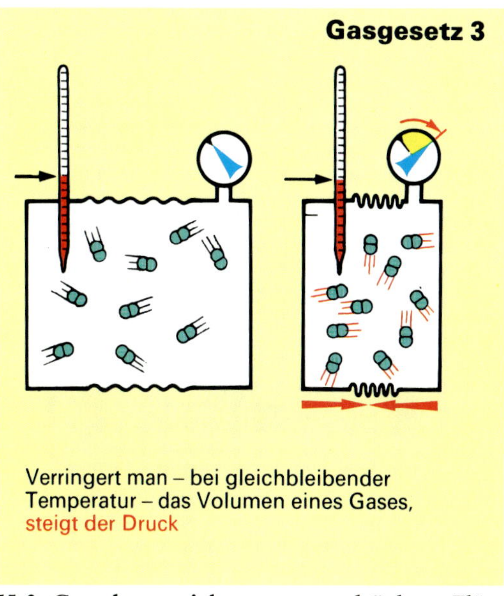

55.3 Gase lassen sich zusammendrücken, Flüssigkeiten kaum und Feststoffe gar nicht

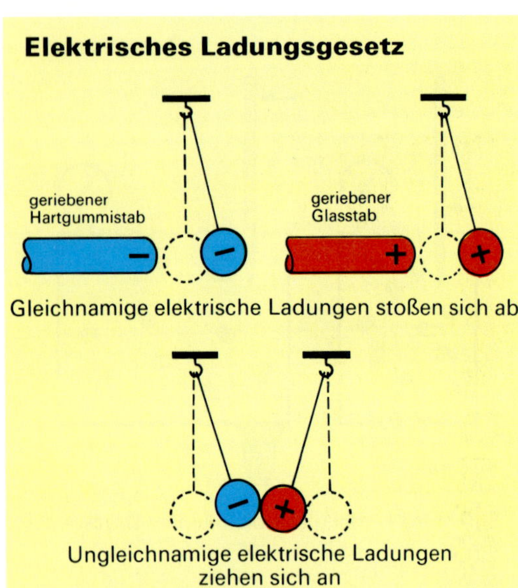

56.1 Ein geriebener Hartgummi- bzw. Glasstab überträgt seine Ladung auf jeweils eine Holundermarkkugel

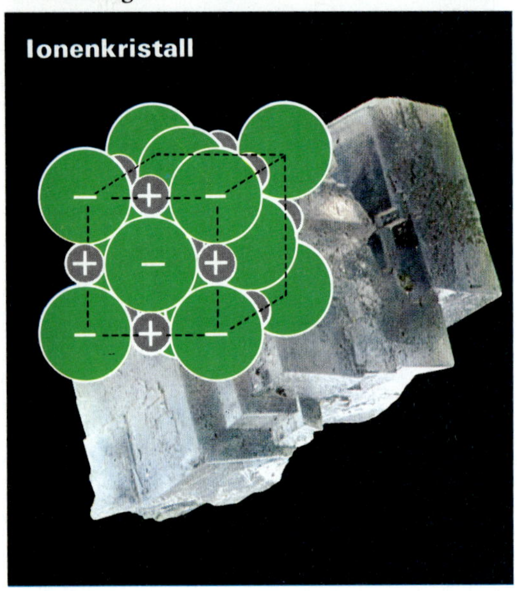

56.2 Festes Kochsalz (Natriumchlorid) besteht aus Na⁺- und Cl⁻-Ionen. Sie leiten den elektrischen Strom nicht

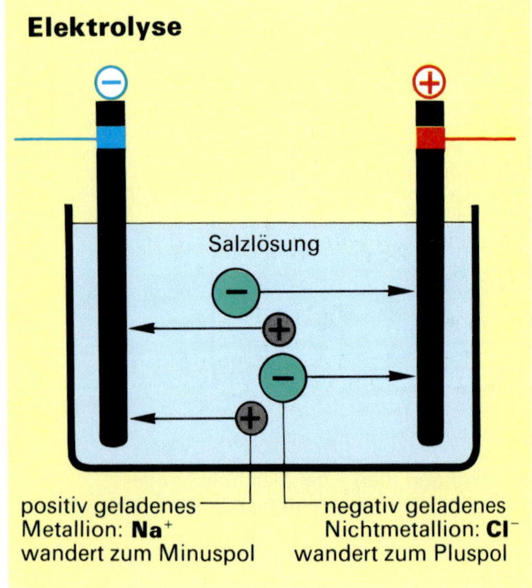

56.3 Wird Kochsalz in Wasser gelöst, bewegen sich die Ionen frei und leiten den elektr. Strom

14.1 Stoffe laden sich elektrisch auf

Werden ein **Hartgummistab** mit Wolle und ein Glasstab mit Watte gerieben, können die Stäbe kleine Papierstückchen anziehen. Man nennt den Zustand, in den die Stäbe durch Reibung versetzt werden, „elektrisch geladen". Berührt man mit dem geladenen Hartgummistab eine Holundermarkkugel, stößt der Stab die Kugel ab. Offensichtlich ist die Ladung des Hartgummistabes durch die Berührung teilweise auf die Kugel übertragen worden: Beide Körper sind nun gleich geladen und stoßen sich ab **(Abb. 56.1)**.

Der gleiche Versuch wird mit dem geriebenen **Glasstab** und einer zweiten Holundermarkkugel durchgeführt. Auch hier stößt der Stab die Kugel ab. Nähert man dagegen die beiden geladenen Holundermarkkugeln einander, ziehen sie sich an.

Zweifellos gibt es zwei unterschiedliche Arten von Ladung. Der geladene Hartgummistab verhält sich wie der Minuspol einer Stromquelle. Er ist **negativ (–, minus)** geladen. Der Glasstab wird durch das Reiben **positiv (+, plus) geladen**; er verhält sich wie der Pluspol einer Stromquelle.

Es gibt positive und negative elektrische Ladungen. Gleichnamige elektrische Ladungen (– und – oder + und +) stoßen sich ab. Ungleichnamige elektrische Ladungen (+ und –) ziehen sich an.

14.2 Gelöste Salze leiten elektrischen Strom

Ein großer **Kochsalzkristall**, in einen elektrischen Stromkreis geschaltet, wirkt wie ein Isolator: Er leitet den elektrischen Strom nicht (vgl. mit Abb. 4.4). Auch reines Wasser ist ein Nichtleiter. Löst man jedoch Kochsalz in Wasser auf, wird die Flüssigkeit elektrisch leitend. Für diese Leitfähigkeit sind elektrisch geladene Teilchen verantwortlich, aus denen alle Salze aufgebaut sind. Man nennt sie **Ionen** (Einzahl: das Ion).

Tauchen zwei Elektroden, an die eine Spannung angelegt ist, in die Salzlösung, beginnen die Ionen zu wandern (griech.: ion = wandernd). Die Natrium-Ionen (Na^+) des Kochsalzes wandern zum Minus-Pol, die Chlorid-Ionen (Cl^-) zum Plus-Pol. Das Wandern der Ionen bewirkt den **Stromfluß (Abb. 56.3)**.

Salze bestehen aus positiv geladenen Metall-Ionen und negativ geladenen Nichtmetall-Ionen.

Wegen ihrer entgegengesetzten Ladung ordnen sich die Ionen und bilden die Kristallstruktur der Salze (Abb. 56.2).

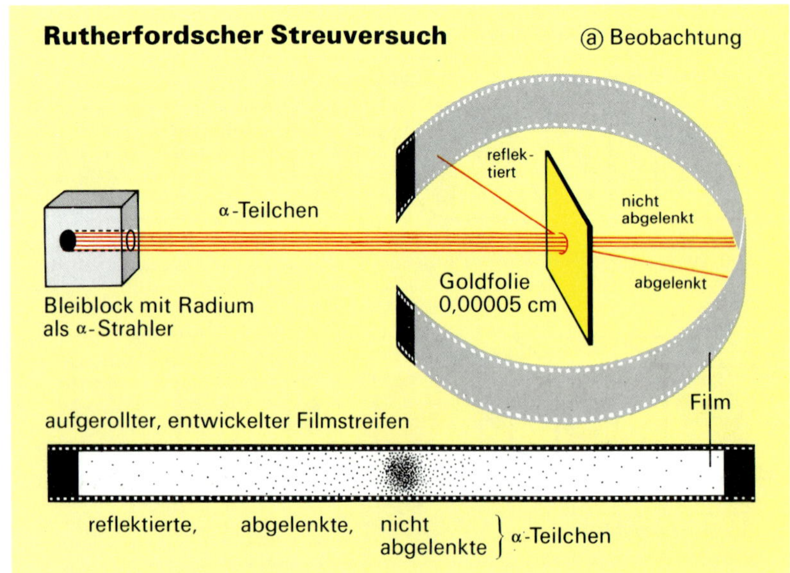

56.4 Rutherford beschoß eine Goldfolie mit sogenannten α-Teilchen. Ihre Bahn wies er mit einem Leuchtschirm nach; hier Filmstreifen

15.1 Atommodelle wandeln sich

Die Entdeckung der radioaktiven Strahlung durch BECQUEREL (19. Jh.) weckte Zweifel, ob Atome wirklich unteilbar seien. Man vermutete nämlich, daß die radioaktive Strahlung entsteht, wenn Atome zerfallen. Demnach können Atome also nicht die kleinsten Bausteine der Materie sein, sondern müssen selbst aus noch kleineren Teilchen aufgebaut sein.

Der Rutherfordsche Streuversuch. Um den Bau der Atome genauer zu erforschen, beschoß der englische Physiker RUTHERFORD (1911) eine 0,00005 cm dünne Gold-Folie mit α-Strahlen. Als Strahlungsquelle diente radioaktives Radium, das beim Zerfall α-Strahlen aussendet. Diese α-Strahlen bestehen aus kleinsten, positiv geladenen Teilchen. Ein Leuchtschirm hinter der Gold-Folie gab jeden Aufprall eines α-Teilchens als Lichtblitz wieder (**Abb. 56.4**). Die Häufung der Lichtblitze – besonders an einer bestimmten Stelle des Leuchtschirms – überraschte. Sie besagte, daß die meisten α-Teilchen die Gold-Folie ungehindert durchdrungen hatten. Immerhin war die Folie 2000 Atomlagen „dick" (in der **Abb. 57.4** sind nur 3 bzw. 4 Atomlagen wiedergegeben).

Einige α-Teilchen wurden jedoch mehr oder weniger stark abgelenkt oder gar zurückgeworfen. Offensichtlich waren diese α-Teilchen auf ein Hindernis im Inneren des Atoms gestoßen. Dieses Hindernis, der **Atomkern**, kann durch seine Masse und seine positive Ladung die ebenfalls positiven α-Teilchen aus ihrer Bahn werfen. Bis auf den Atomkern sind die Atome praktisch leer, d. h. fast ohne Masse. Um die positive Ladung des Kerns auszugleichen, muß die **Atomhülle** entsprechend negativ geladen sein. Das Größenverhältnis Kern – Hülle zeigt **Abb. 57.1**.

Die Modellvorstellung des Kern-Hülle-Atoms entwickelte BOHR (1913) weiter. Nach seinen Forschungsergebnissen sind drei **Elementarteilchen** am Aufbau der Atome beteiligt (**Abb. 57.3**): Im Kern befinden sich positiv geladene **Protonen** (Einzahl: das Proton) und ungeladene **Neutronen** (Einzahl: das Neutron). Beide Kernteilchen besitzen eine Masse von ungefähr 1 u. In der Atomhülle halten sich die **Elektronen** auf (Einzahl: das Elektron). Ihre Masse ist im Vergleich zu den Protonen „verschwindend" klein. Elektronen sind negativ geladen.

Elektronen befinden sich nicht an einem Platz im Atom, sondern „rasen" um den Atomkern. Stellt man sich vor, man könnte ein Elektron fotografieren, hielten verschiedene Aufnahmen jedesmal einen anderen Ort des Elektrons fest. Übereinanderprojiziert würden die Aufenthaltsorte zu einer **Elektronenwolke** verschwimmen. Der Aufenthaltsort eines Elektrons läßt sich nicht bestimmen. Elektronenwolken geben nur den wahrscheinlichen Aufenthaltsraum eines Elektrons wieder (**Abb. 57.2**).

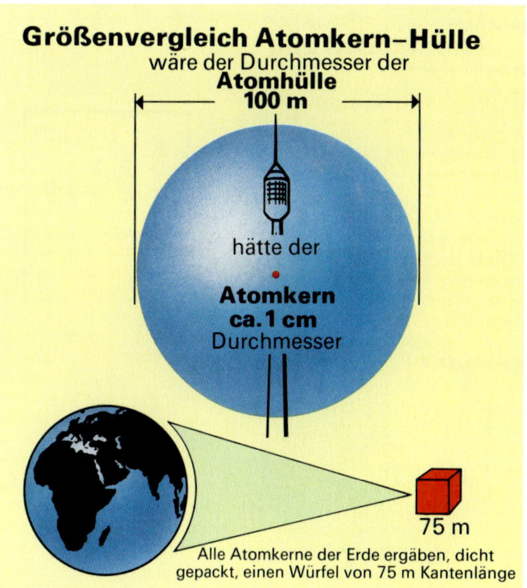

57.1 Die „Größe" eines Atoms: Der Durchmesser der Hülle beträgt 1 Zehnmillionstel mm, der des Kerns nur 1 Billionstel mm

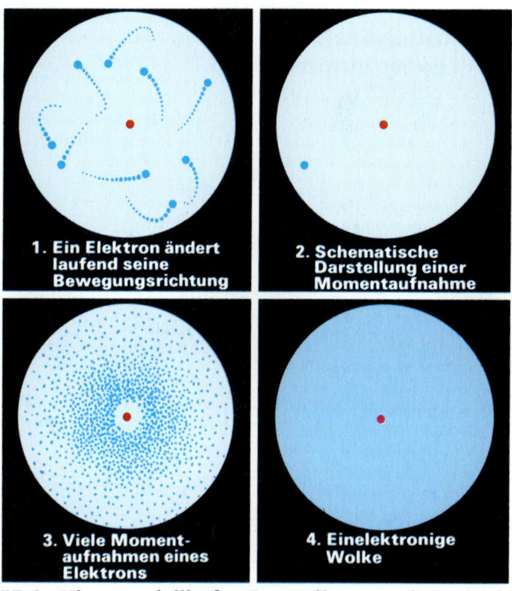

57.2 Vier modellhafte Darstellungen der „Aufenthaltsbereiche" eines Elektrons

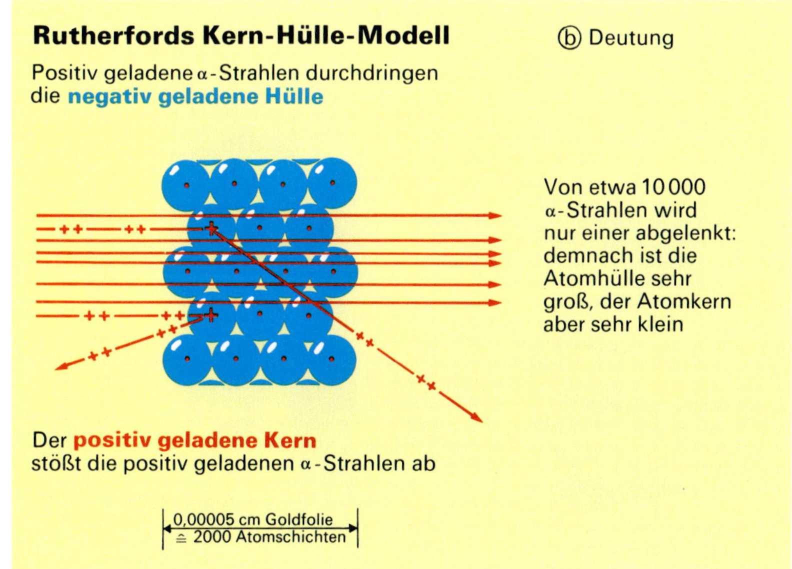

57.4 Die modellhafte Deutung des Rutherfordschen Streuversuchs. Die positive Ladung ist rot, die negative Ladung blau gekennzeichnet

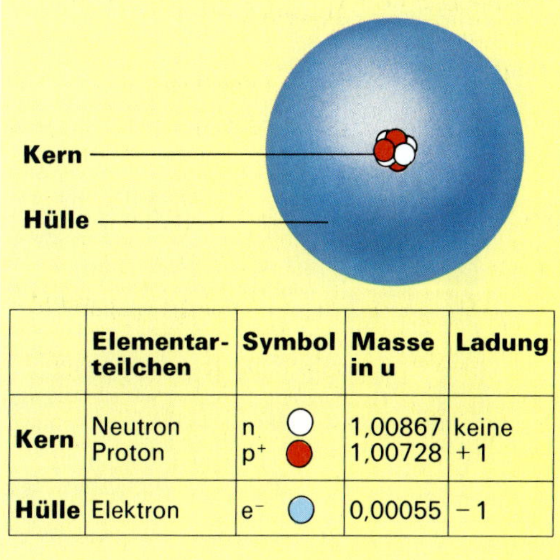

	Elementarteilchen	Symbol	Masse in u	Ladung
Kern	Neutron Proton	n ⚪ p⁺ 🔴	1,00867 1,00728	keine + 1
Hülle	Elektron	e⁻ 🔵	0,00055	− 1

57.3 Die Masse eines Elektrons beträgt etwa ¹/₂₀₀₀ der Masse eines Protons bzw. Neutrons

Atommodell und PSE

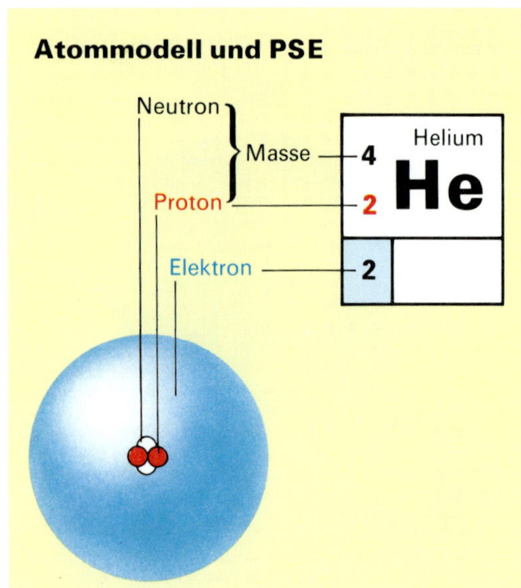

58.1 Die Schreibweise für den Aufbau eines Atoms läßt sich direkt auf das Kern-Hülle-Modell beziehen und umgekehrt

Ordnungszahl, Periodennummer und Gruppennummer

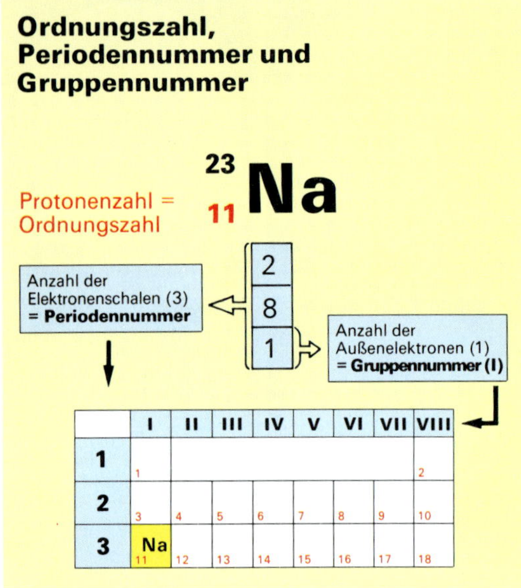

58.2 Aus der Protonenzahl (11), die der Elektronenzahl entspricht, ergibt sich die Platznummer im Periodensystem der Elemente

16.1 Protonen kennzeichnen ein Element

Ein Schwefel-Atom unterscheidet sich von einem Sauerstoff-Atom in der Anzahl der Elementarteilchen. So kann man an der **Anzahl der Protonen** erkennen, um welches Element es sich handelt (16 p^+ = S, 8 p^+ = O). Die Protonenzahl wird **Ordnungszahl** (oder Kernladungszahl) genannt. Sie wird vor das Elementsymbol gesetzt.

Der Zahl der Protonen im Kern entspricht die Zahl der Elektronen in der Atomhülle. Die positiven Ladungen des Kerns und die negativen Ladungen der Atomhülle gleichen sich also aus: Atome sind elektrisch neutral.

Die Masse eines Atoms ergibt sich aus der Gesamtzahl der Protonen und Neutronen und wird in der Atommasseneinheit u angegeben; die Masse eines Protons und eines Neutrons ist je etwa 1 u (siehe Abb. 57.3). Die **Massenzahl** eines Elements wird ebenfalls vor das Elementsymbol, jedoch über die Ordnungszahl geschrieben. Zieht man von der Massenzahl die Ordnungszahl ab, erhält man die Zahl der Neutronen **(Abb. 58.1)**.

Isotope – Elemente mit unterschiedlicher Atommasse. Alle Atome eines Elements besitzen zwar die gleiche Protonenzahl, die Anzahl der Neutronen kann jedoch unterschiedlich sein. Solche verschiedenartigen Atome ein und desselben Elements nennt man **Isotope** (Einzahl: das Isotop). So besteht Wasserstoff zu 99,985 % aus gewöhnlichem Wasserstoff **(1 u)**, zu 0,02 % aus Deuterium **(2 u)** und in „Spuren" aus Tritium **(3 u)** – der Durchschnittswert beträgt 1,008 u, gerundet 1 u **(Abb. 59.2)**. Die natürlichen Elemente sind Isotopengemische mit zahlenmäßig gleichbleibender Zusammensetzung. Die für die Elemente angegebenen Massenzahlen sind deshalb Durchschnittswerte.

16.2 Gruppen und Perioden

Die Chemiker MENDELEJEW und MEYER ordneten 1869 (unabhängig voneinander) die damals bekannten Elemente in einem System (s. S. 156). Ihnen war aufgefallen, daß Elemente mit ähnlichen Eigenschaften regelmäßig (periodisch) wiederkehren, wenn man sie nach zunehmender Masse ordnet. Dieses **Periodensystem der Elemente** – kurz **PSE** genannt – hat im wesentlichen bis heute seine Gültigkeit behalten:
Heute werden die Elemente im PSE **nach steigender Ordnungszahl** von links nach rechts geschrieben. Eine waagerechte Reihe wird abgebrochen, wenn (periodisch) ein **Edelgas** auftaucht. Nachfolgende Elemente werden in einer zweiten, waagerechten Reihe daruntergesetzt. So kommen Elemente mit gleichen oder ähnlichen chemischen Eigenschaften **untereinander** zu stehen (z. B. alle Edelgase, **Abb. 58.3**).

Gekürztes Periodensystem der Elemente (PSE)

Periode \ Gruppe	I	II	III	IV	V	VI	VII	VIII
1	Wasserstoff 1H							Helium 2He
2	Lithium 3Li	Beryllium 4Be	Bor 5B	Kohlenstoff 6C	Stickstoff 7N	Sauerstoff 8O	Fluor 9F	Neon 10Ne
3	Natrium 11Na	Magnesium 12Mg	Aluminium 13Al	Silicium 14Si	Phosphor 15P	Schwefel 16S	Chlor 17Cl	Argon 18Ar
4	Kalium 19K	Calcium 20Ca	Gallium 31Ga	Germanium 32Ge	Arsen 33As	Selen 34Se	Brom 35Br	Krypton 36Kr
5	Rubidium 37Rb	Strontium 38Sr	Indium 49In	Zinn 50Sn	Antimon 51Sb	Tellur 52Te	Iod 53I	Xenon 54Xe
6	Caesium 55Cs	Barium 56Ba	Thallium 81Tl	Blei 82Pb	Bismut 83Bi	Polonium 84Po	Astat 85At	Radon 86Rn
7	Francium 87Fr	Radium 88Ra						
	Alkali-metalle	Erdalkali-metalle	Borgruppe	Kohlenstoff-gruppe	Stickstoff-gruppe	Chalkogene	Halogene	Edelgase

58.3 Im PSE sind die Elemente nach steigender Protonenzahl in Perioden (waagrecht) und Gruppen (senkrecht) geordnet. Der Metall- beziehungsweise Nichtmetallcharakter nimmt jeweils in entgegengesetzter Richtung zu

Die waagerechten Reihen – mit arabischen Zahlen von 1 bis 7 bezeichnet – sind die **Perioden**. Die senkrechten Spalten nennt man **Gruppen**: Römische Zahlen von I bis VIII unterscheiden sie. Elemente einer Gruppe bilden jeweils eine Elementfamilie. So stehen in der I. Gruppe die Alkalimetalle (siehe S. 46), in der II. Gruppe die Erdalkalimetalle (siehe S. 47) und in der VII. Gruppe die Halogene (siehe S. 48).

Abb. 58.3 zeigt das gekürzte PSE. Hier sind nur die Hauptgruppenelemente berücksichtigt (das vollständige PSE befindet sich auf dem inneren Buchdeckel vorn). Im PSE lassen sich weitere Regelmäßigkeiten erkennen: Die **Metalle** sind auf der linken Seite angeordnet, die **Nichtmetalle** finden sich rechts. Der Metallcharakter nimmt dabei von Periode zu Periode zu.

16.3 Der Aufbau der Atomhülle

Elektronen verteilen sich nicht regellos in der Atomhülle. Vielmehr halten sie sich in „Wolken" auf, die den Atomkern kugelförmig umgeben. Diese bevorzugten Aufenthaltsräume nennt man **Schalen (Abb. 59.1)**.
Jede Schale kann nur eine bestimmte Höchstzahl von Elektronen beherbergen. Die Schalen werden von innen nach außen mit den Großbuchstaben K bis Q gekennzeichnet. Die **K-Schale** kann bis zu **2 Elektronen** aufnehmen. Atome des Elements Wasserstoff (Ordnungszahl: 1) mit einem Elektron sowie Atome des Elements Helium (Ordnungszahl: 2) mit zwei Elektronen besitzen lediglich die K-Schale um ihren Atomkern. Von den drei Elektronen des Lithiums (Ordnungszahl: 3) befinden sich zwei Elektronen auf der K-Schale, das dritte auf der L-Schale. Die **L-Schale** kann bis zu **8 Elektronen** aufnehmen. Dies ist bei dem Element Neon (Ordnungszahl: 10) der Fall **(Abb. 59.3)**.

Die Atomhülle des Natriums (Ordnungszahl: 11) besteht aus drei Schalen. Die 11 Elektronen verteilen sich wie folgt: 2 Elektronen auf der K-Schale, 8 Elektronen auf der L-Schale, das 11. Elektron befindet sich auf der M-Schale. Vergleicht man den Atombau mit der Stellung des Elements im PSE, fällt folgender Zusammenhang auf **(Abb. 58.2)**:
Die **Periodennummer** (hier: 3) entspricht der Anzahl der Schalen (also 3).
Aus der **Gruppennummer** (hier: I) läßt sich auf die Anzahl der Elektronen auf der äußeren Schale (also 1) schließen. Folglich besitzen Elemente der II. bzw. III. Gruppe 2 bzw. 3 Außenelektronen usw.
Die Periodennummer eines Atoms entspricht der Anzahl der Schalen, die Gruppennummer der Anzahl der Außenelektronen.
Die Anzahl der Außenelektronen bestimmt das chemische Verhalten eines Elements.
Deshalb werden die Außenelektronen symbolisch um das Elementsymbol angeordnet: Ein Elektron wird durch einen Punkt, zwei Elektronen werden durch einen Strich wiedergegeben, vgl. PSE (Abb. 59.3).

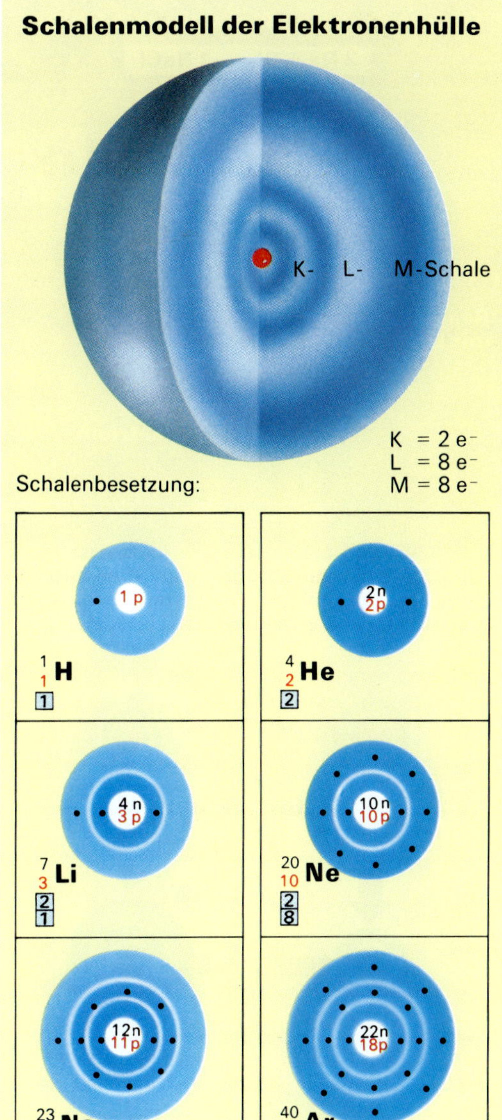

59.1 Die Eigenschaften der Elemente einer Gruppe ähneln sich sehr, da die Anzahl ihrer Außenelektronen übereinstimmt

Periodensystem der Elemente (PSE)
(gekürzt)

	I	II	III	IV	V	VI	VII	VIII
1	¹ •H 1							⁴ |He 2
K-Schale	1							2
2	⁷ •Li 3	⁹ •Be• 4	¹¹ •B• 5	¹² •C• 6	¹⁴ •N• 7	¹⁶ •O• 8	¹⁹ •F| 9	²⁰ |Ne| 10
K-Schale	2	2	2	2	2	2	2	2
L-Schale	1	2	3	4	5	6	7	8
3	²³ •Na 11	²⁴ •Mg• 12	²⁷ •Al• 13	²⁸ •Si• 14	³¹ •P• 15	³² •S• 16	³⁵ •Cl| 17	⁴⁰ |Ar| 18
K-Schale	2	2	2	2	2	2	2	2
L-Schale	8	8	8	8	8	8	8	8
M-Schale	1	2	3	4	5	6	7	8

59.3 Alle Elemente mit der gleichen Gruppennummer (I bis VIII) haben die gleiche Anzahl von Außenelektronen (Ausnahme: Helium, 2e⁻)

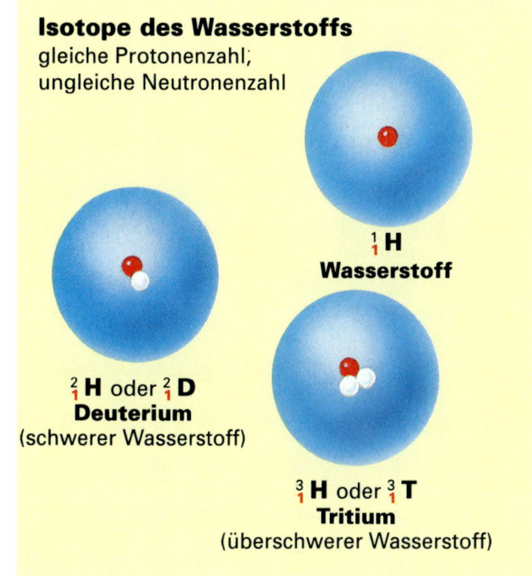

59.2 Wasserstoff enthält etwa 0,02 % Deuterium, auf 10¹⁸ H-Atome kommt nur ein T-Atom

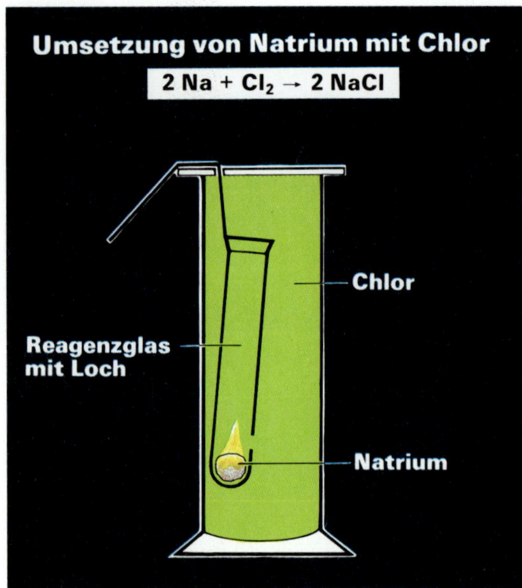

60.1 Löst man eine Probe des Endstoffes in Wasser und läßt dieses verdunsten, zeigen sich Natriumchlorid-Kristalle (vgl. Abb. 50.1)

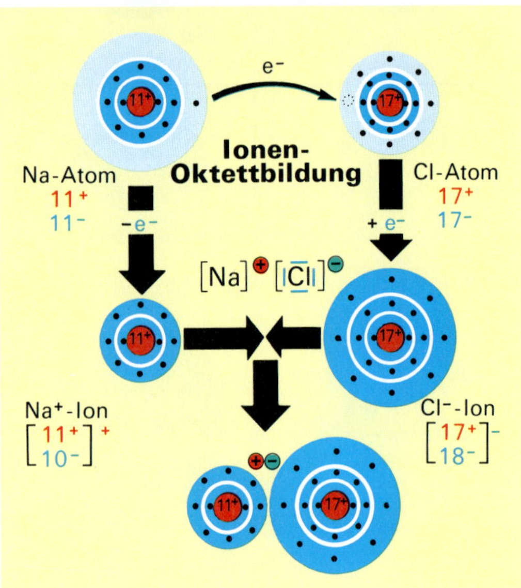

60.2 Durch Elektronenabgabe bzw. -aufnahme (jeweils Oktettbildung, d.h. 8 e⁻) entstehen entgegengesetzt geladene Ionen, die sich anziehen

A **60.1** Nenne die Unterschiede zwischen einem Natrium-Atom und dem Natrium-Ion bzw. zwischen einem Chlor-Atom und dem Chlorid-Ion.

A **60.2** Wie das Natrium können auch andere Metalle mit Chlor reagieren und Salzkristalle bilden. Die Metalle geben hierbei alle Außenelektronen ab. Zeichne (nach Abb. 60.2) die Ionenbildung für **a)** Kaliumchlorid KCl, **b)** Magnesiumchlorid $MgCl_2$ und **c)** Aluminiumchlorid $AlCl_3$ (s. Abb. 59.3).

A **60.3** Erkläre, warum man beim Sauerstoff-Molekül von einer Zweifach- und beim Stickstoff-Molekül von einer Dreifachbindung spricht.

A **60.4** Begründe mit Abb. 61.3 und 61.4, wie bei den einzelnen Atomen des Wassermoleküls jeweils die Edelgasanordnung erzielt wird.

60.3 Der bes. Hinweis: Das „Bindestreben" der Elemente führt zu über 7 Mio. Verbindungen

17.1 Ionenbildung führt zur Ionenbindung

Edelgase sind einatomig. Sie verbinden sich nicht mit anderen Atomen. Das liegt an der Anordnung ihrer Elektronen in der Hülle. **Helium** mit nur einer Schale erreicht mit **2 Elektronen** eine stabile Anordnung; alle **übrigen Edelgase** sind mit **8 Elektronen** auf der äußersten Schale stabil. Diese stabile Anordnung heißt **Oktett-** oder **Edelgaszustand**.

Alle Elemente, die keine Edelgase sind, versuchen, diesen stabilen Elektronenzustand durch **Veränderung ihrer Atomhülle** zu erreichen. Am Beispiel der **Natriumchlorid-Bildung** aus den Elementen Natrium und Chlor **(Abb. 60.1)** soll dieser Vorgang näher untersucht werden **(Abb. 60.2):**

Im **Natrium-Atom** wird die Kernladung (11 Protonen) durch 11 Elektronen in der Hülle ausgeglichen. Bei der Reaktion mit Chlor stößt Natrium das einzelne Außenelektron vom Atomrumpf ab **(Atomrumpf: Gesamtatom ohne Außenelektronen)**. Dadurch wird die mit 8 Elektronen besetzte L-Schale zur Außenschale; der stabile Oktettzustand (dem Edelgas Neon entsprechend) ist erreicht. Allerdings ist die Kernladung jetzt nicht mehr ausgeglichen. Das entstandene Ion hat 1 Proton im Überschuß und ist damit ein **einfach positiv geladenes Natrium-Ion Na⁺**.

Das **Chlor-Atom** mit 7 Außenelektronen baut das bei der Reaktion abgegebene Elektron des Natriums in seine äußere Schale ein und erreicht dadurch ebenfalls den Oktettzustand (vergleichbar dem des Argons). Den 17 Protonen im Kern stehen nunmehr 18 Elektronen gegenüber. Das entstandene Ion hat 1 Elektron im Überschuß und ist damit ein **einfach negativ geladenes Chlorid-Ion Cl⁻**.

Die unterschiedlich geladenen Na⁺- und Cl⁻-Ionen ziehen sich gegenseitig an und ordnen sich zu einem **Ionengitter**. **Beim Natriumchlorid liegt eine Ionenbindung vor (Abb. 60.4).**

So wie das Metall Natrium mit dem Nichtmetall Chlor Ionen bildet, die sich gegenseitig anziehen, tun dies auch viele andere Metalle mit Nichtmetallen. Hierbei geben die Metall-Atome immer die Elektronen ab, die die Nichtmetall-Atome aufnehmen:

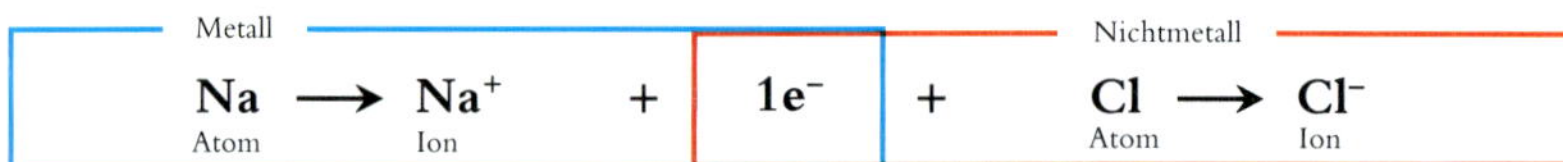

Metall-Atome werden durch Elektronen-Abgabe zu positiv geladenen Ionen. – Nichtmetall-Atome werden durch Elektronen-Aufnahme zu negativ geladenen Ionen. – Positiv und negativ geladene Ionen ziehen sich gegenseitig an (Ionenbindung).

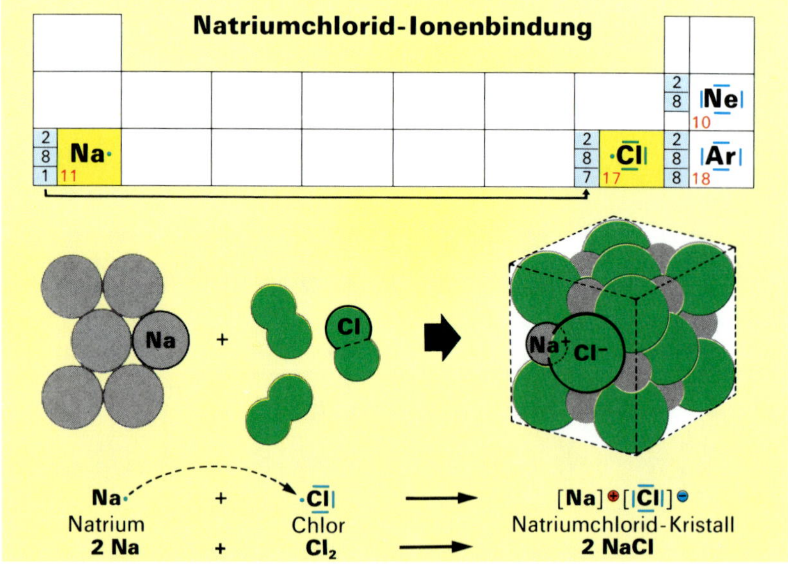

60.4 Bildung eines Kochsalz-Kristalls: positive Natrium-Ionen und negative Chlorid-Ionen lagern sich zu einem Ionengitter zusammen

18 Die Elektronenpaarbindung

18.1 Molekülbildung durch Elektronenpaarbindung

Alle gasigen Elemente – ausgenommen die Edelgase – liegen **als Moleküle** vor. In der Regel sind dabei zwei Element-Atome miteinander verbunden, wie etwa beim Wasserstoff-Molekül H_2. Die Bindung kommt dadurch zustande, daß das Einzelelektron des einen Wasserstoff-Atoms mit dem Einzelelektron des anderen ein **gemeinsames Elektronenpaar** bildet: **H••H oder H–H**. Dieses Elektronenpaar verhilft jedem der beiden Wasserstoff-Atome zum Edelgaszustand der Helium-Atomhülle **(Abb. 61.1)**. Man spricht von einer **Elektronenpaarbindung**.

Chlor-Atome schließen sich zu zweiatomigen **Chlor**-Molekülen zusammen. Hier erhält jedes Atom durch Bildung eines gemeinsamen Elektronenpaares den Oktettzustand **(Einfachbindung, Abb. 61.2)**. Kalottenmodelle geben den räumlichen Bau von Molekülen anschaulich wieder. Hierbei sind die Elementfarben international festgelegt: Chlor = grün, Sauerstoff = rot, Metalle = grau usw. **Abb. 61.3** zeigt durch Kreise (die kugelförmige Atomhüllen darstellen) die einem einzelnen Chlor-Atom zugeordneten Elektronen. Das **bindende Elektronenpaar** – durch einen Strich wiedergegeben – wird dabei **zweimal** berücksichtigt.

Im Gegensatz zur **Einfachbindung** des Chlor-Moleküls werden **Sauerstoff**-Moleküle O_2 durch eine **Doppel- oder Zweifachbindung** zusammengehalten. Zwei gemeinsame Elektronenpaare verhelfen jedem Sauerstoff-Atom zum Elektronenoktett. Stickstoff-Atome besitzen fünf Außenelektronen. **Stickstoff**-Moleküle N_2 werden durch drei gemeinsame Elektronenpaare zusammengehalten. Die drei Elektronenpaare zwischen den Stickstoff-Atomen bilden eine **Dreifachbindung**.

Wasser H_2O ist eine durch zwei Elektronenpaarbindungen zusammengehaltene Wasserstoff-Sauerstoff-Verbindung. Je ein Wasserstoff-Elektron bildet mit einem Elektron des Sauerstoffs ein gemeinsames Elektronenpaar **(Abb. 61.4)**. Dadurch erhält jedes der beiden **Wasserstoff-Atome** den **Edelgaszustand des Heliums**. Beim **Sauerstoff-Atom** mit seinen 6 Außenelektronen müssen die beiden Elektronen der Wasserstoff-Atome mitberücksichtigt werden: Der **Edelgaszustand des Neons** ist erreicht (Abb. 61.3). Die beiden Bindungen eines Wasser-Moleküls schließen einen Winkel von 104,5 ° ein. Durch den gewinkelten Molekülbau haben sowohl die bindenden als auch die nichtbindenden Elektronenpaare den größtmöglichen Abstand voneinander.

Bestimmte Atome erhalten die stabile Elektronenanordnung der Edelgase durch Ausbildung gemeinsamer Elektronenpaare (Elektronenpaarbindung).

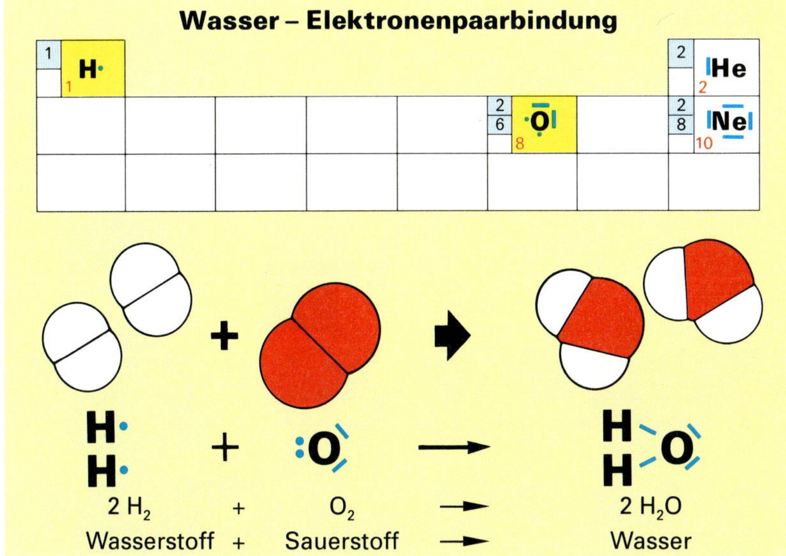

61.4 **Wassermolekül-Bildung: Jedes Wasserstoff-Atom erreicht den Elektronenzustand des Heliums, das Sauerstoff-Atom den des Neons**

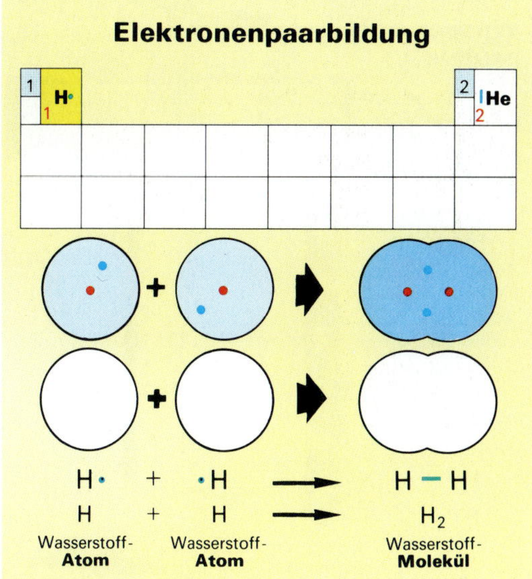

61.1 **Um den Elektronenzustand des Heliums zu erreichen, bilden zwei Wasserstoff-Atome ein gemeinsames Elektronenpaar**

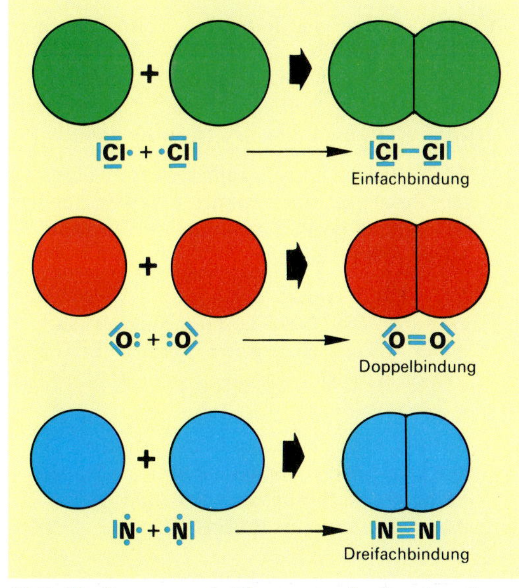

61.2 **Besitzen zwei Elemente 1, 2 oder 3 gemeinsame Elektronenpaare, so spricht man von Einfach-, Doppel- oder Dreifachbindung**

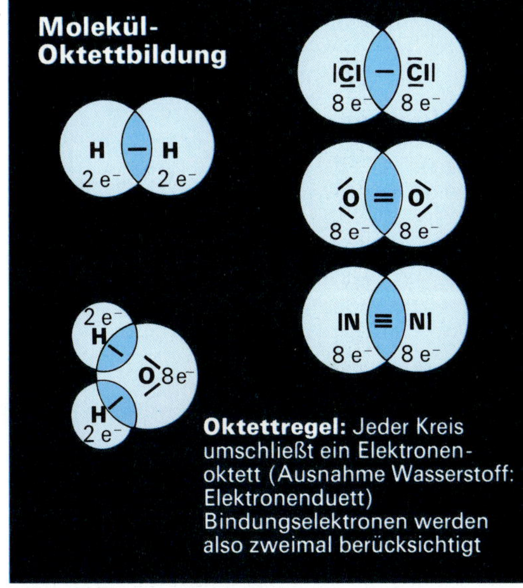

61.3 **Bei der Molekül- bzw. Ionen-Bildung (vgl. 60.2) sind nur Außenelektronen beteiligt**

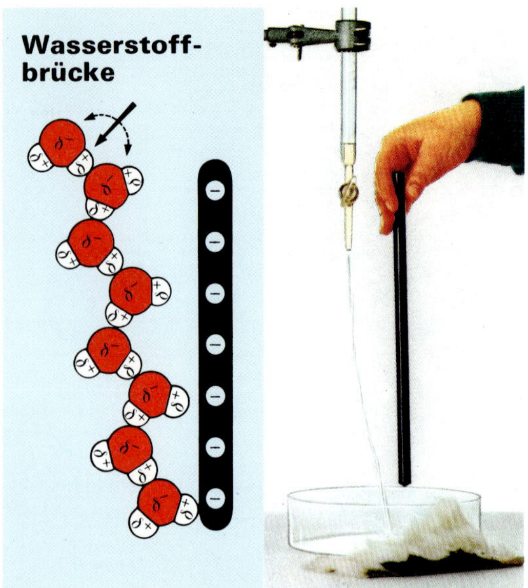

62.1 Die Ablenkung des Wasserstrahls durch den aufgeladenen PVC-Stab wird mit dem Dipolcharakter des Wassers erklärt

A 62.1 Ordne die folgenden Verbindungen dem Bindungstyp (Elektronenpaarbindung oder Ionenbindung) zu und zeichne die Elektronenformeln: Lithiumchlorid, Magnesiumoxid, Kohlenstoffdioxid, Chlorwasserstoff.

A 62.2 Besteht ein Zusammenhang zwischen der Zu- bzw. Abnahme der EN-Werte und der Stellung im PSE der einzelnen Elemente? Suche eine Erklärung.

A 62.3 Als Blutersatz kann einem Verletzten eine 0,9%ige NaCl-Lösung, niemals aber reines Wasser eingespritzt werden. Erkläre (denke an die Blutzellen)!

A 62.4 Im Winter streut man Salz auf die Straßen, um sie eisfrei zu halten. Pflanzen, die am Straßenrand wachsen, kümmern in den nächsten Wachstumsperioden und sterben nicht selten sogar ab. Erkläre!

62.2 Der bes. Hinweis: Bei der Obst-Konservierung entzieht Zucker den Bakterien- und Schimmelpilzzellen Wasser; die Folge: Zelltod

19.1 Atome ziehen Bindungselektronen an

Die Kerne miteinander verbundener Atome beeinflussen das ihnen gemeinsame Elektronenpaar. Dabei übt die positive Ladung der Kerne eine Anziehung auf die negative Ladung des gemeinsamen Elektronenpaares aus. Diese Anziehung nennt man **Elektronegativität (EN)**. Die EN-Zahlenwerte liegen zwischen 0,7 und 4. Bei Atomkernen mit großer Protonenzahl ist die Elektronegativität groß; mit zunehmender Entfernung des bindenden Elektronenpaares vom Atomkern (d. h. mit wachsendem Atomdurchmesser) nimmt die EN ab.

Die Elektronegativität ist ein Maß für die Anziehungskraft des Atomkerns auf bindende Elektronenpaare.

Beim **Chlor-Molekül** Cl_2 zieht jedes der beiden Chlor-Atome das gemeinsame Elektronenpaar gleich stark an. Die EN-Werte der Bindungspartner sind gleich, ihre Differenz ist deshalb 0. Anders verhält es sich beim **Chlorwasserstoff-Molekül** HCl. Hier ist die EN des Chlor-Atoms größer (3,0) als die des Wasserstoffs (2,1). Die EN-Differenz beträgt 0,9. Das gemeinsame Elektronenpaar verschiebt sich deshalb mehr in Richtung zum Chlor-Atom (Ladungsverschiebung): Im Bereich des Cl-Atoms überwiegt der Einfluß der negativen Ladungen der Elektronen, im Bereich des Wasserstoffs der positive Ladungseinfluß des Kerns. Das Molekül ist zweipolig, es ist zum **Dipol** geworden. Die Ladungsverschiebung wird durch den griechischen Kleinbuchstaben δ (lies: Delta) sowie das dahinter gesetzte Ladungszeichen + oder − angegeben **(Abb. 62.4)**.

Die Verschiebung gemeinsamer Elektronenpaare führt zu Dipolen mit positivem und negativem Ladungsschwerpunkt.

Auch im **Wassermolekül** sind die Elektronenpaare verschoben. Der Sauerstoff zieht aufgrund seiner großen EN die gemeinsamen Elektronenpaare stärker zu sich heran: Wassermoleküle sind **Dipole (Abb. 62.3)**. Durch die Dipolkraft haften bis zu 8 Wassermoleküle aneinander und bilden **Molekülketten**. Weil sich dabei der negative Ladungsschwerpunkt über den positiven Ladungsschwerpunkt des Wasserstoffs „verkettet", nennt man diese lockere Bindung **Wasserstoff-Brücke (Abb. 62.1)**.

Der Übergang zwischen der Elektronenpaarbindung und der Ionenbindung ist fließend. **Unterhalb einer EN-Differenz von 1,7 überwiegt die Elektronenpaarbindung, oberhalb von 1,7 die Ionenbindung.** Beim NaCl liegt Ionenbindung vor: Zwischen Natrium und Chlor besteht die sehr große EN-Differenz von 2,1. Das Elektron des Natriums wird vom Chlor so stark angezogen, daß es aus der Hülle seines Atoms gerissen wird und in die Hülle des Cl-Atoms springt – die Ionenbindung ist entstanden.

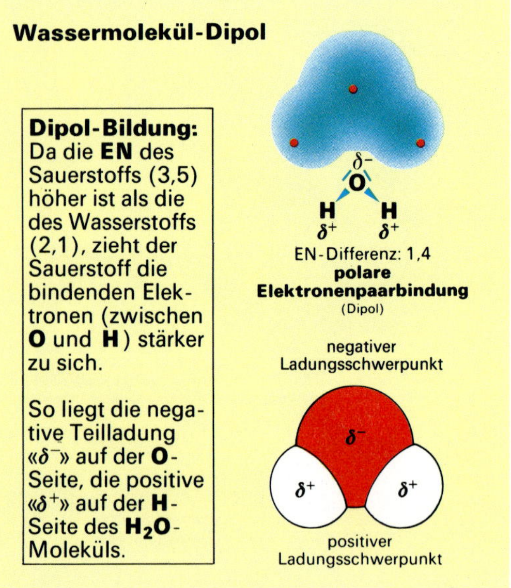

62.3 Das Wassermolekül ist ein Dipol, denn die EN-Differenz ist kleiner als 1,7

Elektronegativität (EN)

Ist die Differenz der Elektronegativitätswerte
< **1,7** liegt überwiegend **Elektronenpaarbindung**,
> **1,7** liegt überwiegend **Ionenbindung** vor

H						
2,1						
Li	**Be**	**B**	**C**	**N**	**O**	**F**
1,0	1,5	2,0	2,5	3,0	3,5	4,0
Na	**Mg**	**Al**	**Si**	**P**	**S**	**Cl**
0,9	1,2	1,5	1,8	2,1	2,5	3,0
K	**Ca**	**Ga**	**Ge**	**As**	**Se**	**Br**
0,8	1,0	1,6	1,8	2,0	2,4	2,8
Rb	**Sr**	**In**	**Sn**	**Sb**	**Te**	**I**
0,8	1,0	1,7	1,8	1,9	2,1	2,5

EN-Differenz: 0
Elektronenpaarbindung

EN-Differenz: 0,9
polare
Elektronenpaarbindung

EN-Differenz: 2,1
Ionenbindung

62.4 Die Elektronegativität (höchster Wert: F = 4,0) ist ein Maß dafür, wie stark ein Atom ein bindendes Elektronenpaar zu sich zieht

19.2 Hydration – ein Salz wird in Wasser gelöst

Salzkristalle sind feste, spröde Stoffe. Ihre unterschiedlich geladenen Ionen lassen sich durch **Schlag** so verschieben, daß gleichnamige Ladungen gegenüberliegen und sich abstoßen – der Salzkristall zerbricht **(Abb. 63.3)**.

Viele Salze lösen sich in Wasser auf. Hierbei überwinden die Wassermoleküle (weil sie Dipole sind) die Anziehungskräfte, die zwischen den Ionen des Salzes herrschen. Das Lösen von Natriumchlorid in Wasser erfolgt, indem die H_2O-Dipolmoleküle mit ihrer Sauerstoff-Seite (δ^-) die Na^+-Ionen allseitig umhüllen (hydratisieren) und aus dem Salzkristall herausdrängen. Die Cl^--Ionen werden entsprechend mit der Wasserstoff-Seite (δ^+) der H_2O-Dipolmoleküle allseitig umgeben und ebenfalls aus dem Ionenverband gelöst. Diesen Vorgang nennt man **Hydration (Abb. 63.4)**.

Werden Ionen von Wassermolekülen allseitig umhüllt, spricht man von Hydration (oder Hydratation). In wäßriger Lösung sind Ionen stets hydratisiert.

19.3 Osmose – der einseitig gerichtete Konzentrationsausgleich durch eine Membran

Reife Kirschen mit ihrem hohen Zuckergehalt platzen bei Regenwetter oft auf. Ursache hierfür ist das Eindringen von Wasser durch Zellwand und Zellmembran in das Zelleninnere (Membran = dünne Haut mit feinsten Poren). Der **Modellversuch Abb. 63.1** erklärt die dabei ablaufenden Vorgänge: Eine Glasglocke ist mit einer dünnen Membran (z. B. Schweinsblase) verschlossen, die ähnliche Eigenschaften wie eine Zellmembran hat: Kleine Lösemittelteilchen (hier: Wasser) können die Membran durchdringen, größere gelöste Teilchen (hier: hydratisierte Ionen oder Zuckerteilchen) jedoch nicht.

Eindringendes Wasser verdünnt das Salz- bzw. Zuckerwasser und erhöht den Druck auf die Membran, denn die Flüssigkeitsmenge wächst.

Die einseitige Wanderung von Wasser durch eine halbdurchlässige Membran, die für Wasser gut, für gelöste Stoffe schlecht oder nicht durchlässig ist, nennt man Osmose.

Durch die Osmose steigt der Druck in der Glocke an **(osmotischer Druck)**. Bei Pflanzenzellen sorgt die hohe Konzentration an gelösten Teilchen im Zelleib (Plasma) dafür, daß Osmose erfolgt: Wasser dringt in die Zellen ein. Befindet sich die höhere Salz- bzw. Zuckerkonzentration außerhalb der Zelle, erfolgt die Wanderung des Wassers von innen nach außen. Die Zelle gibt Wasser ab und schrumpft (Plasmolyse, **Abb. 63.2**).

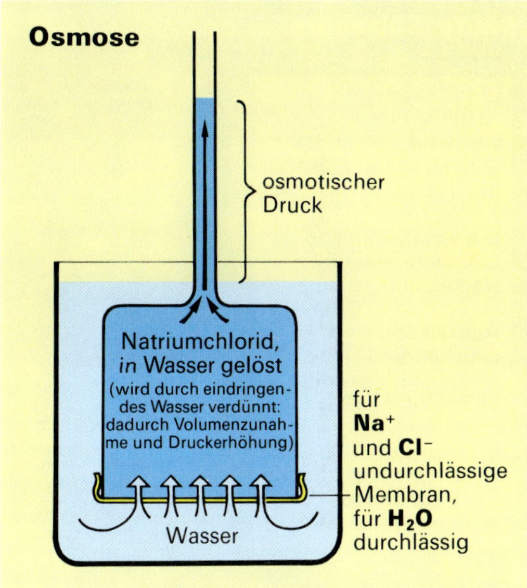

63.1 Das durch die Membran strömende Wasser verdünnt die Salzlösung. Diese vergrößert ihr Volumen und drückt auf die Wände

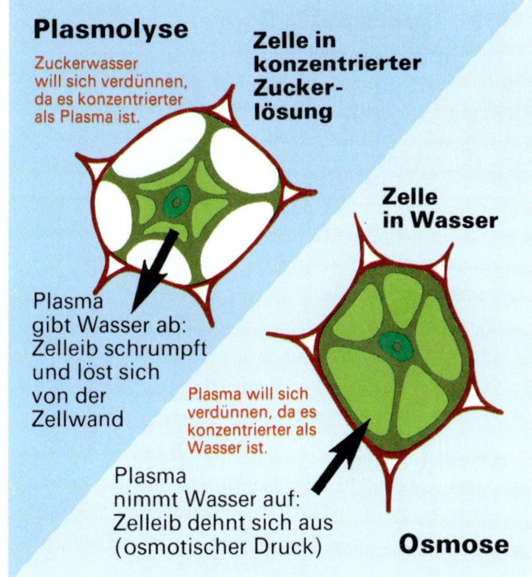

63.2 Salzt man einen Rettich ein, wird er in kurzer Zeit „tropfnaß", weil das Wasser osmotisch aus der Zelle tritt

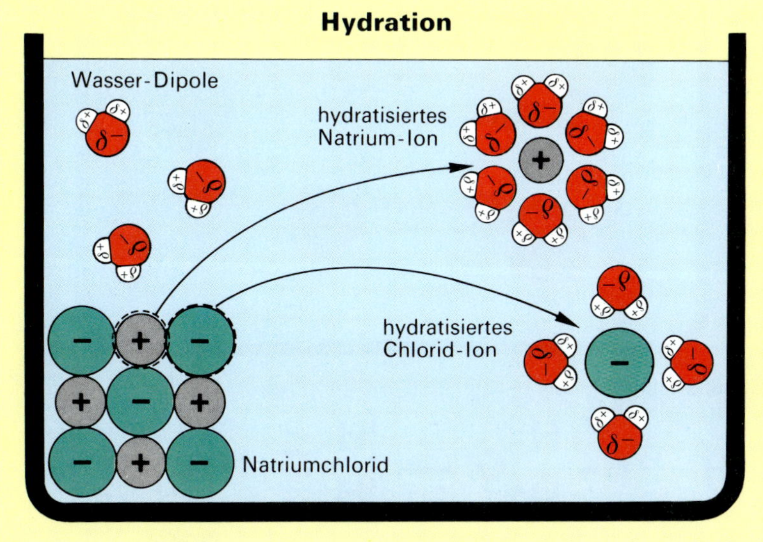

63.4 Bei der Hydration umhüllen H_2O-Dipole positive und negative Ionen mit der jeweils entgegengesetzten Polseite

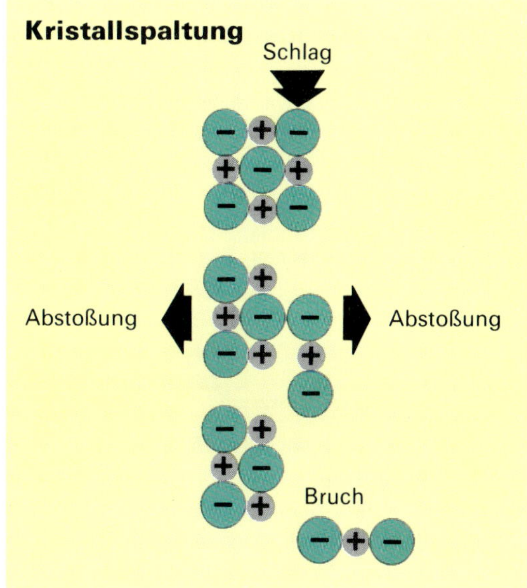

63.3 Rücken gleichnamige Ionen durch Schlag nebeneinander, stoßen sie sich ab

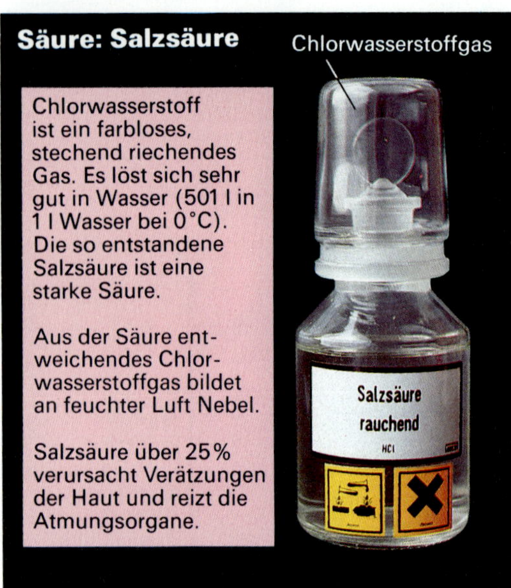

64.1 In einer Säurekappenflasche fängt sich das eventuell durch den Stopfen entweichende Schadgas in der übergestülpten Kappe

64.2 Säuren haben mehr H_3O^+- als OH^--Ionen. Je niedriger der pH-Wert ist (0 – <7), um so saurer ist die Lösung

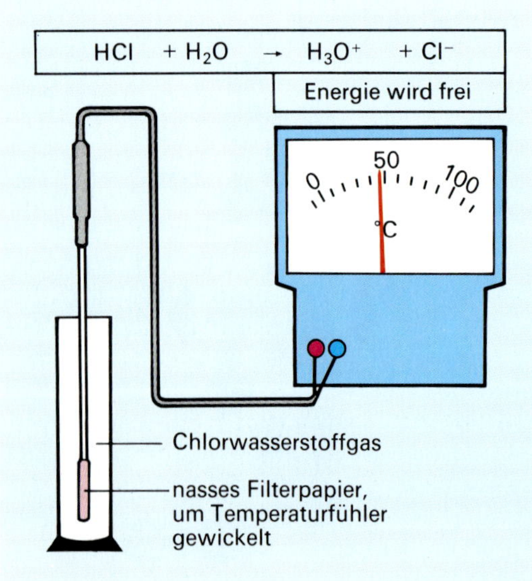

64.3 Die Reaktion zwischen Chlorwasserstoff und Wasser ist exotherm

20.1 Säuren sind Protonenspender

Salzsäure entsteht, wenn Chlorwasserstoff mit Wasser reagiert (siehe Abb. 49.1). Die dabei freiwerdende Wärmeenergie läßt sich leicht nachweisen: Ein Temperaturmeßfühler wird mit wassergetränktem Filterpapier umwickelt und in Chlorwasserstoffgas getaucht (**Abb. 64.3**).

Salzsäure leitet den elektrischen Strom, enthält also freie Ionen (**Abb. 64.2**). Diese frei beweglichen Ionen sind offenbar aus Chlorwasserstoff- und Wasser-Molekülen entstanden: Beide Moleküle sind Dipole und ziehen sich gegenseitig an (**Abb. 64.4**). Sie beeinflussen sich so, daß die Bindung im HCl-Molekül (zwischen H und Cl) gelöst wird. Hierbei läßt der Wasserstoff sein Außenelektron beim Chlor zurück. Dadurch wird aus dem Chlor-Atom ein negativ geladenes Chlorid-Ion Cl^-; es ist das Säurerest-Ion der Salzsäure.

Durch die Elektron-Abgabe wird aus dem Wasserstoff-Atom das positiv geladene Wasserstoff-Ion H^+, das nur noch aus einem Proton besteht. Dieses Proton wird von einem freien Elektronenpaar des Sauerstoff-Atoms (des H_2O-Moleküls) gebunden: So entsteht das positiv geladene **H_3O^+-Ion**, das **Oxonium-Ion**. (Um Reaktionsschemata zu vereinfachen, wird im Buch nur das Proton H^+ geschrieben.)

Säuren sind Teilchen, die wie Chlorwasserstoff Protonen (H^+) abgeben. Diese Protonen bilden mit Wasser Oxonium-Ionen (H_3O^+). H_3O^+- und Cl^--Ionen bilden zusammen Salzsäure.

$$HCl + H_2O \longrightarrow H_3O^+ + Cl^- / \text{Energie wird frei}$$

Chlorwasserstoff — Wasser — Oxonium-Ion — Chlorid-Ion — Salzsäure

Welche Ionen der Salzsäure verursachen die saure Wirkung? Prüft man eine wäßrige Kochsalzlösung (sie enthält Na^+- und Cl^--Ionen) mit dem Universalindikator, zeigt sich keine Rotfärbung. Infolgedessen können nicht die Cl^--Ionen die saure Wirkung der Salzsäure bewirken – es müssen die H_3O^+-Ionen sein.

20.2 Basen sind Protonenfänger

Beim Öffnen einer Flasche mit salmiakhaltigem Reinigungsmittel entweicht ein stechend riechendes Gas: Ammoniak NH_3. Ammoniak, in Wasser gelöst, heißt **Ammoniakwasser** (früher: Salmiakgeist). Gibt man zu Ammoniakwasser Universalindikator, zeigt sich die für Laugen typische Blaufärbung. Statt Lauge ist auch der Ausdruck **Base** gebräuchlich. Ammoniak ist – wie das Wasser-Molekül – ein Dipol-Molekül (**Abb. 65.4**).

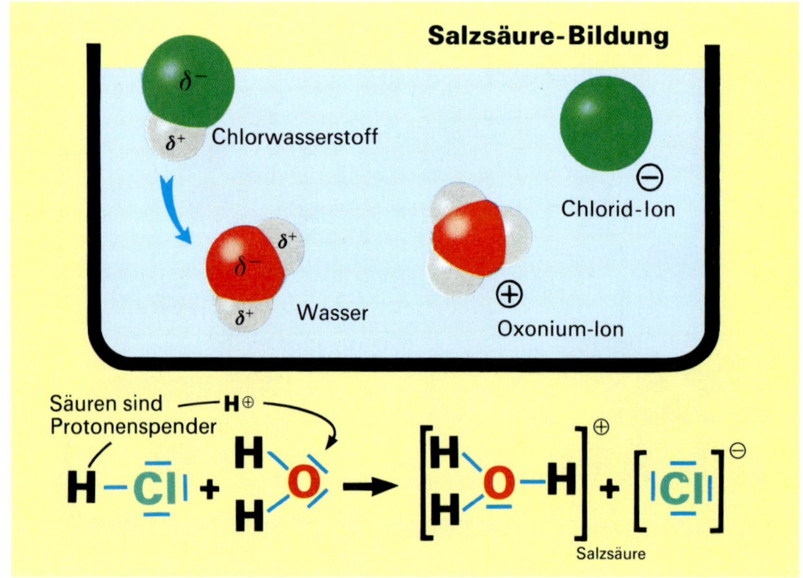

64.4 Säuren sind Teilchen, die wie Chlorwasserstoff Protonen abgeben. Chlorwasserstoff löst sich in Wasser zu Salzsäure

Treffen nun NH_3-Dipole auf H_2O-Dipole, ziehen sich die Moleküle (mit ihrer δ^+- und δ^--Seite) so stark an, daß vom H_2O-Molekül ein H^+-Ion (Proton) zum NH_3-Molekül überspringt und sich an das freie Elektronenpaar des Stickstoff-Atoms anlagert: Die entstandenen Ionen, das positiv geladene Ammonium-Ion NH_4^+ und das negativ geladene Hydroxid-Ion OH^-, sind frei beweglich und leiten den elektrischen Strom **(Abb. 65.2)**.

Basen sind Teilchen, die wie Ammoniak Protonen (H^+) aufnehmen. In Wasser bilden Basen frei bewegliche Hydroxid-Ionen (OH^-), die sich mit Indikatoren nachweisen lassen. NH_4^+- und OH^--Ionen bilden zusammen Ammoniakwasser.

$$\underset{\text{Ammoniak}}{NH_3} + \underset{\text{Wasser}}{H_2O} \xrightarrow{\quad} \underset{\underbrace{\text{Ammonium-Ion} \quad \text{Hydroxid-Ion}}_{\text{Ammoniakwasser}}}{NH_4^+ + OH^-} \text{ / Energie wird frei}$$

20.3 Der pH-Wert von Säuren und Basen

Gibt man eine Säure in eine Lauge, reagieren die H_3O^+-Ionen der Säure mit den OH^--Ionen der Lauge zu Wasser. Aber nicht alle H_3O^+-Ionen bilden mit den OH^--Ionen Wasser; eine neutrale, wäßrige Lösung enthält immer noch eine bestimmte Anzahl an H_3O^+-Ionen und ebensoviele OH^--Ionen.

Wird zu der neutralen wäßrigen Lösung jedoch weiter Säure gegeben, steigt der Anteil der H_3O^+-Ionen gegenüber den OH^--Ionen an: **Die Lösung wird immer saurer.** Demnach wächst die Säurestärke mit der Anzahl bzw. der Konzentration der H_3O^+-Ionen. Umgekehrt sinkt die Säurestärke, wenn die H_3O^+-Ionenkonzentration in der Lösung abnimmt **(Abb. 64.2)**.

Geht die H_3O^+-Ionenkonzentration schließlich über den **Neutralpunkt** (hier ebensoviel H_3O^+- wie OH^--Ionen) zurück, steigt entsprechend der OH^--Ionenanteil: **Die Lösung wird immer alkalischer (Abb. 65.2)**.

Die H_3O^+-Ionenkonzentration ist also ein Maß für die Stärke einer sauren Lösung (mehr H_3O^+- als OH^--Ionen) bzw. einer alkalischen Lösung (weniger H_3O^+- als OH^--Ionen). Die H_3O^+-Ionenkonzentration wird in **pH-Werten** angegeben; die Skala reicht von **pH 0 bis pH 14**. Je größer die Anzahl der H_3O^+-Ionen ist, desto kleiner ist der pH-Wert.

Für saure Lösungen (pH 0 bis <7) gilt: Je kleiner der pH-Wert ist, desto saurer ist die Lösung.
Umgekehrt folgt für alkalische Lösungen (pH >7 bis 14): Je größer der pH-Wert ist, desto alkalischer ist die Lösung.

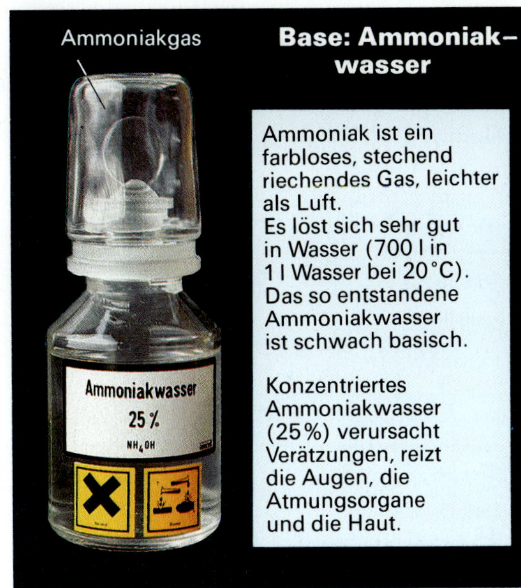

65.1 Hebt man die Kappe der Kappenflasche ab, riecht man deutlich Ammoniak, das sich aus Ammoniakwasser verflüchtigt hat

OH^--Überschuß: Base

		pH-Wert →	7	8	9	10	11	12	13	14

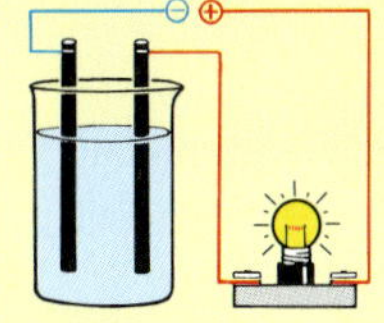

Base-Merkmale
- Hydroxid-Ionen
- alkalische, ätzende Wirkung (V 53.1)
- fühlen sich seifig an (Seite 46)
- Indikatorfärbung (Abb. 49.4)
- elektrische Leitfähigkeit

65.2 Laugen haben mehr OH^-- als H_3O^+-Ionen. Je höher der pH-Wert ist (pH >7 bis 14), um so alkalischer ist die Lösung.

V **65.1** Prüfe die verdünnten Lösungen von **a)** Salzsäure★ und **b)** Ammoniakwasser★ auf ihre Leitfähigkeit.

V **65.2** Fülle 3 Reagenzgläser mit je 3 ml verdünnter Salzsäure★. Gib in die einzelnen Reagenzgläser jeweils ein kleines Blechstück aus **a)** Magnesium, **b)** Zink, **c)** Kupfer und beobachte.

V **65.3** Gib in ein Reagenzglas eine Spatelspitze Calciumoxid und 2 ml Wasser. Prüfe den pH-Wert. Um welchen Reaktionstyp handelt es sich? Stelle das Reaktionsschema auf.

A **65.4** Sowohl das Reaktionsschema Abb. 64.4 als auch das Reaktionsschema Abb. 65.4 geben eine Säure-Base-Reaktion wieder. Welche Rolle spielt jeweils das Wasser? (Wende die Begriffe „Säure" und „Base" an.)

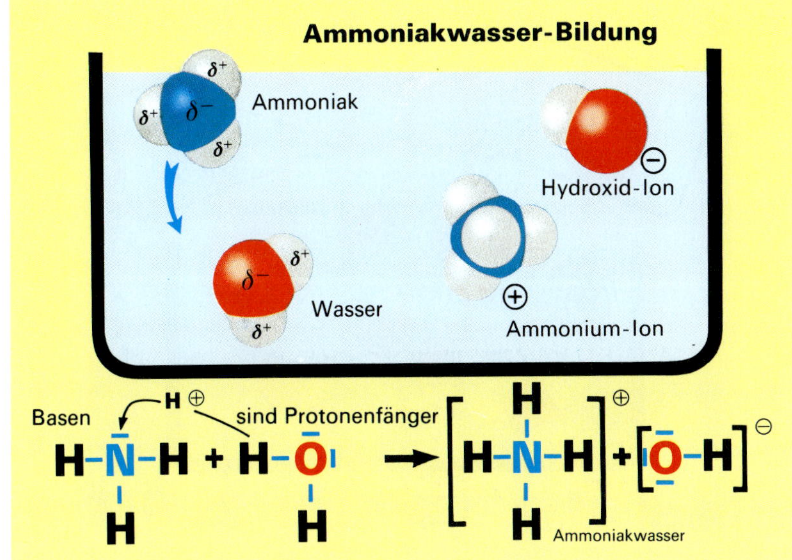

65.4 Basen sind Teilchen, die wie Ammoniak Protonen aufnehmen. Ammoniak löst sich in Wasser zu Ammoniakwasser

65.3 Um einen Liter Salzsäure von pH 0 auf pH 6 zu verdünnen, sind 1 000 000 Liter Wasser nötig.

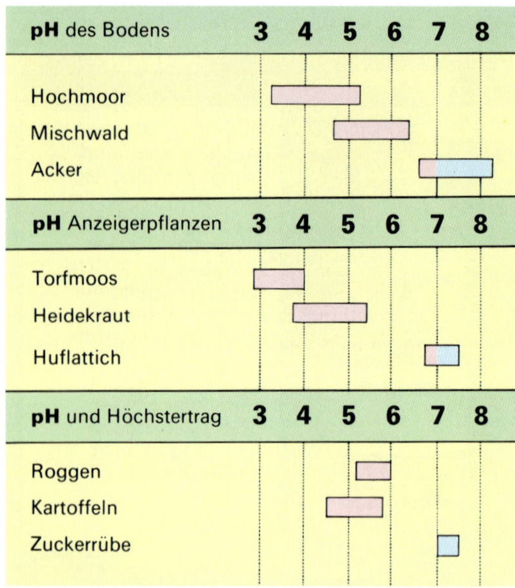

66.1 Pflanzen liefern nur dann Höchstertäge, wenn der Boden auch ihren pH-Ansprüchen genügt

V 66.1 Schüttle verschiedene Bodenproben mit Wasser im Reagenzglas. Warte, bis sich die Aufschlämmung geklärt hat, und prüfe den pH-Wert mit Universalindikatorpapier.

V 66.2 Versetze Ammoniakwasser* mit Methylrot und lasse verd. Salzsäure* bis zum Farbumschlag zulaufen (vgl. mit Abb. 58.3).

A 66.3 Stelle die Gleichung für die Reaktion von Magnesiumlauge mit Salzsäure auf.

A 66.4 a) Errechne die molare Masse von Kaliumhydroxid.
b) Stelle eine 0,1 molare Kalilauge* her.
c) Überprüfe mit einer sauren Maßlösung, wie genau die hergestellte 0,1 molare Kalilauge* ist.

A 66.5 Nenne die Ionen, die die saure bzw. alkalische Wirkung einer wäßrigen Lösung verursachen. Wann ist eine Lösung neutral?

66.2 Der besondere Hinweis: Der Versuch auf Abb. 66.3 zeigt, daß eine Säure-Base-Reaktion auch ohne Wasser stattfinden kann

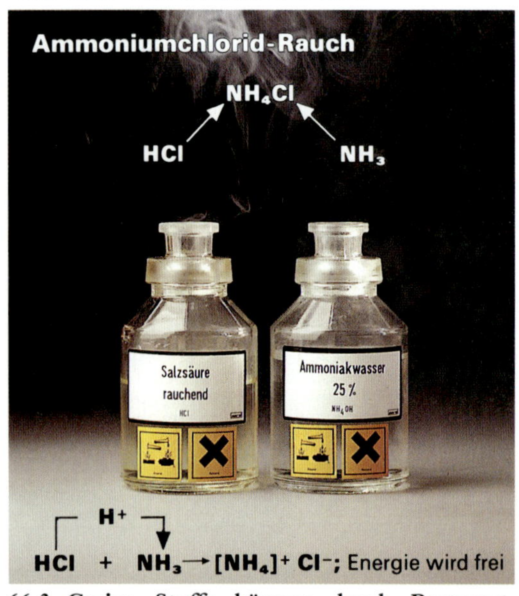

$$\text{HCl} + \text{NH}_3 \longrightarrow [\text{NH}_4]^+ \text{Cl}^-; \text{Energie wird frei}$$

66.3 Gasige Stoffe können durch Protonenübergang ein Salz bilden

Die Bedeutung des pH-Wertes für die Praxis

Das **Pflanzenwachstum** ist nicht nur vom Klima, sondern in starkem Maß auch von der Bodenbeschaffenheit abhängig. Böden unterscheiden sich unter anderem in ihrem pH-Wert. Ein Boden kann bei Kalkmangel und einem hohen Humusanteil, z. B. für den Zuckerrübenanbau, zu sauer sein. Umgekehrt verlangt die Kartoffel einen leicht sauren Boden; bei basischem Ackerboden sinken deshalb die Kartoffelerträge **(Abb. 66.1)**.

Viele chemische Reaktionen laufen erst bei einem bestimmten pH-Wert ab. **Verdauungsprozesse** z. B. sind an besondere pH-Werte gebunden. Während der Speichel einen pH-Wert von 6,7 hat, wird der Speisebrei im Magen durch die Salzsäure des Magensaftes auf einen pH-Wert von 0,9 bis 1,7 gebracht. Nur bei diesem pH-Wert wird das Eiweiß durch das im Magensaft enthaltene Pepsin in wasserlösliche Verbindungen (Aminosäuren) zerlegt.

Eine Verschiebung des pH-Wertes hat mitunter schwere gesundheitliche Störungen zur Folge. Seelische Belastungen (Streß) führen zu einer Übersäuerung des Magensaftes. Magenschleimhautentzündung und Magengeschwüre können die Folge sein.

20.4 Die Neutralisation

Die **saure Reaktion** der Salzsäure und die **alkalische Reaktion** der Natronlauge **heben sich auf**, wenn einander entsprechende Mengen vermischt werden (Neutralisation, Abb. 51.3). Berücksichtigt man die Ionenschreibweise für die Salzsäure und die Natronlauge, wird verständlich, wieso bei dieser Reaktion Salzwasser entsteht **(Abb. 66.4)**:

Zwischen den positiven Oxonium-Ionen der Säure und den negativen Hydroxid-Ionen der Lauge besteht Anziehung. Durch Protonenübergang vom Oxonium-Ion H_3O^+ auf das Hydroxid-Ion OH^- entladen sich die Ionen, es bilden sich Wassermoleküle. Das Natrium-Ion Na^+ der Lauge und das Chlorid-Ion Cl^- der Säure bleiben unverändert in Lösung.

$$\overset{H^+}{\overbrace{\text{Protonenabgabe}}}$$
$$H_3O^+ + OH^- \longrightarrow H_2O + H_2O \,/\, \text{Energie wird frei}$$

Bei der Neutralisation findet ein Protonenübergang vom Oxonium-Ion H_3O^+ auf das Hydroxid-Ion OH^- statt. Dabei entstehen Wassermoleküle.

Chemische Reaktionen, bei denen Teilchen Protonen abgeben, die wiederum von anderen Teilchen aufgenommen werden, nennt man „Säure-Base-Reaktionen".

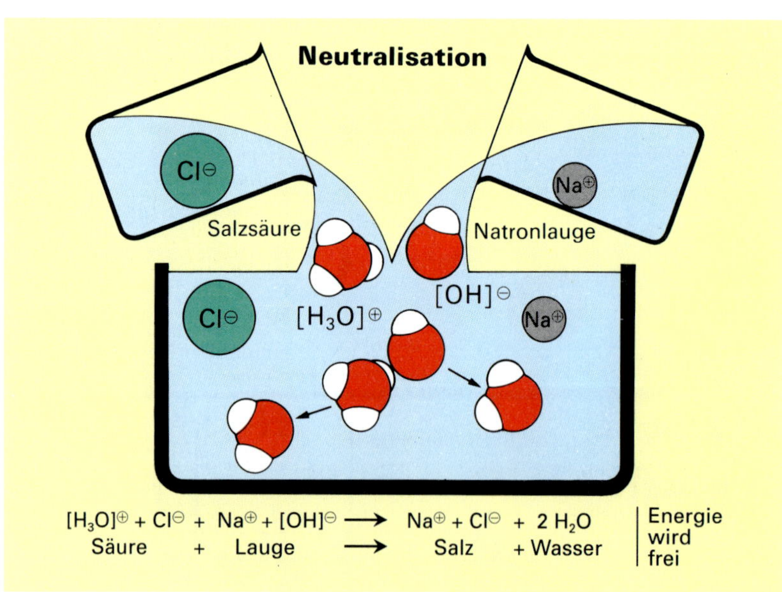

66.4 Bei der Neutralisation reagieren Oxonium-Ionen mit Hydroxid-Ionen. Es entstehen Wasser und Salz, hier Natriumchlorid

Die Konzentration von Lösungen. Im Labor arbeitet man mit Lösungen, deren Konzentration bekannt ist. Die **Konzentration** *(c)* einer Lösung hängt von der gelösten Stoffmenge ab und wird oft in mol pro Liter (mol/l) angegeben. Lösungen mit festgelegter Konzentration heißen **Maßlösungen.**

Beispiel 1: *c* **(HCl) = 0,1 mol/l.** Diese Angabe besagt, daß 1 Liter dieser Salzsäure-Lösung 0,1 mol HCl enthält. Die molare Masse von HCl beträgt 36,5 g/mol (H = 1 u, Cl = 35,5 u, u $\hat{=}$ g). 1 Liter Salzsäure dieser Konzentration enthält also 3,65 g Chlorwasserstoff HCl.

Beispiel 2: *c* **(NaOH) = 0,1 mol/l.** Die molare Masse von NaOH beträgt 40,0 g/mol (Na = 23 u, O = 16 u, H = 1 u, u $\hat{=}$ g). Für eine Natronlauge (*c* = 0,1 mol/l) werden 4 g Natriumhydroxid-Plätzchen in einem Meßkolben in etwas Wasser gelöst; dann füllt man auf 1 Liter auf.

Die Titration. Da bei der Neutralisation ein H_3O^+-Ion mit einem OH^--Ion zwei Moleküle H_2O bildet, reagiert entsprechend 1 mol Oxonium-Ionen mit 1 mol Hydroxid-Ionen zu Wasser. Deshalb läßt sich mit einer Lauge bekannter OH^--Konzentration die unbekannte H_3O^+-Konzentration einer Säure bestimmen. Dieses Verfahren nennt man Titration.

Beispiel: Die unbekannte Konzentration einer Salzsäure soll bestimmt werden. Maßlösung ist eine Natronlauge mit *c* = 0,1 mol/l. Man gibt mit einer Pipette 20 ml der Salzsäure in ein Becherglas und versetzt sie mit Universalindikator (dies ist die Vorlage). Anschließend läßt man vorsichtig aus der Bürette die Natronlauge zufließen, bis plötzlich die Indikatorfarbe umschlägt. Damit ist der **Neutralpunkt** erreicht **(Abb. 67.1/2).** Das Volumen *(V)* der verbrauchten Natronlauge wird an der Bürette abgelesen, z. B. 40 ml. Für die Neutralisation gilt folgende Beziehung :

$$c\,(\text{Säure}) \cdot V\,(\text{Säure}) = c\,(\text{Lauge}) \cdot V\,(\text{Lauge})$$

Hieraus ergibt sich die gesuchte Konzentration der Säure:	
$c(\text{Säure}) = \dfrac{c(\text{Lauge}) \cdot V(\text{Lauge})}{V(\text{Säure})}$	$c(\text{Säure}) = \dfrac{0{,}1 \text{ mol/l} \cdot 40 \text{ ml}}{20 \text{ ml}} = 0{,}2 \text{ mol/l}$
Die Salzsäure hat also eine Konzentration von 0,2 mol/l.	

Die Leitfähigkeitstitration. Die elektrische Leitfähigkeit von Salzsäure ist stärker als die einer Kochsalz-Lösung gleicher Konzentration. Da bei der Neutralisation von Salzsäure und Natronlauge die Konzentration der H_3O^+-Ionen sinkt, sinkt auch die Leitfähigkeit (denn die **schnellen** H_3O^+- und OH^--Ionen neutralisieren sich zunehmend zu H_2O; dagegen bleiben die **langsamen** Na^+- und Cl^--Ionen in Lösung). Sobald reine Na^+Cl^--Lösung vorliegt (Neutralpunkt), ist die Leitfähigkeit am geringsten. Erst mit zunehmendem Überschuß an Natronlauge (immer mehr schnelle OH^-) steigt die Leitfähigkeit **(Abb. 67.3/4)** wieder an.

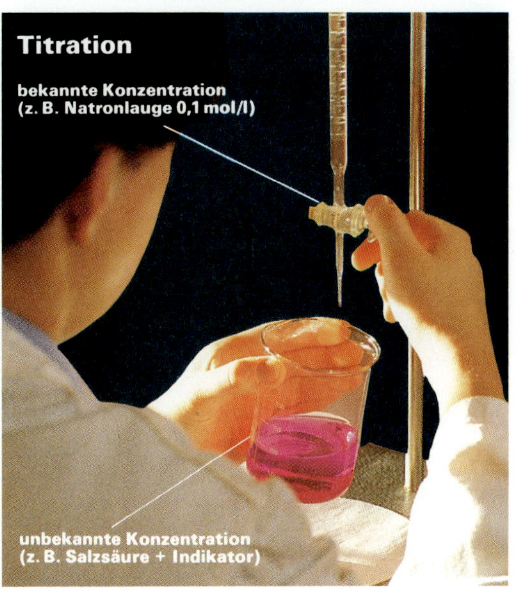

67.1 Schlägt die Farbe des Indikators um, liest man den Verbrauch der Maßlösung ab und errechnet die Konzentration der Säure

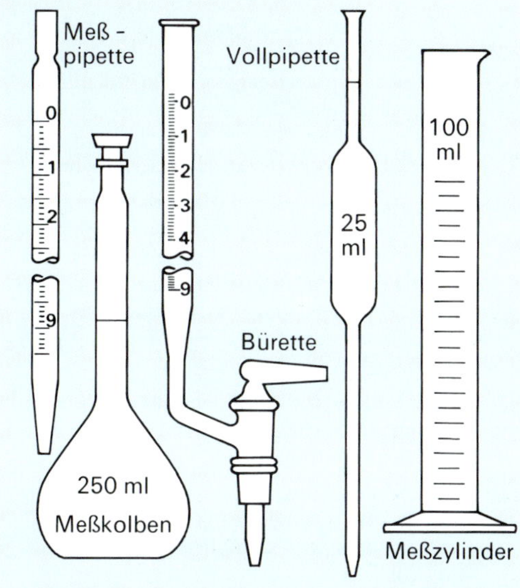

67.2 In der Titration benutzte Volumenmeßgeräte. Die Meßgenauigkeit ist von Form und Inhalt abhängig

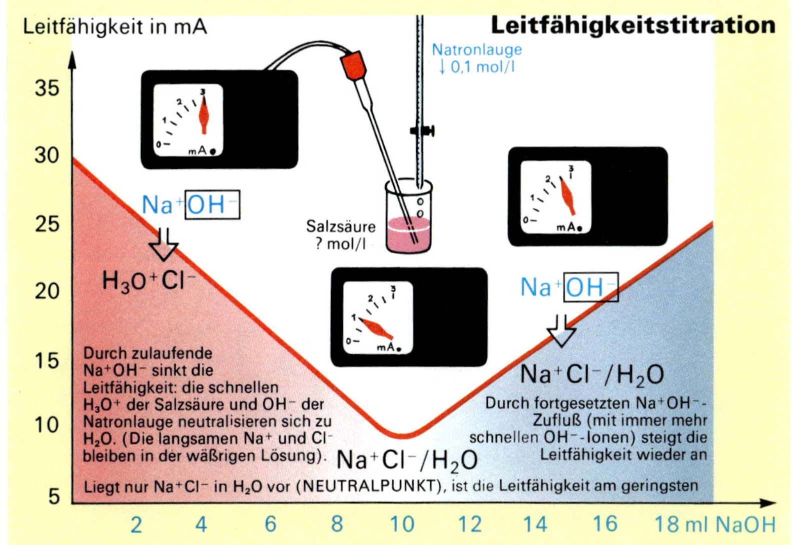

67.4 Die fallende Kurve zeigt die H_3O^+-Abnahme durch OH^--Zugabe (H_2O-Bildung); die steigende Kurve zeigt den OH^--Zuwachs (H_3O^+ fehlen)

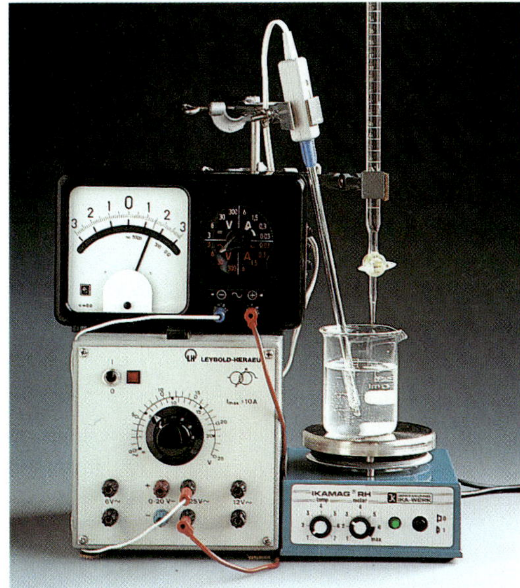

67.3 Leitfähigkeitsmessung: Die Stromanzeige ersetzt den Indikator

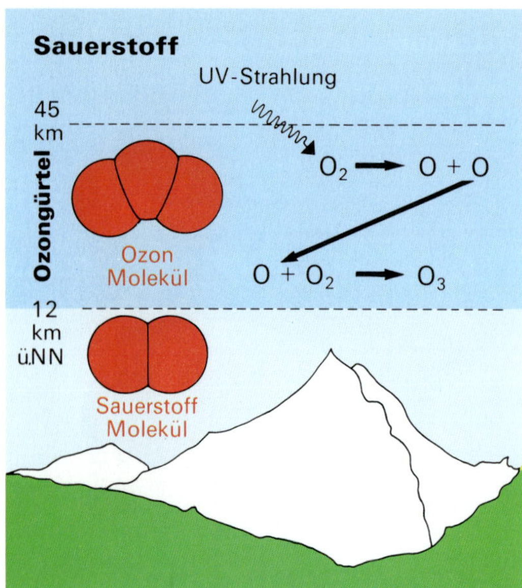

68.1 Ultraviolette Strahlung spaltet Sauerstoff-Moleküle in einzelne Sauerstoff-Atome, die mit weiteren Sauerstoff-Molekülen Ozon bilden

[V] **68.1** Fülle ein Reagenzglas etwa 5 cm hoch mit Schwefelpulver und erhitze langsam bis zum Siedepunkt. Achte auf Veränderungen. Gieße den siedenden Schwefel in dünnem Strahl in kaltes Wasser. Versuche, den abgeschreckten Schwefel auseinanderzuziehen.

[V] **68.2** Schneide die Reibflächen einer Streichholzschachtel in so kleine Stückchen, daß sie in ein Reagenzglas passen. Verschließe locker mit einem Glaswollstopfen und erhitze kräftig. Ziehe den Glaswollstopfen im Dunkeln aus dem Reagenzglas (vgl. mit dem Hinweis 69.2).

[A] **68.3** Erkläre mit Hilfe der Abb. 69.4, wieso sich nur unter extrem hohem Druck Graphit zu Diamant umwandelt.

[A] **68.4** Unter Einwirkung von UV-Strahlung entsteht aus Luftsauerstoff Ozon. Wieviel Luftsauerstoff-Moleküle bilden dabei 4 Ozonmoleküle?

68.2 Der bes. Hinweis: Wegen der hohen UV-Strahlung heißt es bereits in Australien: „Between eleven and three slip under a tree."

68.3 Plastischer Schwefel entsteht durch „Abschrecken" der dünnflüssigen Schmelze

21.1 Sauerstoff und Ozon

In den oberen Schichten der Lufthülle der Erde – in 12 bis 45 km Höhe – erzeugt die ultraviolette (UV-)Strahlung der Sonne geringe Mengen **Ozon O_3** (Ozongürtel). Dieser Ozongürtel reicht aus, um den lebensgefährlichen UV-Anteil der Sonnenstrahlung weitgehend „wegzufiltern" **(Abb. 68.1)**. Besonders die **„FCKW"** aus Kühlschränken und Spraydosen schädigen den Ozongürtel bedrohlich (siehe Seiten 105, 160 und 161). Ungefilterte UV-Strahlen verursachen Hautkrebs, Grauen Star, Klimaänderungen und Mißernten. Das bläuliche Gas Ozon besitzt einen typischen Geruch. Beim Erwärmen zerfällt es in seine Ausgangsstoffe: $O_3 \rightarrow O_2 + O$. Der freiwerdende atomare Sauerstoff wirkt keimtötend. Obwohl es sich bei Sauerstoff O_2 und Ozon O_3 um dasselbe Element handelt, unterscheiden sich die beiden Stoffe in ihren Eigenschaften und ihrer Erscheinungsform. Verschiedene Erscheinungsformen nennt man **Modifikationen**.

Modifikationen sind unterschiedliche Erscheinungsformen desselben Elementes. Dabei sind gleiche Atome unterschiedlich angeordnet.

21.2 Rhombischer, monokliner und plastischer Schwefel

Auch das Element Schwefel (vgl. S. 5) kommt in verschiedenen Modifikationen vor. Aus einer sich abkühlenden Schwefelschmelze (Smp. 119 °C) kristallisiert **monokliner Schwefel** aus. Er besteht aus nadelförmigen Kristallen. Unter 95,6 °C bildet sich **rhombischer Schwefel** (Smp. 113 °C). Beide Modifikationen bestehen aus S_8-Molekülringen. Im rhombischen Schwefel sind die Ringe dichter gepackt als im monoklinen.

Ab 119 °C verlieren die Ringmoleküle ihren Zusammenhalt: Der Schwefel wird flüssig. Über 159 °C springt das Ringmolekül auf, die Bruchstücke bilden Ketten, und der Schwefel wird dunkelbraun und zähflüssig. Weitere Temperatursteigerung sprengt schließlich auch die Ketten in kurze Stücke: Die Schmelze wird wieder dünnflüssig; die Farbe hellt sich auf.

Bei 444 °C ist der Siedepunkt erreicht. Im Reagenzglas schlägt sich an den kalten Stellen der gelbbraune Schwefeldampf als gelbe Schwefelblüte nieder. Dieses gelbe Pulver entsteht durch Resublimation **(Abb. 68.4)**. Schreckt man flüssigen Schwefel durch Eingießen in kaltes Wasser ab, wird er zu **plastischem Schwefel**. Diese Modifikation läßt sich wie Gummi ziehen. Plastischer Schwefel härtet nach einiger Zeit wieder zu festem Schwefel aus **(Abb. 68.3)**.

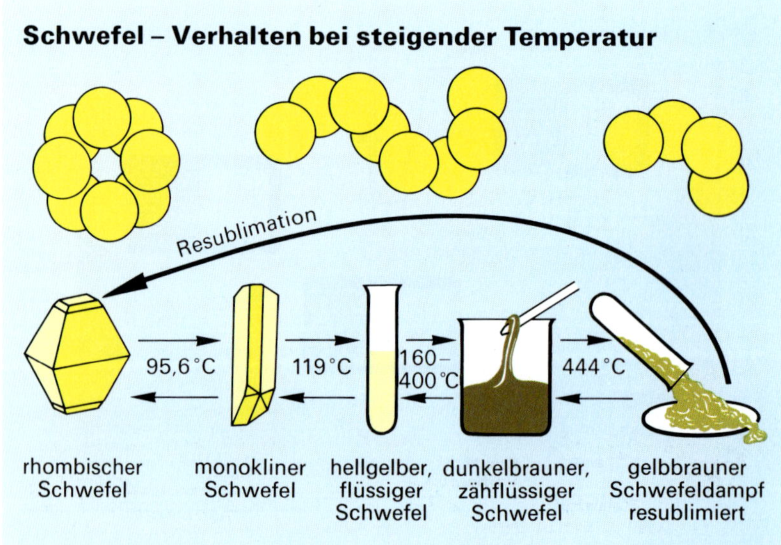

68.4 Schwefelkristalle sind rhombisch oder monoklin. Erhitzt, bilden sich aus S_8-Ringen längere Ketten – und aus diesen schließlich kürzere

21.3 Weißer und roter Phosphor

Weißer Phosphor ist ein wachsweicher, durchscheinender Stoff. Verunreinigungen verleihen ihm mitunter eine gelbe Farbe (deshalb auch der Name gelber Phosphor). Weißer Phosphor oxidiert an der Luft. Der sich dabei bildende, nach Knoblauch riechende (stark hygroskopische) weiße Rauch ist Phosphor(V)-oxid P_4O_{10}. Die Oxidationswärme wird als Licht abgegeben. In der Dunkelheit bemerkt man deshalb ein fahlgrünes Leuchten. Weißer Phosphor neigt zur Selbstentzündung bei ca. 50 °C. Um Brände zu verhindern, bewahrt man die weiße Phosphor-Modifikation unter Wasser auf **(Abb. 69.1)**. In Wasser ist weißer Phosphor unlöslich, Kohlenstoffdisulfid CS_2 jedoch löst ihn auf. Weißer Phosphor besteht aus P_4-Molekülen. Unter Luftabschluß auf etwa 250 °C erhitzt, entsteht roter Phosphor, ein unregelmäßiges Netzwerk aus P_4-Molekülen.

Roter Phosphor ist ungiftig und entzündet sich erst bei 400 °C. Aus diesem Grund muß er auch nicht unter Wasser aufbewahrt werden **(Abb. 69.3)**. Die rote Phosphor-Modifikation widersteht allen Lösemitteln. Die Reibfläche von Streichholzschachteln besteht aus rotem Phosphor und Glaspulver. Im Streichholzkopf befinden sich ein Sauerstoffspender und Schwefel. Beim Anreißen des Streichholzes entzündet sich roter Phosphor und setzt den Kopf in Brand (Abb. 80.3).

21.4 Diamant und Graphit

Die Unterschiede der beiden Kohlenstoffmodifikationen, Diamant und Graphit, sind beachtlich. Im Atomgitter des **Diamanten** ist jedes Kohlenstoff-Atom mit 4 weiteren C-Atomen durch Elektronenpaarbindung verbunden **(Abb. 69.4)**. Hieraus erklärt sich die enorme Festigkeit des härtesten aller Stoffe. Reine Diamanten (ohne Einschlüsse) werden zu Schmuckdiamanten geschliffen. Minderwertige, sogenannte Industriediamanten, eignen sich zur Herstellung von leistungsfähigen Schleif- und Schnittwerkzeugen. Die künstlich hergestellten Diamanten werden vorwiegend als Industriediamanten verwendet.

Im **Graphit** sind die Kohlenstoff-Atome bienenwabenartig in einer Schicht verbunden. Nur 3 der 4 Außenelektronen gehen eine Elektronenpaarbindung ein. Das 4. Außenelektron eines jeden Kohlenstoff-Atoms kann sich zwischen den stockwerkartig gestapelten Schichten des Graphits frei bewegen **(Abb. 69.4)**. Deshalb leitet der schwarzglänzende Graphit, im Gegensatz zum Diamanten, elektrischen Strom. Die Graphitschichten sind untereinander so schwach verbunden, daß sie sich leicht abspalten lassen. Ein „Blei"stiftstrich besteht aus mikroskopisch kleinen, von der Mine „abgeblätterten" Graphitplättchen.

69.1 Bereits 0,05 g weißer Phosphor ist tödlich. Die fortgesetzte Aufnahme kleinster Mengen zerstört Knochen (Knochennekrose)

	Weißer Phosphor	**Roter Phosphor**
Handelsform	Stangen (gelb)	Pulver (rot)
Geruch	schwach knoblauchartig	geruchlos
Dichte	$1{,}82\,\frac{g}{cm^3}$	$2{,}36\,\frac{g}{cm^3}$
Zündtemperatur	um 50 °C	um 400 °C
Schmelzpunkt	44 °C	600 °C
Löslichkeit	löslich in CS_2	unlöslich
Giftigkeit	sehr giftig	nicht giftig
Verhalten an der Luft	leuchtet fahlgrün und raucht	leuchtet nicht und raucht nicht

69.2 Erhitzter roter Phosphor schmilzt nicht – er sublimiert sofort und kondensiert (durch Abkühlen) zu weißem Phosphor

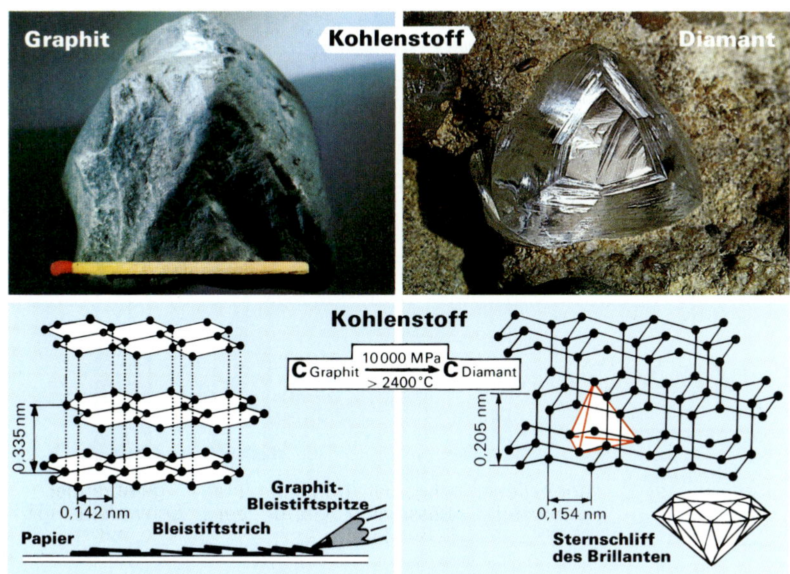

69.4 Graphit ist weich. Er läßt sich unter Luftabschluß durch hohen Druck und Wärme in harten Diamant verwandeln

69.3 Roter Phosphor entsteht aus weißem durch Erhitzen (250 °C) unter Luftabschluß

70.1 Ausgangsstoff für die Schwefelsäuregewinnung ist Schwefel. Hier wird Schwefel auf Pflanzen gepudert, um Pilzbefall zu verhindern

V 70.1 Entzünde Schwefel in einem Verbrennungslöffel (Vorsicht! Abzug!). Tauche ihn dann in einen Standzylinder, in dem sich etwas mit Universalindikator gefärbtes Wasser befindet und veschließe mit einer Glasplatte. Entferne den Löffel und schüttle.

V 70.2 Fülle einen Standzylinder mit Schwefeldioxid*. Gib angefeuchtete Blütenblätter hinzu. Pflanzen mit Wachsschicht zuvor in Benzin* tauchen (Abzug!) (vgl. mit Abb. 75.3).

A 70.3 Entschwefeltes Heizöl enthält immer noch 0,3 % Schwefel. Errechne den Schwefel-Gehalt in Gramm von 100 l Heizöl (1 l Heizöl wiegt 0,83 kg). Wieviel Gramm SO_2 entstehen daraus bei völliger Verbrennung?

A 70.4 Sulfit-Ionen können mit Sulfit-Teststäbchen nachgewiesen werden. Untersuche gewässerte Trockenaprikosen und Wein.

70.2 Der bes. Hinweis: Schwefelsäure ist am bekanntesten als Batteriesäure für Autobatterien; ihre Konzentration beträgt hier 30 %

22.1 Schweflige Säure H_2SO_3 – eine unbeständige Säure

Schwefel verbrennt in Gegenwart von Sauerstoff zu **Schwefeldioxid**, einem farblosen, stechend riechenden, giftigen Gas.

$$S + O_2 \longrightarrow SO_2 \text{ / Energie wird frei}$$

Das Gas ist gut wasserlöslich: Bei einer Temperatur von 20 °C werden 40 l Schwefeldioxid von nur 1 l Wasser gelöst. Ein der Lösung zugegebener Universalindikator zeigt eine mittelschwache Säure an: Schwefeldioxid reagiert mit Wasser zu **Schwefliger Säure H_2SO_3.**

$$SO_2 + H_2O \longrightarrow H_2SO_3 \text{ / Energie wird frei}$$

Wird der Säurewasserstoff der Schwefligen Säure durch Metall ersetzt, entstehen **Sulfite**, z. B. Natriumsulfit: Aus H_2SO_3 wird Na_2SO_3 (der Säurerest ist das Sulfit-Ion SO_3^{2-}). Sulfite sind demnach die Salze der Schwefligen Säure. Natriumsulfit-Lösung braucht man zum Fixieren von Fotos. Die Chemikalie verhindert, daß Abzüge und Filme nach der Entwicklung ganz schwarz werden, wenn sie wieder ans Licht kommen. Beim Versuch, Schweflige Säure in konzentrierter Form zu gewinnen, zerfällt sie wieder in ihre Ausgangsstoffe Schwefeldioxid und Wasser; sie ist also eine unbeständige Säure.

22.2 Schwefelsäure H_2SO_4 – eine sehr starke Säure

Neben dem farblosen Schwefeldioxid-Gas entsteht beim Verbrennen von Schwefel immer auch eine geringe Menge **Schwefeltrioxid SO_3**. Schwefeltrioxid bildet einen weißen Rauch. Durch die Verbrennungswärme zerfällt das unbeständige Schwefeltrioxid rasch wieder zu Schwefeldioxid und Sauerstoff. Leitet man jedoch Schwefeldioxid über **Vanadium(V)-oxid V_2O_5**, läßt sich die Ausbeute an Schwefeltrioxid erhöhen **(Abb. 70.4)**. Vanadium(V)-oxid verändert sich bei der Reaktion selbst nicht, beschleunigt jedoch die Reaktion zwischen Schwefeldioxid und Sauerstoff zu Schwefeltrioxid. Stoffe wie Vanadium(V)-oxid nennt man **Kontaktstoffe** oder **Katalysatoren**. In **Abb. 70.3** ist die Wirkung eines Katalysators in einem Energiediagramm dargestellt: Durch den Katalysator wird die Aktivierungsenergie (vgl. S. 20) verringert, so daß die Reaktion schneller und bei einer niedrigeren Temperatur ablaufen kann.

Stoffe, die die Aktivierungsenergie herabsetzen und den Reaktionsablauf beschleunigen, nennt man Katalysatoren. Katalysatoren liegen nach der Reaktion unverändert vor.

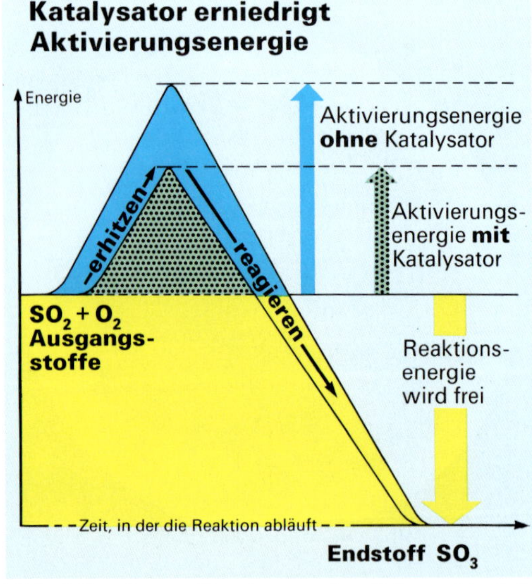

70.3 Mit einem Katalysator benötigen Reaktionspartner weniger Aktivierungsenergie

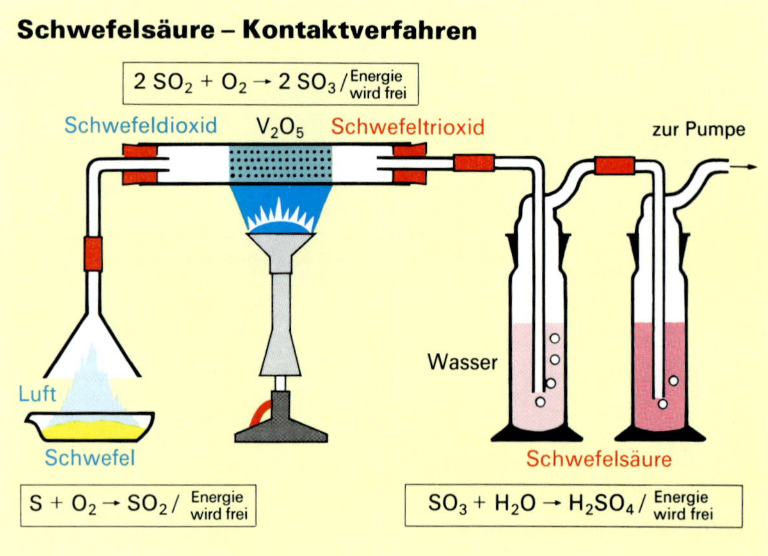

70.4 Am Katalysator reagieren Luftsauerstoff und Schwefeldioxid zu Schwefeltrioxid, dieses bildet mit Wasser Schwefelsäure

Schwefelsäure H_2SO_4 läßt sich, wie in Abb. 70.4 gezeigt, herstellen:

$$SO_3 + H_2O \longrightarrow H_2SO_4 \ / \ \text{Energie wird frei}$$

Konzentrierte Schwefelsäure enthält bis zu **98 %** H_2SO_4-Teilchen. Bei weiterem Einleiten von Schwefeltrioxid in die konzentrierte Säure entsteht „rauchende Schwefelsäure", die überschüssiges Schwefeltrioxid enthält. Weil sie dickflüssig ist, nennt man sie auch Oleum (lat. Öl).
Der Handel bietet die Schwefelsäure in unterschiedlichen Konzentrationen an **(Tabelle 71.1 oben)**. Schwefelsäure ist eines der wichtigsten Produkte der chemischen Industrie. Hoher Schwefelsäure-Verbrauch eines Landes zeigt wirtschaftliche Leistungsfähigkeit an **(Tabelle 71.1 u.)**.

Großtechnische Schwefelsäure-Gewinnung

Ausgangsstoffe für die Schwefelsäureproduktion können sulfidische Erze sein, vor allem Pyrit FeS_2, das beim „Rösten" Schwefeldioxid freisetzt (s. S. 42). In der Regel nimmt man heute jedoch reinen Schwefel. Gewonnen wird dieser bei der Kohle- bzw. Erdölaufbereitung oder unterirdisch aus Schwefel-Lagern. (vgl. mit Abb. 5.4). Die Schwefelsäure-Herstellung erfolgt in drei Stufen:

1. Stufe: Schwefel wird flüssig mit Luft zerstäubt und zu Schwefeldioxid verbrannt **(Abb. 71.4)**. Bei Bedarf wird das Gas vor der katalytischen Oxidation gereinigt. Staubteilchen können nämlich den Katalysator „vergiften", d. h. unwirksam machen. Für die Entstaubung sorgen deshalb Elektrofilter **(Abb. 71.2)**: Von der Sprühelektrode (in der Filtermitte) „springen" Elektronen auf die Staubpartikel über, wodurch diese negativ aufgeladen und von der positiv geladenen Niederschlagselektrode angezogen werden. Entladen fallen die Staubteilchen zu Boden.

2. Stufe: Das gereinigte Gas wird nun den beiden Kontaktöfen zugeführt. Jetzt erfolgt die katalytische Oxidation zu Schwefeltrioxid (in der Technik wird der Ausdruck „Kontakt" für Katalysator gebraucht). Da das nicht umgesetzte Schwefeldioxid im Kontaktofen I über eine weitere Katalysatorschicht im Kontaktofen II geleitet wird, spricht man vom **Doppelkontaktverfahren**. Durch dieses Verfahren erhöht sich die Schwefeltrioxid-Ausbeute auf 99,5 % und senkt gleichzeitig (umweltschonend!) die Menge des entweichenden Schwefeldioxids auf 0,02 %.

3. Stufe: Im Absorptionsturm (absorbieren = aufsaugen) wird Schwefeltrioxid wegen der besseren Löslichkeit nicht in Wasser, sondern in konzentrierter Schwefelsäure gelöst: $SO_3 + H_2SO_4 \cdot H_2O \longrightarrow 2\,H_2SO_4$. Der Wasserentzug der Säure wird durch Frischwasser so ausgeglichen, daß die Säurekonzentration im Mischer bei 98 % bleibt.

Handelsübliche Konzentrationen der Schwefelsäure	
Bezeichnung	**Gehalt**
Verdünnte Schwefelsäure	16 % H_2SO_4, Rest H_2O
Konzentrierte Schwefelsäure	95 – 98 % H_2SO_4, Rest H_2O
Rauchende Schwefelsäure (Oleum)	Konz. Schwefelsäure mit bis zu 65 % SO_3

Schwefelsäure-Produktion in 1 000 000 t	
USA	43
ehemalige Sowjetunion	23
Japan	7
Bundesrepublik Deutschland	6
Frankreich	5
Welt	**ca. 120**

71.1 Für Industrieländer, die viele Grundchemikalien herstellen, gilt der H_2SO_4-Verbrauch als Leistungsmesser (vgl. mit Abb. 153.2)

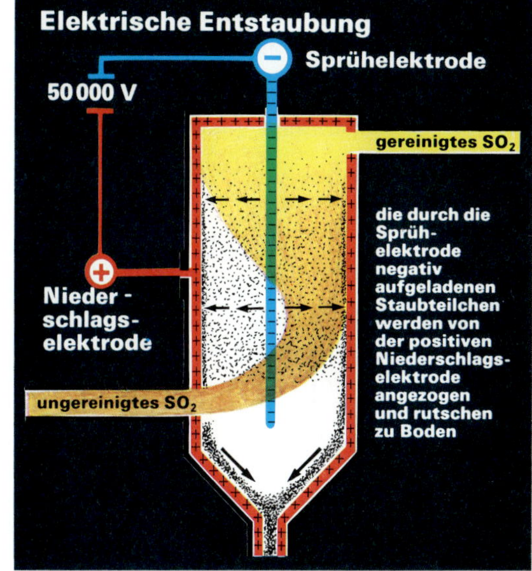

71.2 Da Staubteilchen Katalysatoren vergiften, wird das verschmutzte Schwefeldioxid durch Elektrofilter gereinigt

71.3 Äußeres Zeichen einer Schwefelsäurefabrik: dicke, wärmeisolierte Rohrleitungen

71.4 Das Schwefelsäure-Doppelkontakt-Verfahren vermindert die sonst übliche SO_2-Konzentration im Abgas um 80 %

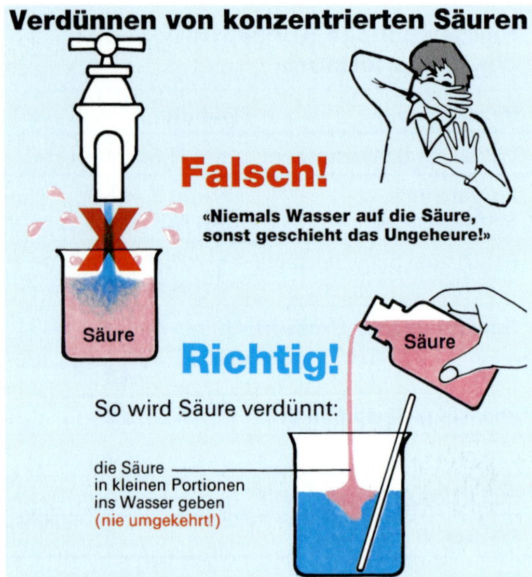

72.1 Niemals Wasser auf konz. Schwefelsäure gießen. Plötzlich freiwerdende Wärme würde zum Verspritzen der Säure führen

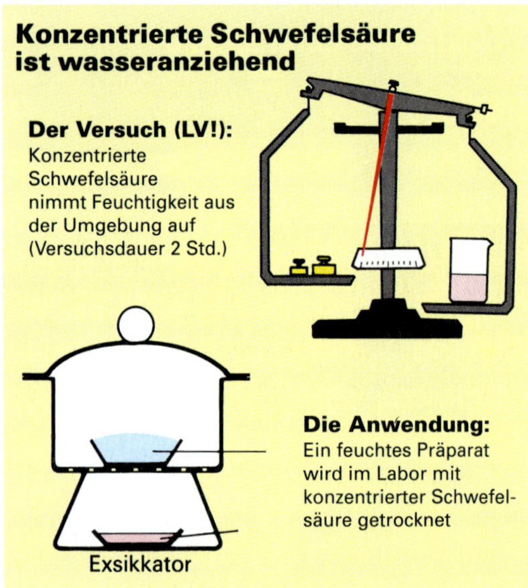

72.2 Die hygroskopische Wirkung von konz. Schwefelsäure wird auch zum Trocknen von Gasen in Waschflaschen genutzt (vgl. Abb. 49.1)

72.3 Schwefelsäure gehört zu den wichtigsten Ausgangsstoffen der chemischen Industrie

Eigenschaften der Schwefelsäure

Die konzentrierte Schwefelsäure. Konzentrierte Schwefelsäure läßt sich mit Wasser verdünnen. Doch Vorsicht: Die Temperatur kann dabei bis weit über 100 °C hochschnellen. Deshalb darf die Säure immer nur in kleinen Portionen unter Rühren in das Wasser gegeben werden. Ein Wärmestau wird so vermieden.

Ginge man umgekehrt vor, würde das Wasser durch die plötzlich freiwerdende Wärme derartig heftig verdampfen, daß die Säure durch Wasserdampfblasen verspritzt würde. (Der Siedepunkt der Schwefelsäure liegt nämlich mit 338 °C viel höher als der des Wassers mit 100 °C, **Abb. 72.1**).

Läßt man konzentrierte Schwefelsäure einige Zeit auf einer Waage offen an der Luft stehen, beobachtet man eine Massenzunahme. Diese Massenzunahme beruht auf der Fähigkeit der konzentrierten Schwefelsäure, Feuchtigkeit aus der Luft aufzunehmen **(Abb. 72.2)**.

Exsikkatoren sind luftdicht verschließbare Gefäße zum Trocknen von feuchten Feststoffen (z. B. nassen Filterrückständen). Die Feuchtigkeit wird von der konzentrierten Schwefelsäure in einer Schale am Boden des Exsikkators aufgenommen (Abb. 72.2). Selbst Gase können von Wasserdampf befreit – also getrocknet – werden, wenn sie in einer Waschflasche konzentrierte Schwefelsäure durchströmen.

Konzentrierte Schwefelsäure ist **hygroskopisch** (wasseranziehend), und zwar so sehr, daß sie Stoffe wie Papier oder Zucker verkohlt. Papier und Zucker sind Verbindungen aus Wasserstoff, Sauerstoff und Kohlenstoff. Die Schwefelsäure zersetzt diese Stoffe. Aus Wasserstoff und Sauerstoff entsteht Wasser, mit der sich die Säure – unter Wärmeentwicklung – verdünnt. Der schwarze Kohlenstoff bleibt zurück (Abb. 134.2). Schwefelsäure-Spritzer auf der Haut rufen schlecht heilende Verätzungen hervor. Beim Arbeiten mit dieser Säure sind deshalb alle Sicherheitsvorschriften streng einzuhalten.

Konzentrierte Schwefelsäure reagiert mit unedlen Metallen wie Zink nicht unter Wasserstoff-Entwicklung, sondern unter Bildung von Zinkoxid.

Konzentrierte Schwefelsäure hat oxidierende Wirkung; sie ist ätzend und nimmt begierig Wasser auf.

Außer dem Metalloxid entsteht ein Gemisch aus Schwefel, Schwefeldioxid und **Schwefelwasserstoff** H_2S. Dieses nach faulen Eiern riechende stark giftige Gas (1 – 2 mg / l Luft wirken tödlich) ist in „KAT-gereinigten" Auspuffgasen enthalten (siehe LV 73.5).

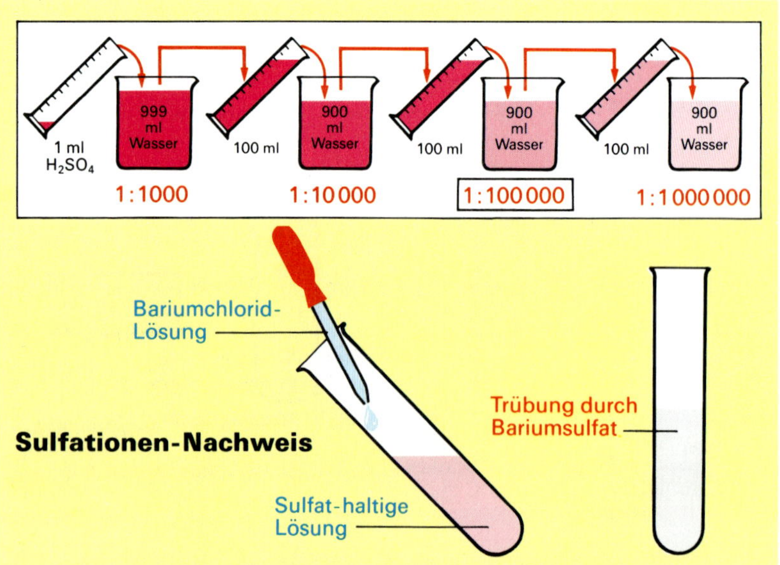

72.4 Der empfindliche Sulfat-Ionen-Nachweis erfaßt Sulfat-Ionen selbst im Trinkwasser bis zu einer Verdünnung von 1:100 000

Die verdünnte Schwefelsäure. Bei der Reaktion zwischen konzentrierter Schwefelsäure mit Wasser zu verdünnter Schwefelsäure wird sehr viel Wärme frei. Dieses läßt auf eine heftige Umsetzung zwischen Wasser- und Säuremolekülen schließen, wobei sich H^+-Ionen und zwei Arten von Säurerest-Ionen bilden:

$$H_2SO_4 \longrightarrow H^+ + HSO_4^- \quad \blacktriangleright \quad HSO_4^- \longrightarrow H^+ + SO_4^{2-}$$
Hydrogensulfat-Ion   Sulfat-Ion

HSO_4^- und SO_4^{2-} sind die Säurerest-Ionen der Schwefelsäure.

Die große **technische Bedeutung** der Schwefelsäure beruht auf ihrer vielseitigen Verwendung **(Abb. 72.3)**. Die in Chemiefabriken anfallende Abfallsäure (Dünnsäure) wird in jüngster Zeit wiederverwendet – das ist ein wichtiger Beitrag zum Umweltschutz **(Abb. 73.1)**.

22.3 Sulfate – die Salze der Schwefelsäure

Bei der Reaktion von verdünnter Schwefelsäure mit einem unedlen Metall, z. B. Magnesium, entsteht Wasserstoff, während das Metall scheinbar verschwindet. Dampft man die Lösung ein, bleibt ein weißes Salz zurück: **Magnesiumsulfat** $MgSO_4$. Magnesiumsulfat ist in Wasser gut löslich.

Verdünnte Schwefelsäure löst unedle Metalle unter Bildung von Salzen auf. ($H_2SO_4 + Mg \longrightarrow MgSO_4 + H_2$)

Der Nachweis von Sulfat-Ionen. Gibt man Bariumchlorid-Lösung zu Schwefelsäure (oder Sulfat-Lösungen), bildet sich ein weißer Niederschlag von schwerlöslichem Bariumsulfat **(Abb. 72.4)**.

$$Ba^{2+} + SO_4^{2-} \longrightarrow BaSO_4$$

Bariumchlorid-Lösung ist ein Nachweismittel für Sulfat-Ionen.

Bariumsulfat wird von der Salzsäure des Magens nicht angegriffen. Weil es für Röntgenstrahlen undurchlässig ist, wird es in der Medizin als Kontrastmittel beim Röntgen der Verdauungswege benutzt **(Abb. 73.4)**.
Calciumsulfat $CaSO_4 \cdot 2\,H_2O$ ist Gips. Beim „Brennen", d. h. längerem Erhitzen, verliert Calciumsulfat einen Teil seines im Kristall eingeschlossenen Wassers (Kristallwasser, Tabelle 73.3) und zerfällt dabei zu Pulver. Beim Anrühren des Gipspulvers mit Wasser wird wieder Kristallwasser aufgenommen. Hierbei bildet sich eine feste Masse von miteinander verfilzten Gipskristallen. Gips dient in der Bauindustrie als Stuckgips zum Verputzen der Innenwände oder als Estrichgips. Modelliergips bindet besonders schnell ab. Er ist geeignet, um Gipsabdrücke, z. B. von Zähnen, herzustellen **(Abb. 73.4)**.

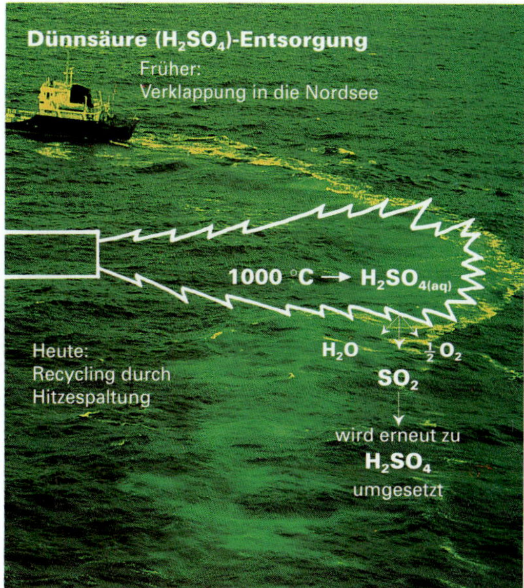

73.1 Umweltschutzgruppen haben bewirkt, daß verunreinigte Schwefelsäure (Dünnsäure) nicht mehr im Meer verklappt, sondern recycelt wird

V 73.1 Gib in ein Reagenzglas mit einigen ml verdünnter Schwefelsäure★ ein Stück Magnesium-Band.

V 73.2 Gib 1 Tropfen verdünnte Schwefelsäure★ in ein Reagenzglas mit Wasser und versetze mit Bariumchlorid-Lösung★.

V 73.3 Rühre etwas Gipspulver an. Lege in eine Streichholzschachtel eine leicht eingefettete Münze und gieße den Gipsbrei darüber. Warte, bis der Gipsbrei erhärtet ist.

LV 73.4 Man gibt in ein Reagenzglas mit blauem Kupfersulfat★ etwas konzentrierte Schwefelsäure★. Erkläre die Beobachtung.

LV 73.5 Man gibt zu 2 ml heißer konzentrierter Schwefelsäure★ Zink-Pulver★ und prüft die entweichenden Gase
a) mit feuchtem Indikatorpapier,
b) mit Bleisalzpapier (mit Bleiacetat-Lösung★ getränktes Filterpapier); Abzug, Schutzbrille!

73.2 Der besondere Hinweis: Fast 90 % des in der Welt produzierten Schwefels werden zu Schwefelsäure verarbeitet

Salze der Schwefelsäure: Sulfate		
Name	**Formel**	**Verwendung**
Natriumsulfat (Glaubersalz)	Na_2SO_4 $\cdot 10\,H_2O$	Glasherstellung
Magnesiumsulfat (Bittersalz)	$MgSO_4$ $\cdot 7\,H_2O$	Abführmittel
Calciumsulfat (Gips)	$CaSO_4$ $\cdot 2\,H_2O$	Stuckarbeiten, Tafelkreide, Gipsabdruck
Bariumsulfat (Schwerspat)	$BaSO_4$	Röntgenkontrastmittel, Malerfarbe, Füllmittel im Papier
Kupfersulfat (Kupfervitriol)	$CuSO_4$ $\cdot 5\,H_2O$	Pflanzenschutz (Pilzkrankheiten bei Obst und Wein), Kunstseide
Eisensulfat (Eisenvitriol)	$FeSO_4$ $\cdot 7\,H_2O$	Unkrautbeseitigung

73.3 Der Kristallwasseranteil ist für bestimmte Salze typisch; er erscheint in der Formel

73.4 Gips gewinnt man aus $CaSO_4 \cdot 2\,H_2O$ durch teilweisen Wasserentzug bei 130 °C. Bariumsulfat-Brei dient als Röntgenkontrastmittel

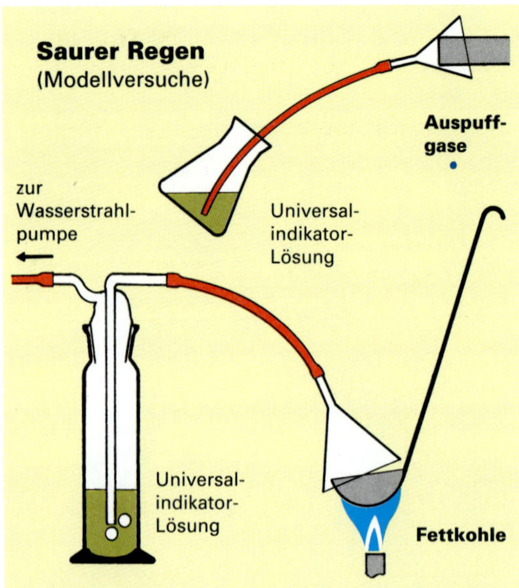

74.1 Stickoxide aus Auspuffgasen und Schwefeldioxid aus Schornsteingasen (Kohleverbrennung) bilden mit Wasser Sauren Regen

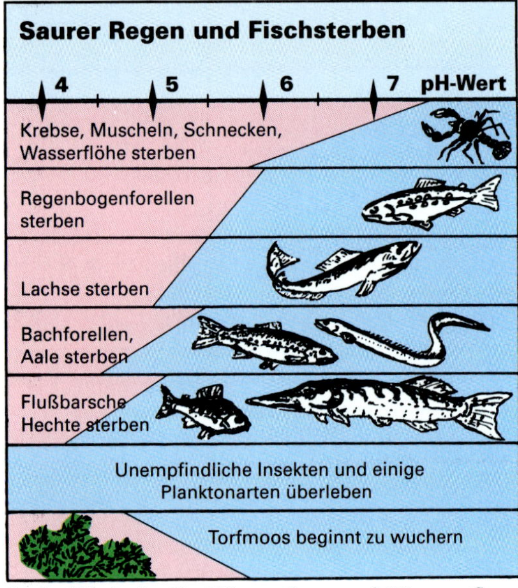

74.2 Wird ein für Wassertiere und Wasserpflanzen jeweils typischer pH-Wert unterschritten, stirbt der gesamte Bestand

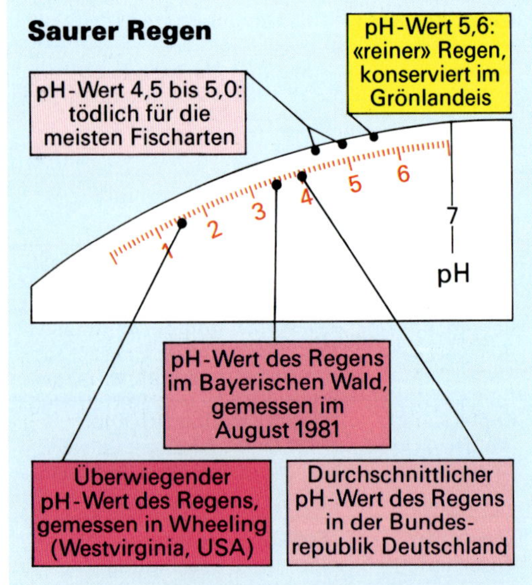

74.3 Saurer Regen mit einem pH-Wert von 2 bis 3 entspricht dem verdünnter Schwefelsäure

22.5 Der „Saure Regen"

Wodurch der Regen sauer wird. Für die nördliche Erdhalbkugel ist der „Saure Regen" wohl zum größten Umweltproblem geworden. Heizöl und Kohle enthalten Schwefelverbindungen. Deshalb entweichen mit den Abgasen aus den Schornsteinen der Wohnhäuser und der Kohlekraftwerke große Mengen **Schwefeldioxid** in die Luft. Dort oxidiert Schwefeldioxid zu Schwefeltrioxid (hierbei wirkt z. B. Schwermetallstaub als Katalysator). Beide Oxide reagieren mit Luftfeuchtigkeit entsprechend zu Schwefliger Säure bzw. zu Schwefelsäure **(Abb. 75.2)**.

Aber nicht nur die Folgeprodukte des Schwefels, auch die des Stickstoffs versauern den Regen. In den Verbrennungsmotoren von PKW, LKW, Motorrad, Motorboot, Schiff und Flugzeug reagiert (bei den hohen Temperaturen) auch ein Teil des Luftstickstoffs mit dem Sauerstoff unter Bildung giftiger **„Stickoxide NO_x"**. Aus diesen Stickoxiden entstehen mit Luftfeuchtigkeit ebenfalls Säuren **(Abb. 74.1)**.

Die Luftverschmutzung ist grenzenlos. Saurer Regen tritt besonders stark in Ballungsgebieten auf, denn hier konzentrieren sich Fabrikanlagen und Straßenverkehr. Weil die Schadstoffe vom Wind weit fortgetragen werden, bleiben jedoch selbst entlegene Gebiete nicht verschont **(Abb. 74.3)**. Ein Großteil der Luftschadstoffe in Deutschland stammt von unseren (dreizehn!) Nachbarländern, die wiederum – im Gegenwind – unsere Schadstoffe erhalten. Umweltschutz macht nicht an Ländergrenzen halt. Deshalb muß Umweltschutz von allen Menschen betrieben werden, unabhängig davon, wo sie leben.

Saure Gewässer lassen Fische sterben. Der Kleine Arbersee liegt in einem idyllischen Naturschutzgebiet im Bayerischen Wald. Im glasklaren Wasser tummeln sich Wasserwanzen und Wasserkäfer – doch Fische zeigen sich nicht (mehr), weil der See versauert ist. So wie hier machte der Saure Regen in Skandinavien zehntausende von Seen fischleer. Bei pH-Werten herunter bis zu 2,5 wurden vor allem die im Schlamm vorhandenen giftigen Aluminium-Verbindungen gelöst, die die gesamten Fischbestände absterben ließen **(Abb. 74.2)**.

Auch Kalk und Beton sind betroffen. Der Saure Regen greift sogar Gebäude an. Hier zerstört er Kalkstein, Marmor und Sandstein, in dem Kalk als Bindemittel zwischen den Quarzkörnern dient: Durch die Schwefelsäure wandelt sich der Kalk an der Oberfläche zu Calciumsulfat um, das dann vom Regen ausgewaschen wird; der Kalk wird regelrecht zerfressen **(Abb. 74.4)**. Mit wasserabweisenden Steinschutzmitteln will man versuchen, Bauwerke und Denkmäler vor weiterem Zerfall zu schützen.

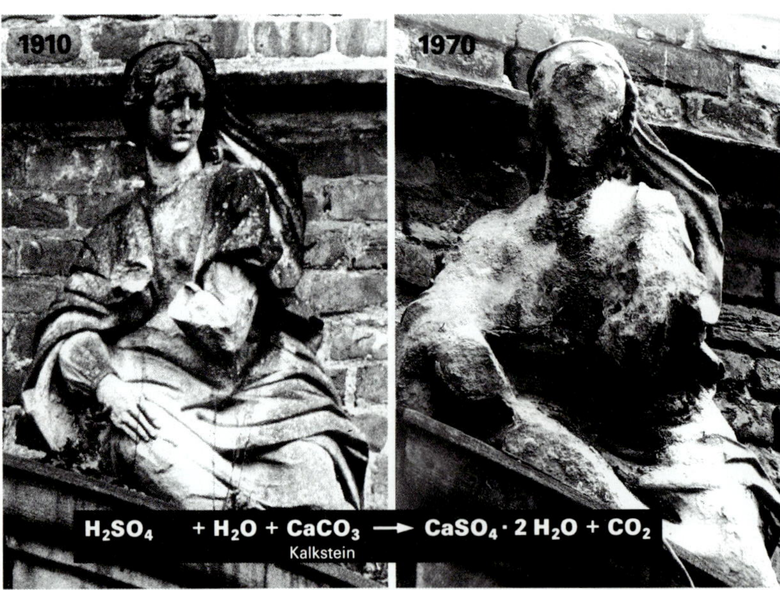

74.4 Das aus Kalkstein entstehende Calciumsulfat ist besser wasserlöslich als Kalkstein und wird schnell ausgewaschen

Die dramatische Zunahme „Neuartiger Waldschäden". Für die Forstschäden wird das Zusammenwirken von Klima, Boden und Luftschadstoffen verantwortlich gemacht (Abb. 75.1). Neben der empfindlichen Tanne sind mittlerweile auch robuste Nadelbäume wie Kiefer und Fichte und von den Laubbäumen insbesondere die Buche betroffen. So reagiert die mit dem Sauren Regen in den Boden eindringende **Schwefelsäure** z. B. mit dem wasserunlöslichen Aluminiumhydroxid des Bodens (Tonerde). Es entsteht wasserlösliches, für Pflanzen aufnehmbares Aluminiumsulfat.

Die gelösten **Aluminium**-Ionen schädigen die Feinwurzeln; die Wasser- und Nährsalzaufnahme wird dadurch gestört. Krankheitserregende Bakterien und Pilze können zusätzlich den geschwächten Baum angreifen. Der Baum wird auch über Nadeln und Blätter geschädigt, da sich auf ihnen Säuren (Abb. 75.3) und schwermetallhaltige Stoffe niederschlagen. Und ein weiterer Stoff ist als Baumgift erkannt worden: **Ozon O_3.** Unter der Einwirkung des Sonnenlichts bildet sich aus den Stickoxiden der Autoabgase Ozon. Dieses Gas ist ein aggressives Zellgift. Schon geringste Konzentrationen „durchlöchern" die Zellmembran (dünnes, eine Zelle abgrenzendes Häutchen). Dadurch können Saurer Regen und Krankheitserreger in die Zellen der Nadeln und Blätter eindringen und sie zerstören. Schließlich sterben die Laub- und Nadelbäume ab (s. S. 159).

Zur Rettung des Waldes ist es dringend notwendig, die Schwefeldioxid- und Stickoxidwerte der Luft drastisch zu senken. Deshalb müssen Kohlekraftwerke schnellstens mit wirksamen **Entstickungs- und Entschwefelungsanlagen** (mit Filter für NO_X und SO_2) ausgerüstet werden (Abb. 109.1). Außerdem sollten nur noch **schadgasarme** Magergemischmotoren bzw. Kraftfahrzeuge zugelassen werden, die ihre Abgase durch Katalysatoren entgiften (Abb. 78.4).

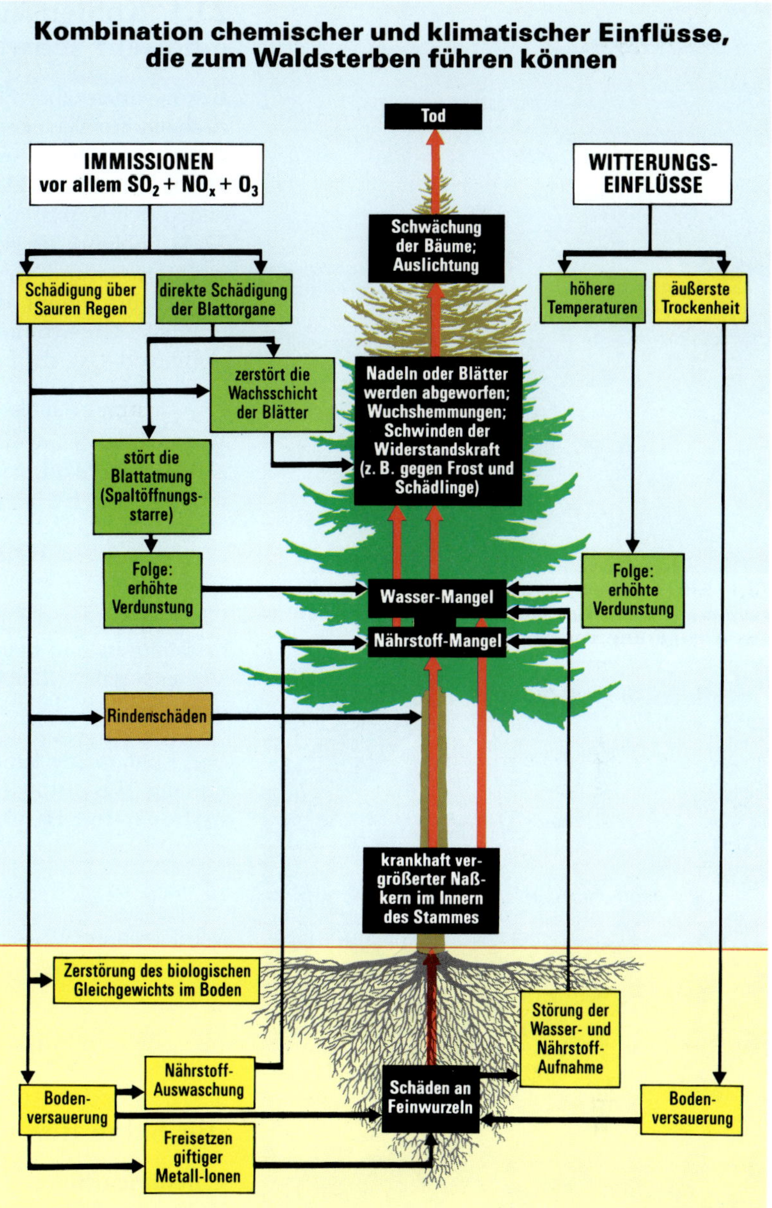

75.1 Die Hauptverursacher des Waldsterbens sind neben Schwefeldioxid, Stickoxiden und Ozon auch Aluminium-, Eisen- und Mangan-Ionen. Dazu kommen Nährstoffmangel und tierische Schädlinge wie der Borkenkäfer.

75.3 Schwefeldioxid bildet mit Zellwasser Schweflige Säure, die Zellgewebe zerstört

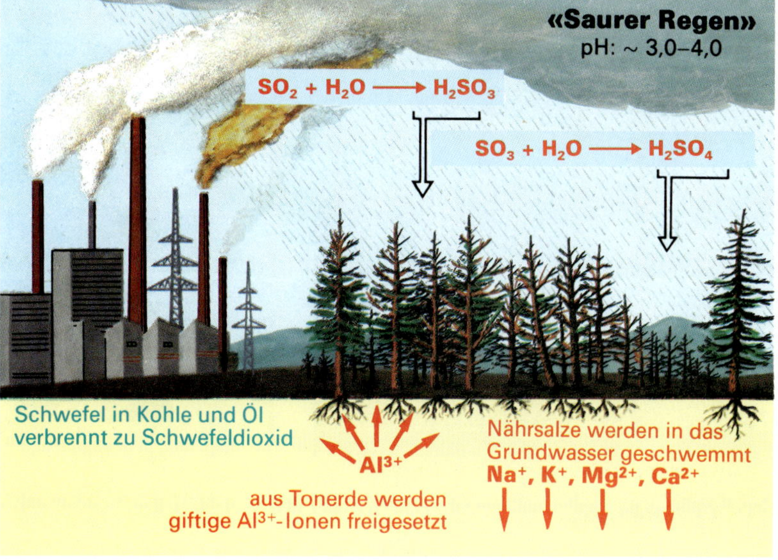

75.2 Schwefelsäure wandelt im Boden wasserunlösliche Aluminium-Verbindungen in wasserlösliche um. Diese sind für Pflanzen giftig

76.1 Ein Sodasee in Ostafrika. Der Natrium-carbonat-Gehalt des Wassers ist so groß, daß es zur Ablagerung von Soda kommt

76.2 Kalkstein wird, wie hier in Steinbrüchen der Kalkalpen, abgebaut. Auch Marmor und Kreide sind Calciumcarbonat

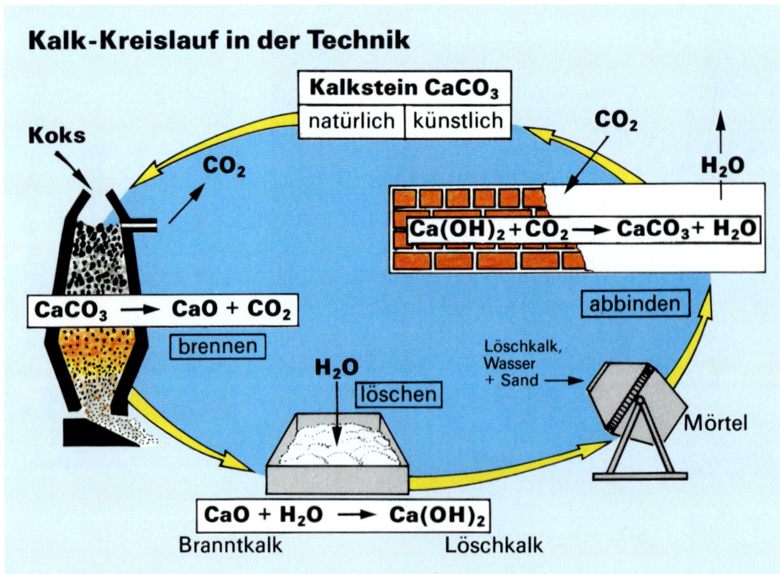

76.3 Zement wird durch Brennen von Kalk-Ton-Gemischen in Drehrohröfen hergestellt

23.1 Kohlensäure H$_2$CO$_3$ – eine sehr schwache Säure

Beim Öffnen einer Flasche Mineralwasser (**„saurer Sprudel"**) entweicht zischend ein Gas. Leitet man dieses Gas in Kalkwasser, erfolgt eine Trübung – der Nachweis für Kohlenstoffdioxid (siehe Abb. 19.4). Unter Druck löst sich Kohlenstoffdioxid gut in Wasser. Bei Druckverminderung bilden sich Gasblasen: Gelöstes Kohlenstoffdioxid entweicht wieder (**Abb. 77.1**). Ebenso steigen CO$_2$-Blasen auf, wenn Mineralwasser erwärmt wird. Der Grund: **Erwärmung** verringert die CO$_2$-Löslichkeit in Wasser. Umgekehrt nimmt die Löslichkeit bei **Abkühlung** zu. Viele Mineralbrunnen (Sauerbrunnen oder „Säuerlinge") enthalten gelöstes Kohlenstoffdioxid-Gas, das bei der Förderung aus dem Wasser entweicht.

Der pH-Wert des Sprudelwassers von 3,7 zeigt, daß Kohlenstoffdioxid mit Wasser eine Säure, die **Kohlensäure**, bildet. Nur 0,1 % des gelösten Kohlenstoffdioxids reagiert mit Wasser. Die Kohlensäure gehört zu den sehr schwachen Säuren.

$$H_2O \; + \; CO_2 \; \underset{\text{Wärme}}{\overset{\text{Kälte}}{\rightleftharpoons}} \; H_2CO_3$$

$$\text{Kohlenstoffdioxid} \hspace{5cm} \text{Kohlensäure}$$

Der Doppelpfeil des Reaktionsschemas bedeutet, daß die Kohlensäure unbeständig ist und beim Erwärmen leicht wieder in Kohlenstoffdioxid und Wasser zerfällt. Kohlensäure läßt sich deshalb in konzentrierter Form nicht herstellen.

Die Kohlensäure kann insgesamt zwei Wasserstoff-Ionen freisetzen: Wird nur ein Wasserstoff-Ion abgetrennt, bleibt als Säurerest das **Hydrogencarbonat-Ion HCO$_3^-$** übrig.

$$H_2CO_3 \; \longrightarrow \; H^+ \; + \; HCO_3^-$$

$$\text{Kohlensäure} \hspace{4cm} \text{Hydrogencarbonat-Ion}$$

Wird auch der Wasserstoff des Hydrogencarbonat-Ions als Ion abgespalten, heißt der Säurerest **Carbonat-Ion CO$_3^{2-}$**:

$$HCO_3^- \; \longrightarrow \; H^+ \; + \; CO_3^{2-}$$

$$\text{Hydrogencarbonat-Ion} \hspace{3cm} \text{Carbonat-Ion}$$

23.2 Hydrogencarbonate und Carbonate – die Salze der Kohlensäure

Calciumcarbonat CaCO$_3$, ein Salz der Kohlensäure, ist als **Kalk** bzw. **Kalkmörtel** bekannt. Der verwendete Mörtel zum Mauern und Verputzen ist ein Mischmörtel (Zement, Kalk, Sand, Wasser / 1:2:8:3). Der technische Kreislauf Kalkstein – Mörtel – Kalkstein verläuft in drei Stufen.

76.4 Beim Erhitzen auf 1000 °C entsteht Branntkalk, der mit Wasser Löschkalk bildet und unter CO$_2$-Aufnahme erhärtet

1. In Steinbrüchen abgebauter Kalkstein (Abb. 76.2) zerfällt beim Brennen um 1000 °C in **Branntkalk** und Kohlenstoffdioxid:

$$CaCO_3 \xrightarrow[1000\ °C]{Brennen} CaO + CO_2$$

Kalkstein — Branntkalk — Kohlenstoffdioxid

2. Branntkalk, mit Wasser „gelöscht", bildet **Löschkalk**:

$$CaO + H_2O \xrightarrow{Löschen} Ca(OH)_2$$

Branntkalk — Wasser — Löschkalk

3. Löschkalk wird mit Sand und Wasser zu Mörtel vermischt. Beim Abbinden nimmt Mörtel Kohlenstoffdioxid aus der Luft auf und gibt gleichzeitig Wasser ab. Hierbei bindet er zu festem **Kalkstein** ab (**Abb. 76.4**):

$$Ca(OH)_2 + CO_2 \xrightarrow{Abbinden} CaCO_3 + H_2O$$

Löschkalk — Kohlenstoffdioxid — Kalkstein — Wasser

Außer dem technischen gibt es auch einen natürlichen **Kalk-Kreislauf**: Regenwasser enthält Kohlensäure, weil Kohlenstoffdioxid der Luft mit dem Niederschlag zu Säure reagiert. Durch diese Kohlensäure wird wasserunlöslicher Kalkstein $CaCO_3$ zu **Calciumhydrogencarbonat** $Ca(HCO_3)_2$ umgewandelt, das wasserlöslich und dadurch auswaschbar ist. So konnten in Kalkgebirgen im Laufe der Erdgeschichte riesige Höhlensysteme aus den Felsen gewaschen werden. Entweichen aus der $Ca(HCO_3)_2$-Lösung Wasser und Kohlenstoffdioxid, scheidet sich Kalk wieder ab. Auf diese Weise bilden sich Tropfsteine (**Abb. 77.4**).

In Kalkgebieten enthält **hartes Leitungswasser** gelöstes Calciumhydrogencarbonat. Beim Erhitzen zerfällt es unter CO_2-Abgabe zu Kalk und Wasser. So lagert sich Kalk in Kesseln als **„Kesselstein"** ab (siehe Abb. 37.2). Reines Calciumcarbonat ist, feinst zermahlen, in Putzmitteln, Zahnpasten (s. S. 84) sowie in Papieren enthalten. Weitere Kalkprodukte sind Dünge- und Futterkalk.

Pulverlöscher sind mit **Natriumhydrogencarbonat** $NaHCO_3$ (Natron) gefüllt. Beim Löscheinsatz drückt Kohlenstoffdioxid (Treibmittel) das Löschmittel $NaHCO_3$ durch die Düse auf den Brandherd. Hier zerfällt es in der Hitze in Natriumcarbonat-Pulver, Kohlenstoffdioxid und Wasser.

$$2\ NaHCO_3 \longrightarrow Na_2CO_3 + H_2O + CO_2$$

Sowohl das Na_2CO_3-Pulver als auch das schwere CO_2-Gas riegeln den Brand vom Luftsauerstoff ab, so daß die Flammen ersticken (Abb. 77.3). Auch **Backpulver** enthält „Natron". Das beim Backen freiwerdende CO_2 hebt und lockert den Teig. **Natriumcarbonat** Na_2CO_3 heißt im Handel **Soda**. Sie ist zur Herstellung von Glas, Seife und Farbstoffen wichtig. Natriumcarbonat kommt in der Natur in Sodaseen vor (**Abb. 76.1**).

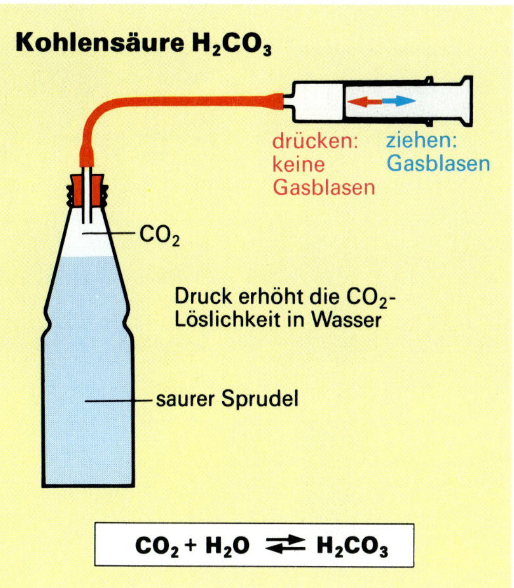

77.1 In gesättigter, wäßriger Lösung von CO_2 liegen 99 % der CO_2-Moleküle physikalisch gelöst vor, nur 1 % reagiert zu Kohlensäure

[V] **77.1** Carbonat-Nachweis: Betupfe Kalkstein (Eierschale, Schneckengehäuse) mit Salzsäure★ (Aufschäumen). Ergänze das Reaktionsschema: $CaCO_3 + HCl \longrightarrow ? + CO_2$.

[V] **77.2** Halte Kalkstein mit einer Tiegelzange in die heiße Brennerflamme. Nach dem Abkühlen prüfe mit feuchtem Indikatorpapier.

[A] **77.3** Wieso werden abgetrocknete Wände eines Neubaus nach dem Einzug feucht?

[V] **77.4** Entferne Kesselstein an einem Tauchsieder mit Essig. (Welche Rolle übernimmt der Essig? Beachte Abb. 77.4.)

[V] **77.5** Modellversuch Feuerlöscher: Gib festes Natriumhydrogencarbonat in ein Reagenzglas und erhitze. Leite das entstehende Gas in ein Becherglas, in dem eine brennende Kerze steht.

[A] **77.6** Wieso ist es falsch, Kohlenstoffdioxid als Kohlensäure zu bezeichnen?

77.2 Der besondere Hinweis: Beton für Fundamente und Decken ist eine Mischung aus Zement (Abb. 76.3), Wasser und Kies

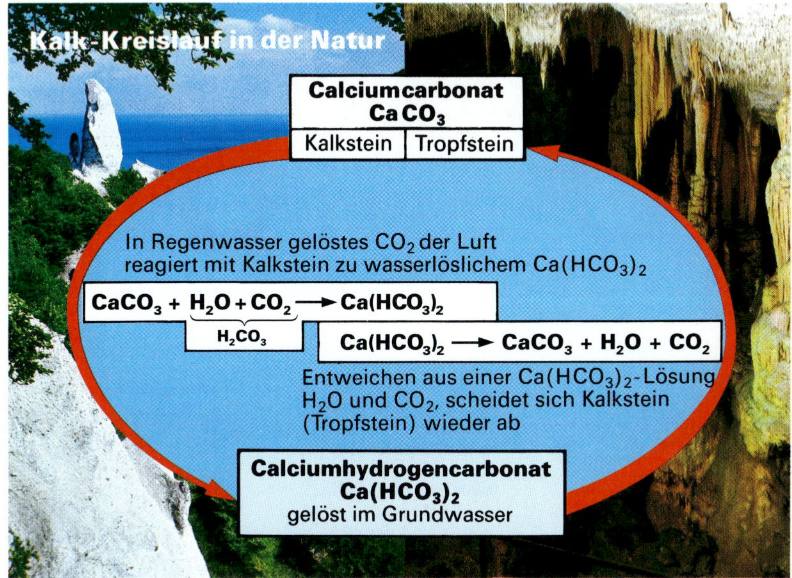

77.4 Die Kreidefelsen auf Rügen werden durch CO_2-haltiges Regenwasser abgetragen – in Tropfsteinhöhlen bildet sich Kalkstein zurück

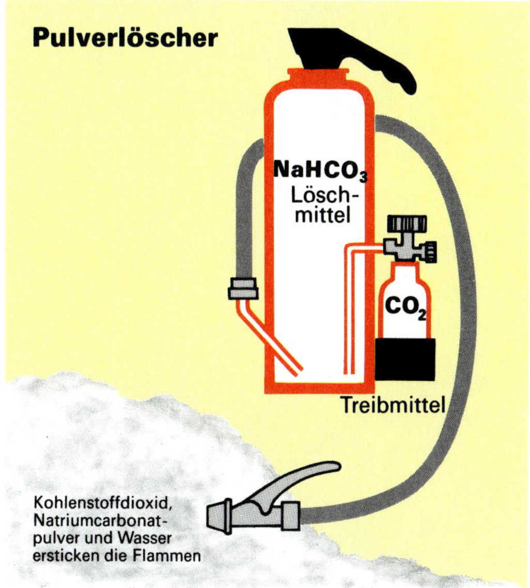

77.3 Natriumhydrogencarbonat zerfällt in der Hitze zu CO_2, Na_2CO_3 und H_2O

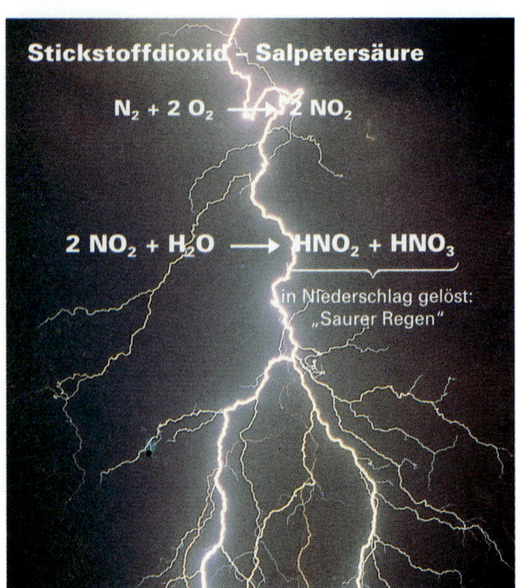

78.1 Stickstoffdioxid bildet sich beim Gewitter, vor allem aber bei hoher Temperatur im Motor; es reagiert mit Wasser u. a. zu Salpetersäure

Stickstoff-Steckbrief

Entdeckung: Lavoisier entdeckte den Stickstoff 1775 und nannte ihn Azote (= ohne Leben)

Physikalische Eigenschaften: Farb- und geruchloses Gas, Dichte 1,25 g/l, leichter als Luft, Sdp. – 196 °C, Smp. – 210 °C

Vorkommen: Als Element zu 78 % in der Lufthülle, in den Eiweißen aller Lebewesen, im Düngemittel $NaNO_3$ (Chilesalpeter)

Gewinnung: Größtenteils durch Luftverflüssigung (vgl. Abb. 14.2)

Verwendung: Zur Füllung von LKW-Reifen, zum Löschen von Glimmbränden, als Schutzgas in verpackten Lebensmitteln.
Flüssiger Stickstoff: Tieffrosten von Lebensmitteln und Blutkonserven, örtliche Betäubung, Rohrfrosten (S. 14)

78.2 Der besondere Hinweis: Der Säurerest, das Nitrat-Ion NO_3^-, läßt sich mit einem Teststäbchen einfach nachweisen (vgl. V 159.4)

24.1 Salpetersäure HNO_3 – eine starke Säure; Salpetrige Säure HNO_2 – eine schwache Säure

Die elektrischen Entladungen eines Gewitterblitzes verbrennen den sonst reaktionsträgen Stickstoff mit Sauerstoff zu **Stickstoffdioxid NO_2**, einem braunen, giftigen Gas (vgl. S. 34). Mit Wasser bildet Stickstoffdioxid farblose Säuren. Neben der **Salpetrigen Säure HNO_2** entsteht **Salpetersäure HNO_3 (Abb. 78.1)**. Konzentrierte Salpetersäure ist 65%ig.

$$2 NO_2 + H_2O \longrightarrow HNO_2 + HNO_3$$
Stickstoffdioxid — Wasser — Salpetrige Säure — Salpetersäure

Salpetersäure löst fast alle Metalle auf. Weil die Säure Silber, nicht aber Gold löst, kann man beide Metalle durch Salpetersäure („Scheidewasser") trennen. Gold und Platin lösen sich nur in **Königswasser**, einem Gemisch aus **1 Teil** Salpetersäure und **3 Teilen** Salzsäure.

Nitrate, die Salze der Salpetersäure. Wird der Säurewasserstoff der Salpetersäure durch Metall ersetzt, entsteht Nitrat, z. B. Kaliumnitrat: aus HNO_3 wird KNO_3 (der Säurerest ist das **Nitrat-Ion NO_3^-**). Nitrate gelangen bei der **Überdüngung** der Felder ins Trinkwasser und in zu großen Mengen ins Wurzel- und Blattgemüse, wie Möhren und Spinat. Da im menschlichen Körper aus Nitrat giftiges Nitrit wird, darf Babynahrung nicht mehr als 250 mg/kg Nitrat enthalten (vgl. S. 96).

Nitrite, die Salze der Salpetrigen Säure. Auch der Säurewasserstoff der Salpetrigen Säure läßt sich durch Metall austauschen. Es bildet sich Nitrit, z. B. das Natriumnitrit: aus HNO_2 wird $NaNO_2$ (der Säurerest ist das **Nitrit-Ion NO_2^-**). 95 % aller Wurst- und Fleischwaren werden mit Nitritpökelsalz konserviert **(Abb. 78.3)**. Nitrit verhindert die Entstehung gefährlicher Bakteriengifte und erhält die (verkaufsfördernde) rote Fleischfarbe. Allerdings ist Nitrit **stark** giftig (vgl. S. 158).

Der KAT. Um die hochgiftigen Auto-Abgase, die (Sauren Regen verursachenden) Stickoxide NO_x und das Kohlenstoffmonooxid sowie Reste von unverbrannten Kraftstoffteilchen zu entfernen, wird in den Auspuff ein **geregelter Dreiwegekatalysator** eingebaut. Der KAT, ein mit Stahlblech ummantelter Keramikkörper, ist von feinen Kanälen durchzogen. Auf deren rauher Oberfläche befinden sich die katalytisch wirkenden Metalle Platin und Rhodium. Sie reduzieren die Stickoxide zu Stickstoff. Gleichzeitig wird Kohlenstoffmonooxid zu Kohlenstoffdioxid oxidiert ($2NO + 2CO \longrightarrow N_2 + 2CO_2$). Unverbrannte Benzinreste (KW) werden zu Wasser und Kohlenstoffdioxid umgewandelt **(Abb. 78.4)**. Da Blei-Ablagerungen aus bleihaltigem Benzin den KAT „vergiften" und zerstören, muß „bleifreier" Kraftstoff getankt werden.

78.3 „Nitritpökelsalz" ist eine Mischung aus Natriumchlorid mit 0,6 % Natriumnitrit

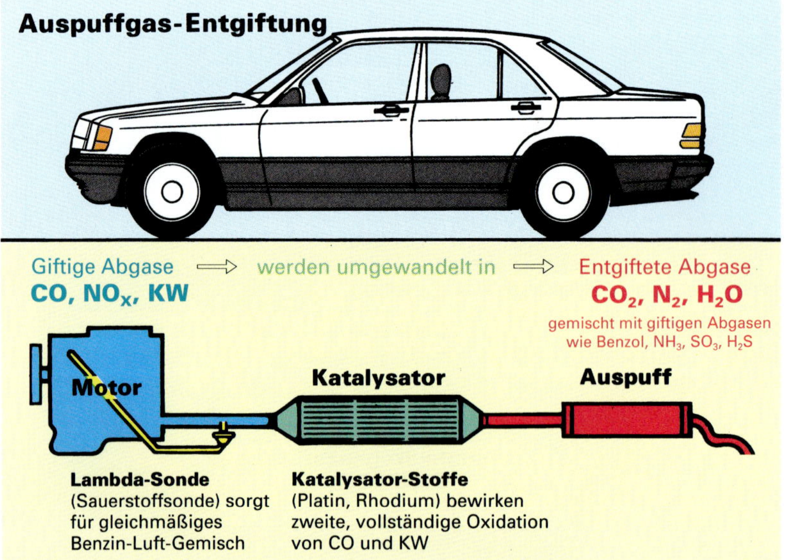

78.4 Ein KAT arbeitet erst, wenn er die Anspringtemperatur (250 °C) erreicht. Restblei im Benzin und Zündaussetzer können den KAT zerstören.

24.2 Ammoniak NH₃ – der Rohstoff für Stickstoff-Dünger

Ammoniak NH$_3$ bildet sich bei der Fäulnis stickstoffhaltiger organischer Stoffe (z. B. Eiweiß). Es ist ein farbloses, stechend riechendes Gas. Durch Abkühlung (– 33 °C) und Druck (0,8 MPa) läßt es sich verflüssigen. In einem (!) Liter Wasser lösen sich bei 20 °C über 700 l Ammoniak. Das entstandene **Ammoniakwasser NH$_4$OH** (Salmiakgeist) färbt Indikatorpapier blau – der Nachweis für OH$^-$-Ionen.

$$NH_3 + H_2O \longrightarrow \underbrace{NH_4^+ + OH^-}_{\text{Ammoniakwasser}} / \text{ Energie wird frei}$$

Ammoniak-Synthese. Ammoniak ist die technisch wichtigste Stickstoff-Verbindung. Es ist **Ausgangsstoff** für andere stickstoffhaltige Produkte, wie Farbstoffe, Kunstfasern, Sprengstoffe, Haushaltsreiniger, Salpetersäure und besonders **Mineraldünger**. Als Anfang des 20. Jahrhunderts der Bedarf an Düngemitteln immer mehr zunahm, versuchten der Chemiker HABER und der Ingenieur BOSCH, den Düngerrohstoff Ammoniak in großen Mengen und billig herzustellen. Seine großtechnische Reife erlangte das HABER-BOSCH-Verfahren 1913. Bei diesem Verfahren wird Ammoniak aus den Elementen Stickstoff und Wasserstoff in exothermer Reaktion gebildet. Den Stickstoff gewinnt man aus der Luft und den Wasserstoff aus Erdöl (und Wasserdampf).

$$N_2 + 3\,H_2 \longrightarrow 2\,NH_3 / \text{ Energie wird frei}$$

Unter normalen Reaktionsbedingungen ist die Ammoniak-Ausbeute sehr gering. Als HABER und BOSCH die Synthese jedoch unter Druck und hoher Temperatur mit einem geeigneten Katalysator durchführten, lohnte sich die industrielle Gewinnung in einem Kontaktofen **(Abb. 79.4)**.

Ammonium-Salze entstehen, wenn Ammoniak mit Säuren reagiert. So bildet sich mit Schwefelsäure **Ammoniumsulfat** (NH$_4$)$_2$SO$_4$ (ein wichtiger Stickstoff-Dünger), mit Salzsäure **Ammoniumchlorid** NH$_4$Cl (Abb. 66.3). Beim Erwärmen zerfallen die Salze. Ammoniumchlorid dient als Lötstein. Die oxidierte Kupfer-Spitze eines heißen Lötkolbens wird durch die Zerfallsprodukte des Lötsteins blank (vgl. S. 85, Abb. 4).

Die technische Salpetersäure-Gewinnung erfolgt mit Ammoniak als Ausgangsstoff. Beim OSTWALD-Verfahren wird das Gas mit Luftsauerstoff im Überschuß an einem Katalysator aus Platin und Gold zu Stickstoffdioxid verbrannt. Das Stickstoffdioxid reagiert mit Wasser und weiterem Sauerstoff zu Salpetersäure **(Abb. 79.1 und 79.2)**.

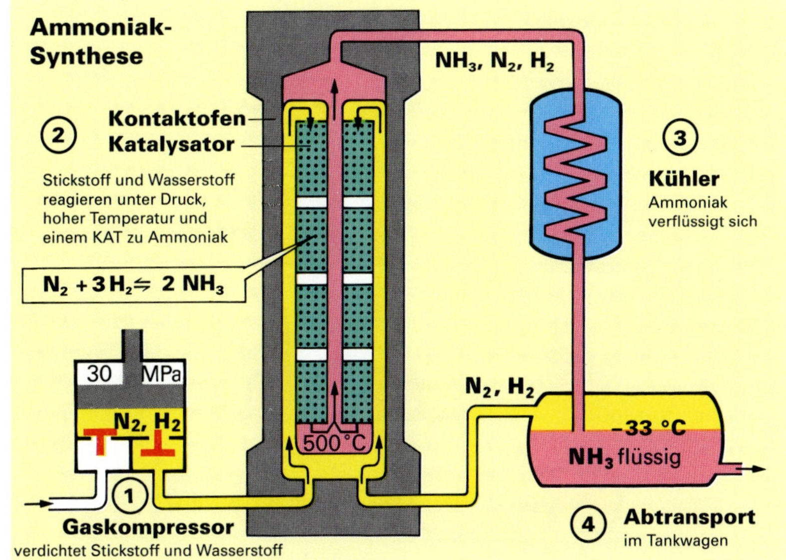

79.4 Technische Ammoniaksynthese: Bei 30 MPa, 500 °C und einem EISENKAT mit Al$_2$O$_3$–K$_2$O–CaO beträgt die Ammoniak-Ausbeute 18 %

79.1 Großtechnische Herstellung der Salpetersäure, die größtenteils zu Mineraldünger wie Kalksalpeter Ca(NO$_3$)$_2$ verarbeitet wird

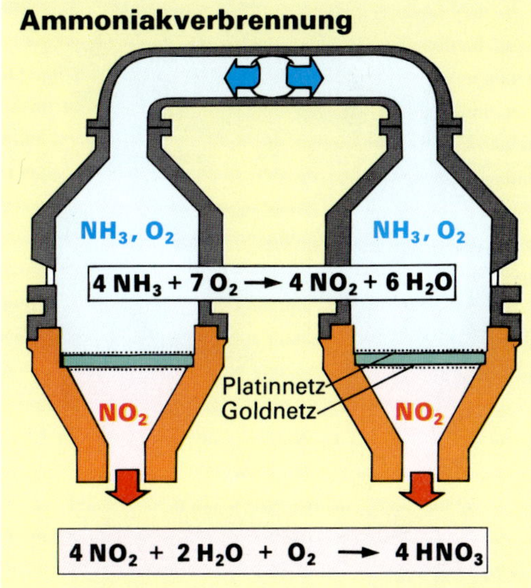

79.2 Schema des Ostwaldverfahrens: Ammoniak und Luft verbrennen zu Stickstoffdioxid, das mit Luft und Wasser Salpetersäure bildet

LV 79.1 Papierschnitzel werden vorsichtig (Abzug!) in eine Porzellanschale mit konzentrierter Salpetersäure* geworfen.

LV 79.2 Man bringt etwas Kaliumnitrat in ein eingespanntes Reagenzglas, erhitzt bis zum Schmelzen und wirft ein angeglühtes Holzkohle-Stück hinein (Vorsicht, Schutzscheibe!).

A 79.3 Vervollständige das Reaktionsschema 2 KNO$_3$ ⟶ KNO$_2$ + ? nach LV 79.2.

V 79.4 a) Fülle Ammoniakwasser in ein Reagenzglas und tauche Indikatorpapier ein.
b) Dann halte ein angefeuchtetes und ein trockenes Indikatorpapier über die Öffnung des Reagenzglases. Erkläre.
c) Prüfe Geruch und Indikatorverfärbung eines Fensterputzmittels, das „Salmiak" enthält.

A 79.5 Bilde die Reaktionsschemata:
Natronlauge + Salpetersäure ⟶
Ammoniakwasser + Salpetersäure ⟶

79.3 Der besondere Hinweis: Konzentrierte Salpetersäure schädigt die Haut und färbt sie gelb

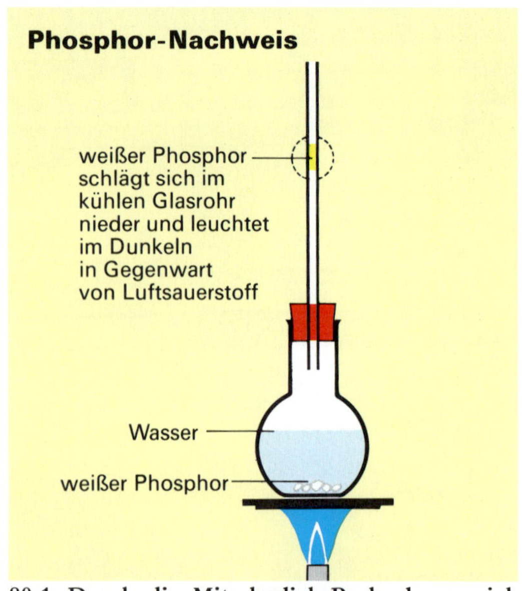

80.1 Durch die Mitscherlich-Probe lassen sich in 200 cm³ Wasser noch 0,06 mg weißer Phosphor feststellen (Vergiftungs-Nachweis)

80.2 Rostumwandlung durch Phosphorsäure: Hierbei bildet sich eine vor Rost schützende, dicke Eisenphosphat-Schicht

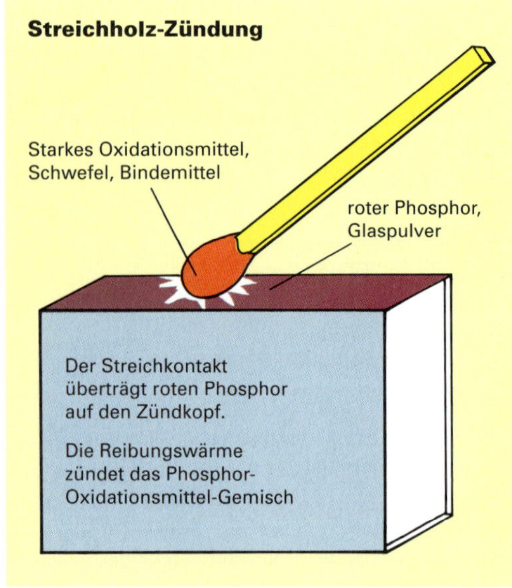

80.3 Die Zündkopfmasse enthält über 20 verschiedene Chemikalien

25.1 Phosphorsäure H_3PO_4 – eine mittelstarke Säure

Roter und weißer Phosphor verbrennen in Gegenwart von Sauerstoff zu **Phosphor(V)-oxid P_4O_{10}**. Das Oxid ist ein weißes Pulver. Es ist so hygroskopisch (Trockenmittel), daß es hierin jeden anderen Stoff übertrifft. Phosphor(V)-oxid bildet mit Wasser **Phosphorsäure H_3PO_4** (Reaktionsschemata Abb. 80.4).

Die reine Phosphorsäure ist ein fester, kristalliner Stoff. Bereits mit wenig Wasser entsteht eine dickflüssige Lösung, die sich als mittelstarke Säure zu erkennen gibt. Phosphorsäure kann ihre Wasserstoff-Ionen in drei Stufen freisetzen:

$$H_3PO_4 \longrightarrow H^+ + H_2PO_4^-$$
Dihydrogenphosphat-Ion

$$H_2PO_4^- \longrightarrow H^+ + HPO_4^{2-}$$
Hydrogenphosphat-Ion

$$HPO_4^{2-} \longrightarrow H^+ + PO_4^{3-}$$
Phosphat-Ion

Stark verdünnte Phosphorsäure ist ungiftig. Wegen ihres milden, sauren Geschmacks wurde die Phosphorsäure früher vielen Limonaden zugesetzt. Als **Säuerungsmittel (EG-Nr. 338)** wird sie heute nur noch zur Herstellung coffeinhaltiger Erfrischungsgetränke („Cola"-Limonaden) verwendet.

Auch in **Rostumwandlern** ist Phosphorsäure enthalten **(Abb. 80.2)**. Aus der lockeren Rostschicht bildet sich eine dichte Schicht von Eisenphosphat, die sofort überstrichen werden kann. Vor dem Lackieren werden Autobleche durch Tauchen in ein Phosphorsäure-Bad gegen Rost geschützt.

Die technische Phosphorsäure-Gewinnung. Phosphorsäure wird aus phosphathaltigen Mineralien wie Apatit hergestellt. Die gemahlenen Mineralien mischt man mit Koks und Quarzsand. Aus dem Gemisch wird durch die hohe Temperatur des elektrischen Lichtbogens Phosphor-Dampf frei. Der Dampf kondensiert zu weißem Phosphor und wandelt sich mit Luftsauerstoff im Phosphor-Brenner zu Phosphor(V)-oxid um **(Abb. 80.4)**. Im Absorber reagiert das Oxid mit dem Wasseranteil verdünnter Phosphorsäure und erhöht so deren Konzentration. Die sirupartige Phosphorsäure des Handels hat eine Konzentration von 85 %. Phosphorsäure ist **Ausgangsstoff** zur Herstellung der meisten Phosphor-Verbindungen wie Dünge-, Säuerungs- und Arzneimittel.

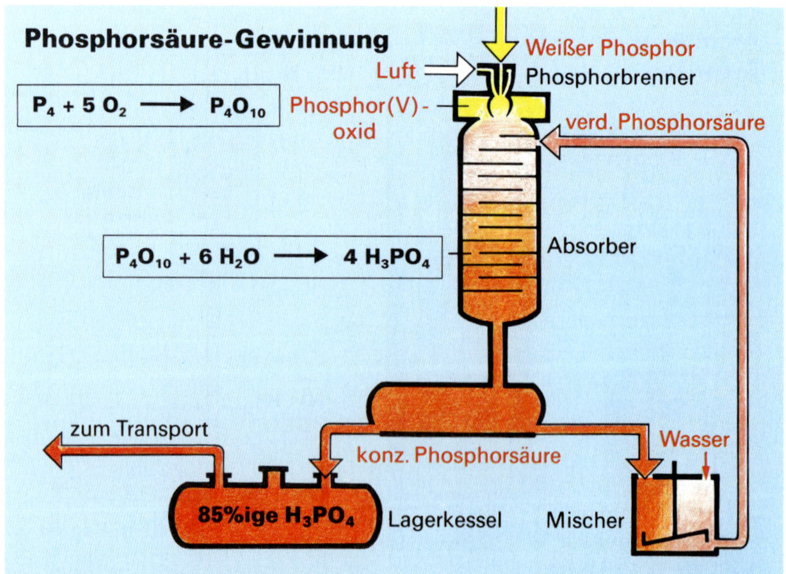

80.4 Weißer Phosphor verbrennt mit Luftsauerstoff zu Phosphor(V)-oxid, das verdünnte Phosphorsäure bis zu 85 % konzentriert

25.2 Phosphate – die Salze der Phosphorsäure

Phosphat-Ionen PO_4^{3-} erkennt man am gelben Niederschlag, den sie in **salpetersaurer Ammoniummolybdat-Lösung** bilden **(Abb. 81.3)**.

Als **Lebensmittel-Zusatzstoffe** erfüllen Phosphate viele Aufgaben: In Wurstwaren erhalten sie die natürliche Fleischfarbe. Brühwürste werden mit einem geringen Phosphat-Anteil saftiger, weil Phosphat Wasser bindet. Aus dem gleichen Grund enthält Schmelzkäse Phosphat („Schmelzsalz"). Phosphate verhindern das Verklumpen von Tafelsalz und finden in der Bäckerei als Lockerungsmittel Verwendung. Die Phosphat-Zusätze in Lebensmitteln müssen gekennzeichnet sein (z. B. durch eine EG-Nummer, wie **E 341** für Calciumphosphat).

Calciumphosphat $Ca_3(PO_4)_2$ ist wesentlicher Bestandteil der Zähne und Knochen. Um eine Kalkarmut des Skeletts (Osteoporose) zu vermeiden, muß der Mensch täglich etwa 1 g Phosphat-Ionen aufnehmen. Der Bedarf an gleichzeitig benötigten Calcium-Ionen kann z. B. mit 400 g Milch pro Tag gedeckt werden.

Hartes Leitungswasser enthält Calcium- und Magnesium-Ionen. Diese Metall-Ionen beeinträchtigen die Waschwirkung von Seife. Da Phosphat-Ionen (z. B. des Trinatriumphosphats) Calcium- und Magnesium-Ionen chemisch binden können, sind Phosphate als **Wasserenthärtungsmittel** in Waschpulvern und Spülmitteln enthalten. So werden Kalkablagerungen zwischen den Gewebefasern der Wäsche und in der Waschmaschine verhindert (Abb. 37.1 und Abb. 37.2). – Da phosphathaltige Haushaltsabwässer die **Umwelt** jedoch zu stark belasten, hat man die Waschmittel-Phosphate inzwischen weitgehend durch umweltfreundlichere Natrium-Aluminium-Silikate ersetzt (siehe Seite 161).

Die Phosphat-Belastung der Gewässer. Die Phosphate aus Waschmitteln und Ausscheidungen gelangen mit dem Abwasser in Fließgewässer. Sie können die Kläranlagen vielfach ungehindert passieren, weil die dritte, chemische Reinigungsstufe einer Kläranlage noch die Ausnahme ist (siehe Abb. 37.5). Hinzu kommt, daß Nitrat- und Phosphat-Dünger, durch Regen aus dem Acker gewaschen, ebenfalls in die Gewässer gelangen. Dies führt zu einer Überdüngung **(Eutrophierung)** der Wasserpflanzen. Vor allem die Algen beginnen hemmungslos zu wuchern. Die Pflanzen sterben nach einiger Zeit ab und werden von Fäulnisbakterien zersetzt. Für diese Zersetzung benötigen die Bakterien jedoch Sauerstoff. Da die abgestorbenen Pflanzen im Übermaß vorhanden sind, wird dem Wasser so viel Sauerstoff entzogen, daß letztlich alle Tiere ersticken – **das Gewässer kippt um (Abb. 81.4)**. Zur Schonung der Gewässer müssen deshalb Wasch- und Düngemittel äußerst streng dosiert werden.

81.1 **Der Zusatz von Phosphaten muß gekennzeichnet sein. Bei unverpacktem Fleisch lautet die Kennzeichnung: „Mit Phosphat"**

V **81.1** Entzünde etwas roten Phosphor* in einem Verbrennungslöffel und tauche ihn in einen Standzylinder. Versetze das Reaktionsprodukt mit Wasser und prüfe die Lösung mit einem Universal-Indikator.

V **81.2** Trage auf die Hälfte eines rostigen Eisenblechs Phosphorsäure* auf, trockne und vergleiche mit der unbehandelten Fläche.

LV **81.3** Man gibt zu wäßriger Ammonium-molybdat-Lösung* so lange verdünnte Salpetersäure*, bis sich der auftretende weiße Niederschlag gerade wieder auflöst. Diese Lösung wird mit Phosphat-Lösung versetzt und anschließend erwärmt.

V **81.4** Koche Cola-Limonade mit Aktivkohle im Reagenzglas auf. Filtriere und prüfe nach Abb. 81.3 auf Phosphat.

A **81.5** Stelle die Formeln der möglichen Kalium-Salze der Phosphorsäure auf.

81.2 **Der besondere Hinweis: Knochen bestehen aus Knochenleim und „Knochenerde", die 80% $Ca_3(PO_4)_2$ und 20% $CaCO_3$ enthält**

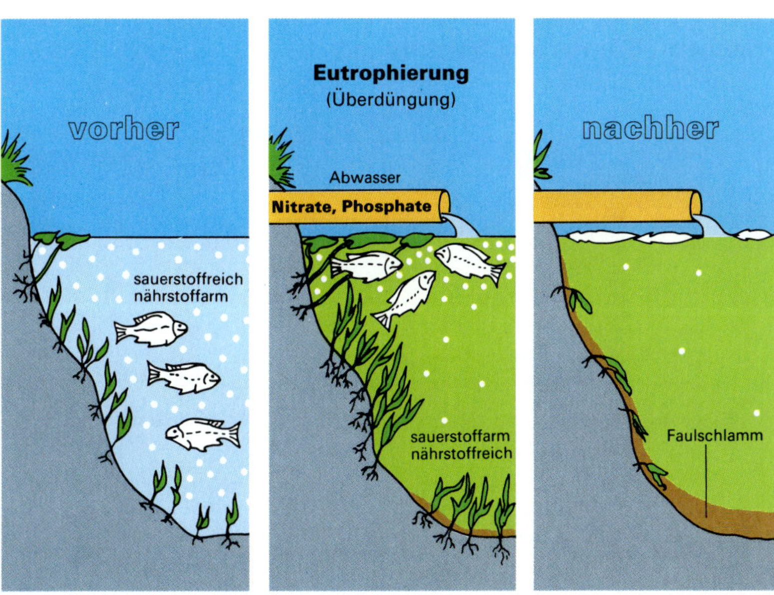

81.4 **Überdüngung: Pflanzen wuchern und faulen. Bei ihrer Zersetzung wird zuviel Sauerstoff verbraucht – die Tiere ersticken**

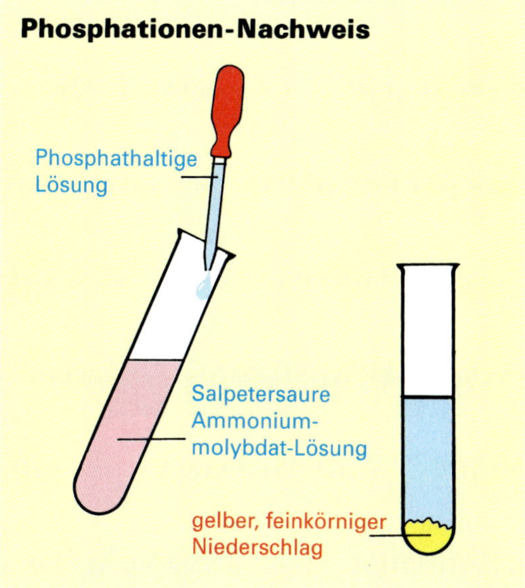

81.3 **Der Phosphat-Nachweis mit salpetersaurer Ammoniummolybdat-Lösung**

Säuren

Name der Säure	Wasserstoff-Ion(en)	Säurerest-Ion
Salzsäure	H^+	Cl^- Chlorid-Ion
Schweflige Säure	H^+H^+	SO_3^{2-} Sulfit-Ion
Schwefelsäure	H^+H^+	SO_4^{2-} Sulfat-Ion
Kohlensäure	H^+H^+	CO_3^{2-} Carbonat-Ion
Salpetersäure	H^+	NO_3^- Nitrat-Ion
Phosphorsäure	$H^+H^+H^+$	PO_4^{3-} Phosphat-Ion

Laugen

Name der Lauge / Name des Hydroxids	Metall-Ion	Hydroxid-Ion(en)
Natronlauge / Natriumhydroxid	Na^+	OH^-
Kalilauge / Kaliumhydroxid	K^+	OH^-
Kalkwasser / Calciumhydroxid	Ca^{2+}	$OH^-\ OH^-$

82.1 Die positiven Ionen der Säuren sind Wasserstoff-Ionen, die der Laugen Metall-Ionen

Nachweisreaktionen

Nachweis von	Nachweismittel	Reaktion	Abb. Nr.
CO_2 Kohlenstoffdioxid	Kalkwasser $Ca(OH)_2$	weißer Niederschlag $CaCO_3$	19.4
Cl^- Chlorid-Ionen	Silbernitrat-Lösung $AgNO_3$*	„käsiger" Niederschlag $AgCl$	50.2
SO_4^{2-} Sulfat-Ionen	Bariumchlorid-Lösung $BaCl_2$*	weiße Trübung $BaSO_4$	72.4
NO_3^- Nitrat-Ionen	Teststäbchen	Verfärbung	159.4
PO_4^{3-} Phosphat-Ionen	Ammonium-molybdat-Lösung *	gelber feinkörniger Niederschlag	81.3

82.2 Da einige Reaktionen typisch für bestimmte Stoffe oder Ionen sind, dienen sie zu deren Nachweis

Salzbildung I

Natrium	+ Chlor	→ Natriumchlorid	
2 Na	**+ Cl₂**	**⟶ 2 NaCl**	
Metall	+ Nichtmetall	→ Salz	

Salzbildung II

Zink	+ Salzsäure	→ Zinkchlorid	+ Wasserstoff
Zn	**+ 2 HCl**	**⟶ ZnCl₂**	**+ H₂**
Metall	+ Säure	→ Salz	+ Wasserstoff

Salzbildung III

Kupferoxid	+ Salzsäure	→ Kupferchlorid	+ Wasser
CuO	**+ 2 HCl**	**⟶ CuCl₂**	**+ H₂O**
Metalloxid	+ Säure	→ Salz	+ Wasser

Salzbildung IV

Natronlauge	+ Salzsäure	→ Natriumchlorid	+ Wasser
NaOH	**+ HCl**	**⟶ NaCl**	**+ H₂O**
Lauge	+ Säure	→ Salz	+ Wasser

82.3 Salze lassen sich auf vier verschiedene Arten bilden (Beispiel: Chloride)

Säuren. Kennzeichnend für Säuren ist, daß sich Säure-Moleküle beim Verdünnen mit Wasser in Ionen spalten, nämlich in positiv geladene Wasserstoff-Ionen H^+ (also Protonen) und negativ geladene Säurerest-Ionen. Das abgespaltene Proton H^+ lagert sich sofort an ein Wassermolekül: Das Oxonium-Ion H_3O^+ entsteht; siehe S. 64. Um Reaktionsschemata zu vereinfachen, wird meist nur das **Proton H^+** geschrieben **(Abb. 82.1)**.

Mehrprotonige Säuren wie z. B. die Kohlensäure geben ihre Protonen stufenweise ab. Deshalb bilden sie auch verschiedene Säurereste. Die Säurereste der Kohlensäure sind das Hydrogencarbonat-Ion HCO_3^- und das Carbonat-Ion CO_3^{2-} (siehe S. 76). Bei den Säuren unterscheidet man zwischen **sauerstofffreien Säuren** (Beispiel: Salzsäure HCl) und **sauerstoffhaltigen Säuren** (Beispiel: Schwefelsäure H_2SO_4).

Laugen. Metalle bzw. Metalloxide reagieren mit Wasser zu Metallhydroxiden. Diese lösen sich in Wasser zu freien Metall-Ionen und Hydroxid-Ionen OH^-. Hydroxid-Ionen kennzeichnen alle Laugen.

Salze sind feste, kristalline Stoffe. Die positiv geladenen Metall-Ionen sind mit negativ geladenen Säurerest-Ionen in einem Ionengitter regelmäßig angeordnet. Viele Salze zerfallen in Wasser in freibewegliche Ionen. Säuren, die stufenweise ihre Wasserstoff-Ionen abgeben, können auch unterschiedliche Salze bilden (z. B.: Na_2CO_3, $NaHCO_3$).

SALZBILDUNG I. Halogene (Elemente der VII. Hauptgruppe) reagieren mit Metallen direkt zu Salzen (Elementarsynthese).

SALZBILDUNG II. Verdünnte Säuren reagieren mit unedlen Metallen. Dabei werden die Metall-Atome zu Metall-Ionen umgewandelt. Gleichzeitig entladen sich die Wasserstoff-Ionen der Säure und steigen als Wasserstoff-Gas aus der Lösung. Die Metall-Ionen bilden mit den Säurerest-Ionen Salze.

SALZBILDUNG III. Metalloxide reagieren mit Säuren ebenfalls zu Salzen. Aus den Wasserstoff-Ionen der Säure und dem Sauerstoff-Ion des Metalloxids entsteht Wasser.

SALZBILDUNG IV. Neutralisation: Die Metall-Ionen der Lauge und die Säurerest-Ionen der Säure fügen sich zum Salz zusammen. Gleichzeitig neutralisieren die abgespaltenen Wasserstoff-Ionen der Säure die Hydroxid-Ionen der Lauge zu Wasser.

Nachweisreaktionen. Tabelle 82.2 gibt Nachweisreaktionen für Säurereste und Kohlenstoffdioxid wieder. Als Nachweis gelten Niederschläge schwerlöslicher Salze bzw. charakteristische Farben.

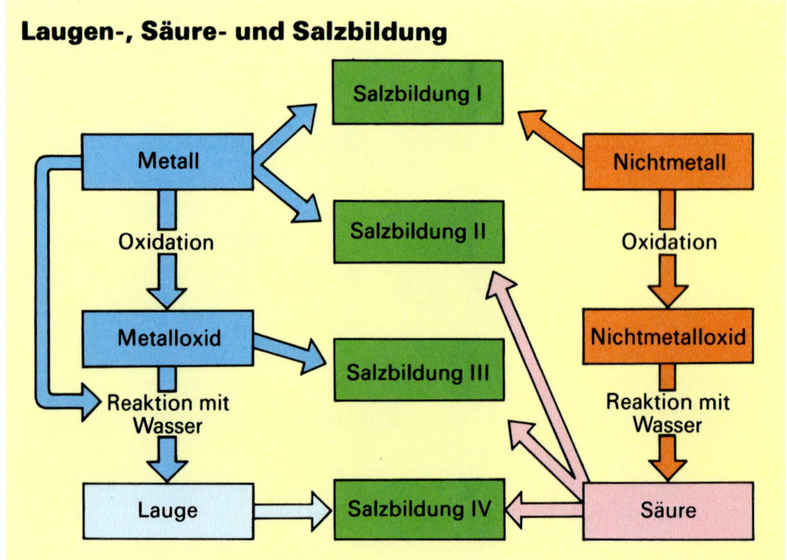

82.4 Übersicht über die wichtigsten Laugen-, Säuren- und Salzbildungsarten in Labor und Technik

27 Glas und Keramik

27.1 Glas – eine „erstarrte Flüssigkeit"

5000 Jahre alte Funde aus Ägypten belegen, daß Glas zu den ältesten künstlichen Werkstoffen gehört. Zu seiner Herstellung werden **Kalk** $CaCO_3$, **Soda** Na_2CO_3 und hauptsächlich **Quarzsand** verwendet. Quarz ist Siliciumdioxid SiO_2. Die Glasrohstoffe Quarz, Kalk und Soda werden in Tongefäßen bei 1200 °C zusammengeschmolzen. Meist werden 20 – 60 % Glasscherben **(Einwegflaschen-Recycling)** zur Schmelze zugegeben; dadurch spart man Energiekosten und Rohstoffe, und man vermindert das Müllvolumen. Die Carbonate Kalk und Soda wandeln sich unter Kohlenstoffdioxid-Abgabe zu den Oxiden Calciumoxid und Natriumoxid um; zusammen mit dem Siliciumdioxid bilden sie die Bestandteile von **Normalglas** (z. B. Fensterglas, Abb. 2.4). Wenn die zähflüssige, „glasklare" Schmelze abkühlt, erstarrt sie, ohne Kristalle auszubilden: Glas ist also eine „erstarrte Flüssigkeit" **(Abb. 83.4)**.

Eine alte Art der Glasbearbeitung ist das **Mundblasen**: Mit der Glasmacherpfeife, einem Eisenrohr mit Holzmundstück, wird ein heißer Glastropfen (700 – 800 °C) zu einem Hohlkörper aufgeblasen **(Abb. 83.1)**. Aufklappbare Hohlformen aus wassergetränktem Buchenholz geben der weichen Glasblase die gewünschte Gestalt. Auf diese Weise lassen sich z. B. wertvolle Weingläser formen. **Maschinell hergestelltes Glas** wird entweder vollautomatisch geblasen (Getränkeflaschen) oder zwischen aufklappbare Metallformen gepreßt (Preßglas). Die besonderen Eigenschaften von **Spezialgläsern** werden mit der Wahl der Ausgangsstoffe festgelegt. Sollen Gläser gefärbt werden, gibt man in geringer Menge bestimmte Metalloxide in die Schmelze **(Abb. 83.2)**.

27.2 Keramik

Tonwaren. Granitgestein enthält bis zu 80 % Feldspat. Verwittert Feldspat, entsteht Ton. Er besteht in seiner reinsten Form aus Aluminiumsilicat (häufiges Mineral, Verbindung aus Al, Si und O, vgl. mit **Abb. 83.3**). Zur Herstellung von **Keramik** (Tonwaren und Porzellan) wird Ton nicht rein, sondern mit Feldspat und Quarzsand gemischt verwendet. „Tongut" wird bei etwa 1000 °C „gebrannt"; es ist wasserdurchlässig. Brennt man jedoch bei 1400 °C, verkleben die Tonteilchen untereinander. Das entstandene „Tonzeug" ist wasserundurchlässig.

Porzellan ist das edelste keramische Erzeugnis (Geschirr, Waschbecken, Elektroisolatoren). Ausgangsstoffe sind der tonähnliche Kaolin, Quarzsand und Feldspat. Das Gemisch wird geformt, langsam getrocknet und bei 900 °C rohgebrannt. Jetzt können Schmelzfarben und eine Glasur aufgetragen werden. Anschließend wird bei 1400 °C gargebrannt. Hierbei schmilzt die Glasur zu einem glasartigen Überzug.

83.1 Glasbläser bei der Arbeit mit einer Glasmacherpfeife. Im Hintergrund der „Hafenofen" mit der 1200 °C heißen Glasschmelze

Glassorte	Rohstoff (Kombination)	Eigenschaften, Verwendung
Normalglas	SiO_2 $CaCO_3$ Na_2CO_3	erweicht ab 500 °C, nicht laugenbeständig; für Laborgeräte
Jenaer Glas	SiO_2 Al_2O_3 B_2O_3 BaO	kaum Wärmeausdehnung, laugenbeständig; für Laborgeräte, feuerfeste Schüsseln
Bleikristallglas	SiO_2 PbO K_2CO_3	hohe Lichtbrechung; als Schmuckglas, z. B. für geschliffene Weingläser

Glasfarben durch Metalloxide

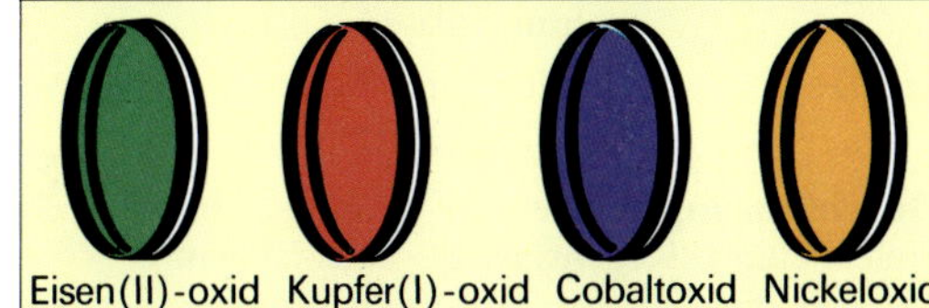

Eisen(II)-oxid	Kupfer(I)-oxid	Cobaltoxid	Nickeloxid

83.2 Ersetzt man Soda und Kalk durch andere Verbindungen, erhält man Spezialgläser. Die Glasfärbung erfolgt durch Metalloxide

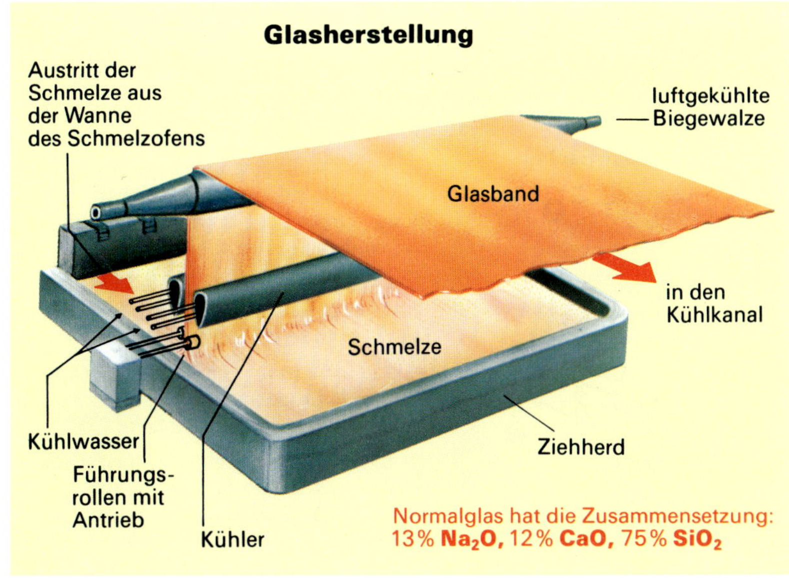

83.4 Glas wird aus Quarz (SiO_2), Soda (Na_2CO_3) und Kalk ($CaCO_3$) erschmolzen: Die Carbonate geben CO_2 ab; Na_2O und CaO entstehen

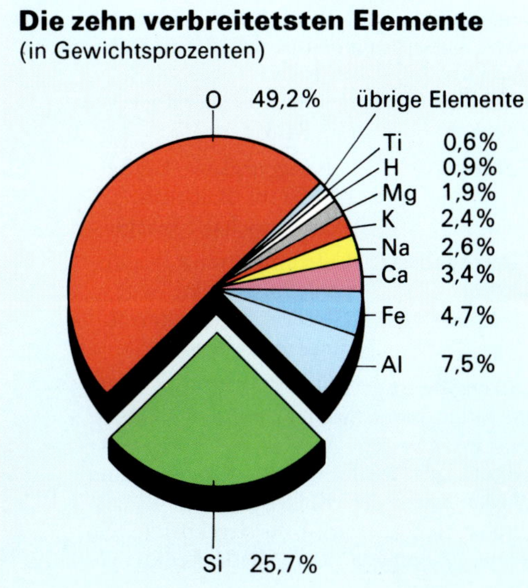

83.3 Die Anteile der zehn häufigsten am Aufbau der Erdrinde beteiligten Elemente

PROJEKT: Chemie erleben

Versuch: $\boxed{V}$ 84.1

Geräte: Spatel, 3 Schälchen, Rührstab, 2 RG, durchbohrter Stopfen, gewinkeltes Glasrohr, Brenner, Stativ, Klemme, Muffe

Chemikalien/ Stoffe: Natron, Weinsäure, Mehl, Kalkwasser

Durchführung: 1. Gib 5 Spatelspitzen Natron in ein RG, verschließe es nach Abb. Erhitze das Natron und leite das entstehende Gas in Kalkwasser. Deute die Reaktionen (s. S. 77). **2.** Mische je 1 Spatelspitze Natron und Weinsäure mit etwas Mehl und verrühre es mit wenig Wasser. Der „Teig" ist nicht eßbar!

Versuch: $\boxed{V}$ 84.2

Geräte: 4 kleine Gläser mit Deckel (z. B. Babynahrungsgläser), Glasstab

Stoffe: pH-Indikator-Papier (pH: 3 – 6)

Durchführung: Stelle ein Gläschen ins Freie, um Regenwasser aufzufangen. Tausche die Gläschen im Viertelstunden-Takt viermal aus, wobei das Gefäß jeweils verschlossen und beschriftet wird (Zeit und Ort). Die 1. Messung (Regenanfang) ist die wichtigste.
Bestimme den pH-Wert durch Übertragen eines Wassertropfens mit dem Glasstab auf einen pH-Indikatorstreifen.

Versuch: $\boxed{V}$ 84.3

Geräte: 2 Reagenzgläser, Becherglas 50 ml, Rührstab, Porzellanschale, Waage

Chemikalien/ Stoffe: Calciumcarbonat (Kalk), medizinisch reine Seife, Glycerin, Pfefferminzöl, destilliertes Wasser

Durchführung: Mische Kalk und Seife gut miteinander (Mengenangaben s. Abb.). Die im zweiten Arbeitsgang hergestellte Mixtur aus Pfefferminzöl, Glycerin und Wasser wird der Kalk/Seifen-Masse zugerührt und alles wird durchgeknetet. Die fertige Zahnpasta kann bedenkenlos erprobt werden.

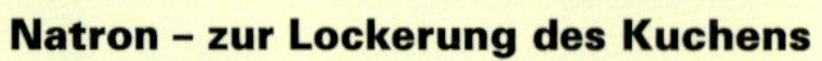

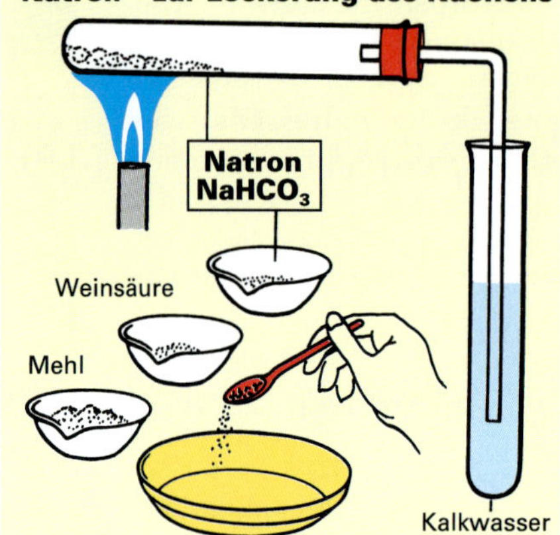

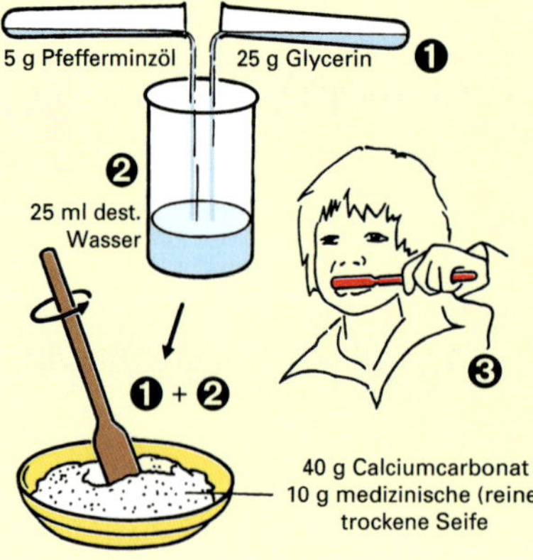

Zucker brennt - dank KATalysator

Wer versucht, Würfelzucker mit einem Streichholz zu entzünden, wird enttäuscht werden: Es gelingt nicht. Wer den Würfelzucker jedoch mit der Asche einer Zigarette bestreut und den Brennversuch erneut startet, wird staunen: Der Zucker entzündet sich an einzelnen Stellen, brennt mit blauer Flamme und schmilzt zu kleinen Kügelchen (Abb. 3).

Welche Bestandteile der Tabakasche bei der Zuckerverbrennung als Katalysator wirken, haben Kai Krüger und Stephan Sielaff im Wettbewerb „Jugend forscht" festgestellt. Sie fanden, daß vor allem MgO, Fe$_2$O$_3$ und K$_2$O aus der Asche für die katalytische Wirkung zuständig sind.

Umweltsünder mit Leitfähigkeitsprüfern aufspüren

Ein Leitfähigkeitsprüfer (Abb. 2) mißt nicht nur die Konzentrationen von H$_3$O$^+$- und OH$^-$-Ionen, also den pH-Wert – auch die Konzentration von Salzionen wird exakt angezeigt.

Daher kann man feststellen, wie stark Salzbergwerke z. B. den Rhein mit unerwünschten Salzresten belasten. Um das ganze Ausmaß der Salzfracht zu erfahren, hat man an bestimmten Flußabschnitten Anlagen zur Leitfähigkeitsmessung eingerichtet. Bei Grenzwertüberschreitungen lassen sich so – ergänzt durch Untersuchung weiterer Proben – Umweltsünder orten.

Fragen und Aufgaben

$\boxed{A}$ **84.1** Stelle fest und begründe, welche weitere Abbildung und welcher Versuch dieser Doppelseite mit Abb. 1 in Zusammenhang stehen.

$\boxed{A}$ **84.2** In welchem pH-Bereich wird der Bäcker seinen Sauerteig mit dem Leitfähigkeitsprüfer (Abb. 2) testen?

$\boxed{A}$ **84.3** Warum enthält Backpulver Natriumhydrogencarbonat; wie reagiert dieses Salz bei Hitze (siehe Seite 77)?

$\boxed{A}$ **84.4** Mische je einen halben Teelöffel Natron und Citronensäure mit einem Teelöffel Zucker. Gib das Pulver in ein halbes Glas Wasser – die Limonade ist fertig.

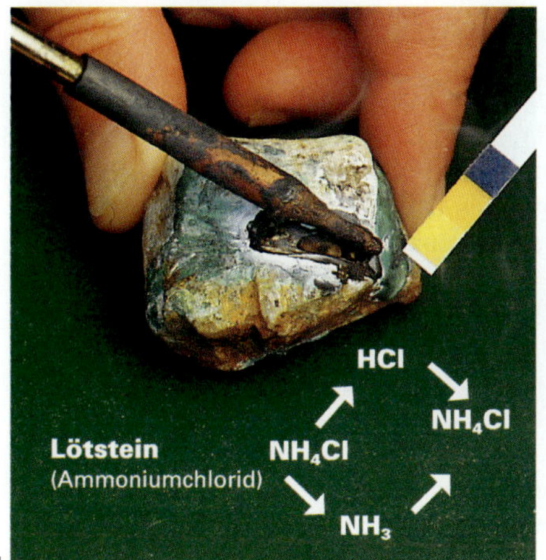

Versuch: ⓥ **85.1**

Geräte: 2 Reagenzgläser, Trichter

Chemikalien/ Stoffe: Kalk, Schweflige Säure*, Universal-Indikator-stäbchen, Filtrierpapier

Durchführung: Setze einen filterbestückten und mit Kalk (2 cm hoch) gefüllten Trichter auf ein Reagenzglas (zur Entlüftung: geknickte Pappe zwischen Trichter und RG). Dann wird aus einem zweiten Reagenzglas Schweflige Säure (deren pH-Wert zuvor bestimmt wurde) durch den Filter gegeben. Anschließend wird der pH-Wert des Filtrats mit Universal-Indikatorstäbchen ermittelt.

Sicherheit: Schwefeldioxid-Gas ist giftig – nicht einatmen!

Versuch: ⓥ **85.2**

Geräte: Erlenmeyerkolben, Stopfen, Verbrennungslöffel, Brenner

Chemikalien/ Stoffe: Schwefel, Wasser, Blütenblätter, Nagel, Marmor

Durchführung: Gib in den Erlenmeyerkolben etwas Wasser, einige Blütenblätter, einen Nagel und ein Marmorstück. Entzünde Schwefel auf dem Verbrennungslöffel und senke ihn in das Glas. Erlischt die Flamme, ziehe den Löffel heraus und verschließe das Glas; laß es einen Tag stehen.

Sicherheit: Natronlauge ätzt, Schutzbrille tragen!

Versuch: ⓥ **85.3**

Geräte: Reagenzglas, Siedestab, Klammer, Brenner

Chemikalien/ Stoffe: Natronlauge*, Wasser, rotes Lackmuspapier, Salmiakpastillen

Durchführung: Erwärme einige Salmiakpastillen im RG mit 5 ml Wasser, bis eine braune „Brühe" entsteht. Dann gib 2 ml Natronlauge zu und erhitze mit einem Siedestab bis zum Sieden.

Prüfe die Dämpfe mit feuchtem Lackmuspapier.

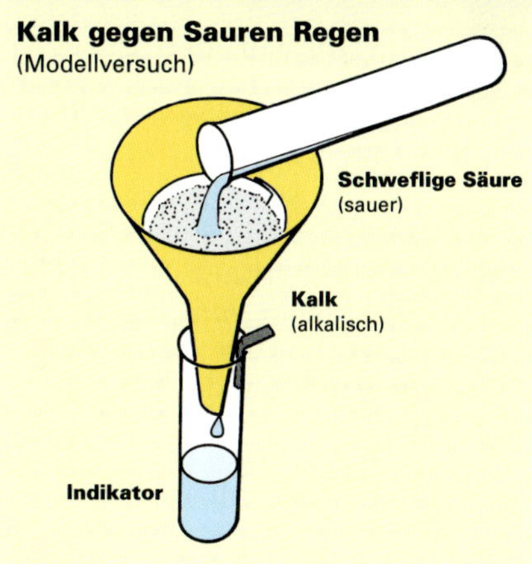

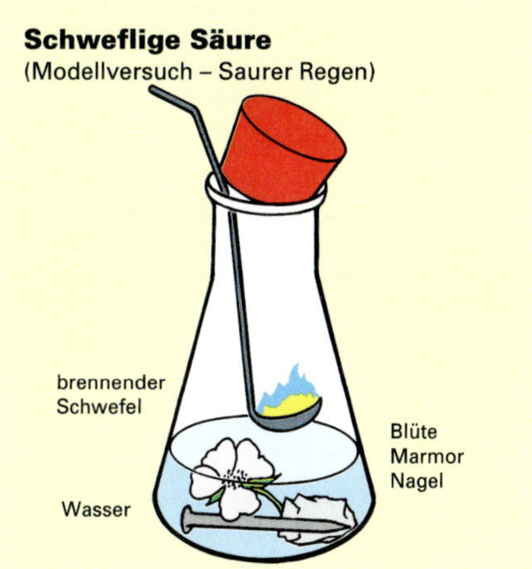

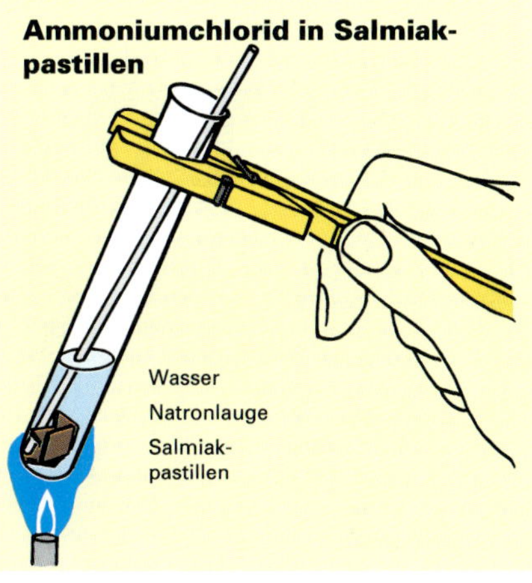

Durch Düngung der kranken Wälder mit Kalk (Bodenschutzkalkung 3 t/ha: 60 % $CaCO_3$, 40 % $MgCO_3$) will man der Bodenversauerung und dem Nährstoffmangel entgegenwirken (V 85.1 und Abb. 5). Gerettet ist mit dieser Maßnahme der Wald jedoch nicht. Denn um die Wald- und Umweltschäden wirksam einzudämmen, ist die drastische Verminderung der Luftverschmutzung unumgänglich.

MERKE: Allein der nicht (!) gefahrene Autokilometer und der nicht (!) verbrannte Liter Heizöl entlasten die Umwelt wirklich, weil nur so Schadgase nachhaltig vermieden werden.

Wer in geschwefelten Trocken-Aprikosen den gelben Schwefel sucht, findet ihn nicht. (Schwefel wird allenfalls z. B. im Obstbau gegen Mehltaupilze angewendet.) „Geschwefelt" im Alltag bedeutet: mit SO_2-Gas behandelt, um Schimmelpilze und Bakterien abzutöten. Es ist ratsam, geschwefelte Produkte zu meiden, da SO_2 gesundheitsschädlich ist. (Statt geschwefelter Rosinen z. B. lieber ungeschwefelte Korinthen wählen.) Mit SO_2 behandelte Lebensmittel müssen als „geschwefelt" gekennzeichnet sein. Enthält ein Lebensmittel mehr als 500 mg SO_2/kg, muß die Aufschrift „stark geschwefelt" lauten.

Ⓐ **85.1** Lötstein zerfällt in der Hitze des Lötkolbens zu Chlorwasserstoff- und Ammoniakgas. Anschließend bildet sich ein weißer Rauch. Die Messung zeigt pH-Wert 7 (Abb. 4). Erkläre.

Ⓐ **85.2** Regenwasser ist selbst an Orten der Welt, die noch als Reinluftgebiete gelten, sauer (pH 5). Woran liegt das?

Ⓐ **85.3** Welches mit feuchtem Lackmuspapier reagierende Gas (V 85.3) ist für die alkalische Reaktion verantwortlich?

Ⓐ **85.4** Suche in einem Geschäft geschwefelte Produkte wie Trockenfrüchte, Meerrettich, Kartoffelfertigprodukte etc. Suche ungeschwefelte Alternativen.

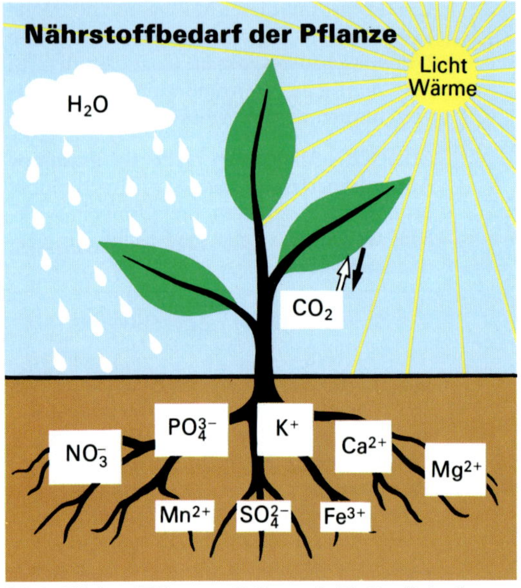

86.1 Im tropischen Regenwald bleibt der natürliche Nährstoffkreislauf nur dann erhalten, wenn ihn der Mensch nicht stört

86.2 Licht, Wärme, CO_2 und H_2O allein lassen die Pflanzen nicht wachsen. Sie brauchen auch Mineralstoffe, besonders N, P, K, Ca und Mg

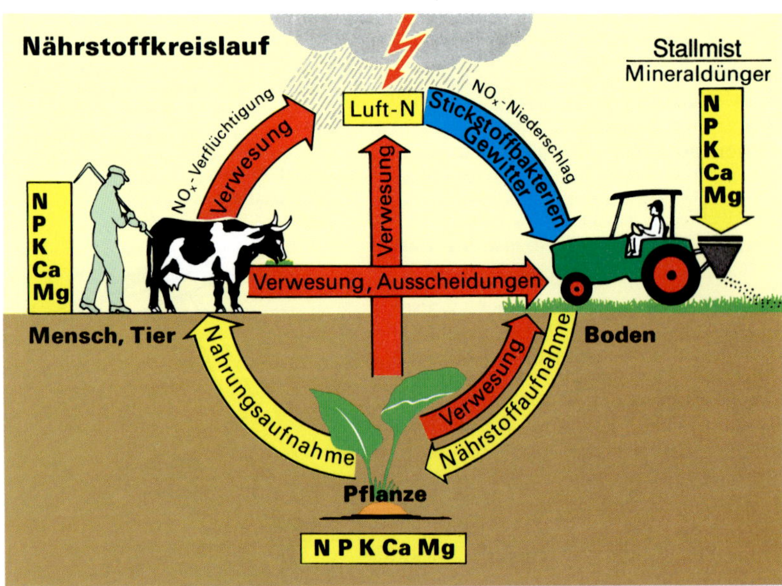

86.4 Eine Stallmist-Mineraldünger-Kombination ist für die Humusbildung und diese für die Lebensbedingungen der Bodenorganismen wichtig

28.1 Der natürliche Nährstoffkreislauf

In Urwäldern, wie z. B. den **tropischen Regenwäldern**, herrscht üppiges Pflanzenwachstum **(Abb. 86.1)**. Wird der Urwald gerodet, um Felder zu bestellen, sind jedoch nur wenige Ernten möglich. Es fehlen nämlich die absterbenden Pflanzen, die zuvor als Dünger den Nährstoffvorrat auffüllten, von dem die nachwachsenden Pflanzen lebten.

Im Gegensatz zu Mensch und Tier baut die grüne Pflanze Stoffe, wie z. B. Zucker, aus einfachen Verbindungen selbst auf. So entsteht aus **Wasser** (aus dem Boden) und **Kohlenstoffdioxid** (aus der Luft) mit Hilfe der Sonnenenergie energiereicher **Traubenzucker**. Dabei wird Sauerstoff freigesetzt. Diesen Vorgang nennt man Fotosynthese (gr. photos = Licht). Von den Pflanzen wird der Traubenzucker weiter zu **Stärke** und **Cellulose** umgewandelt. Wärme beschleunigt diese Stoffwechselvorgänge. In den feuchtheißen Tropengebieten wuchern deshalb die Pflanzen – in den kalten Klimazonen dagegen wachsen sie äußerst langsam.

Am **Aufbau der Pflanzen** sind neben Kohlenstoff, Wasserstoff und Sauerstoff auch noch andere Elemente beteiligt. Diese Elemente nimmt die Pflanze mit dem Wasser in Form gelöster Salze durch die Wurzeln auf **(Abb. 86.2)**: Der **Stickstoff** aus den Nitrat- und Ammonium-Ionen ist für die Synthese pflanzlichen Eiweißes notwendig. **Phosphor** aus den Phosphat-Ionen wird für den Zellkern gebraucht. **Kalium**-Ionen sind für den Wasserhaushalt der Pflanzen notwendig. Ein Mangel an **Calcium**-Ionen führt zum Absterben pflanzlicher Wachstumszonen. **Magnesium**-Ionen sind für die Chlorophyll-Bildung erforderlich (Tabelle 88.3). Der **Schwefel** aus den Sulfat-Ionen wird in Eiweiße eingebaut.

Darüber hinaus benötigen die Pflanzen weitere Elemente, wenn auch nur in geringen Mengen (in Spuren). **Eisen** ist neben **Mangan**, **Cobalt**, **Bor** usw. ein solches **Spurenelement**. Eisen-Ionenmangel verursacht unzureichende Chlorophyll-Bildung. Eine Unterversorgung der Pflanze mit Mangan behindert die Fotosynthese: Der Sauerstoff kann nicht mehr von den Wasser-Molekülen abgespalten werden.

In einer sich selbst überlassenen Naturlandschaft verarmt der Boden an wasserlöslichen Nährstoffen und Spurenelementen nicht. Sie werden laufend durch sich zersetzende Pflanzen und Tiere nachgeliefert – so schließt sich der **natürliche Nährstoffkreislauf** immer wieder von neuem.

Bei Äckern, denen man mit jeder Ernte beträchtliche Nährstoffmengen entzieht, ist dieser **Kreislauf unterbrochen**. Die Böden verarmen schnell, und die Ernteerträge gehen zurück. Deshalb müssen Nährstoffverluste durch gezielt eingesetzte Dünger wieder ausgeglichen werden **(Abb. 86.4)**.

86.3 Außer Mineraldünger (wie hier) braucht der Boden organische Dünger (z. B. Stallmist)

28.2 Düngung – der Rückfluß entzogener Nährstoffe

Ein sprunghaftes **Anwachsen der Weltbevölkerung** gestaltet die Nahrungsmittelversorgung immer problematischer **(Abb. 87.1)**. Schon heute hungert jeder zweite Erdbewohner! Weil nur ⅕ der Erdoberfläche landwirtschaftlich nutzbar ist, muß das Ackerland optimal bewirtschaftet werden **(Abb. 87.2)**. Dies zwingt zur Anwendung moderner Anbaumethoden und zu gezieltem Düngemittel-Einsatz **(Abb. 87.3)**.

Um 1840 untersuchte JUSTUS VON LIEBIG die **Abhängigkeit des Pflanzenwuchses von der Bodenzusammensetzung**. Er fand heraus, daß im Boden bestimmte Mengen einzelner Nährstoffe vorliegen müssen, wenn die Pflanze bestmöglich wachsen soll. Ist die Menge auch nur eines Nährstoffs zu gering, kümmert die Pflanze. Der Pflanzenwuchs richtet sich nach dem Nährstoff, der am wenigsten (im Minimum) vorhanden ist. Man kann also den Mangel an einem bestimmten Nährstoff nicht durch erhöhte Zugabe eines anderen ausgleichen (LIEBIGs **Gesetz vom Wachstumsminimum, Abb. 87.4**).

Der im bäuerlichen Betrieb aus Tierställen anfallende **Wirtschaftsdünger** hilft, den Mineralverlust des Ackerbodens zu ersetzen. Mist, Gülle, Jauche und Kompost werden auch **organische Dünger** genannt, weil diese Stoffe von Lebewesen (Organismen) erzeugt werden, vgl. S. 96.

Unterstützt wird die organische Düngung durch die Tätigkeit von **Stickstoff-Bakterien** im Boden, die Luftstickstoff binden. Sie nutzen ihn zum Aufbau von Eiweiß. Sterben diese Stickstoff-Bakterien ab, zersetzt sich ihr Eiweiß zu Ammonium- und Nitrat-Ionen. Man nennt diesen Vorgang **Mineralisation**. Nur in mineralisierter Form können Pflanzen Stickstoff aufnehmen. Sie bauen damit ihr pflanzeneigenes Eiweiß auf. Freilebende Bodenbakterien vermögen etwa 60 kg Luftstickstoff pro Hektar und Jahr zu binden. Durch **„Gründüngung"**, z. B. mit untergepflügten Lupinen, in deren Wurzeln stickstoffbindende Knöllchenbakterien leben, lassen sich bis zu 200 kg/ha Stickstoff in den Boden bringen.

Nährstoffe, die dem Boden fehlen, werden – außer durch Wirtschafts- und Gründünger – auch durch **Mineraldünger** ersetzt oder ergänzt. Mineraldünger baut man entweder bergmännisch ab oder stellt sie in Düngemittelfabriken her (Abb. 89.1). Besonders vorteilhaft auf das Wachstum der Pflanzen wirkt sich die **Kombination** von Mineraldünger und Stallmist aus, weil sich dadurch der Humusgehalt des Bodens erhöht (Abb. 86.4). Humusboden ist locker, gut durchlüftet und besitzt ein großes Wasserspeichervermögen. Auch wird ein Teil des Humus durch Bakterientätigkeit zersetzt und so der Nährstoffvorrat ergänzt.

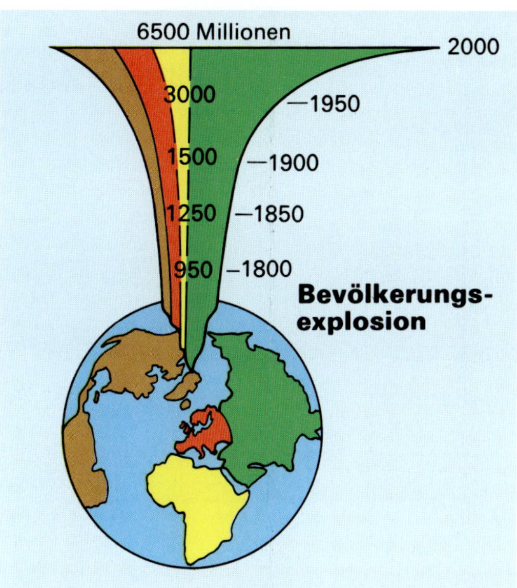

87.1 Von den über 5 Milliarden Menschen wird heute nur jeder zweite richtig satt. Im Jahr 2000 wird es 6 ½ Milliarden Menschen geben!

87.2 Oase in menschenfeindlicher Öde. Auf jeden Erdbewohner kommen 5 ha Land; aber nur 1 ha ist landwirtschaftlich nutzbar

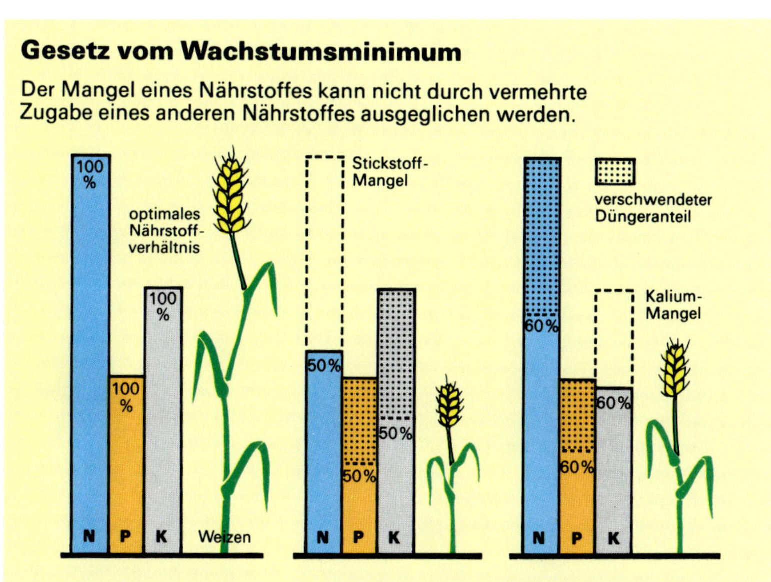

87.4 Mangelt es auch nur an einem Nährstoff, sinken Pflanzenwuchs, Ertrag und Qualität – Düngerüberschuß ist wirkungslos

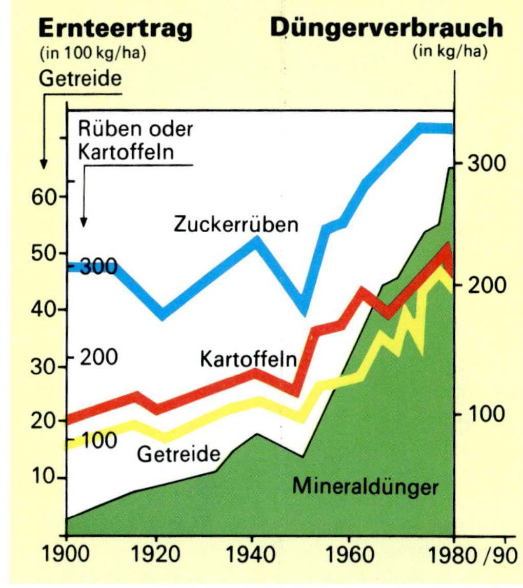

87.3 Die Erträge sind u. a. von der Bodengüte, der Düngung und der Zuchtsorte abhängig

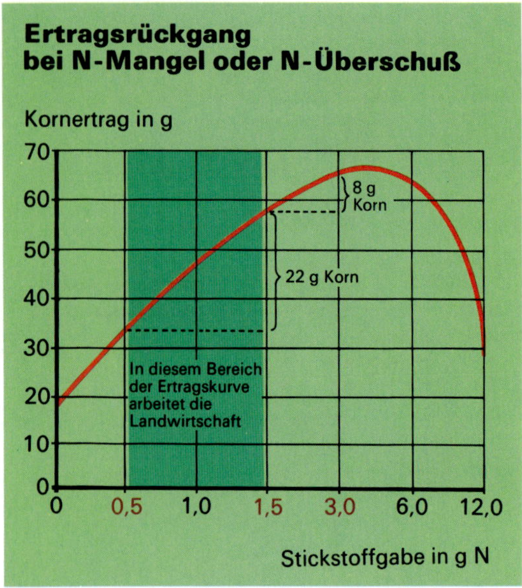

88.1 1 g mehr Stickstoff-Dünger bringt 22 g, weitere 1,5 g aber nur 8 g mehr Korn. Der alte Spruch „Viel hilft viel" gilt nur bedingt

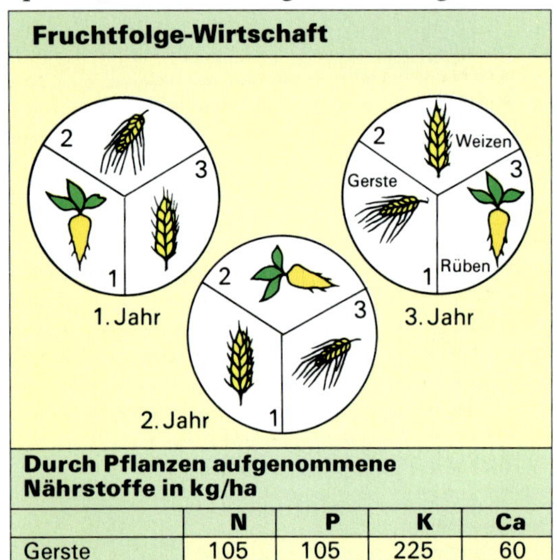

Durch Pflanzen aufgenommene Nährstoffe in kg/ha

	N	P	K	Ca
Gerste	105	105	225	60
Weizen	210	85	175	60
Zuckerrüben	210	120	325	150

88.2 Wird Weizen nach Weizen angebaut, treten Schädlinge auf, die sich bei Fruchtfolge weitgehend vermeiden lassen

Nährstoffmangel

Mangel an	Krankheitserscheinung
N Stickstoff	Blätter gelb bis weiß, Kümmerwuchs
P Phosphor	mangelhafte Samenanlagen, Blätter violett verfärbt
K Kalium	Blätter sterben vom Rand her ab
Ca Calcium	Schädigung des Bildungsgewebes
Mg Magnesium	mangelhafte Blattgrünbildung

88.3 Wird eine Pflanze unzureichend ernährt, erkrankt sie

28.3 Vermeidbare Düngefehler – auf die Dosierung kommt es an

Beim Düngemittel-Einsatz muß das von Mitscherlich 1909 aufgestellte **Gesetz vom abnehmenden Ertragszuwachs** beachtet werden. Es besagt, daß bei stetig steigenden Düngergaben der Ertrag plötzlich nicht mehr zu-, sondern abnimmt **(Abb. 88.1)**. Hinzu kommt, daß **Überdüngung** die Menge pflanzlicher Inhaltsstoffe beeinflußt. So drücken zu hohe Stickstoff-Gaben den Zuckergehalt der Rübe, den Stärkegehalt der Kartoffel und die Extraktausbeute der Braugerste. Zudem wird die **Umwelt** durch überhöhte Stickstoff-Gaben **belastet** (Abb. 81.4).

Ein häufig beobachteter Fehler ist das Ausbringen großer Gülle- und Jauchemengen besonders im Spätherbst. Diese Dünger sind **nitratreich**. Das Speichervermögen des Bodens für Nährstoffe ist jedoch zu dieser Jahreszeit gering: Die nährstoffaufnehmenden Wurzeln sind noch nicht voll ausgebildet, oder der Boden ist bereits umgepflügt. In der niederschlagsreichen Versickerungsperiode (Herbst, Winter, Frühjahr) wird das Nitrat aus dem Boden ins Grundwasser gespült **(„Nitrat-Verlagerung")**.

Über das **Trinkwasser** einerseits und über nitratreiches **Gemüse** aus Intensivkulturen (z. B. Treibhaussalat) andererseits gelangt **Nitrat** in den menschlichen Körper. Bei der Verdauung kann es, zu Nitrit umgewandelt, mit Eiweißabbau-Produkten zu **Nitrosaminen** reagieren. Im Tierversuch erwiesen sich Nitrosamine als die am stärksten **krebserregenden Stoffe**. In einigen Gebieten der Bundesrepublik Deutschland ist es bereits schwierig, nitratarmes Trinkwasser zu erhalten.

Der **Nährstoffbedarf der Pflanzen** ist sehr verschieden **(Abb. 88.2)**. Ein Boden, auf dem stets die gleiche Nutzpflanze angebaut wird, verarmt an bestimmten Nährstoffen. Überdies nehmen Schädlinge und Pflanzenkrankheiten überhand und müssen mit umweltfeindlichen, teuren Pflanzenschutzmitteln bekämpft werden. Durch **Fruchtfolge** (z. B. mit Zuckerrüben, Gerste, Weizen, siehe **Abb. 88.2** oben) verhindert man die einseitige Nährstoffausbeutung. Außerdem bleiben Ernteverluste durch Schädlinge und Krankheiten gering.

Eine hohe **Qualität der Nutzpflanzen** kann nur erreicht werden, wenn es gelingt, weder zuviel noch zuwenig zu düngen. Es kommt also auf die richtige Dosierung an. Deshalb muß vor der Düngung der Nährstoffgehalt des Bodens chemisch analysiert werden **(Abb. 88.4)**. Das Ergebnis der **Bodenuntersuchung** und der jeweilige **Nährstoffbedarf** der anzubauenden Pflanze bestimmen den **Düngeplan**. Mit modernen Maschinen wird dann versucht, die angepaßten Düngemengen gleichmäßig auf dem Acker zu verteilen **(Abb. 89.4)**.

88.4 Bodenproben werden im Labor untersucht; ermittelt werden der pH-Wert sowie vorhandene und fehlende Nährstoffe

28.4 Mineraldünger – Gewinnung und Wirkung

Stickstoff-Dünger enthalten chemisch gebundenen Stickstoff entweder im Ammonium-Ion NH_4^+ oder im Nitrat-Ion NO_3^-. Rohstoff für die Stickstoffdüngerfabrikation ist der **Stickstoff der Luft**. Er wird mit Wasserstoff zu Ammoniak umgesetzt (HABER-BOSCH-Verfahren, siehe S. 79) und weiter zu Ammonium-Salzen oder Nitraten verarbeitet. **Natürliche Nitrat-Vorkommen** finden sich in Chile. „Chilesalpeter" ist Natriumnitrat. Das abgebaute Salz kann direkt als Mineraldünger verwendet werden. „Guano-Dünger" besteht aus dem Kot von Seevögeln. Sie fliegen die Guano-Inseln vor der peruanischen Küste als Rast- und Nistplatz an. Der Stickstoff ist im Kot in Form von Harnsäure enthalten. Pflanzen, die unter Stickstoff-Mangel leiden, erkennt man am Kümmerwuchs sowie an blassen Blättern (Abb. 86.3 und 88.3).

Phosphat-Dünger. Aus Knochenansammlungen urweltlicher Tiere entstanden Phosphat-Lager. Diese werden im Übertagebau (z. B. in Tunesien) ausgebeutet. Rohphosphat besteht aus wasserunlöslichem Calciumphosphat $Ca_3(PO_4)_2$ und ist für Pflanzen schwer verwertbar. Deshalb wird das Rohphosphat mit Schwefelsäure in wasserlösliches Calciumhydrogenphosphat $Ca(H_2PO_4)_2$ und Calciumsulfat (Gips) umgewandelt (vgl. mit **Abb. 89.1**). Selbst Knochenmehl aus Schlachthofabfällen läßt sich als **Phosphat-Kalk**-Dünger verwenden. **Phosphat** wird von den Pflanzen besonders in der Jugendentwicklung und zur Fruchtbildung benötigt. Zudem fördert Phosphat die Vermehrung der Mikroorganismen im Boden. Der **Kalk** verhindert, daß die Böden zu sauer werden. In sauren Böden lösen sich giftige Metallsalze (s. S. 75), die dann von den Nutzpflanzen aufgenommen werden und mit der Nahrung in den Körper gelangen.

Kalidünger. Kaliumhaltige Salze gibt es im Elsaß und in Thüringen in Tiefen bis zu 900 Metern. Aus dem geförderten Rohsalz trennt man die Kalisalze von den Fremdsalzen (meist Kochsalz) ab. Die fremdsalzhaltigen Abwässer der Kalidünger-Fabriken belasten Rhein und Weser über Gebühr. Kalimangel schwächt die Widerstandskraft der Pflanzen gegen Krankheiten und Kälte. Bei starkem Kalimangel sterben die Blätter ab.

Volldünger halten den Arbeitsaufwand bei der Düngung der Äcker niedrig. Sie enthalten abgestufte Anteile an Stickstoff-, Phosphor- und Kalium-Verbindungen, mitunter auch Spurenelemente **(Abb. 89.3)**.

Biologischer/ökologischer Landbau. Schlechte Erfahrungen mit Überdüngung und Pflanzenschutzmittel-Rückständen bewegen immer mehr Landwirte, auf biologischen/ökologischen Landbau umzusteigen. Ziel ist es, **weniger belastete Produkte** zu erwirtschaften und **auf Höchsterträge zu verzichten**. Der Tierbestand ist der landwirtschaftlichen Fläche angepaßt (1 Kuh oder 3 Schweine pro Hektar).

89.4 Das Ergebnis der Bodenuntersuchung und der Nährstoffbedarf der Pflanze bestimmen die Dosierung der Düngemittel

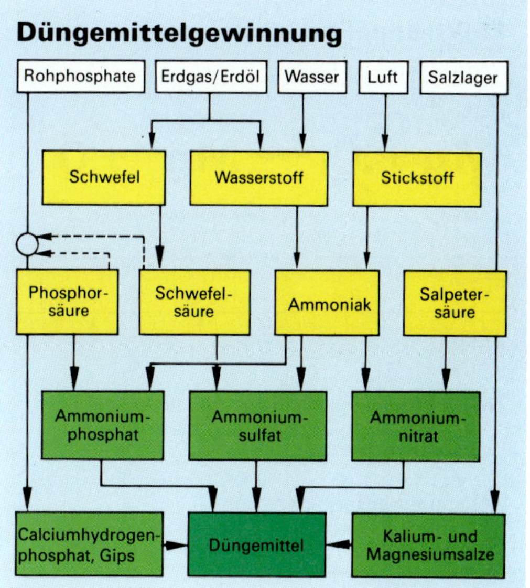

89.1 Mineraldünger werden aus Grundchemikalien und natürlich vorkommenden Salzen, wie z. B. Rohphosphat, gewonnen

89.2 Beim biologischen/ökologischen Landbau beraten und kontrollieren die Anbauverbände „ihre" Bauern selbst

Düngerart	Name	Zusammensetzung			
		Massengehalt in %	N	P	K
Stickstoff-dünger	Kalkammon-salpeter	NH_4NO_3 $CaCO_3$	26		
	Kalksalpeter	$Ca(NO_3)_2$	16		
Phosphor-dünger	Super-phosphat	$Ca(H_2PO_4)_2$ $CaSO_4$		18	
	Thomas-phosphat	$Ca_3(PO_4)_2$ Ca_2SiO_4		15	
Kalidünger	Kaliumsulfat	K_2SO_4			50
Voll-(Misch-)dünger	Nitro-phoska rot	NH_4Cl NH_4NO_3 $(NH_4)_3PO_4$ $CaHPO_4$ KNO_3 KCl Sonstige	13	13	21

89.3 Mineraldünger enthalten Nährstoffe in unterschiedlichen Mengenverhältnissen

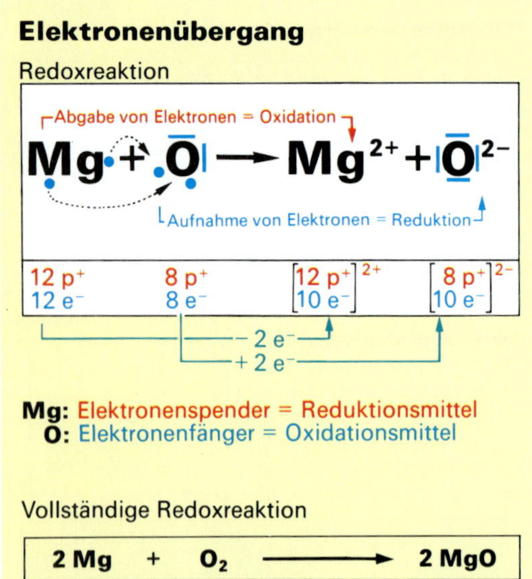

90.1 Redoxreaktionen sind Reaktionen, bei denen Elektronen von einem Reaktionspartner zum anderen übergehen

A **90.1** Bestimme die Oxidationszahlen von S, C, N und P in folgenden Verbindungen: SO_2, SO_3, CO, CO_2, NO, NO_2, P_4O_{10}.

V **90.2** Gib je ein Stück Kupfer, Eisen, Zink und Magnesium in je 5 ml verdünnte Salzsäure*. Notiere die Heftigkeit der jeweiligen Reaktion und vergleiche mit der Fällungsreihe (Abb. 90.4).

V **90.3** Gib **a)** Zink in ein Reagenzglas mit Blei(II)-nitrat-Lösung*, **b)** Blei in ein Reagenzglas mit Zink(II)-nitrat-Lösung*. Beobachte und erkläre.

V **90.4** Stelle im Reagenzglas aus Silbernitrat-Lösung* und Kaliumbromid-Lösung Silberbromid her. Versetze mit Entwicklerlösung.

V **90.5** Wiederhole V 90.4. Gib jedoch vorher Fixiersalzlösung (Natriumthiosulfat) hinzu. Ordne beide Versuche den Abbildungen 91.2 und 91.3 zu.

90.2 Der bes. Hinweis: Das unterschiedliche Oxidationsbestreben der Metalle wird zur Herstellung von Batterien genutzt

29.1 Elektronenübertragung zwischen Atomen und Ionen

Verbrennt Magnesium an der Luft, entsteht Magnesiumoxid, eine Verbindung, die aus Ionen aufgebaut ist. Bei dieser Reaktion findet eine Elektronenübertragung statt **(Abb. 90.1)**: Magnesium gibt seine beiden Außenelektronen ab und erreicht dadurch den Oktettzustand (Abb. 59.3). So stehen den 12 Protonen des Kerns nur noch 10 Elektronen der Hülle gegenüber; das Magnesium-Atom ist zum Magnesium-Ion Mg^{2+} „oxidiert" worden.

Oxidation bedeutet allgemein eine Elektronen-Abgabe:
$$Mg \longrightarrow Mg^{2+} + 2e^-$$

Sauerstoff baut die beiden Elektronen des Magnesiums in seine Außenschale ein und erhält dadurch ebenfalls den Oktettzustand. Den 8 Protonen des Kerns stehen nunmehr 10 Elektronen der Hülle gegenüber; das Sauerstoff-Atom ist zum Sauerstoff-Ion O^{2-} „reduziert" worden.

Reduktion bedeutet allgemein eine Elektronen-Aufnahme:
$$O + 2e^- \longrightarrow O^{2-}$$

Eine Elektronenübertragungs-Reaktion nennt man **Redoxreaktion** (S. 40). Magnesium wird oxidiert und wirkt auf Sauerstoff als **Reduktionsmittel**, weil es diesem Elektronen spendet und ihn dadurch reduziert. Umgekehrt wirkt der Sauerstoff auf Magnesium als **Oxidationsmittel**, weil er dem Metall die Elektronen entzieht und es so oxidiert.

Elektronenübergänge finden bei der Umwandlung von Atomen in Ionen (und umgekehrt) statt. Bei Verbindungen, die durch Elektronenpaarbindungen zusammengehalten werden, zerlegt man in Gedanken das Molekül in Ionen. Die Bindungselektronen werden dabei dem Reaktionspartner mit der größeren EN zugeordnet (s. S. 62). Die gedachte, nicht wirklich vorhandene Ladung nennt man **Oxidationszahl**. Oxidationszahlen schreibt man als **römische Zahl** über das Elementsymbol. Das Ladungszeichen wird davor gesetzt (z.B. +II), um von der Ionenschreibweise (Ladungszeichen hinter der Zahl, z. B. 2^+) zu unterscheiden (Beispiel siehe **Abb. 90.3**).

Wasserstoff als Molekül ist ungeladen. Die EN beider H-Atome (EN 2,1) ist gleich. Wasserstoff hat deshalb die Oxidationszahl 0. Im **Wasser-Molekül** werden die beiden Elektronen dem Sauerstoff zugeordnet, da er die größere EN (3,5) hat. Sauerstoff hat deshalb die Oxidationszahl −II, jedes der beiden Wasserstoff-Atome +I. Nimmt die Oxidationszahl eines Elements zu (wie bei Wasserstoff von 0 auf +I), bedeutet dies **Oxidation**. Nimmt dagegen die Oxidationszahl eines Elements ab (wie bei Sauerstoff von 0 auf −II), bedeutet dies **Reduktion**. Liegen Ionen vor (z. B. beim CuO), entspricht die tatsächliche Ladung der Ionen der Oxidationszahl.

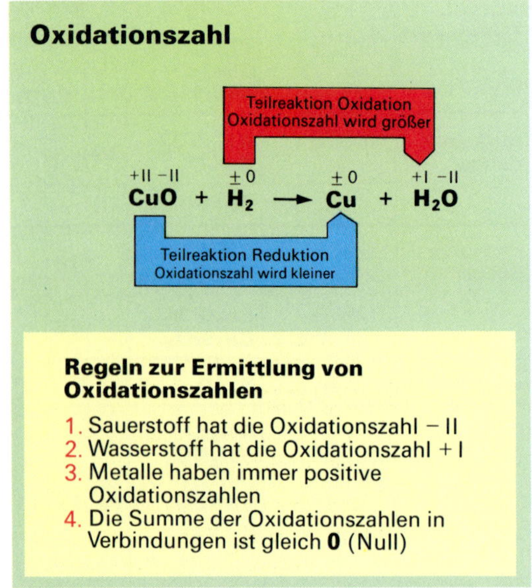

90.3 Die Oxidationszahl ist bei neutralen Elementen 0, bei Ionen gleich der Ionen-Ladung

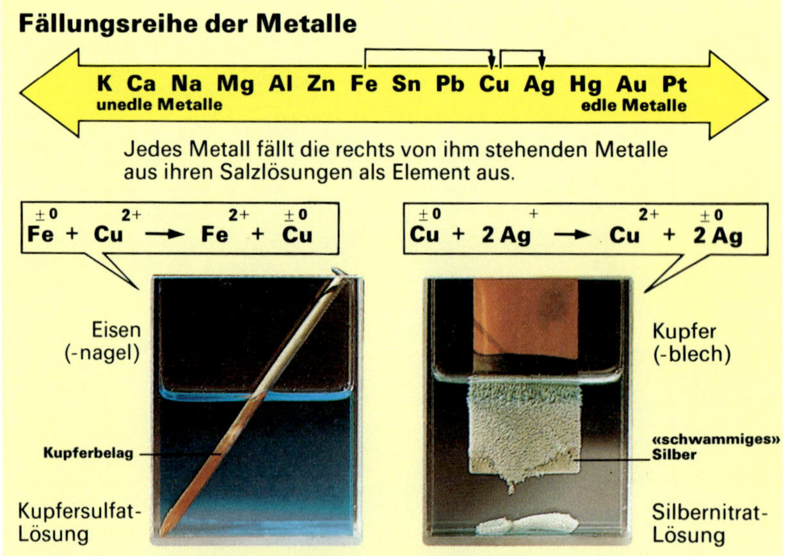

90.4 Die Fällungsreihe (Redoxreihe) der Metalle ordnet die Metalle nach der Leichtigkeit, mit der sie gelöste Ionen bilden

29.2 Die Fällungsreihe

Das Bestreben der Metalle, Elektronen abzugeben oder aufzunehmen, ist unterschiedlich. Taucht ein Eisennagel in eine Kupfersulfat-Lösung, überzieht er sich mit Kupfer. Die Kupfer-Ionen der Lösung sind zu metallischem Kupfer reduziert worden. Die zur Reduktion notwendigen Elektronen liefert das Eisen, das sich leicht oxidieren läßt:

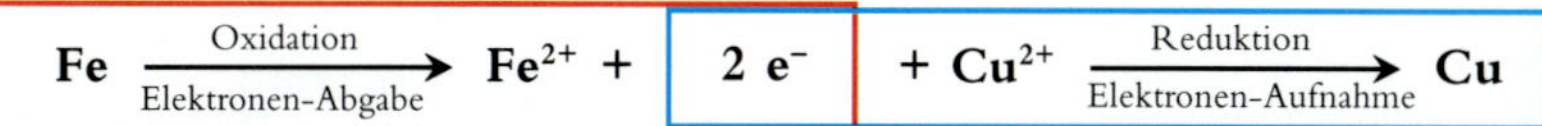

$$Fe \xrightarrow[\text{Elektronen-Abgabe}]{\text{Oxidation}} Fe^{2+} + \boxed{2\,e^-} + Cu^{2+} \xrightarrow[\text{Elektronen-Aufnahme}]{\text{Reduktion}} Cu$$

Metallisches Kupfer reduziert Silber-Ionen. Deshalb überzieht sich ein Kupfer-Blech in einer Silbernitrat-Lösung mit metallischem Silber **(Abb. 90.4)**. Metalle lassen sich nach ihrem Bestreben, Elektronen aufzunehmen oder abzugeben, in einer **Fällungsreihe** ordnen. Die **unedlen Metalle** stehen in der Fällungsreihe **links**, sie geben leicht Elektronen ab. Die **edlen Metalle** stehen **rechts**, sie neigen zur Elektronenaufnahme:

Alle Metalle der Fällungsreihe können die rechts von ihnen stehenden Metalle aus ihren gelösten Salzen als Element ausfällen.

29.3 Fotografie – eine durch Licht ausgelöste Redoxreaktion

Auf einem **Schwarzweißfilm** ist eine dünne Gelatineschicht mit Silberbromid **AgBr** aufgebracht. Die **Belichtung** dieser Schicht löst eine Redoxreaktion aus: Durch die Lichtenergie werden nämlich Elektronen von den Bromid-Ionen **Br⁻** auf die Silber-Ionen **Ag⁺** übertragen. Dabei entstehen unsichtbar bleibende Silber-Keime:

$$2\,Ag^+Br^- \longrightarrow 2\,Ag + Br_2$$

Wird der belichtete Film entwickelt, wirken diese Silber-Keime als Katalysator. In der **Entwicklerflüssigkeit** (z. B. gelöstes Hydrochinon) werden dann weitere feinst verteilte Ag^+-Ionen zu Silber reduziert. Auf dem Film schwärzen sich die stark belichteten Stellen (Silber wirkt schwarz), die nicht vom Licht getroffenen Stellen liegen jedoch hell vor. Es ist ein **Negativ-Bild** entstanden. Zwischenwässern entfernt Reste des Entwicklers. Im **Fixierbad** wird noch vorhandenes, jetzt aber überflüssiges Silberbromid herausgelöst. Danach kann der Film dem Licht ausgesetzt werden.

Ist der Film **gewässert** und **getrocknet**, lassen sich Abzüge herstellen. Die dazu notwendigen Geräte sind in **Abb. 91.4** zusammengestellt: In der Dunkelkammer wird das Negativbild mit dem Vergrößerungsgerät auf Fotopapier projiziert. Fotopapier ist ebenfalls mit Silberbromid beschichtet. Wieder entstehen Silber-Keime, die beim Entwickeln die Ausscheidung von dunklen Silber-Teilchen katalysieren. Im Stoppbad (2%ige Essigsäure-Lösung) wird dieser Prozeß beendet. Fixiert, gewässert und getrocknet, liegt ein **Positiv-Bild** mit natürlichen Hell-Dunkelwerten vor.

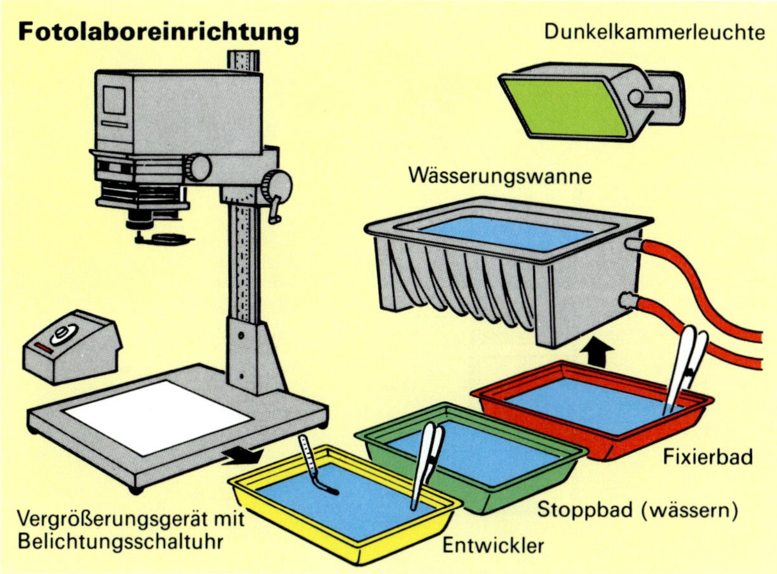

91.4 Das Fotopapier mit vergrößertem Positivbild wird entwickelt, gewässert, fixiert, nochmals gewässert und getrocknet

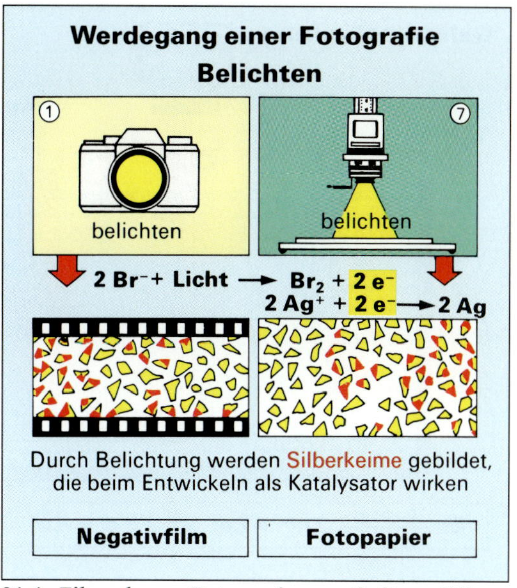

91.1 Film bzw. Fotopapier enthalten Silberbromid-Teilchen (AgBr). Die Belichtung löst beim Br⁻ ein Elektron, das das Ag⁺ reduziert

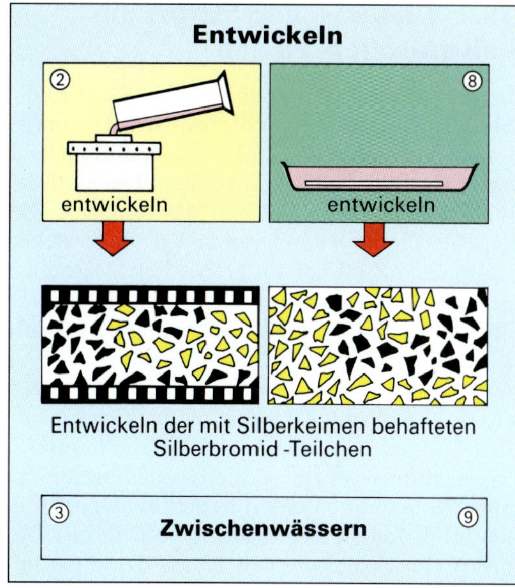

91.2 Der Entwickler führt die Reduktion der Ag⁺-Ionen weiter (sichtbare Schwärzung), aber nur dort, wo sich Silber-Keime befinden

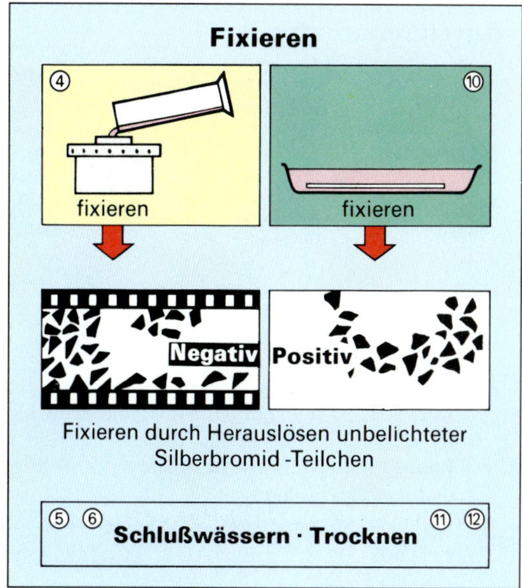

91.3 Nicht fixiertes AgBr würde bei Licht das ganze Bild schwärzen; es muß entfernt werden

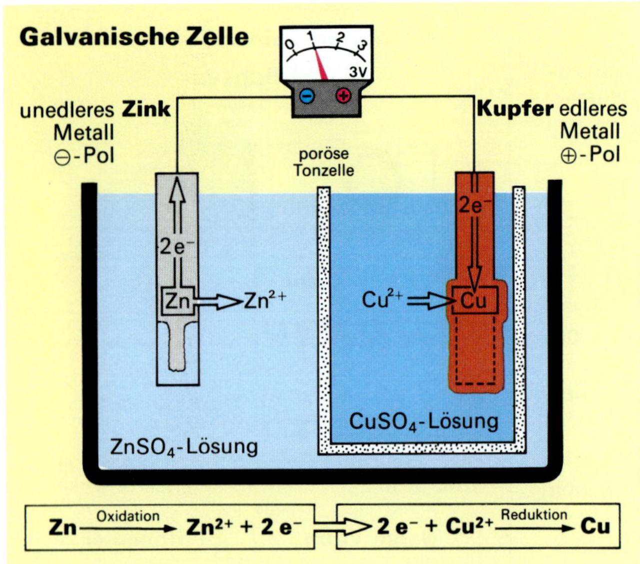

92.1 In einer galvanischen Zelle läßt sich der Elektronenfluß zwischen einem Zink- und einem Kupfer-Blech messen

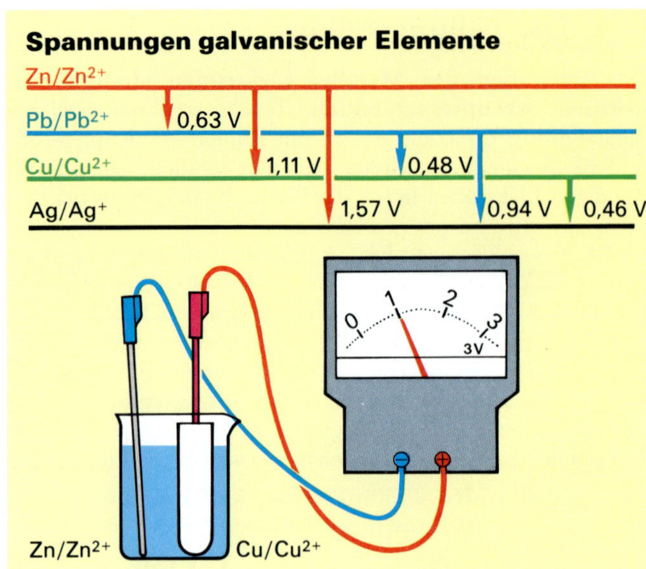

92.2 Die Spannungsdifferenz der Zn/Cu- und der Zn/Pb-Zelle ergibt die Spannung der Cu/Pb-Zelle: 1,11 V − 0,63 V = 0,48 V

30.1 Elektrischer Strom aus galvanischen Zellen

In der Versuchsanordnung **Abb. 92.1** sind ein **unedles Metall** (Zink) und ein **edleres Metall** (Kupfer) sowie deren Ionen (aus gelöstem Zinksulfat und Kupfersulfat) zu einer **galvanischen Zelle** kombiniert. (Die poröse Tonzelle verhindert ein Vermischen der Salzlösungen.) Werden die beiden Metallpole leitend verbunden, fließt elektrischer Strom: Das unedle Zink hat ein großes Bestreben, Elektronen abzugeben (– Pol: **Elektronenüberschuß**). Beim edleren Kupfer überwiegt das Bestreben, Elektronen aufzunehmen (+ Pol: **Elektronenmangel**). Über das Meßgerät fließen die Elektronen vom Zink zum Kupfer. Hier nehmen Kupfer-Ionen aus der Kupfersulfat-Lösung die Elektronen auf und entladen sich: Kupfer scheidet sich ab. Weil die Lösung in der Tonzelle an Kupfer-Ionen verarmt, wandern die überschüssigen Sulfat-Ionen durch die Tonwand hindurch zu den entstandenen Zink-Ionen. Eine galvanische Zelle aus Zink und Kupfer liefert eine Spannung von 1,11 V. Die **Spannung** einer galvanischen Zelle hängt von der **Kombination** der unterschiedlichen Metalle und deren Ionen ab **(Abb. 92.2)**.

30.2 Die Zink-Kohle-Batterie

Sie ist die gebräuchlichste galvanische Zelle, z. B. für Radio, Spielzeug und Taschenrechner **(Abb. 92.4)**. In einem Zink-Becher befindet sich eine durch Stärke eingedickte Ammoniumchlorid-Lösung, deshalb „Trocken"-Batterie; eine Blechhülse dient als Auslaufschutz. Zink gibt Elektronen ab (–Pol), die z. B. über eine Glühlampe zum +Pol wandern. Ein Graphitstift leitet die Elektronen zu den Ammonium-Ionen NH_4^+, die zu Ammoniak NH_3 und Wasserstoff reduziert werden. Der Wasserstoff wird vom Braunstein zu Wasser oxidiert, damit kein Gasdruck entsteht und die Batterie platzt.

30.3 Die Quecksilber-Batterie

Knopfzellen versorgen Fotoapparate, Hörgeräte u. a. mit elektrischer Energie **(Abb. 92.3)**. Sie enthalten Zink als – Pol und mit Graphitstaub vermischtes Quecksilberoxid als + Pol. Zink liefert die Elektronen, die von den Hg^{2+}-Ionen aufgenommen werden, es bildet sich Quecksilber. Die heute als umweltfreundlichere Alternative angebotene Zink-Luft-Batterie enthält immer noch 1 % Quecksilber (V 97.1).

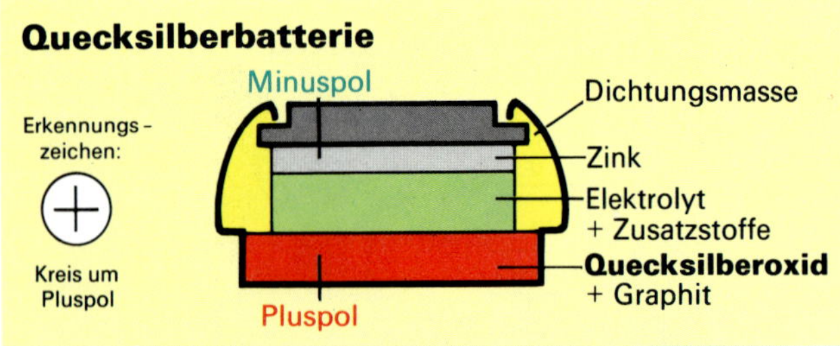

V 92.1 Baue eine galvanische Zelle (z. B. Zn/Ag) nach der Abb. 92.2 auf und überprüfe die erreichte Spannung mit dem in der Abb. angegebenen Wert.

V 92.2 Modellversuch Zink-Kohle-Taschenlampenbatterie: Mische 1 g Zinkchlorid*, 1 g Ammoniumchlorid* und 2 g Mangandioxid* mit wenig Wasser und Sägemehl zu einem Brei. Tauche einen Kohlestab und ein Zink-Blech in den Brei und miß die Spannung.

A 92.3 Ein Nickel-Cadmium-Akku ist bis zu 1000 x wiederaufladbar. Ni, Cd, aber auch Hg sind giftig. Überlege!

92.3 Hg-Batterie: Zink bildet den –Pol: $Zn \rightarrow Zn^{2+} + 2e^-$, Quecksilberoxid den +Pol: $HgO + 2e^- + H_2O \rightarrow Hg + 2\,OH^-$

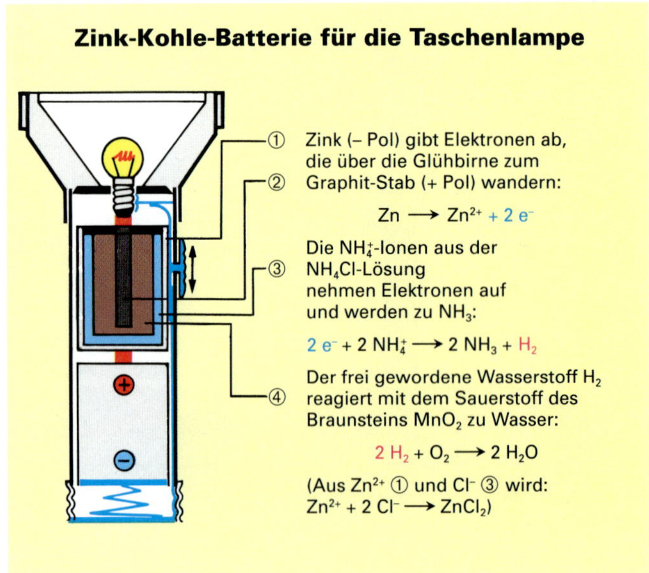

92.4 Bei der Zn-Oxidation und der H^+(aus NH_4^+)-Reduktion wird chemische in elektrische Energie (e^--Fluß) verwandelt

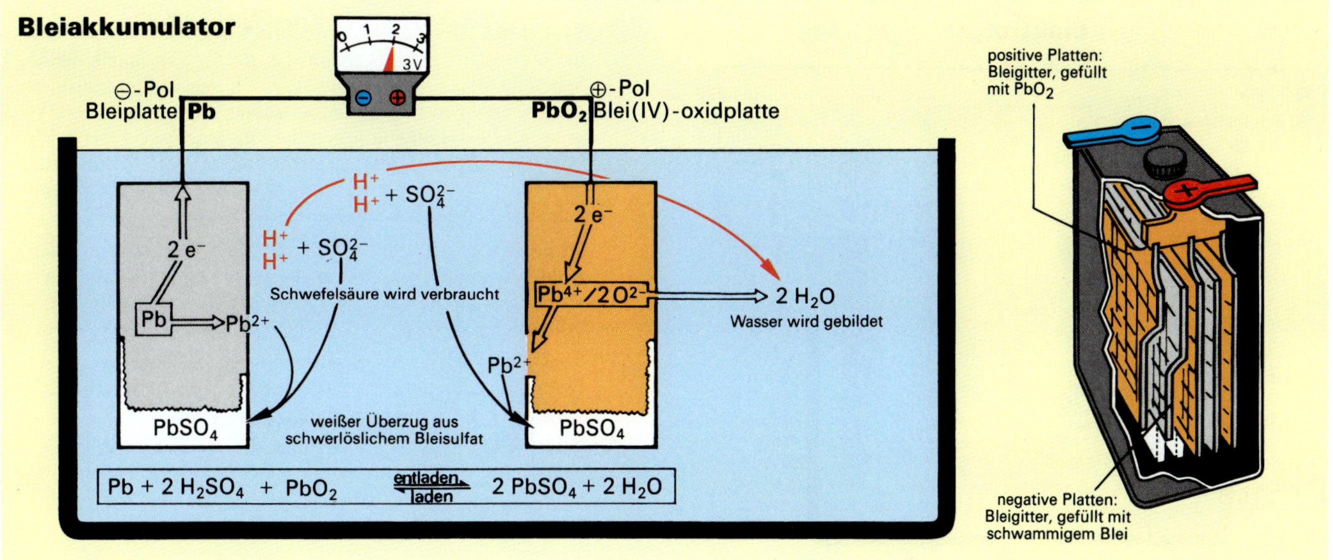

93.1 Akkumulatoren speichern elektrische Energie. Die elektrochemischen Vorgänge an den Polen liefern 2 Volt.
Minus-Pol: $Pb^{\pm 0}$ (82 p⁺, 82 e⁻) → Pb^{2+} (82 p⁺, 80 e⁻) + 2 e⁻; Plus-Pol: Pb^{4+} (82 p⁺, 78 e⁻) + 2 e⁻ → Pb^{2+} (82 p⁺, 80 e⁻)

30.4 Der Blei-Akkumulator

Die Trockenbatterie, aber auch die Zink-Luft-Batterie sind nach ihrer Entladung wertlos. In Akkumulatoren dagegen lassen sich die chemischen Vorgänge, die bei der Entladung ablaufen, wieder rückgängig machen; **Akkumulatoren sind wiederaufladbar (Abb. 93.1):**
In eine Zelle mit verdünnter **Schwefelsäure** tauchen zwei Gitterrahmen, der linke mit locker gepacktem **Blei**, der rechte mit **Blei(IV)-oxid** gefüllt. Beim Entladen des Akkus gibt das Blei (links) Elektronen ab (– Pol). Diese wandern über den Verbraucher (z. B. Anlasser) zum + Pol. Dort werden die Pb^{4+}-Ionen des Bleioxids zu Pb^{2+} reduziert. Die an beiden Gitterrahmen freiwerdenden Pb^{2+}-Ionen bilden mit den SO_4^{2-}-Ionen der Schwefelsäure schwerlösliches Bleisulfat. Eine Zelle liefert 2 V. In der **12-V-Autobatterie** sind 6 Zellen in Reihe geschaltet: Die Voltzahlen addieren sich. Beim **Wiederaufladen** eines Blei-Akkumulators verläuft der Elektronenfluß **umgekehrt:** Der – Pol des Aufladegeräts wird daher am – Pol des Akkumulators angeschlossen. Die Kraftfahrzeugbatterie wird während der Fahrt ständig von der „Lichtmaschine" (Generator) nachgeladen.

30.5 NaS-Akkus für Elektroautos

Begrenzte Erdölvorräte verlangen nach Alternativen zum Kraftfahrzeug mit Verbrennungsmotor. Der Elektroantrieb scheiterte bisher an einer geeigneten Stromversorgung. Möglicherweise bietet die Entwicklung des Natrium/Schwefel-**Hochenergieakkumulators** eine Lösung **(Abb. 93.2).**
Die miteinander verschalteten Einzelzellen arbeiten mit geschmolzenem **Natrium** und geschmolzenem **Schwefel.** Deshalb liegt die Betriebstemperatur um 325 °C. Eine wirksame Isolation schützt vor Wärmeverlust. Das geschmolzene Natrium befindet sich in einem porösen Aluminiumoxid-Rohr. Natrium gibt leicht Elektronen ab und wird zum Na^+-Ion. Natrium ist also – Pol. Über den **Elektromotor** wird der Elektronenstrom zum geschmolzenen Schwefel geleitet. Schwefel wird zum Ion reduziert und reagiert mit den Na^+-Ionen an der Wand des Aluminiumoxid-Rohrs zu Natriumpolysulfid Na_2S_3. Eine Batterieladung reicht für etwa **250 km Fahrstrecke.** Die Aufladung dauert 90 Minuten. Bei Langstreckenfahrten (Höchstgeschwindigkeit 120 km) müßte der Batterieblock an den „Tankstellen" gewechselt werden; Dauer: 5 Minuten.

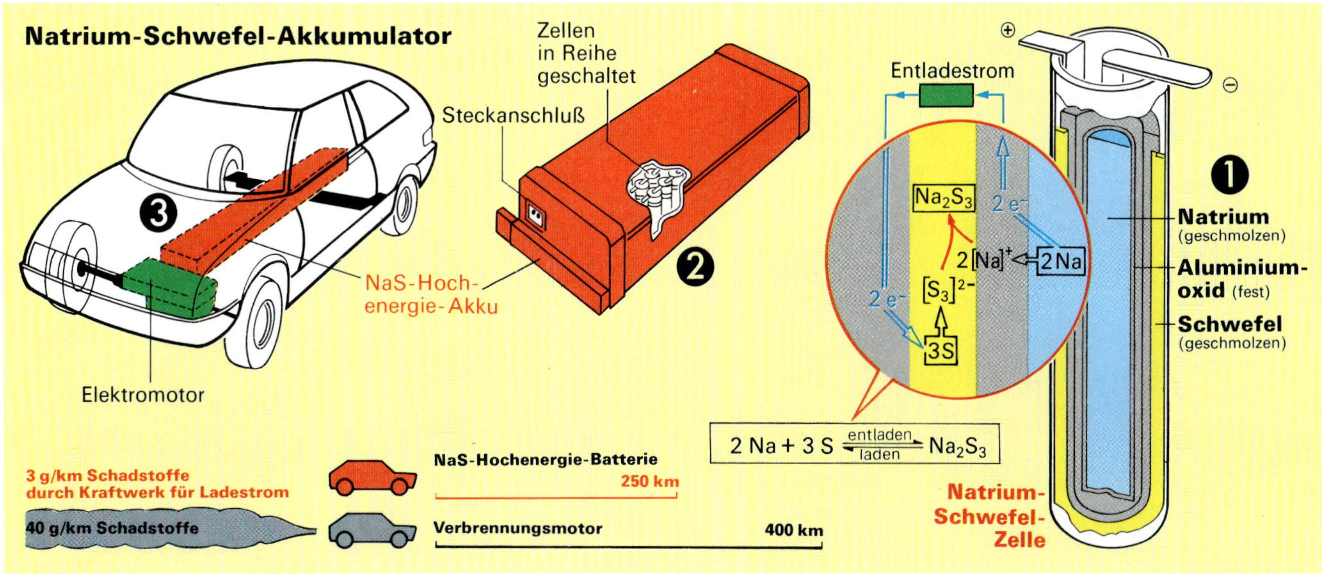

93.2 Bei der Entladung des NaS-Akkus wandern die durch Elektronenabgabe entstandenen Na^+-Ionen in das Aluminium-oxid-Rohr; Schwefel wird durch Elektronenaufnahme zum $[S_3]^{2-}$-Ion. Beide Ionen bilden Natriumpolysulfid Na_2S_3

31 Elektrolyse-Ionen werden entladen

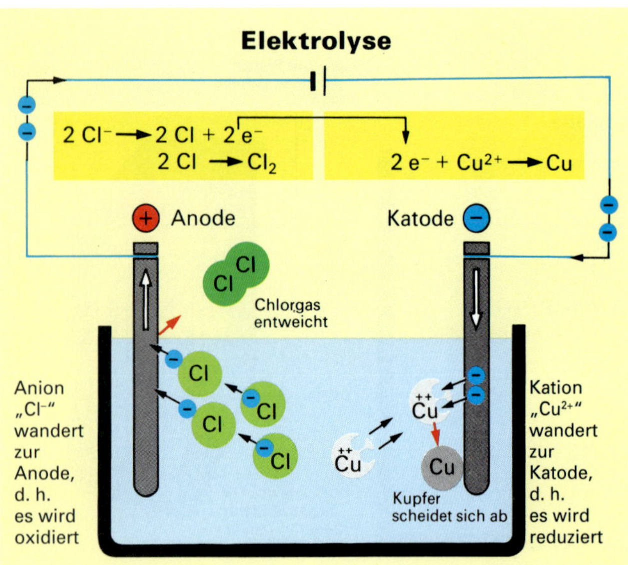

94.1 Wird ein Elektrolyt, z. B. gelöstes Kupferchlorid, durch Gleichstrom zerlegt, spricht man von Elektrolyse

31.1 Die Elektrolyse

Löst man Kupferchlorid in Wasser, bewegen sich die Kupfer- und Chlorid-Ionen unabhängig voneinander:

$$CuCl_2 \xrightarrow{\text{Wasser}} Cu^{2+} + 2\,Cl^-$$

Eine ionenhaltige Lösung ist ein **Elektrolyt**. Durch elektrischen Strom läßt sich ein Elektrolyt zerlegen **(Elektrolyse)**. Hierzu taucht man zwei mit einer Gleichstromquelle verbundene Graphitstäbe in die $CuCl_2$-Lösung **(Abb. 94.1)**. Die Stromquelle transportiert Elektronen zum negativen Pol, der **Katode**. Nun werden die positiv geladenen Cu^{2+}-Ionen **(Kationen)** von der Katode angezogen. Die Ionen nehmen je zwei Elektronen auf (Reduktion) und werden so zu Cu-Atomen entladen: Rotbraunes Kupfer scheidet sich ab.

Andererseits werden durch die Stromquelle Elektronen vom positiven Pol, der **Anode**, weggeführt. Jetzt von der Anode angezogen, geben die negativ geladenen Cl^--Ionen **(Anionen)** je ein Elektron an die Anode ab (Oxidation), werden zu Chlor-Atomen und entweichen gasig als Chlor-Moleküle.

94.2 Hinweis: Redoxvorgänge laufen in der galvanischen Zelle freiwillig ab, bei der Elektrolyse unter Zwang

Reinkupfer durch Elektrolyse. Kupfer hat wegen seiner hervorragenden elektrischen Leitfähigkeit in der Elektrotechnik große Bedeutung. Verunreinigungen setzen jedoch die Leitfähigkeit stark herab. Deshalb muß Rohkupfer gereinigt (= raffiniert) werden. Durch Elektrolyse gewonnenes Reinkupfer hat einen Reinheitsgrad von 99,9 % **(Abb. 94.3)**:

Etwa 3 cm dicke **Rohkupfer**-Platten werden als **Anode**, ein dünnes **Reinkupfer**-Blech als **Katode** geschaltet **(Abb. 94.4)**. Eine mit Schwefelsäure angesäuerte Kupfersulfat-Lösung dient als Elektrolyt. Durch die Elektrolyse werden das Kupfer und die unedlen Verunreinigungen – nicht jedoch Gold und Silber – unter Elektronenabgabe oxidiert.

Die edlen Metalle sinken beim langsamen Auflösen der Rohkupfer-Anode als Anodenschlamm zu Boden. Die unedlen Metall-Ionen (wie Eisen- und Zink-Ionen) bleiben in Lösung. Die Kupfer-Ionen nehmen an der Katode Elektronen auf und werden als Kupfer abgeschieden (Reduktion). Das „Elektrolyt-Kupfer" ist praktisch frei von Verunreinigungen. Gold und Silber aus dem Anodenschlamm lassen sich gesondert elektrolytisch reinigen.

94.3 Raffinationselektrolyse: Bei 0,35 V wird an der Katode reinstes Elektrolyt-Kupfer abgeschieden

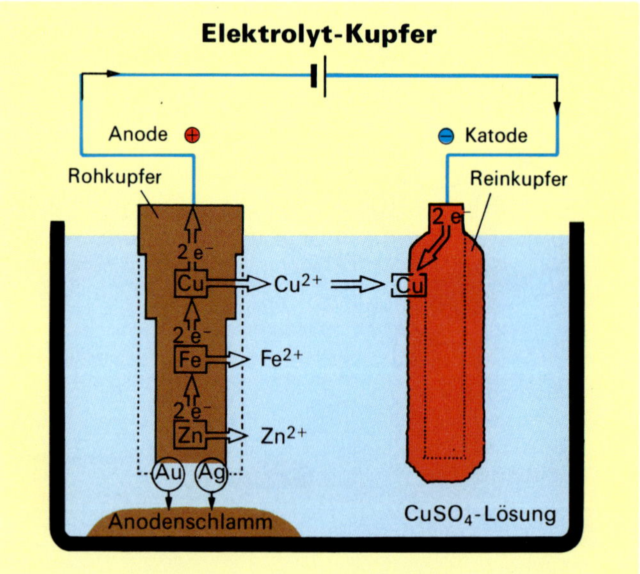

94.4 Die unedlen Metalle (Fe, Zn) gehen in Lösung, die edleren (Au, Ag) werden nicht oxidiert, sie sinken ab

95.1 Versilberungsautomat: Bestecke werden in ein Bad getaucht und galvanisiert

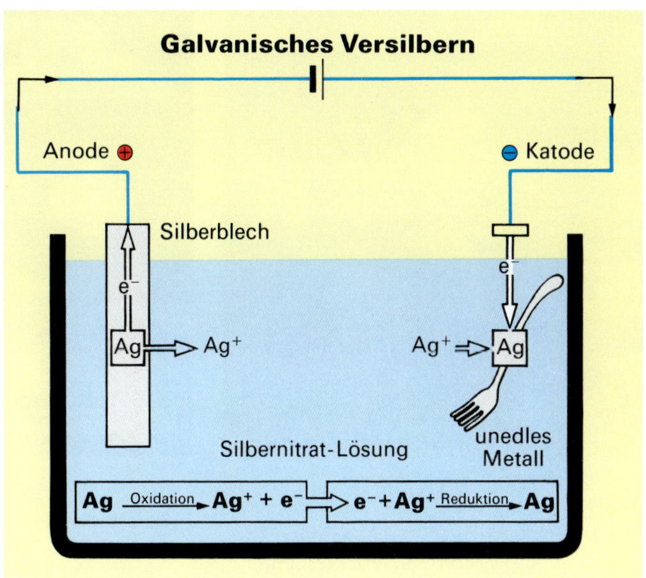

95.2 Bei der Versilberung ist eine Feinsilberplatte die Anode, das zu versilbernde Teil die Katode

31.2 Die Galvanotechnik

Um Gebrauchsgegenstände aus Eisen vor dem **Verrosten** zu schützen, werden sie oft mit Chrom oder Nickel elektrolytisch überzogen (galvanisiert). Wie man z. B. Besteck versilbert, zeigt **Abb. 95.2**: Eine Feinsilberplatte (reines Silber) wird als Anode, die Gabel als Katode geschaltet. Eine Silbernitrat-Lösung sorgt für elektrische Leitfähigkeit. Silber-Ionen, die an der Anode durch Elektronenabgabe (Oxidation) frei werden, wandern zur Katode, nehmen dort Elektronen auf (Reduktion) und werden zu Silber-Atomen. Bald ist die Gabel von einer dünnen Silber-Schicht überzogen.

Das Faradaysche Gesetz. Die bei der Elektrolyse abgeschiedene Stoffmenge entspricht der dazu benötigten Elektrizitätsmenge (FARADAYsches Gesetz). Die Elektrizitätsmenge wird in Amperesekunden As gemessen. **1 As** entspricht hiernach der Menge der Elektronen, die bei einer Stromstärke von 1 **A** in einer **s** einen Leiter durchfließen. **95 500 As** reduzieren 1 mol Ag^+ zu Ag. Die gleiche Elektrizitätsmenge kann jedoch nur ½ mol Cu^{2+} reduzieren, weil Cu^{2+} zur Entladung die doppelte Zahl an Elektronen aufnehmen muß.

31.3 Alu-Schmelzflußelektrolyse

Aluminium ermöglicht Konstruktionen von geringer Masse, aber hoher Festigkeit (z.B. Flugzeuge). Es wird durch Schmelzflußelektrolyse gewonnen **(Abb. 95.3 und 95.4)**. Der notwendige Rohstoff, **Bauxit**, enthält Verunreinigungen (insbesondere Eisenoxid), die einzeln abgetrennt werden, bis reines Aluminiumoxid übrigbleibt. Dann wird das Oxid mit Kryolith (Natriumaluminiumfluorid Na_3AlF_6) gemischt, um den hohen Schmelzpunkt des Aluminiumoxids von 2000 °C auf etwa 950 °C zu senken. Da die Aluminium-Gewinnung viel Energie erfordert, ist **Aluminium-Recycling** notwendig.

Die Schmelze befindet sich in einer Wanne aus **Graphit**. Diese ist als **Katode** geschaltet. **Graphit**-Blöcke, die in die Schmelze tauchen, sind die **Anode**. Die Aluminium-Ionen Al^{3+} des Aluminiumoxids nehmen an der Katode Elektronen auf und werden zu **Aluminium** reduziert. Das flüssige Metall sammelt sich am Boden der Wanne und wird abgesaugt. An der heißen Graphit-Anode entladen sich die Sauerstoff-Ionen. Der so freigesetzte Sauerstoff reagiert mit dem Kohlenstoff der Anode und entweicht als Kohlenstoffdioxid.

95.3 Aus 2 t Al_2O_3 (aus 5 t Bauxit), 80 kg Kryolith, 600 kg Elektrodenkohle und 16 000 kWh entsteht 1 t Aluminium

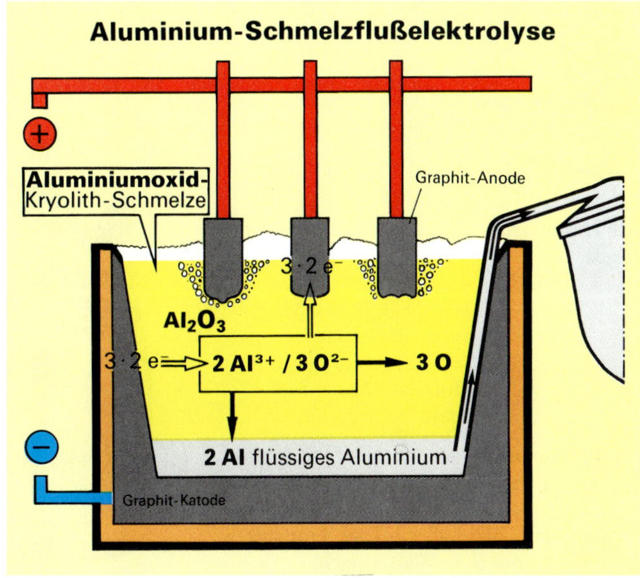

95.4 An der Katode sammelt sich flüssiges Aluminium, an der Anode reagiert Sauerstoff mit Graphit: $3 O_2 + 3 C \rightarrow 3 CO_2$

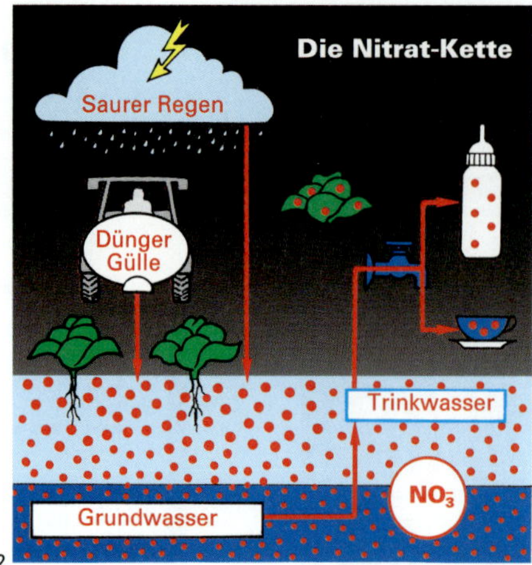

Anionen	mg/l
Chlorid	3,45
Sulfat	14,60
Nitrat	0,10
Nitrit	nicht nachweisbar

Versuch: V 96.1

Geräte: 6 RG, RG-Ständer, BG 100 ml, Trichter, Filter, Spritzflasche, Schale, Spatel, Glasstab

Chemikalien: Mineraldünger (weitere Angaben: siehe unten)

Durchführung: Löse z. B. NITROPHOSKA in Wasser und filtriere. Verteile das Filtrat auf 5 RG und prüfe:
1. auf K^+-Ionen; 2. auf Ca^{2+}-Ionen (Flammprobe, V 52.1); 3. auf SO_4^{2-}-Ionen (Sulfat-Ionen-Nachweis, Abb. 72.4); 4. auf NO_3^--Ionen (Nitrat-Teststäbchen, S. 157); 5. auf PO_4^{3-}-Ionen (Phosphat-Ionen-Nachweis, Abb. 81.3).

Versuch: V 96.2 (Schutzbrille!)

Geräte: Stativ mit Klammer, Muffe, 3 RG, RG-Halter, Glasrohr, durchbohrter Stopfen, Brenner, Mörser

Chemikalien/ Stoffe: Kartoffeln, verd. Natronlauge*, Lackmus- und Bleiacetatpapier, Kalkwasser, Kupfer(II)-oxid

Durchführung: 1. Zerdrücke Kartoffeln im Mörser. Gib von dem Brei 2 cm hoch ins RG, versetze mit verd. Natronlauge und erhitze. Prüfe mit Lackmuspapier. 2. Erhitze Kartoffelbrei mit CuO. Prüfe den Niederschlag mit Bleiacetatpapier, das Gas mit Kalkwasser.

Versuch: V 96.3 (Dauer 6 Wo.)

Geräte: Glas, Pappdeckel, Trinkhalm

Chemikalien/ Stoffe: In 1 l dest. Wasser gelöst: 1 g Calciumnitrat*, 0,25 g Kaliumhydrogenphosphat, 0,25 g Magnesiumsulfat, einige Tropfen Eisenchloridlösung*, Bohnen, Watte, Sägemehl

Durchführung: Laß Bohnen auf feuchtem Sägemehl keimen (4 cm hoch). Gib Keimlinge und Nährlösung in ein Glas (gem. Abb.). Blase alle 2 Tage Luft durch die Lösung und fülle Wasser nach.

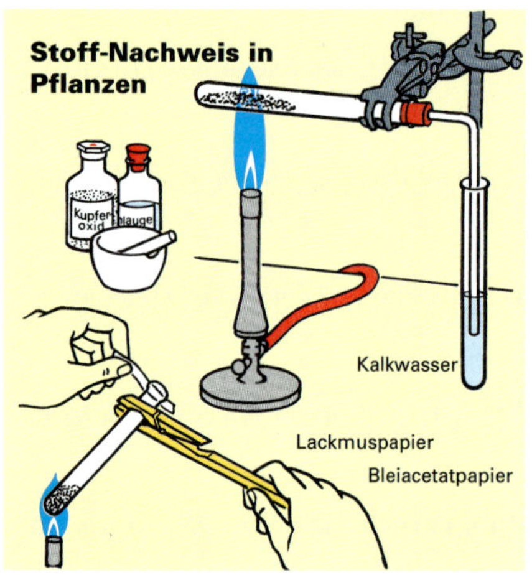

Salz-Ionen-Aufnahme durch die Pflanze

Nitrat: Das Übermaß und die Folgen

- Weil immer mehr Stickoxide (aus Auspuffgasen) mit Wasser immer mehr Sauren Regen bilden,
- weil Bauern und Winzer immer mehr Gülle (aus der Massentierhaltung, Abb. 1) und zu viel Stickstoffdünger auf die Felder bringen,
- steigt der Nitratgehalt des Trinkwassers (Abb. 2).

Hier drei Zahlenwerte: **1.** Der Nitrateintrag in den Boden stieg in 25 Jahren von 33 kg auf 126 kg/ha. **2.** Für den Weg ins Grundwasser benötigt das Nitrat etwa 20 Jahre. **3.** Der Trinkwasser-Grenzwert für Nitrat, 50 mg/l, wird vielerorts überschritten.

Trinkwasser bald nur noch aus der Flasche?

In Gegenden mit viel Landwirtschaft und besonders in Weinbaugebieten, wo es oft zur Überdüngung kommt, treten im Grundwasser Grenzwertüberschreitungen für Nitrat auf.

In diesen Fällen wird empfohlen, z. B. für die Zubereitung von Babynahrung, nitratarmes Mineralwasser zu verwenden (siehe Abb. 3).

Auch bei überdüngtem Spinat und Salat liegen Nitratwerte hoch (Salat: 300 bis 3500 mg/kg). Vorsicht ist geboten, denn zu viel Nitrat kann bei Kleinkindern zu Blausucht führen (Erstickungsgefahr!).

Fragen und Aufgaben

A 96.1 Wie läßt sich ein zu hoher Nitratgehalt in Trinkwasser und Gemüse vermeiden? Was kann der einzelne tun?

A 96.2 Ein verantwortungsbewußter Landwirt sollte regelmäßig Bodenuntersuchungen durchführen lassen (s. S. 88). Erkläre, welche Vorteile dies für Umwelt und Gesundheit hat.

A 96.3 Ermittle die Zusammensetzung handelsüblicher Düngemittel und Düngestäbchen.

A 96.4 Gesucht sind die Namen und Formeln der in NITROPHOSKA enthaltenen Salze.

Feuerverzinktes Gartentor

Knopfzelle

Opferanoden am Schiffsrumpf

Sicherheit: Schutzbrille!

Versuch: V 97.1

Geräte: Becherglas, Voltmeter

Chemikalien/ Stoffe: Kalilauge*, Kohlestab, Zinkblech

Durchführung: Tauche einen trockenen Kohlestab und ein Zinkblech in ein mit konzentrierter Kalilauge gefülltes Becherglas und miß die Spannung (Meßbereich: 3 Volt).

An der Zinkelektrode (Minuspol) der Batterie gehen Zink-Ionen in Lösung:
$$2\,Zn \rightarrow 2\,Zn^{2+} + 4\,e^-$$
In den Luftporen der Kohleelektrode (Pluspol) setzt sich der Sauerstoff um:
$$O_2 + 2\,H_2O + 4\,e^- \rightarrow 4\,OH^-$$

Versuch: V 97.2

Geräte: Porzellantiegel, Tondreieck, Dreifuß, Brenner, 2 RG, RG-Ständer, Tiegelzange

Chemikalien/ Stoffe: Zinkblech, Zinkspäne, Wasser, 3 Nägel

Durchführung: Gib in das erste RG Wasser und einen Eisennagel, in das zweite RG ebenfalls Wasser mit einem Nagel, der jedoch durch ein Zinkblech geschlagen wurde. Schmilz in einem Tiegel Zinkspäne und tauche einen blanken, entfetteten Nagel in die Schmelze. Entnimm den Nagel mit der Zange und laß ihn abkühlen.

Versuch: V 97.3

Geräte: Glasbehälter

Chemikalien/ Stoffe: Kochsalz, Wasser, Alufolie, versilbertes Besteck

Durchführung: Kleide einen Glasbehälter mit Alufolie aus (Schokoladenpapier o. ä.). Fülle eine Kochsalz-Lösung ein (2 EL Salz auf ½ Liter) und tauche angelaufenes Silberbesteck in die Lösung. Achte auf direkten Kontakt zwischen Folie und Besteck: Al^{3+}-Ionen gehen in Lösung, die Elektronen wandern aus der Folie zum Silbersulfid. Dort entladen sie die Ag^+-Ionen zu Silberatomen, die sich auf dem Besteck ablagern, so daß der Löffel durch die Reinigung nicht dünner wird!

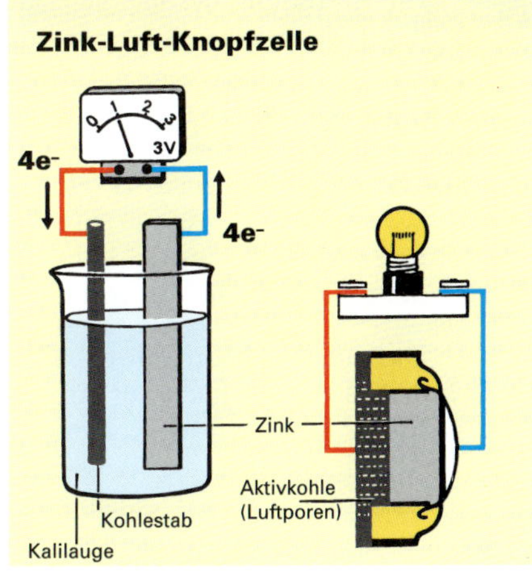

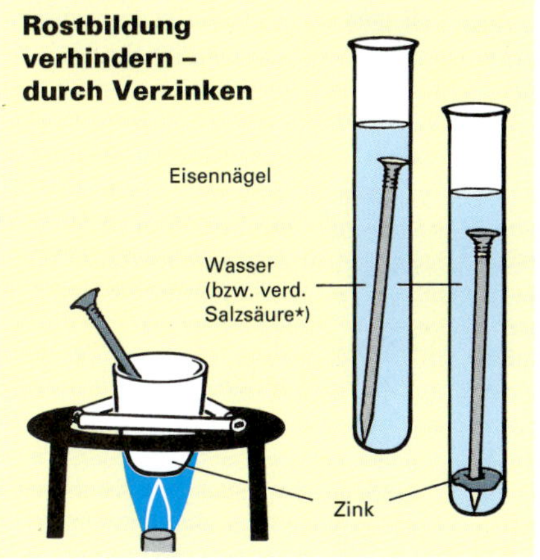

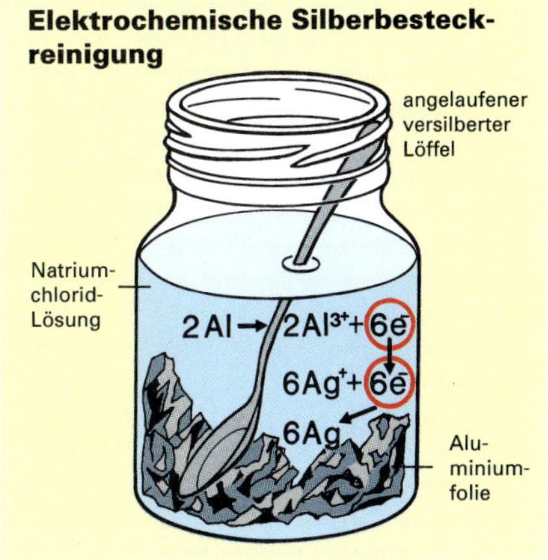

Ärger mit drahtlosen Stromspendern

Jeder Bundesbürger verbraucht heute knapp zehn Batterien pro Jahr. Doch wohin mit den z.T. hochgiftigen Altbatterien? Zwar werden Batterien in Containern gesammelt, aber die Entsorgung und Wiederaufbereitung bereiten erhebliche Probleme. Daher:
• Wenn immer möglich, Netzstrom nutzen (Batteriestrom ist ohnehin mehr als 600mal teurer).
• Umweltfreundliche Zink-Luft-, „Silber"- oder „Lithium"-Batterien wählen.
• Besser noch: Solarzellen einsetzen.
• Am allerbesten: mechanische Alternativen bevorzugen, z. B. Aufzieh-Uhr, Dynamotaschenlampe, mechanische Kamera!

Elektronen als Roststopper

Zink ist unedler als Eisen (s. Fällungsreihe S. 90). Sind beide Metalle von einem Elektrolyten (z. B. Saurem Regen) umgeben, löst sich bei Beschädigung die Zinkschicht auf: $2\,Zn \rightarrow 2\,Zn^{2+} + 4\,e^-$. Die Elektronen wandern zum Eisen und werden dort auf die H_3O^+-Ionen des Sauren Regens übertragen: $4\,H_3O^+ + 4\,e^- \rightarrow 2\,H_2 + 4\,H_2O$. Dabei bleibt das Eisen unverändert.
Deshalb wird verzinktes Eisen (Abb. 4) auch bei einer Verletzung der Schutzschicht vor dem Verrosten bewahrt. Nach dem gleichen Prinzip schützt man Schiffsrümpfe durch „Opferanoden" aus Zink oder Alu (Abb. 6). Die sich zersetzenden Anoden ersetzt man alle 3 – 4 Jahre.

Fragen und Aufgaben

A 97.1 Feuerverzinken (V 97.2) heißt: gereinigtes Eisen wird in ein 450 °C heißes, flüssiges Zinkbad getaucht (Überzughaut = ¹/₁₀₀₀ mm dünn). Zähle Eisenprodukte auf, die man durch Verzinken gegen Rost schützen kann.

A 97.2 Die Abb. 5 zeigt eine Quarzuhr mit Knopfzelle. Nenne 2 Uhrwerkantriebe, die umweltfreundlicher als die Batterie sind.

A 97.3 Nach Abziehen einer Folie dringt Luftsauerstoff in die Zink-Luft-Batterie; sie ist betriebsbereit. Bezeichne die Ionen und benenne die Verbindung, die bei der Stromentnahme entstehen.

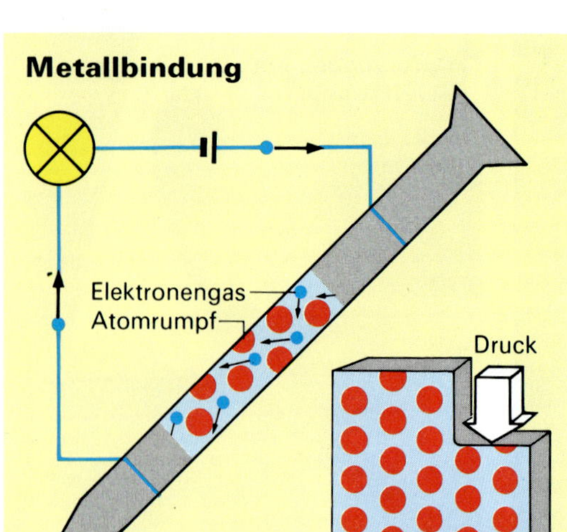

98.1 Die elektrische Leitfähigkeit und die Verformbarkeit der Metalle erklären sich durch die frei beweglichen Elektronen

V **98.1** Ritze verschiedene Metallproben gegenseitig an und ordne sie nach ihrer Härte.

V **98.2** Bearbeite die Metallproben von V 98.1 einseitig mit Schmirgelpapier. Achte auf Veränderungen der Oberflächen nach einigen Tagen.

A **98.3** Vergleiche die Auswirkungen von Druck auf Metall (Abb. 98.1) und auf einem Salzkristall (Abb. 63.3).

A **98.4** Besonders stark der Witterung ausgesetzte Fahrzeugteile (z. B. Bodenbleche) werden heute oft verzinkt. Erkläre diese Maßnahme mit Hilfe der Fällungsreihe (Abb. 90.4).

A **98.5** Finde Anwendungsbeispiele für Korrosionsschutzmaßnahmen.

A **98.6** Warum darf ein Gewächshaus aus Aluminium-Profilen nicht mit Kupfer-Schrauben montiert werden?

98.2 Der besondere Hinweis: In der Bundesrepublik Deutschland verursacht der Rost jedes Jahr Schäden von ca. 30 Milliarden DM

32.1 Metalleigenschaften

Metalle sind feste Stoffe (das flüssige Quecksilber ist eine Ausnahme). **Typische Eigenschaften aller Metalle** sind ihre glänzende Oberfläche, ihre Verformbarkeit und die Fähigkeit, Wärme sowie den elektrischen Strom zu leiten. Einige Eigenschaften werden im folgenden erklärt:

Die Außenelektronen der Metallatome sind nur schwach an das Restatom, den **Atomrumpf**, gebunden. Sie lassen sich deshalb teilweise leicht „wegschieben", so daß positiv geladene Ionen entstehen. Alle diese leicht verschiebbaren Außenelektronen nennt man **Elektronengas**. Es ist verantwortlich für die elektrische Leitfähigkeit der Metalle. **Stromfluß** bedeutet ein Verschieben der Elektronen innerhalb des Gitters.

Auch der Zusammenhalt des **Metallgitters,** die **Metallbindung,** wird durch das Elektronengas verursacht. Wirkt auf Metalle Druck ein, verschieben sich die Atomrümpfe **(Verformung)**. Es kommt jedoch nicht zur Abstoßung der gleichgeladenen Atomrümpfe, denn ihre Ladung wird durch das negative Elektronengas ausgeglichen **(Abb. 98.1)**.

Die Korrosion

Die meisten Metalle reagieren unter Elektronenabgabe (Oxidation) mit Wasser oder Luftsauerstoff. Diese Reaktion bezeichnet man als **Korrosion.** Je weiter links das Metall in der Fällungsreihe (Abb. 90.4) steht, desto leichter korrodiert es (wird es „zerfressen").

Das unedle **Aluminium** bildet mit dem Luftsauerstoff eine feste, undurchlässige Schicht aus Aluminiumoxid. Sie schützt das darunterliegende Metall vor weiterer Korrosion. Im Gegensatz zur festen Oxidschicht des Aluminiums ist die Rostschicht des unedlen **Eisens** porös, luft- und wasserdurchlässig. Deshalb korrodiert Eisen immer weiter: Es rostet durch.

Mit **Metallüberzügen** kann Eisen geschützt werden. Besteht der Metallüberzug aus einem edleren Metall, führen jedoch schon kleinste Risse zu Rostfraß. Es findet eine **elektrochemische Korrosion** statt. Dabei wirkt das unedle Eisen als „Auflösungselektrode" **(Abb. 98.4)**.

Magnesium korrodiert noch leichter als Eisen. Durch „**Opferelektroden**" aus Magnesium kann deshalb rostgefährdetes Eisen (unterirdische Tanks, Pipelines) geschützt werden. Dazu wird ein Magnesium-Block leitend mit der Eisen-Konstruktion verbunden. Statt des Eisens gibt das Magnesium seine Außenelektronen ab (und löst sich dabei zu freien Ionen auf). Die Elektronen fließen zum Eisen und reduzieren die in der Bodenfeuchtigkeit vorhandenen Wasserstoff-Ionen H^+ zu elementarem Wasserstoff **(Abb. 98.3)**.

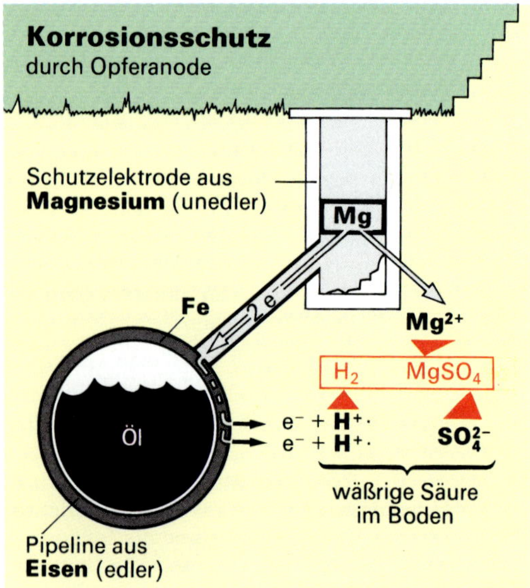

98.3 Erhält Eisen durch ein unedleres Metall (Magnesium) Elektronen, rostet es nicht

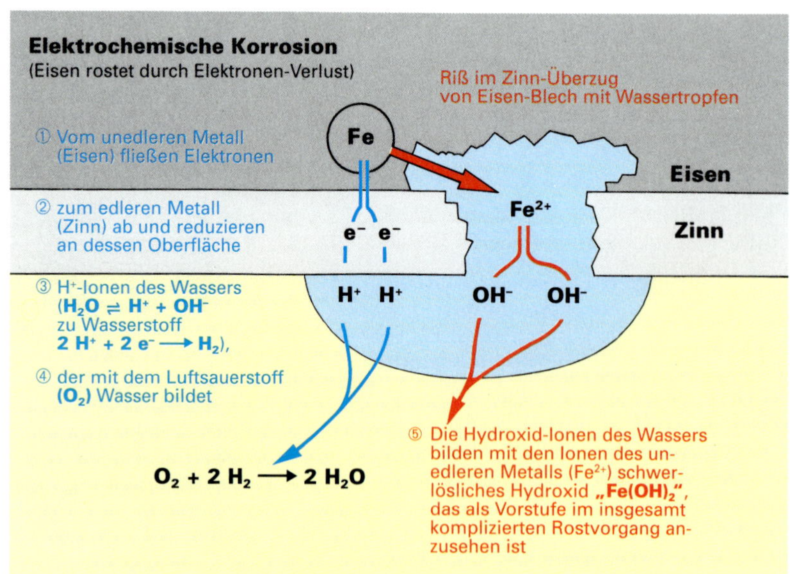

98.4 Wird der Überzug aus edlerem Zinn rissig, gelangt Wasser zum unedleren Eisen: Eisen geht als Ion in Lösung und leitet das Rosten ein

32.2 Leichtmetalle – Schwermetalle

Magnesium, Aluminium und Titan sind **Leichtmetalle** (Dichte <5 g/cm³, s. Abb. 4.3), die als Legierungen im Schiffs-, Fahrzeug- und Flugzeugbau sowie in der Raumfahrt eingesetzt werden. Zu den **Schwermetallen** zählen Eisen, die Stahlveredler Chrom, Nickel, Cobalt und die Buntmetalle Kupfer und Gold. Kupfer und neuerdings auch Gold werden wegen ihrer hervorragenden elektrischen Leitfähigkeit in der Elektrotechnik und Mikroelektronik geschätzt. Wolfram besitzt mit 3410 °C den höchsten Schmelzpunkt aller Metalle (Glühdraht in Lampen).

Als **Umweltgifte** sind die Schwermetalle Blei, Cadmium und Quecksilber zu einer Bedrohung der Gesundheit geworden. So erkrankten 1953 in Japan 800 Menschen an akuter **Quecksilber**-Vergiftung, der Minimata-Krankheit. Über 100 Menschen starben qualvoll: Quecksilber-Ionen (z. B. aus Fabrikabwässern) wurden von Bakterien in Methylquecksilber umgewandelt. Durch die Nahrungskette gelangte das Gift in den Körper und verursachte Muskelschwund und Nervenschäden. Wie das Quecksilber werden auch Blei und Cadmium in Lebewesen angereichert. Bereits Spuren von **Blei** (z. B. aus Müllverbrennungsanlagen) führen bei ständiger Aufnahme zur Beeinträchtigung der Blutbildung und des Nervensystems. Bei starker **Cadmium**-Belastung kommt es zu Nierenschäden. Cadmium ist angereichert in Tabak (Gefahr beim Rauchen). Außerdem ist vor häufigem Verzehr von Wildpilz-, Nieren- und Lebergerichten abzuraten, da ihr Cadmium-Gehalt zu hoch ist.

32.3 Metallverbrauch – Rohstoffversorgung

Da die meisten Rohstoffe, wie z. B. Erze und Erdöl, hemmungslos genutzt werden, stehen sie nur noch begrenzt zur Verfügung. Die bekannten **Weltvorräte** an Silber-, Zink- und Quecksilber-Erzen werden um die Jahrtausendwende erschöpft sein. Durch die Erschließung neuer Lagerstätten (Grönland) lassen sich mögliche Engpässe hinausschieben. Ungelöst ist noch, wie die im Pazifik entdeckten Mangan-Knollen gefördert werden können **(Abb. 99.2)**. **Low-grade-Erze** sind Erze mit geringem Metallgehalt; ihr Abbau lohnte bisher nicht. Mit neuen Verfahren will man auch Low-grade-Erze nutzen. Ein ungewöhnliches Beispiel ist hier der Einsatz von Bakterien. Sie sollen Kupferkies ($CuFeS_2$) zu Kupfersulfat ($CuSO_4$) umwandeln, damit dieses mit Wasser aus dem Gestein herausgelöst werden kann. Im übrigen läßt sich der Bedarf an metallhaltigen Rohstoffen verringern, wenn man verstärkt auf Ersatzstoffe ausweicht und „Alt-Metall" wiederverwertet **(Abb. 99.1)**. Dieses **Recycling** ist dann sinnvoll, wenn knapp werdende **Rohstoffe** und teure **Energie** eingespart werden können, Müll vermieden wird und das Material sich umweltschonend aufbereiten läßt.

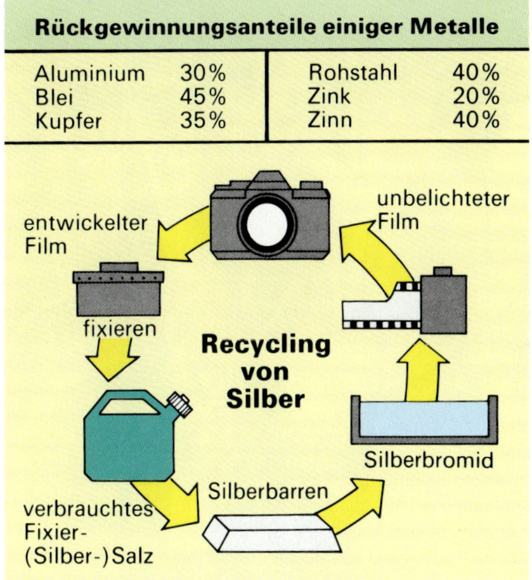

99.1 Silber gehört zu den Rohstoffen, die die Natur nicht unbegrenzt liefern wird. In 15 – 20 Jahren ist der natürliche Vorrat erschöpft

99.2 Mangan-Knollen im Pazifik: Neben Mangan (wichtig für Eisen-Legierungen) enthalten sie bis zu 1% Kupfer, Nickel oder Cobalt

Elementvorkommen in der Natur

99.3 In der Natur werden die Elemente entweder chemisch gebunden (z. B. als Chloride, Oxide, Sulfide, Sulfate, Silicate) oder rein (z. B. Sauerstoff, Gold) gefunden. Die häufigsten Erscheinungsformen sind farblich gekennzeichnet

↓ Aus Rohstoffen werden über Zwischenprodukte in Labors neue Chemikalien entwickelt und ihre Verwendung erprobt

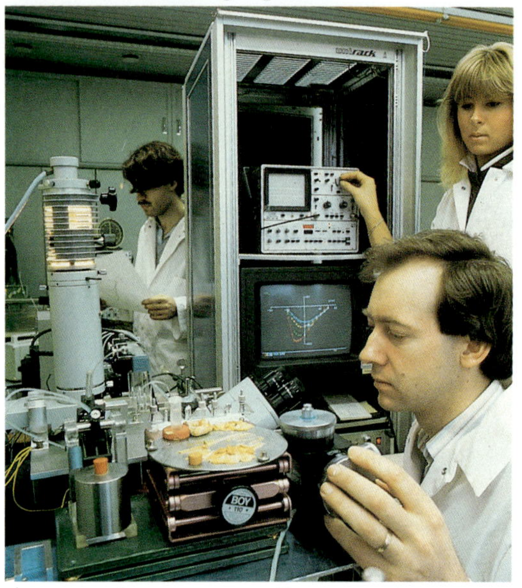

↓ Hat ein neuer Stoff die Unbedenklichkeitsprüfung bestanden, wird er produziert – vorausgesetzt, daß sich alle …

→ … gasigen, flüssigen und festen Abfallstoffe tatsächlich risikofrei beseitigen lassen

← Steinsalz zählt mit Erdgas, Kohle, Öl, Schwefel, Phosphat und Erzen zu den wichtigsten chemischen Rohstoffen

Während die chemische **Grundlagen-Forschung** der Universität früher weitgehend zweckfrei war, ist sie heute – fast ebenso wie die **angewandte Forschung** der Industrie – zweckgerichtet, d. h. auf eine praktische Verwendung bezogen. Aus den wenigen **Rohstoffen** Luft, Wasser, Steinsalz, Erzen, Phosphat, Schwefel und – besonders wichtig – Kohle, Erdöl und Erdgas stellt die Industrie über zahlreiche Zwischenstufen die **Endprodukte** her. Hierzu zählen: Kunststoffe, Farben, Arzneimittel, Textilien usw. Chemische Forschung ist zeitaufwendig und teuer. So kann die Entwicklung eines Pflanzenschutzmittels 10 Jahre dauern und die **Prüfung** von 10 000 verschiedenen Substanzen erfordern.

Zwischen dem Entwicklungslabor und dem produzierenden Betrieb stehen die Abteilungen der **Anwendungstechnik**. Sie untersuchen die Verwendungsmöglichkeiten eines neuen Stoffes z. B. für die Elektrotechnik oder den Möbelbau. Über den Verkaufserfolg eines Chemieprodukts entscheiden aber nicht allein seine Eigenschaften. Es muß auch preiswert hergestellt werden können.

Bevor eine Fabrik neu erstellt oder eine vorhandene umgebaut wird, muß geprüft werden, ob sich die gasigen, flüssigen und festen Abfallstoffe auch beseitigen lassen. Es ist dringend nötig, daß auf **umweltfreundliche** Produkte und Herstellungsmethoden noch strenger geachtet wird.

→ Wo vermutlich unerlaubt Gifte „entsorgt" werden, prüfen Umweltschutzorganisationen „selbständig" und informieren die Öffentlichkeit

← Chemiewerke liegen verkehrsgünstig, um die Kosten des Transports (auf Wasser, Schiene und Straße) niedrig zu halten

← Abfall recyceln ist notwendig, Müll vermeiden zwingend, denn vielerorts sind die Mülldeponien bereits randvoll

Ein im Labor erforschtes neues Herstellungsverfahren wird in einer kleinen **„halbtechnischen" Versuchsanlage** getestet. Nach erfolgreichem Probelauf schließen sich Planung und Bau der **Großanlage** an. Hier läuft die Produktion dann vollautomatisch. Von einer Meßwarte aus wird die Anlage überwacht und ferngesteuert.

Die **Qualität** eines Industrieproduktes wird in der Regel laufend überprüft. Dabei darf aber nicht übersehen werden, daß manche dieser „Qualitätsprodukte" unsere **Umwelt** erheblich belasten oder sogar gesundheitsschädlich sind – sei es bei der Herstellung, sei es bei der Entsorgung.

Ständig steigende **Energiekosten** verlangen energiesparende Herstellungsverfahren. Hinzu kommt, daß die Rohstoffe verknappen. **Recycling** ist deshalb erforderlich: In Containern müssen Altmaterialien aus Industrie und Haushalt gesammelt und wiederverwertet werden. Zudem sollten **Nebenprodukte**, die bei chemischen Umsetzungen anfallen, als Ausgangsstoffe in andere Herstellungsprozesse eingespeist werden. Schwierigkeiten bei der Rohstoffversorgung sind sonst unabwendbar.

Chemiewerke liegen nicht nur wegen ihres hohen Wasserbedarfs an Flüssen. Der **Transport** der Rohstoffe sowie der Zwischen- und Endprodukte ist auf dem Wasserweg besonders wirtschaftlich.

↑ Qualitätskontrolle der laufenden Produktion. Hier: Prüfung der Durchschlagsfestigkeit bei Isolierfolien

→ Chemische Industrieanlagen sind nahezu menschenleer. Meßwarten steuern die laufenden Prozesse automatisch

↑ Herstellung eines Chemiewerkstoffes für Gehäuse von Haushaltsgeräten

Verbrennungsprodukte eines Kohlenwasserstoffs

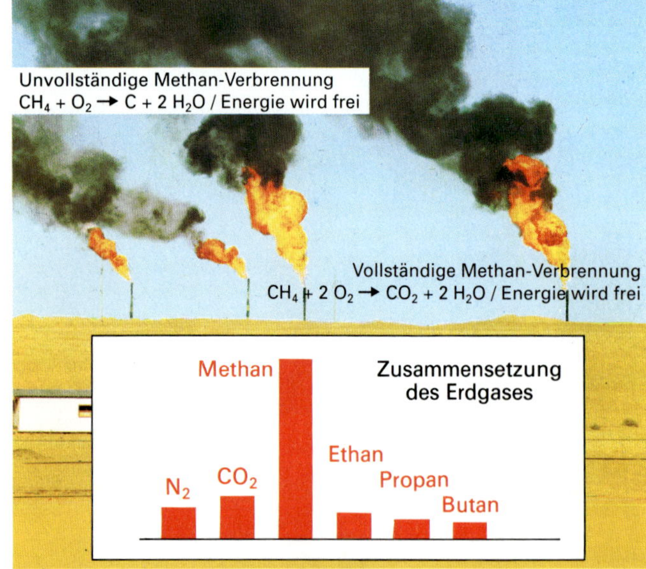

102.1 Das Feuerzeuggas Butan verbrennt mit dem Sauerstoff der Luft zu Wasserdampf und Kohlenstoffdioxid. Demnach ist Butan aus H und C aufgebaut

[V] **102.1** Erdgas★ oder Butan★, das aus dem Brenner strömt, wird entzündet. Halte über die Flamme **a)** einen Glasstab, an dem ein Tropfen Kalkwasser hängt, **b)** ein kaltes Becherglas. Prüfe das Kondensat im Becherglas mit wasserfreiem CuSO₄★. Vgl. mit Reaktionsschema 102.3 u.

[LV] **102.2** Der Siedepunkt eines flüssigen Alkans wird bestimmt und mit der Tabelle 103.1 verglichen.

[V] **102.3** Blase die Flamme einer Paraffinkerze aus und entzünde sie wieder. Erkläre die Funktion des Dochts.

[V] **102.4 a)** Gib einige Tropfen eines flüssigen Alkans in ein Porzellanschälchen. (Entferne die Vorratsflasche!) Entzünde und beschreibe die Flammenfarbe.

b) Untersuche die Löslichkeit flüssiger Alkane in Wasser, in Hexan★, und in Fett.

[A] **102.5** Baue die Molekülmodelle von Methan und Butan.

[A] **102.6** Vergleiche die beiden Reaktionsschemata auf Abb. 102.3 und begründe die Rußbildung.

102.2 Der bes. Hinweis: Außer Kohlenstoffdioxid (50 %) ist Methan mit 19 % am Treibhauseffekt (s. S. 39) beteiligt. Im Magen eines Rindes werden täglich (!) 150 l Methan gebildet

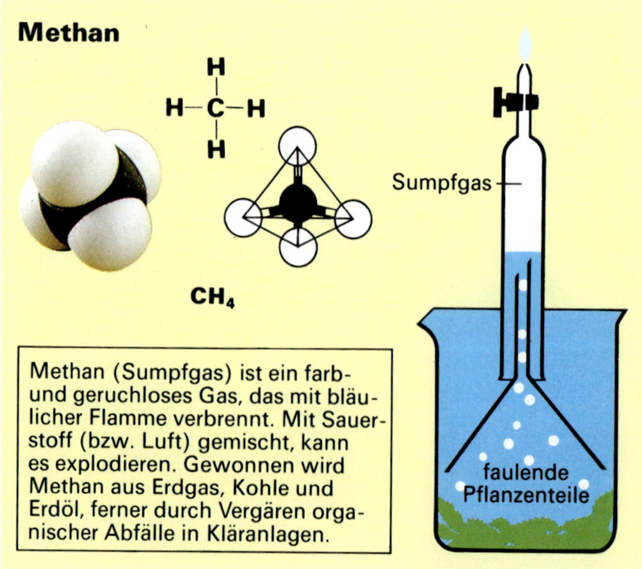

102.3 Hauptbestandteil von Erdgas ist Methan. Als wichtiger Energieträger sollte es nicht abgefackelt werden

34.1 Butan C₄H₁₀ – eine organische Verbindung

Gasfeuerzeuge enthalten Butan. Da dieses Gas unter Druck eingefüllt wird, verflüssigt es sich. Durch Öffnen des Ventils entspannt sich der Innendruck: Das Butan entweicht. Die Funken des Feuersteins entzünden das ausströmende Gas; es verbrennt zu Wasser und Kohlenstoffdioxid **(Abb. 102.1)**. Ein **Butan-Molekül** ist demnach aus Kohlenstoff- und Wasserstoff-Atomen zusammengesetzt. „Kohlenwasserstoffe" wie das Butan ordnet man der **organischen Chemie** zu. Organische Stoffe können aber auch noch andere Elemente enthalten, z. B. O, S, N, P und Halogene. Früher glaubte man, daß sich organische Stoffe nur in Lebewesen bilden. Die **Synthese von Harnstoff** durch FRIEDRICH WÖHLER 1828 bewies jedoch, daß sich organische Stoffe auch im Labor herstellen lassen (Harnstoff ist Bestandteil des Urins, s. S. 156). Heute sind über **7 Millionen** organische Verbindungen bekannt, aber nur 400000 anorganische. Ursache für diese Vielfalt ist die Fähigkeit der **C-Atome**, miteinander sowohl **Ketten** als auch **Ringe** zu bilden.

34.2 Methan CH₄ – Hauptbestandteil des Erdgases

Erdgas ist ein Stoffgemisch, das hauptsächlich **Methan** enthält **(Abb. 102.3)**. Methan ist die einfachste organische Verbindung. Seine Bindungsverhältnisse lassen sich leicht überschauen: Die **4 Außenelektronen** des zentralen Kohlenstoff-Atoms bilden mit den Elektronen der Wasserstoff-Atome gemeinsame Elektronenpaare. Wegen ihrer gleichnamigen negativen Ladung versuchen diese 4 gemeinsamen Elektronenpaare, größtmöglichen Abstand voneinander zu wahren. Dadurch entsteht eine **Tetraederform (Abb. 102.4)**.

Beim Abbau von Kohlelagerstätten kann Methan freiwerden („Grubengas"). Das Gas ergibt mit Luftsauerstoff ein **hochexplosives Gemisch**. Faulen Pflanzenreste unter Wasser, entsteht „Sumpfgas", ein Gemisch aus Methan und Kohlenstoffdioxid. Das Methan, das in modernen Kläranlagen anfällt, heißt **„Biogas"**. Es bildet sich hier in großen Faultürmen aus den organischen Abfallstoffen der Abwässer (Abb. 37.5). Methan- bzw. Erdgas sind **saubere Energiequellen**, denn diese Gase verbrennen schadstoffarm (Abb. 102.3).

102.4 Das Methan-Molekül: Kalottenmodell (l) Kugelstabmodell (r), Strukturformel (o), Summenformel (u)

34.3 Die homologe Reihe der Alkane

Geht man von Methan aus und erweitert das Molekül schrittweise um eine **CH$_2$-Einheit**, entstehen nacheinander Ethan C$_2$H$_6$, Propan C$_3$H$_8$, Butan C$_4$H$_{10}$ usw. **(Abb. 103.1)**. Der gleichmäßig (homolog) in CH$_2$-Stufen ansteigende Molekülbau führte zu dem Begriff **homologe Reihe** der **Alkane**. Alkan steht für **„gesättigter Kohlenwasserstoff"**. Gesättigt heißt, daß alle verfügbaren Kohlenstoff-Bindungen mit Wasserstoff-Atomen besetzt sind.

Alkane sind gesättigte Kohlenwasserstoffe. Sie bilden eine homologe Reihe.

Für die Stoffklasse der Alkane läßt sich eine **allgemeine Summenformel** aufstellen: **C$_n$H$_{2n+2}$**. Nimmt man die Anzahl der Kohlenstoff-Atome mit **n** an (z. B. n = 8), ist die Anzahl der Wasserstoff-Atome im Molekül 2n + 2 (also: 18). Die Summenformel C$_8$H$_{18}$ trifft für Octan zu. Die **Namen** aller **Alkane** enden auf **–an**.

Die Schmelz- und Siedepunkte der Alkane steigen mit zunehmender Kettenlänge der Moleküle. Verantwortlich hierfür sind Anziehungskräfte zwischen den Molekülen, sie heißen **Van-der-Waals-Kräfte**. Diese Anziehungskräfte nehmen mit der Molekülgröße zu. Deshalb sind die kurzkettigen Alkane – von **C$_1$ bis C$_4$ – gasig** (geringe Anziehung), die mittellangen Ketten – von **C$_5$ bis C$_{16}$ – flüssig** (stärkere Anziehung) und die langkettigen Alkane **ab C$_{17}$ fest** (große Anziehung, **Abb. 103.2**). Typisch für die flüssigen Alkane ist ihr „Benzingeruch". Die festen Alkane (Paraffine) werden u. a. zur Herstellung von Paraffinkerzen verwendet.

Während die Heizgase Methan, Butan und Propan **(Abb. 103.3)** mit sauberer, fahlblauer Flamme abbrennen, rußt die gelb brennende Hexan-Flamme stark. Mit zunehmender Kettenlänge verstärkt sich diese **Rußbildung**.

Alkane lösen sich kaum in Wasser. Sie sind wasserabstoßend **(hydrophob)**, weil ihre Moleküle **unpolar** sind und sich deshalb nicht von den **polaren** Wassermolekülen anziehen lassen **(Abb. 103.4)**. Die unpolaren Moleküle zweier verschiedener Alkane ziehen sich aber untereinander an: Alkane sind ineinander **mischbar** und gute Fettfleck-Lösemittel, also fettfreundlich **(lipophil)**.

Die ersten Glieder der homologen Reihe der Alkane									
Schmelzpunkt									Siedepunkt
−184	−172	−190	−135	−129	−94	−90	−59	−54	−30
−162	−89	−42	−0,5	+36	+69	+98	+126	+151	+174

CH$_4$ C$_2$H$_6$ C$_3$H$_8$ C$_4$H$_{10}$ C$_5$H$_{12}$ C$_6$H$_{14}$ C$_7$H$_{16}$ C$_8$H$_{18}$ C$_9$H$_{20}$ C$_{10}$H$_{22}$

Methan Ethan Propan Butan Pentan Hexan Heptan Octan Nonan Decan

103.1 Vergrößert man das Methan-Molekül stufenweise um eine CH$_2$-Einheit, ergibt sich eine Reihe ähnlich gebauter Moleküle – eine homologe Reihe

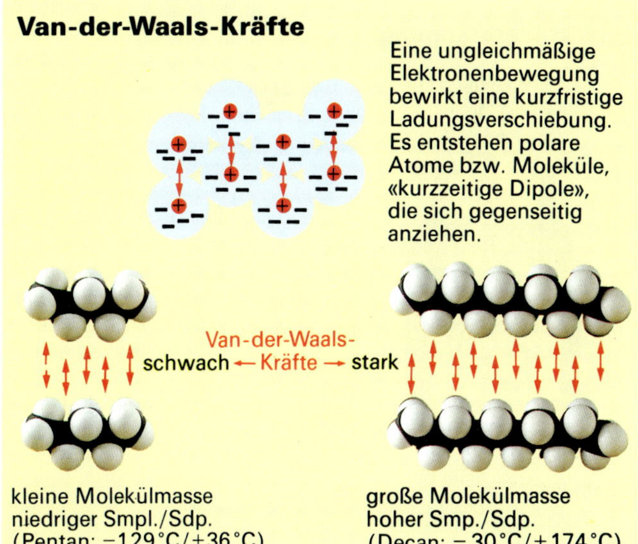

103.2 Mit zunehmender Alkan-Kettenlänge wachsen die Van-der-Waals-Kräfte und damit auch die Schmelz- und Siedepunkte

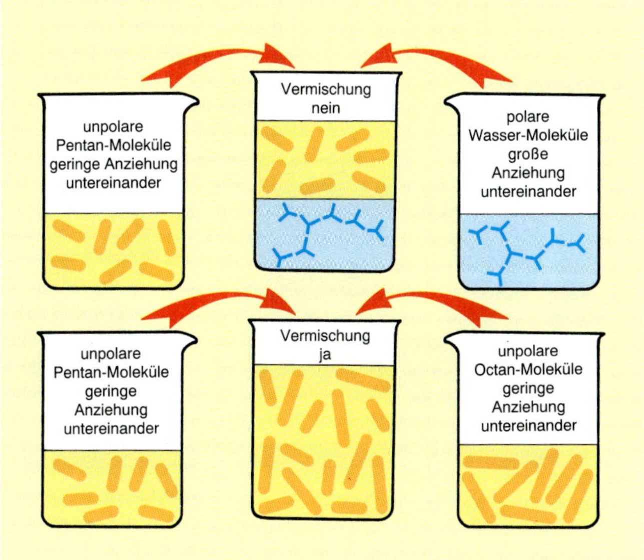

103.4 Pentan mischt sich mit Octan, nicht jedoch mit Wasser: Ähnliches löst sich in Ähnlichem

103.3 Butan und Pentan verflüssigen sich unter Druck. Das verringerte Volumen (1/260) ist günstig für den Transport

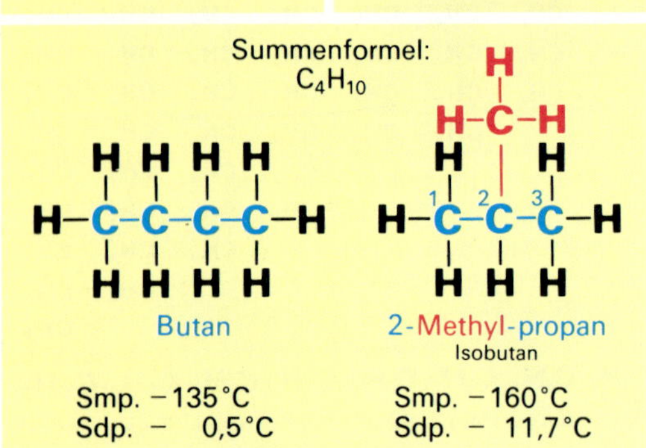

104.1 Stoffe mit gleicher Summenformel, aber ungleichem Molekülbau heißen Isomere. Sie zeigen unterschiedliche Eigenschaften

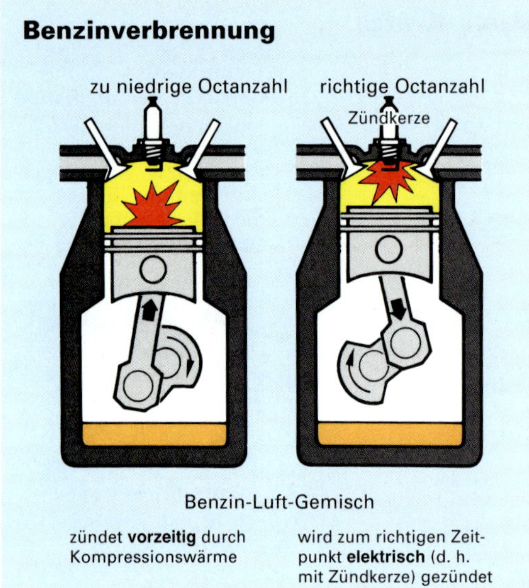

104.2 Bei der Verwendung unverzweigter Alkane als Benzin kommt es zu selbständiger, verfrühter Zündung: der Motor „klopft"

Treibstoffname	Zündverhalten	Octanzahl
n-Heptan C_7H_{16}	stark klopfend	OZ 0
Isooctan C_8H_{18} (2,2,4-Trimethylpentan)	sehr klopffest	OZ 100

Normalbenzin aus:		
n-Heptan	9 %	OZ 91
Isooctan	91 %	

OZ 91 bedeutet: Das Zündverhalten des angebotenen Benzins entspricht dem des Norm-Gemisches aus 9 % n-Heptan und 91 % Isooctan

Superbenzin aus:		
n-Heptan	2 %	OZ 98
Isooctan	98 %	

104.3 Die Treibstoff-Klopffestigkeit wird in einem genormten Einzylindermotor ermittelt

34.4 Iso-Alkane und ihre Namen

Zu der Summenformel C_4H_{10} des Butans lassen sich zwei **verschiedene Strukturformeln** aufstellen **(Abb. 104.1)**: Die 1. Strukturformel zeigt das Butan, kenntlich an der geraden Kette. Die 2. Strukturformel gilt für das Isobutan, kenntlich an der verzweigten Kette. Das Isobutan unterscheidet sich vom Butan im Schmelz- und Siedepunkt. Somit sind Butan und Isobutan zwei verschiedene Stoffe.

Stoffe mit gleicher Summenformel, aber ungleicher Strukturformel, nennt man Isomere.

Die Anzahl der möglichen Alkan-Isomere steigt mit der Kohlenstoffzahl in den Molekülen. So gibt es zum Beispiel 9 Heptan-Isomere, aber 75 Decan-Isomere! Um die verzweigten Iso-Alkane voneinander unterscheiden zu können, wurde die Art ihrer Benennung festgelegt. Zu „2-Methyl-propan" gelangt man wie folgt (vgl. mit Abb. 104.1):

1. Die längste Kohlenstoffkette, die **Hauptkette**, wird ermittelt (hier: 3 C-Atome, also Propan) und durchnumeriert (von 1 bis 3).
2. Die **Seitenkette** besteht aus einem Alkan, dem ein H-Atom fehlt. Es ist ein **Alkyl-Rest**. Um Alkyl-Reste zu bezeichnen, wird die Endung **–an** des betreffenden Alkans durch **–yl** ersetzt (Methan/Methyl-).
3. 2-Methyl-propan: Die Zahl vor dem Alkyl-Rest gibt die Nummer des C-Atoms an, von dem die Verzweigung abgeht. Die Numerierung beginnt an dem Hauptkettenende, das der Seitenkette am nächsten ist.

Die Octanzahl OZ

In einem Benzinmotor wird das Benzin-Luft-Gemisch vor der elektrischen Zündung durch die Aufwärtsbewegung des Kolbens verdichtet, d. h. zusammengepreßt. Dadurch erwärmt sich das Gemisch und neigt zum vorzeitigen Entzünden: der Motor **„klopft"** **(Abb. 104.2)**. Starker Leistungsabfall und Motorschäden sind die Folge. **Benzine** enthalten bis zu **150** verschiedene **Verbindungen**. Durch eine bestimmte Zusammensetzung des Treibstoffs kann das Klopfen vermieden werden.

Die **Octanzahl** gibt die Klopffestigkeit des Benzins an. Das Heptan hat die **Klopffestigkeit 0**, dem Isooctan wird die **Klopffestigkeit 100** zugeordnet **(Abb. 104.3)**. Verzweigte Alkane sind klopffester als unverzweigte. Beimischungen zum Benzin von Benzol, Alkohol oder Bleitetraethyl $Pb(C_2H_5)_4$ verbessern die Klopffestigkeit. Bleiverbindungen im Benzin vergiften jedoch Abgaskatalysatoren (vgl. S. 78) und belasten, zusammen mit dem krebserregenden Benzol, die Umwelt. Superbenzin ist klopffester als Normalbenzin.

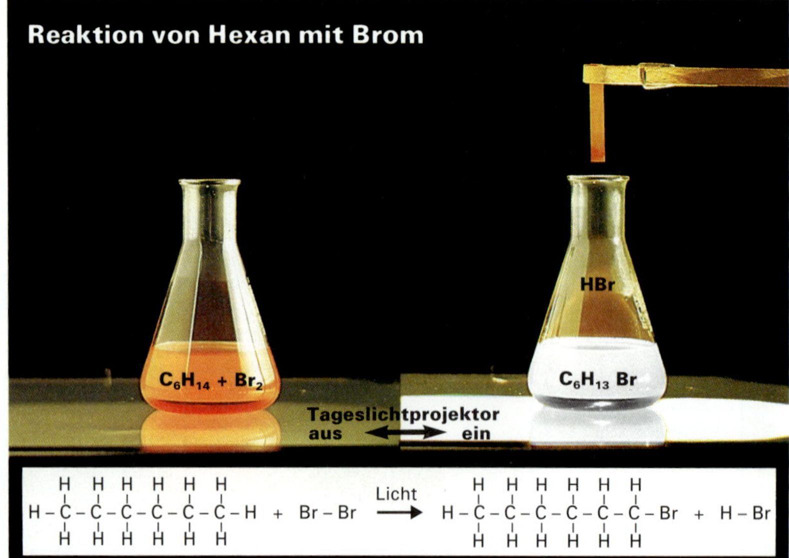

104.4 Erst bei der Belichtung wird ein H-Atom des Hexans durch Brom substituiert. Es bilden sich Monobromhexan und Bromwasserstoff

Die Verbrennung der Alkane

Alle Alkane sind brennbar: **A)** Wird genügend Sauerstoff zugeführt, verbrennen die Alkane **vollständig** zu Kohlenstoffdioxid (und Wasser). **B)** Ist nicht genügend Sauerstoff vorhanden, verbrennen die Alkane **unvollständig** zu Kohlenstoffmonooxid (und Wasser). **C)** Bei noch stärkerem Sauerstoff-Mangel liefert die unvollständige Verbrennung nur reinen Kohlenstoff als Ruß (und Wasser).

A) $2\ C_3H_8 + 10\ O_2 \rightarrow 6\ CO_2 + 8\ H_2O$ / **viel** Energie wird frei
B) $2\ C_3H_8 + \ \ 7\ O_2 \rightarrow 6\ CO \ \ + 8\ H_2O$ / **weniger** Energie wird frei
C) $2\ C_3H_8 + \ \ 4\ O_2 \rightarrow 6\ C \ \ \ + 8\ H_2O$ / **noch weniger** Energie wird frei

CO_2 gilt als Treibhausgas, CO ist giftig und C erzeugt Krebs

Die Reaktionsprodukte lassen sich z. B. bei der Verbrennung von Benzin, Heizöl oder einer Kerze nachweisen.

34.5 Die Halogenalkane

Zuerst als ungiftige Kältemittel (für den Kühlschrank), als nichtbrennbare Lösemittel (für die Kleiderreinigung) oder als geruchlose Treibgase (für Spraydosen) gepriesen, sind viele Halogenalkane, wie die **FCKW**, nun als die **Ozonschicht-Zerstörer** erkannt worden **(Abb. 105.3)**. Obwohl die Ozonschicht, die die Erde vor der gefährlichen ultravioletten Sonnenstrahlung schützt, dünner und dünner wird, läuft die FCKW-Produktion weltweit größtenteils ungebremst weiter (vgl. Titelbild, Seite 68 und 160).

Alkane werden weder von Säuren und Laugen, noch von Oxidationsmitteln angegriffen. Mit **Halogenen** jedoch können Alkane reagieren, wenn Licht vorhanden ist (im Dunkeln passiert nichts). Belichtet man z. B. eine gelbbraun gefärbte Lösung aus Hexan und Brom, tritt Entfärbung ein **(Abb. 104.4)**. Es entsteht farbloses Monobromhexan. Über der Flüssigkeit bildet sich ein Nebel, der feuchtes Indikatorpapier rot färbt (Bromwasserstoff-Säure).

Hexan tauscht eines seiner 14 H-Atome gegen ein Br-Atom aus. Das freigewordene H-Atom verbindet sich mit dem ebenfalls freien Br-Atom zu HBr. Solch eine Austauschreaktion nennt man **Substitution**.

Werden in einem Molekül Atome (oder ganze Atomgruppen) gegen andere Atome (oder Atomgruppen) ausgetauscht, spricht man von einer Substitution.

Die **Abbildung 105.4** zeigt drei Beispiele für Halogenalkane.

Name	Formel	Modell	Eigenschaft/Verwendung
Chloroform Trichlormethan	$CHCl_3$		flüssig, süßlicher Geruch, betäubend, unbrennbar, vermutlich krebserregend Sdp. + 61 °C Als Lösemittel für Fette, Öle und Harze. Wegen Nebenwirkungen nicht mehr als Narkosemittel
Halon Bromtrifluormethan	$CBrF_3$		gasig, ungiftig, unbrennbar Sdp. – 58 °C Feuerlöschmittel, übertrifft die Löschwirkung von CO_2 um das 4 - 7fache
Frigen Dichlordifluormethan	CCl_2F_2		gasig, geruchlos, ungiftig, unbrennbar Sdp. – 30 °C Als „FCKW"-Treibgas in Sprays, Kältemittel z. B. für Kühlschränke

105.4 Halogenalkane sind gute Lösemittel für organische Stoffe. Die Entflammbarkeit nimmt mit der Anzahl der Halogenatome ab

105.1 Halogennachweis in organischen Stoffen. Mit Kupfer bildet die Stoffprobe Kupferhalogenide, die die Flamme grün färben, LV 105.3

A 105.1 Zeichne die isomeren Strukturen des Hexans und benenne die Stoffe. Baue die entsprechenden Molekülmodelle und vergleiche.

A 105.2 Warum muß der Indikatorpapierstreifen bei dem Versuch Abb. 104.4 vorher angefeuchtet werden?

LV 105.3 Man sprüht a) Chloroform* b) Haarspray (FCKW) c) Korrekturflüssigkeit (CKW) auf einen ausgeglühten Kupfer-Blechstreifen und hält ihn in die nichtleuchtende Brennerflamme (Abzug!).

A 105.4 Überlege, wo auf frigenhaltige Spraydosen verzichtet werden kann. (Wie arbeiten Luftdruckzerstäuber?)

A 105.5 Eine Stadt mit ca. 500000 Einwohnern müßte ca. 15000 Kühlschränke pro Jahr recyceln. Ein Kühlschrank enthält ca. 150 g FCKW. Berechne den Ertrag.

105.2 Der besondere Hinweis: Gelangen Lösemittel mit Halogenalkanen in den Boden oder in Gewässer, kann das Trinkwasser vergiftet werden

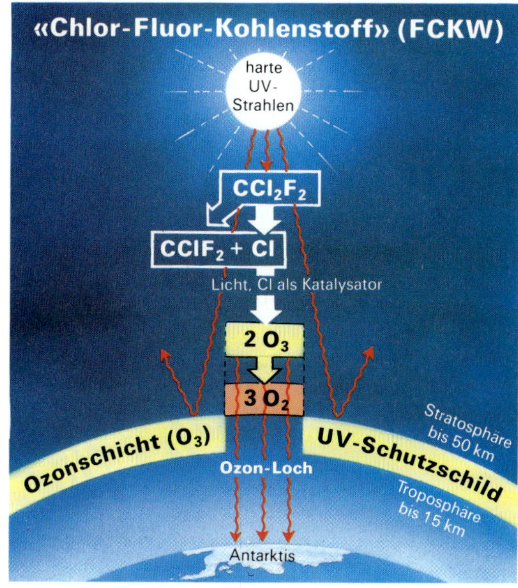

105.3 UV-Strahlen spalten aus FCKW Chlor-Atome ab. Diese verwandeln O_3 zu O_2

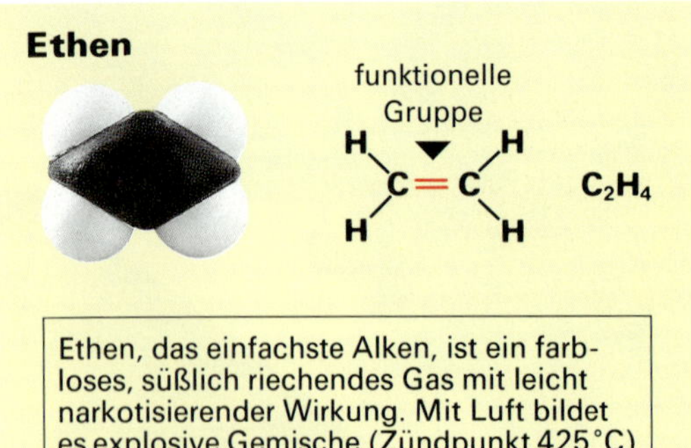

Ethen, das einfachste Alken, ist ein farbloses, süßlich riechendes Gas mit leicht
narkotisierender Wirkung. Mit Luft bildet
es explosive Gemische (Zündpunkt 425 °C)
und verbrennt mit leuchtender, rußender
Flamme.

Name	Formel	Smp. (°C)	Sdp. (°C)
Ethen	C_2H_4	−170	−104
Propen	C_3H_6	−185	− 47
1-Buten	C_4H_8	−190	− 6

106.1 Die Namen der Alkene unterscheiden sich von denen der Alkane durch die Endung -en. Sie besitzen 2 H-Atome weniger als Alkane

Ethen-Additionsreaktion

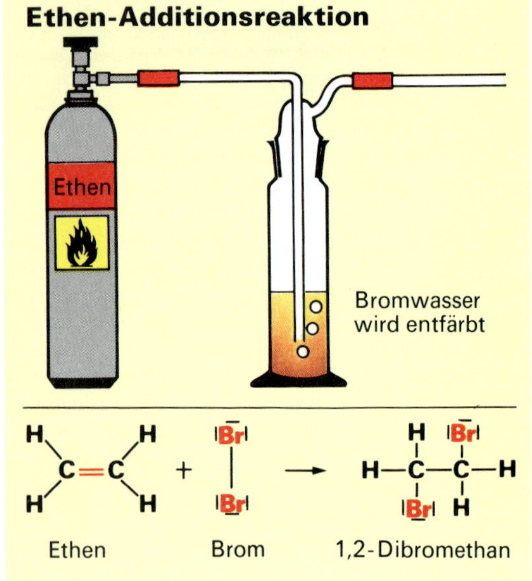

106.2 Bereits ohne Licht entfärbt Ethen Brom-Wasser. Da kein Bromwasserstoff gebildet wird, muß eine Additionsreaktion erfolgt sein

Cis- und Trans-Isomerie

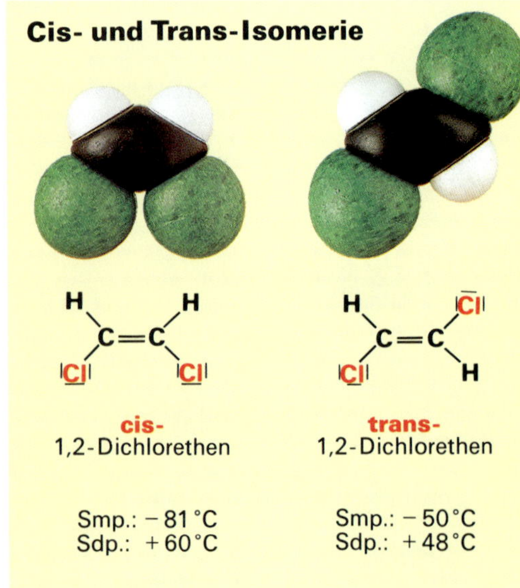

106.3 Bei Isomeren können Substituenten auf der gleichen Seite oder über Kreuz liegen

35.1 Ethen C_2H_4 – der wichtigste organische Grundstoff

Es wird von reifendem Obst ausgeschieden, es ist farblos, riecht süßlich und wirkt leicht betäubend: **Ethen**, ein gasiger Kohlenwasserstoff. Das Gas zählt zu den wichtigsten Rohstoffen der chemischen Industrie (Weltproduktion 40 Mio. t pro Jahr) – nicht zuletzt, weil aus ihm Polyethen (für Plastiktüten), PVC (für Fußbodenbeläge) und Styropor® (für Wärmedämmplatten) hergestellt werden.

Wenn man Ethen entzündet, brennt es mit leuchtender, **rußender** Flamme. Die Verbrennung ist unvollständig, weil der **Kohlenstoff-Gehalt** relativ hoch ist. Spaltet man nämlich vom Ethan zwei Wasserstoff-Atome ab (ein Vorgang, den man **Dehydrierung** nennt), entsteht Ethen. Hier das Kohlenstoff/Wasserstoff-Verhältnis im Vergleich: 2:6 im Ethan C_2H_6, 2:4 im Ethen C_2H_4. Damit die beiden Kohlenstoff-Atome ihre Achterschale behalten, bilden sie ein zusätzliches Elektronenpaar aus – es kommt zur Doppelbindung:

$$\text{H—C—C—H} \xrightarrow[\text{Dehydrierung}]{-H_2} \text{H—C—C—H} \longrightarrow \text{H—C—C—H} \rightarrow \text{C=C}$$

Ethan ⟶ Ethen

Leitet man Ethen durch Bromwasser, wird dieses **entfärbt**. Bei dieser Reaktion klappt die Doppelbindung zwischen den Kohlenstoff-Atomen auf, um je ein Brom-Atom zu binden. Es entsteht 1,2-Dibromethan (**Abb. 106.2**). Eine Reaktion, bei der ein Stoff nur angelagert wird (also kein weiterer Stoff entsteht), nennt man **Addition**. Die Entfärbung von Brom-Wasser gilt als **Nachweisreaktion** für die C=C-Doppelbindung.

Eine Doppelbindung ist also nicht fester als eine Einfachbindung. Im Gegenteil: Sie „bricht" leichter auf. Da jedes der beiden bindenden Elektronenpaare negativ geladen ist, stoßen sie sich gegenseitig ab. So entsteht zwischen den Paaren eine **Spannung**, die dazu führt, daß ein Elektronenpaar aufbricht, sobald ein Reaktionspartner „angreift".

Mit Ausnahme des Methans lassen sich von allen Alkanen Verbindungen mit einer Doppelbindung ableiten. Diese Verbindungen nennt man **Alkene**. Alkene bilden eine **homologe Reihe (Abb. 106.1)**. Ihre **allgemeine Summenformel** lautet: C_nH_{2n}. Alkene zählen zu den **ungesättigten Kohlenwasserstoffen**, weil sich durch Addition noch weitere Wasserstoff-Atome (bis zur Sättigung) an das Molekül binden lassen. Da die **Doppelbindung** das Verhalten der Alkene prägt, bezeichnet man sie als **funktionelle Gruppe**. Die Namen aller Alkene enden auf **-en**.

106.4 Gastrennungsanlage zur Gewinnung von Ethen (technisch Ethylen), dem wichtigsten Ausgangsstoff für Kunststoffe und Kautschuk

Die Anlagerung von Atomen (oder Atomgruppen) an eine Doppelbindung heißt Addition. Die Entfärbung von Brom-Wasser dient als Nachweis ungesättigter Kohlenwasserstoff-Verbindungen.

Unter bestimmten Reaktionsbedingungen lassen sich Alkene auch substituieren. Paarige Substituenten können im Molekül gleichseitig (**cis-**) oder wechselseitig (**trans-**) angeordnet sein (**Abb. 106.3**). Es lassen sich jedoch auch alle 4 H-Atome substituieren wie beim Tetrachlorethen C_2Cl_4. Als Fett-, Öl- und Schmutzreiniger ist dieses **PER** umstritten (erhöhtes Krebsrisiko). Mit PER gereinigte Kleidungsstücke sollten deshalb vor dem Tragen zwei Tage lang gelüftet werden.
Diene besitzen 2 Doppelbindungen im Kohlenwasserstoff-Molekül. Das 1,3-Butadien $CH_2=CH–CH=CH_2$ (lies eins-drei-Butadi-en) ist Ausgangsprodukt für die synthetische Kautschuk-Herstellung (siehe Seite 145).

35.2 Ethin C_2H_2

Wirft man Calciumcarbid CaC_2 in ein Becherglas mit Wasser, reagiert es zu **Ethin (Abb. 107.3)**.
Ethin brennt mit stark rußender Flamme. Dies liegt an dem hohen Kohlenstoff-Anteil der Verbindung. Aus der Molekülmasse von 26 u (**2 C = 2 · 12 u, 2 H = 2 · 1 u**) läßt sich die Summenformel für Ethin (C_2H_2) berechnen. Hiernach muß zwischen den beiden Kohlenstoff-Atomen eine **Dreifachbindung** vorliegen (**Abb. 107.1**). Ethin ist also auch eine ungesättigte Verbindung. Daher entfärbt sie wie Ethen Brom-Wasser.

Alkine bilden eine **homologe Reihe** von Kohlenwasserstoffen mit einer Dreifachbindung. Die Namen werden von den entsprechenden Alkanen abgeleitet: Die Endung -an wird durch **-in** ersetzt. Bei der **Addition** von Chlorwasserstoff an Ethin entsteht Monochlorethen (Vinylchlorid), der Ausgangsstoff für den Kunststoff Polyvinylchlorid **PVC**.

$$H–C\equiv C–H \quad + \quad H–Cl \quad \longrightarrow \quad \underset{\displaystyle H \qquad\qquad H}{\overset{\displaystyle H \qquad\qquad Cl}{C=C}}$$

Ethin   Chlorwasserstoff   Monochlorethen (Vinylchlorid)

Ethin wird unter dem Handelsnamen **Acetylen** als **Schweißgas** eingesetzt. Im Schweißbrenner mit Sauerstoff vermischt, liefert die Ethin-Flamme Temperaturen bis über **3000 °C**. Beim Stahlschneiden wird das Eisen erst auf Weißglut erhitzt und dann mit reinem Sauerstoff zum porösen Oxid verbrannt und fortgeblasen (**Abb. 107.4**). Da Ethin unter Druck explodiert, kann es nicht einfach in Stahldruckflaschen gepreßt werden. Man löst das Gas deshalb zuerst in Aceton. Unter einem Druck von 2 MPa läßt es sich dann gefahrlos in die **gelben Stahlflaschen** füllen.

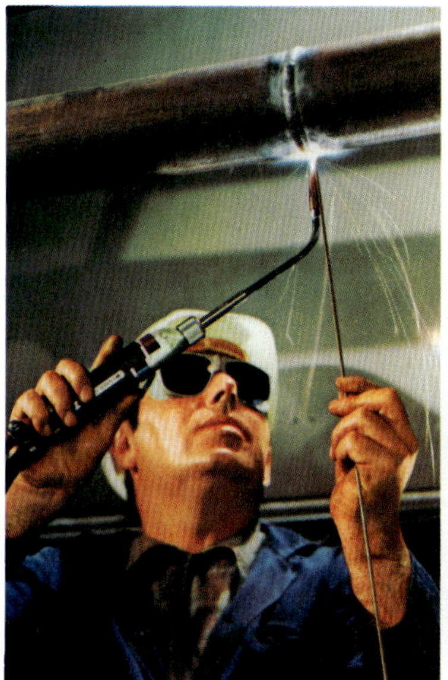

107.4 **Die Verbrennungstemperatur von C_2H_2 (über 3000 °C) verschweißt Metall; beim Schneiden verbrennt Sauerstoff das Metall zu Oxid**

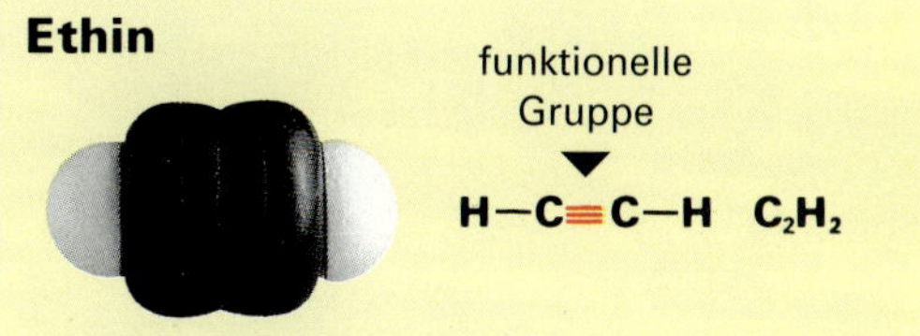

Ethin, das einfachste Alkin, ist ein farbloses, leicht süßlich riechendes und narkotisch wirkendes Gas. Mit Luft bildet es explosive Gemische (Zündpunkt 335 °C) und verbrennt mit hell leuchtender, rußender Flamme.

Name	Formel	Smp. (°C)	Sdp. (°C)
Ethin	C_2H_2	− 83	− 82
Propin	C_3H_4	−101	− 23
1-Butin	C_4H_6	−122	+ 9

107.1 **Das Reaktionsverhalten der Alkine wird durch die Dreifachbindung bestimmt. Sie ist deshalb die funktionelle Gruppe der Alkine**

LV 107.1 Aus der Druckdose (Abb. 106.2) wird Ethen⋆ durch konzentriertes Brom-Wasser⋆ geleitet.

LV 107.2 Man prüft mit Brom-Wasser⋆, ob im Benzin⋆ C=C-Doppelbindungen vorliegen.

A 107.3 Schreibe das Reaktionsschema für die Addition von Brom an Ethin. Verwende hierzu die Strukturformeln (s. Abb. 106.2 u.).

A 107.4 Baue Molekülmodelle folgender Stoffe und vergleiche: 1,2-Dibromethan, cis-1,2-Dibromethen, trans-1,2-Dibromethen.

A 107.5 Wieviel isomere Strukturen des Pentins gibt es? Zeichne.

A 107.6 Bei der Herstellung von Calciumcarbid aus Kohle und Branntkalk wird Kohlenstoffmonooxid frei. Schreibe das Reaktionsschema.

107.2 **Der besondere Hinweis: Wegen ihrer Dreifachbindung zählen die Alkine zu den reaktionsfreudigsten Kohlenwasserstoffen**

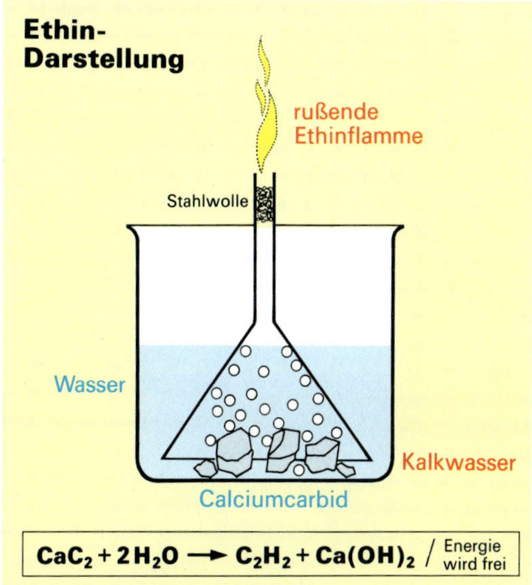

107.3 **Calciumcarbid bildet mit Wasser Ethin. Es wird nach der Knallgasprobe entzündet**

108.1 Steinkohle-Abbau mit modernem Kohlenhobel. Das Deckgebirge wird durch einen hydraulischen Schildausbau abgestützt

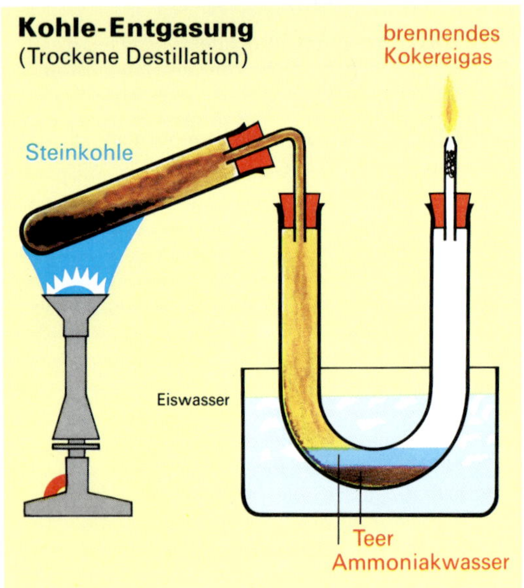

108.2 Kleine Stücke Steinkohle werden in einem Reagenzglas erst längere Zeit erhitzt, bevor das ausströmende Gas angezündet wird

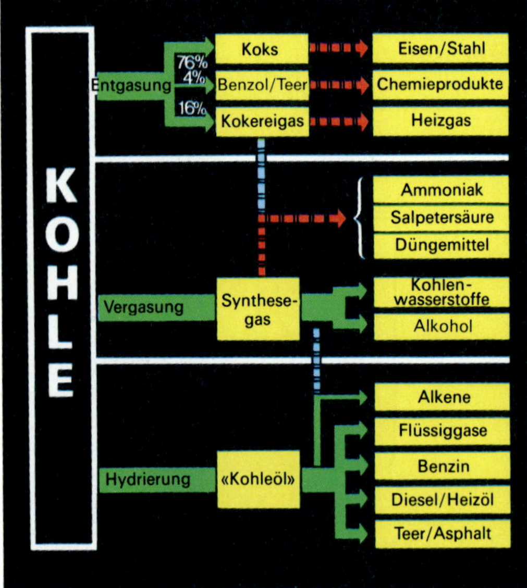

108.3 Wenn das Erdöl verknappt oder zu teuer wird, lohnt die Kohleveredlung

36.1 Kohle als Chemierohstoff

Vor Jahrmillionen entstand Kohle aus riesigen Sumpfwäldern. Die Pflanzen versanken im Wasser und wurden dadurch von der Luft abgeschnitten. So konnten sie nicht verwesen. Über die Pflanzenmassen schoben sich dann Sand- und Gesteinsschichten. Unter ihrem Druck und der Erdwärme verarmten die Pflanzenreste an Wasserstoff und Sauerstoff, während der Kohlenstoff zurückblieb. Diesen Prozeß bezeichnet man als **Inkohlung**. Sie spielt sich noch heute, z. B. in Mooren ab. Es entsteht **Torf**. Torf enthält **60 %** Kohlenstoff.

Die Sumpfwälder der Tertiärzeit versanken vor 70 Millionen Jahren. Die Inkohlung führte zur Bildung der **Braunkohle** mit einem Kohlenstoff-Gehalt von etwa **70 %**.

Noch viel früher, vor 350 Millionen Jahren (Karbonzeit), begann die Bildung der **Steinkohle**. Steinkohle enthält bis zu **85 %** Kohlenstoff. Bei der hochwertigsten Kohle, dem **Anthrazit**, ist der Inkohlungsprozeß (stärkster Druck, extreme Hitze) am weitesten fortgeschritten. Anthrazit enthält **92 %** Kohlenstoff und besitzt damit den höchsten Heizwert. (Der Heizwert steigt mit der Höhe des Kohlenstoff-Gehalts.)

Kohle ist immer noch einer der wichtigsten **Energieträger** zur Erzeugung von elektrischem Strom. Da Kohle aus Pflanzen entstand (die in ihren Zellen Schwefel-Verbindungen enthielten, siehe S. 86), beträgt ihr **Schwefel-Gehalt** bis zu 6 %. Bei der Kohle-Verbrennung wird der Schwefel zu Schwefeldioxid oxidiert, das dann mit dem Niederschlag zu „Saurem Regen" reagiert, (Abb. 75.2). Die weltweite **Rauchgasentschwefelung** der Feuerungsanlagen wird deshalb immer dringlicher. Bei der Naßentschwefelung strömt das vom Staub befreite Abgas durch einen Kalkmilch-Sprühkegel. Dabei wird das Schwefeldioxid als **Gips** (Calciumsulfat $CaSO_4$) chemisch gebunden **(Abb. 109.1)**.

Kohle ist nicht nur bedeutender Energieträger, sondern auch wertvoller **Chemierohstoff**. Durch die „Kohleveredlung" lassen sich eine Vielzahl begehrter Stoffe herstellen **(Abb. 108.3)**.

Entgasung: Koks wird aus Steinkohle unter Luftabschluß durch Erhitzen auf 1000 °C in Kammern gewonnen **(Abb. 108.4)**. Beim Hochofenprozeß ist **Koks** Heizmaterial und Reduktionsmittel (siehe S. 43). Neben dem Koks fällt **Kokereigas** an, ein Gemisch aus Wasserstoff, Kohlenstoffmonooxid und Methan. Es dient als Heizgas. Bei seiner Reinigung scheiden sich Ammoniakwasser und Teer ab **(Abb. 108.2)**. **Steinkohlenteer** ist ein Gemisch aus etwa 200 verschiedenen Verbindungen, aus denen man u. a. Farbstoffe und Holzimprägniermittel herstellen kann. **Ammoniak** verarbeitet man weiter zu Salpetersäure und Mineraldünger.

108.4 In der Kokerei entstehen bei der Kohleentgasung Teer, Kokereigas und Koks, der hier zum Löschen in Waggons gefüllt wird

Vergasung. Glühender Koks wird mit Wasserdampf umgesetzt. Dabei entsteht **Synthesegas**, ein Gemisch aus Kohlenstoffmonooxid und Wasserstoff: $C + H_2O \longrightarrow CO + H_2$. An Katalysatoren (Eisen, Cobalt, Nickel) lassen sich aus dem Synthesegas unter hohem Druck kurzkettige Alkane, Alkene und Alkohole herstellen. Durch Änderung der Reaktionsbedingungen ist es möglich, klopffeste Kohlenwasserstoffe für die Benzin-Herstellung zu gewinnen. Während des 2. Weltkrieges war dieses Verfahren von Bedeutung (FISCHER-TROPSCH-Verfahren).

Kohlehydrierung: Kohle wird zu Staub gemahlen und mit Wasserstoff bei hoher Temperatur und hohem Druck zu „Kohle-Öl" umgesetzt. Es ist ein Gemisch unterschiedlicher Kohlenwasserstoffe. Kohle-Öl kann wie Erdöl zu Benzin, Heizöl und Chemierohstoffen aufgearbeitet werden. Wirtschaftlich spielt die Kohlehydrierung z. Z. keine nennenswerte Rolle, da das Erdöl immer noch preiswerter angeboten wird als das Kohle-Öl.

36.2 Benzol C_6H_6 – ein „Abfallprodukt" der Kohleentgasung

Neben den kettenförmigen Kohlenwasserstoffen gibt es auch ringförmige oder cyclische Moleküle (lat. cyclus = Ring). **Cyclohexan** hat die Formel C_6H_{12}. **Cyclohexen** und **1,4-Cyclohexadien** sind ungesättigte Verbindungen mit einer bzw. zwei Doppelbindungen **(Abb. 109.2)**: Sie addieren Brom.

Benzol ist ebenfalls ein ringförmiger Kohlenwasserstoff. In der Technik dient es als Lösemittel für Fette und Wachse sowie zur Herstellung von Farb- und Kunststoffen. Über den Molekülbau des von FARADAY 1825 entdeckten Benzols wurde lange Zeit gerätselt. KEKULÉ schlug 1865 eine Ringstruktur mit drei Doppelbindungen vor **(Abb. 109.4)**. Gegen diese Formel spricht, daß Benzol Brom-Wasser nicht entfärbt. Dieses Verhalten erklärt man heute wie folgt: Die Kohlenstoff-Atome des Benzols bilden ein regelmäßiges Sechseck **Benzol-Ring**: Von den 4 Außenelektronen eines jeden Kohlenstoff-Atoms werden 3 zur Bindung der beiden benachbarten C-Atome und eines Wasserstoff-Atoms benötigt. Das 4. Außenelektron eines jeden Kohlenstoff-Atoms ist an einer Elektronenwolke beteiligt, die man als inneren Ring darstellt (Abb. 109.4, roter Kreis). In der vereinfachten Molekülschreibweise des Benzol-Rings werden die C- und H-Atome nicht gezeichnet.

Rohbenzol wurde früher in großen Mengen aus Steinkohlenteer gewonnen, heute isoliert man es als Erdöl. Durch Destillation lassen sich neben dem Benzol auch noch sogenannte Benzol-Abkömmlinge abtrennen: **Toluol** und **Xylol (Abb. 109.3)**. Als Treibstoffzusatz verbessern sie die **Klopffestigkeit** des Benzins ebenso wie Benzol.

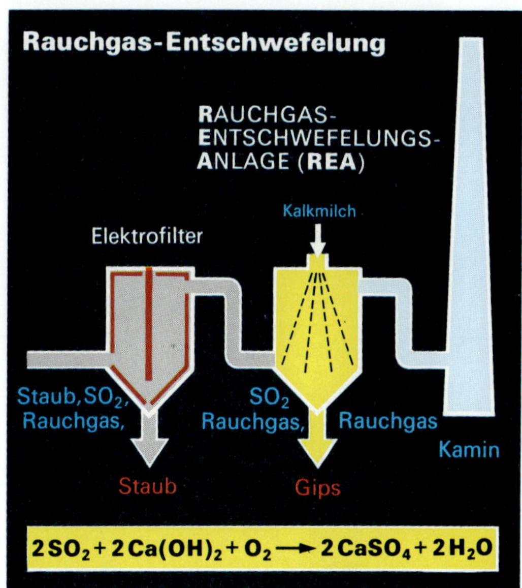

109.1 Weil SO_2-haltige Rauchgase (z. B. aus Kohlekraftwerken) Smog und Sauren Regen bilden, müssen sie entschwefelt werden

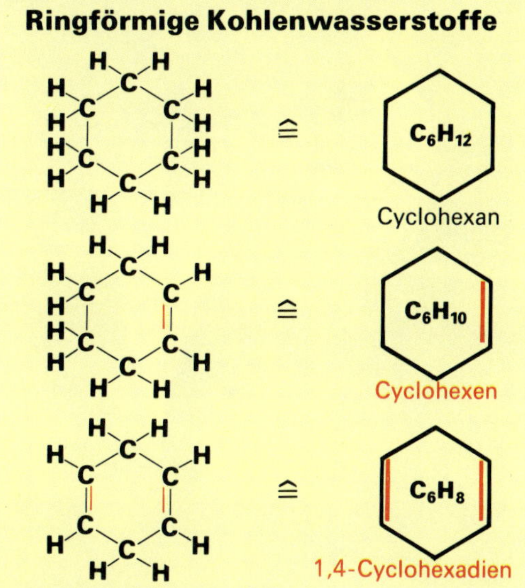

109.2 Kohlenwasserstoffe können sich zu ringförmigen Molekülen zusammenschließen – auch hier sind Doppelbindungen möglich

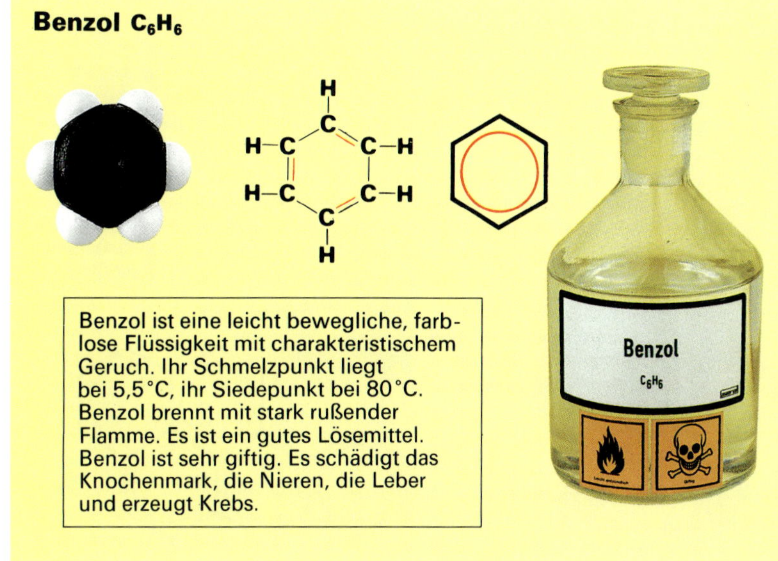

109.4 In EG-Ländern darf Benzin bis zu 5 Vol. % Benzol (krebserregend) enthalten. Deshalb: Beim Tanken keine Benzindämpfe einatmen

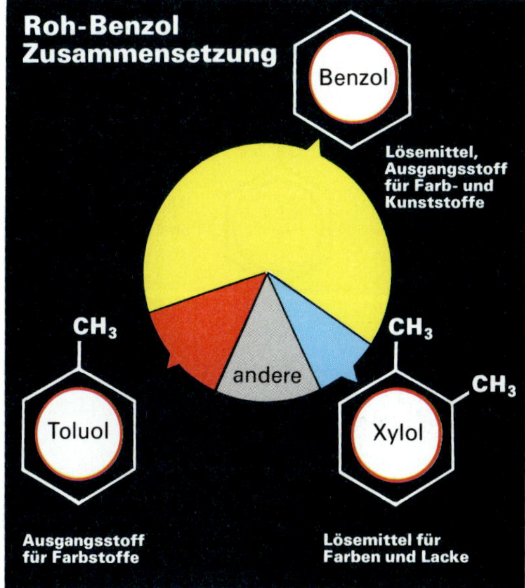

109.3 Aus Kokereigas wäscht man Rohbenzol und destilliert hieraus Toluol und Xylol ab

110.1 Das schädliche, zu den Phenolen zählende Konservierungsmittel Orthophenylphenol verhütet die Schimmelbildung bei Orangen

110.2 Erst spritzen, wenn die „Klopfprobe" (33 Äste/ha) zeigt, daß die Menge der Schädlinge wirtschaftlich nicht mehr tragbar ist

36.3 Aromaten – benzolverwandte Stoffe

Stoffe, die sich vom Benzol ableiten und meist einen angenehm aromatischen Geruch verströmen, nennt man **Aromaten**. Hierzu gehören die Naturstoffe aus Bittermandelöl, Zimt und Anis. Aromatische Verbindungen enthalten mindestens einen Benzol-Ring.

Naphthalin $C_{10}H_8$ ist aus zwei miteinander verbundenen Benzolringen aufgebaut. Bereits bei Zimmertemperatur verflüchtigt sich der feste Stoff merklich. Die Dämpfe verhindern einen Insektenbefall (Verwendung als „Mottenkugeln"). Verunreinigtes Naphthalin läßt sich durch Resublimation reinigen **(Abb. 110.4)**. Die aus Steinkohlenteer gewonnene Verbindung ist wichtiger Rohstoff der chemischen Industrie.

Benzpyren $C_{20}H_{12}$ ist ein Aromat aus fünf Ringen. Es ist im Teer enthalten, der sich beim Abkühlen des Tabakrauchs als Kondensat niederschlägt. Durch einen täglichen Konsum von 10 Zigaretten gelangt so im Laufe von 10 Jahren 1 kg (!) Teer in die Lunge. Nur ein geringer Teil wird wieder ausgeschieden. Benzpyren verursacht Lungenkrebs. 98 % der Lungenkrebskranken sind Raucher.

Durch Substitution lassen sich gezielt „Benzol-Abkömmlinge" bilden:

Phenol C_6H_5OH (Monohydroxybenzol) entsteht, wenn ein H-Atom durch eine OH-(Hydroxyl-)Gruppe ersetzt wird. Wegen ihrer bakterientötenden Wirkung werden bestimmte Phenol-Verbindungen als Konservierungsmittel (z. B. bei Kosmetika und Hautreinigungsmitteln) eingesetzt. Orangen taucht man in eine ca. 1%ige Orthophenylphenol-Lösung **(Abb. 110.1)**. Phenole sind jedoch Haut- und Atemgifte. Deshalb ist es ratsam, nach dem Schälen der Orangen die Hände zu waschen. Gelangen phenolhaltige Industrieabwässer in den Lebensraum der Fische, kann es zum Fischsterben kommen. Der EG-Richtwert für Phenol im Trinkwasser liegt bei 0,5 µg/l.

Nitrobenzol $C_6H_5NO_2$ ist ein weiteres Substitutionsprodukt des Benzols **(Abb. 110.3)**. Geschätzt sind die guten Lösemitteleigenschaften („Nitro"-Verdünnung für Farben). Der Umgang mit dieser Flüssigkeit ist nicht ungefährlich: Nach Aufnahme über die Haut werden die roten Blutkörperchen geschädigt. Mit Hilfe von Katalysatoren läßt sich Nitrobenzol leicht in Anilin umwandeln.

Anilin $C_6H_5NH_2$ ist ebenfalls giftig (Blut- und Nervengift, wird über Haut und Lunge aufgenommen, (Abb. 110.3). Aus dem Ausgangsstoff werden Arzneimittel, Kunststoffe und besonders Farben hergestellt. So gewinnt man aus dem Anilin das Indigo. Dieser blaue Farbstoff eignet sich zum Färben von Baumwolle („Jeans-Blau").

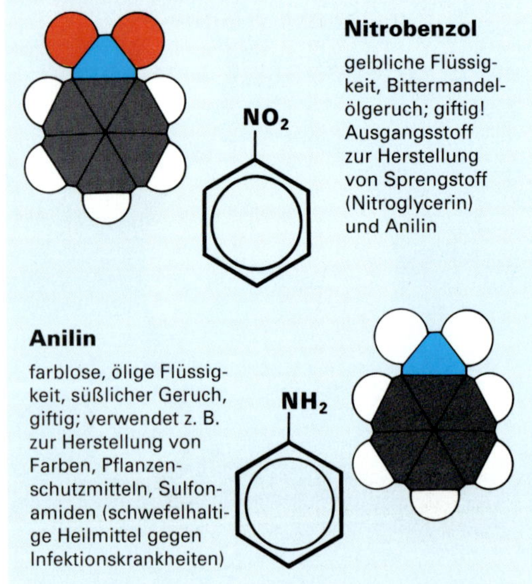

110.3 Ein H-Atom im Benzol läßt sich durch die NO_2- oder die NH_2-Gruppe substituieren

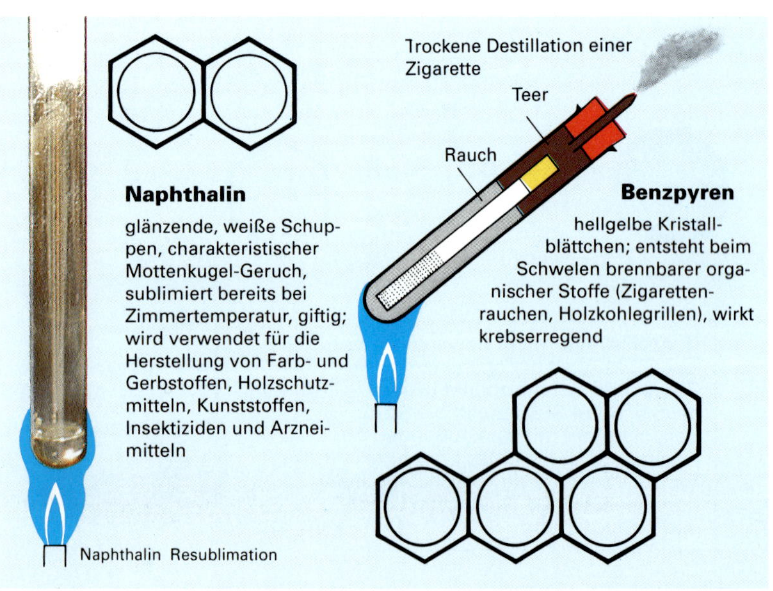

110.4 Naphthalin ist Hauptbestandteil des Steinkohlenteers; Benzpyren Hauptvertreter von 40 krebserregenden Stoffen im Zigarettenrauch

36.4 Umweltchemikalien mit Langzeitwirkung

Pflanzenschutzmittel enthalten meist aromatische Verbindungen. Bedenkenloser Einsatz dieser Mittel kann folgenschwere **Umweltschäden** nach sich ziehen.

Lindan oder **GAMMA-HCH** (**H**exa**c**hlor**c**yclo**h**exan) $C_6H_6Cl_6$ entsteht durch Addition von Chlor an Benzol im UV-Licht. Lindan ist ein vielfach angewendetes Insektenbekämpfungsmittel (Insektizid); es tötet Schadinsekten, aber auch Nützlinge (Bienen, Marienkäfer, Schlupfwespen). Lindan reichert sich im Fettgewebe an. Die Chemikalie ist mittlerweile so verbreitet, daß sie in Nahrungsmitteln (Butter, Milch, Eier, Fleisch) und im menschlichen Körper nachgewiesen werden kann.

Dioxin oder **TCDD** (**T**etra**c**hlor**d**ibenzo**d**ioxin) ist ein unerwünschtes Nebenprodukt der chemischen Industrie. Der Aromat entsteht bei der Produktion von Pflanzenschutzmitteln. Aber auch bei der **Verbrennung** von kunststoffhaltigem Hausmüll (Margarine- und Joghurtbecher) kann Dioxin frei werden. Dioxin gehört zu den **giftigsten** derzeit bekannten Substanzen. Schon 0,0005 g können einen Menschen töten. Geringste Spuren (1 Millionstel bis 1 Milliardstel g pro kg Körpergewicht) rufen schwerste Hautveränderungen (Chlorakne) sowie Leber- und Nierenschäden hervor. Durch Einhaltung bestimmter Reaktionsbedingungen kann man die Entstehung von Dioxin verhindern. Angefallenes Dioxin vernichtet man bei hoher Temperatur in Sondermüllverbrennungsanlagen **(Abb. 111.2)**.

DDT (**D**ichlor-**D**iphenyl-**T**richlorethan) gehört zu den wirksamsten Insektiziden. Wie die meisten chlorierten Kohlenwasserstoffe wird DDT in der Natur kaum abgebaut. Regen wäscht DDT von Obst und Gemüse. Es dringt in den Boden und von dort in die Gewässer. Hier nehmen Wassertiere das Gift auf und speichern es im Körperfett. Über die **Nahrungskette** von Stufe zu Stufe stärker konzentriert, gelangt DDT schließlich in den Menschen **(Abb. 111.4)**. **DDT** steht wie **Lindan** im Verdacht, **Krebs** zu erzeugen. Deshalb wurde der Einsatz von DDT in vielen Industrieländern verboten. Man verwendet es aber erneut in den Ländern der Dritten Welt. Es soll u. a. die Fiebermücke, den Überträger der **Malaria**, vernichten **(Abb. 111.3)**. In Afrika bekämpft man mit DDT die Tsetsefliege, die die gefährliche Rinderseuche **Nagana** verursacht.

Pflanzenschutzmittel sollten erst dann sparsamst eingesetzt werden, wenn zuvor alle **biologischen** Bekämpfungsmöglichkeiten ausgenutzt wurden, aber nicht völlig ausreichten **(Abb. 110.2)**. Zudem sollte man nur die chemischen Mittel zulassen, die **Nützlinge** schonen und sich selbst – nach ihrer Wirkung – in der Umwelt leicht zu **ungiftigen** Stoffen abbauen **(Abb. 111.1)**.

111.1 Nur in äußersten Fällen chemische Mittel anwenden, und dann nur solche, die Nützlinge schonen und biologisch abbaubar sind!

111.2 Dioxin ist ein unerwünschtes Nebenprodukt der chemischen Industrie. In dieser Anlage wird es bei 1200 °C vernichtet

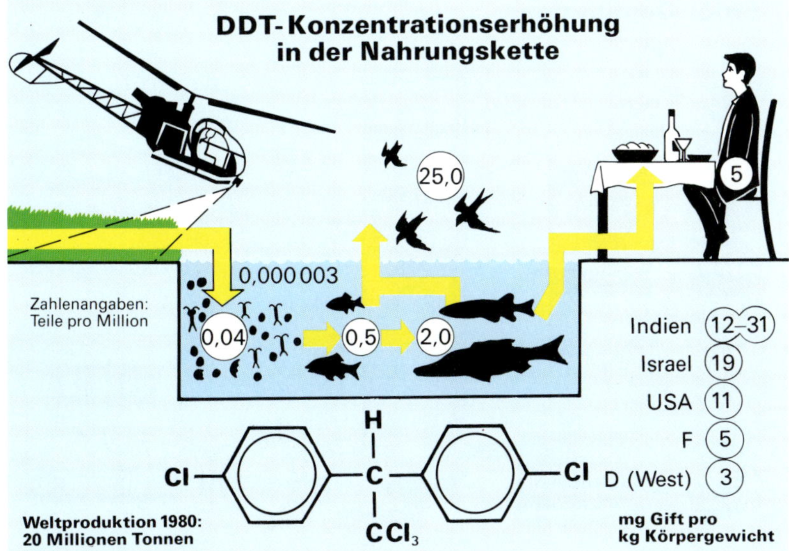

111.4 Chlorierte Kohlenwasserstoffe wie DDT werden von Tier und Mensch im Fettgewebe gespeichert. DDT ist in vielen Ländern verboten

DDT-Einsatz in Sri Lanka

		Malariafälle
1950		1 000 000
1962	DDT-Einsatz	31
1963		17
1964		150
1965	DDT-Verbot	308
1966		499
1967		3466
1968		2 000 000
ab 1969 erneuter DDT-Einsatz		

111.3 DDT vernichtet Mücken. Mit der Zeit werden sie jedoch widerstandsfähiger

112.1 Schnittbild einer Lagerstätte mit einer Schichtung von Erdgas-Erdöl-Salzwasser, so wie es ihren Dichten entspricht

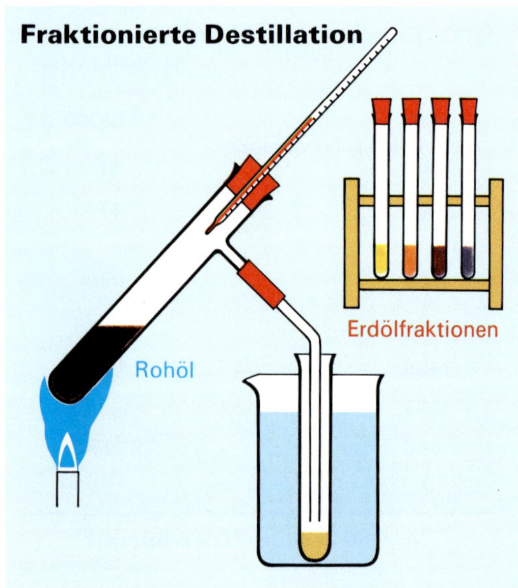

112.2 Ansetzen eines weiteren Rohres an das Bohrgestänge, das oft mit Hunderten von Rohren eine Tiefe bis zu 6000 m erreicht

37.1 Erdöl – Entstehung, Förderung, Verarbeitung und Gefahren

Entstehung. Erdöl ist aus kleinsten Meereslebewesen – dem **Plankton** – entstanden. Vor Jahrmillionen bildete abgestorbenes Plankton, das auf den Meeresgrund sank, **Faulschlamm**. Dieser konnte im sauerstoffarmen Wasser nicht verwesen. Meeresablagerungen über dem Faulschlamm wuchsen zu immer mächtigeren Schichten, bis sie schließlich zu Sedimentgesteinen verhärteten (z. B. Kalk, Sandstein). Gesteinsdruck, verbunden mit hoher Temperatur, zersetzte den Faulschlamm zu **Erdöl**. Über dem Erdöl sammelte sich – meist unter erheblichem Druck – **Erdgas** an (**Abb. 112.1**).

Förderung. Die heute bekannten Weltvorräte an Erdöl werden, gleichbleibende jährliche Fördermengen vorausgesetzt, um das Jahr **2050 erschöpft** sein. Deshalb versucht man immer aufwendiger, mögliche Erdölfelder durch Bodenuntersuchungen aufzuspüren: Hierzu erzeugt man mit kleinen Sprengladungen Druckwellen. Sie breiten sich im Boden – abhängig von der Gesteinsart – unterschiedlich schnell aus. Das „Echo" dieser Druckwellen wird aufgezeichnet und ausgewertet.
Trotz dieser kostspieligen Technik ist nur jede 10. Probebohrung fündig. Nach Öl wird bis zu einer Tiefe von 6000 m gebohrt (**Abb. 112.2**). Ist die Bohrung erfolgreich, verrohrt man das Bohrloch. Oft schießt das Öl durch die Druckwirkung des Erdgases zutage. Bei zu geringem Eigendruck muß das Öl jedoch mit Pumpen gefördert werden. Pipelines und Tanker besorgen den Transport in die Verbraucherländer (Abb. 154.1).

Verarbeitung. Erdöl ist ein schwarzbraunes, übelriechendes Flüssigkeitsgemisch aus den verschiedensten Kohlenwasserstoffen. Sie werden in Erdölraffinerien durch Destillation getrennt. Hierbei gewinnt man nicht die Einzelverbindungen rein, sondern **technisch verwertbare Gemische** wie Heizöl, Dieselkraftstoff oder Benzin. Die jeweiligen Gemische, sie werden **Fraktionen** genannt, gewinnt man durch Destillation. Deshalb heißt dieses Trennverfahren **fraktionierte Destillation**. Die Arbeitsweise einer Raffinerie zeigt Versuch **Abb. 112.3**. Hier wird das Rohöl im Reagenzglas erhitzt. Durch rechtzeitigen Wechsel der Vorlagen lassen sich einzelne Erdölfraktionen auffangen. Sie unterscheiden sich in Farbe und Geruch.
In der Technik wird das Rohöl im **Röhrenofen** auf 350 °C erhitzt. Der Großteil des Erdöls entweicht als Dampf in einem **Destillationsturm**, der durch Böden in Stockwerke unterteilt ist. Die Böden enthalten Öffnungen, über die Glocken gestülpt sind (**Abb. 112.4 und 113.1**). Der Erdöldampf durchströmt die einzelnen **Glockenböden** von unten nach oben. Dabei fällt die Temperatur von 350 °C bis auf 30 °C ab.

112.3 Zur Destillation des Erdöls werden 5 ml Öl in Glaswolle aufgesaugt und erhitzt

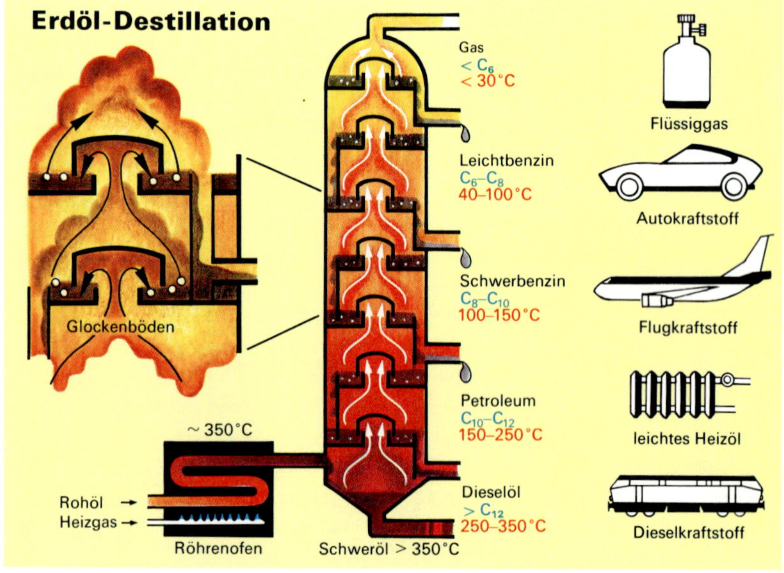

112.4 Verdampfendes Erdöl durchströmt die Glockenböden. Bei etagenweiser Abkühlung kondensieren die einzelnen Fraktionen

Die **Dieselfraktion** mit hohem Siedebereich kondensiert bereits am unteren Glockenboden. Die leichtflüchtige **Benzinfraktion** dagegen gelangt bis zum vorletzten, oberen Glockenboden. Erst dort kondensieren die Dämpfe. **Gase** entweichen an der Turmspitze. Sie werden direkt zu Synthesen eingesetzt, als Heizgas verbrannt oder (unter Druck verflüssigt) als „Flüssiggas" in den Handel gebracht (Abb. 103.3).

Nicht verdampfendes **Schweröl**, das sich am Boden des Turms sammelt, unterzieht man der **Vakuumdestillation**: Hier sieden die (langkettigen) Alkane unter vermindertem Druck bereits bei niedriger Temperatur und können so ohne Zersetzung durch Destillation voneinander getrennt werden. Durch Vakuumdestillation werden insbesondere **Schmieröle** gewonnen. Der verbleibende Rückstand, das **Bitumen**, wird zu Dachpappe verarbeitet oder als Straßenbelag verwendet.

Die aus dem Erdöl gewonnenen Benzin-, Diesel- und Heizölfraktionen müssen noch entschwefelt werden, da bei ihrer Verbrennung zuviel umweltbelastendes SO_2 entstünde. Zur **Entschwefelung** erhitzt man die Fraktionen katalytisch mit Wasserdampf unter Druck auf 370 °C. Es entsteht Schwefelwasserstoff, der zu Schwefel weiterverarbeitet wird.

Die durchschnittliche Zusammensetzung des Erdöls deckt sich nicht mit dem **tatsächlichen Bedarf (Abb. 113.2)**. Im Erdöl fehlen die Benzin- und die Dieselfraktion in ausreichender Menge; Petroleum und Schmieröl – also langkettige Alkane – gibt es dagegen im Überfluß. Beim **Cracken** (engl. to crack = zerbrechen) werden diese **langkettigen Kohlenwasserstoffe** an speziellen Katalysatoren „zerbrochen". Dadurch entsteht ein Gemisch **kurzkettiger Alkane und Alkene (Abb. 113.4)**. Schmieröl kann so zu Dieselkraftstoff, Petroleum zu klopffestem Benzin umgewandelt werden.

Minderwertige, also klopffreudige Benzinsorten veredelt man durch **Reformieren**, so daß sie klopffest werden. Hierbei wandeln sich **unverzweigte** Alkane an einem Platin-Katalysator unter Druck und hoher Temperatur (500 °C) **zu verzweigten Alkanen** um.

Gefahren. Unfälle beim Erdöltransport bedrohen das Leben im und am Wasser. Nur 1 Liter Erdöl **verseucht** 5 000 000 l Wasser. In Alaska, im Prinz-William-Sund, lief im März 1989 die EXXON VALDEZ leck: Mehr als 15 500 Quadratkilometer Wasserfläche (entspricht der Größe von Schleswig-Holstein) wurden von der **Ölpest** erfaßt. Das Plankton starb ab. Zug- und Seevögel verendeten zu Hunderttausenden **(Abb. 113.3)**. Noch schlimmer als die Ölunfälle (10 % der Meeresverschmutzung) sind – weltweit – die **ständigen kleinen Öleinleitungen** durch Schiffe und Bohrinseln. Fische und Schalentiere als wichtige Eiweißquelle der Erdbevölkerung werden immer stärker gefährdet (s. S. 161).

113.1 **Industrielle Großanlage einer Benzinraffinerie mit den für sie typischen Destillationstürmen**

Erdöl-Zusammensetzung

113.2 **Zwischen der Zusammensetzung des Erdöls und dem Bedarf an den einzelnen Erdölprodukten gibt es große Unterschiede**

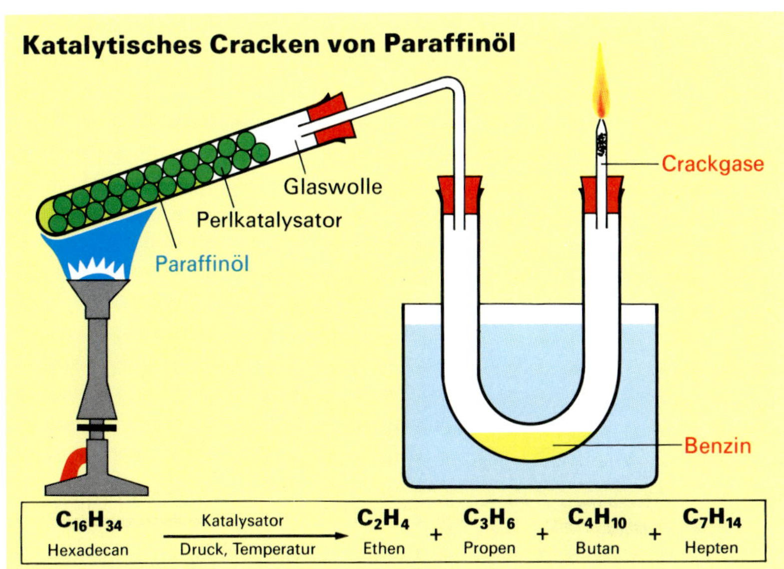

113.4 **Beim Cracken werden langkettige Alkane in kurzkettige Alkane und Alkene gespalten. Hier eine von vielen Zerfallsmöglichkeiten**

113.3 **Durch die Ölpest kommen jährlich viele hunderttausend Wasservögel um**

PROJEKT: Chemie erleben

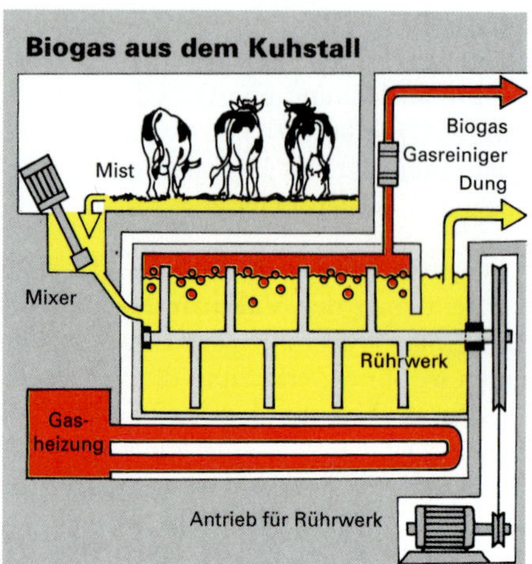

Versuch: V 114.1

Geräte: Porzellanschale, RG, Schlauch, Glastrichter, Thermometer

Chemikalien/ Stoffe: Butan*, Kalkwasser, Cobaltchloridpapier*

Durchführung: a) Halte einen Glastrichter über die Butanflamme, prüfe den Niederschlag mit Cobaltchloridpapier. **b)** Schwenke den Trichter mit Kalkwasser aus, stülpe ihn über die Flamme und beobachte die Kalkwassertropfen. **c)** Halte eine Porzellanschale über die leuchtende Flamme. **d)** Laß von Lehrer/-in eine Flüssig-Butan-Probe in ein RG abfüllen (2 ml) und miß die Temperatur.

Versuch: V 114.2

Geräte: Stativ, Muffe, Stativring, Scheidetrichter, Mörser, Pistill, 2 Bechergläser, Glasstab

Chemikalien/ Stoffe: Hexan* (od. Benzin*), Sonnenblumenkerne, Iod*, Kupfersulfat*, Papier

Durchführung: a) Übergieße im Mörser zerriebene Sonnenblumenkerne mit etwas Hexan. Tupfe die Lösung mit dem Glasstab auf Papier. **b)** Schüttle im Scheidetrichter die wäßrigen Lösungen von Iod und Kupfersulfat mit Hexan. Laß beide Lösungen nacheinander in 2 Bechergläser laufen.

Versuch: V 114.3

Geräte: 3 RG, durchbohrter Stopfen, Winkelrohr, Stativ, Muffe, Klemme, Brenner, Abdampfschale

Chemikalien/ Stoffe: Paraffin, Aktivkohle, Baeyers Reagenz*)

Durchführung: Gib Aktivkohle 2 cm hoch sowie Paraffin in ein RG, verschließe gemäß Abb. (Rohrende nicht eintauchen!). Erwärme, bis die Paraffindämpfe kondensieren und erneut verdampfen. **1.** Tauche das Rohrende 1 cm in Baeyers Reagenz. Entferne das RG und fange einige Destillattropfen **2.** in einer Schale und **3.** in einem RG auf (s. Abb.).

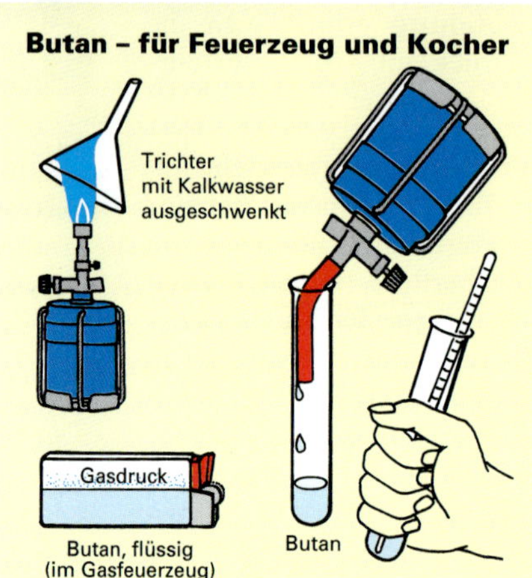

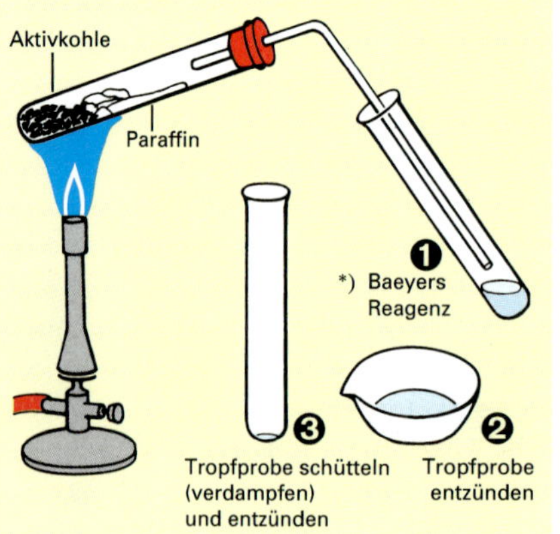

Biogas: jede Kuh spart 300 Liter Heizöl

Man hebt eine Grube aus, zerkleinert mit einem Mixer Kuhmist, Stroh und Futterreste zu einem „Flüssigmist" und leitet ihn in einen luftdicht abgeschlossenen Behälter. Schon bald beginnt die Gasentwicklung. Bakterien vergären den Mist am besten, wenn Sauerstoff fehlt und eine Temperatur von 35 °C herrscht.

Die Anlage liefert mit 12 Kühen täglich ca. 42 m³ Biogas. Seine Verbrennungswärme heizt Zimmer und treibt den Generator an, der elektrisches Licht liefert. Pflanzen nehmen den ausgefaulten Dung besser auf als Frischmist – das ist auch ein Vorteil für das Grundwasser (Trinkwasser).

Reifesteuerung bei Bananen

Woher kommt es, daß Bananen trotz wochenlanger Schiffsreise und Kühlhauslagerung im Geschäft noch frisch sind?

Die Früchte bilden bei der Reifung Ethen. Wird das Ethen sofort abgesaugt, läßt sich die Reifung nach Bedarf verzögern. Erst kurz vor der Lieferung zum Verkauf begast man die Früchte mit 5 % Ethen und 95 % Stickstoff, damit sie vollreif werden.

Auch Äpfel bilden Ethen bei der Reifung. Wieso soll man deshalb nicht frühreife Früchte mit spätreifen zusammen lagern?

Fragen und Aufgaben

A 114.1 Wieso ist es für das Trinkwasser von Vorteil, wenn Pflanzen mit ausgefaultem Dung (s. o.) gedüngt werden?

A 114.2 Welche Elemente des Butans lassen sich mit V 114.1 nachweisen?

A 114.3 Entfärbt sich das Baeyers Reagenz bei V 114.3, liegen ungesättigte Spaltprodukte des Paraffins vor.

Vervollständige das mögliche Reaktionsschema, benenne die Reaktionsprodukte: $C_{20}H_{42} \rightarrow C_{10}H_{22} + ?$

*) Baeyers Reagenz: RG halb mit Wasser füllen und darin einige Kristalle $KMnO_4$ und eine Spatelspitze Na_2CO_3 lösen

114

Kohlenmeiler

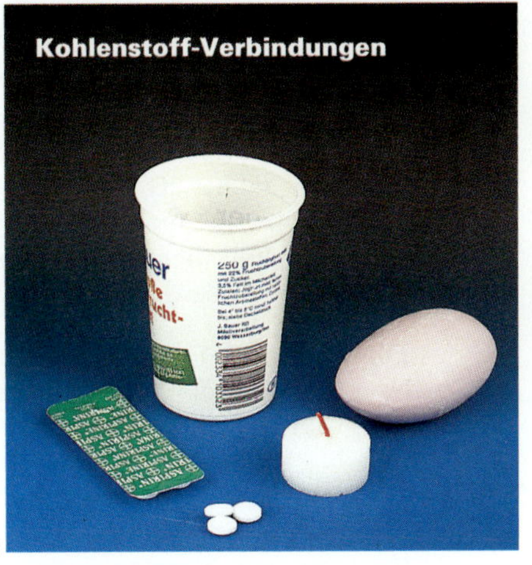

Kohlenstoff-Verbindungen

Benzin-Transport

Versuch: ⟦V⟧ 115.1

Geräte: 2 RG, durchbohrter Stopfen, Winkelrohr, Stativ, Muffe, Klemme, Brenner, Tiegel, Tiegelzange, Tondreieck, Dreifuß

Chemikalien/Stoffe: siehe Abbildung

Durchführung: Erhitze im Tiegel je eine kleine Probe (Erbsengröße) der nebenstehenden Stoffe. (Worauf läßt der Rückstand schließen?) Mische in einem RG Paraffin (bzw. Stärke, Zucker) mit der 5-fachen Menge an Kupfer(II)-oxid. Haltere das RG schräg in die Stativklemme, erhitze das Gemisch und leite das entweichende Gas in ein RG mit Kalkwasser.

Versuch: ⟦V⟧ 115.2

Geräte: Porzellanschale, Holzspan, Brenner, Dreifuß, Mineralfasernetz (Gasspürgerät)

Chemikalien/Stoffe: Benzin★, Heizöl★, Dieselöl★, Universalindikatorpapier, Iod-Stärke-Papier

Durchführung: Entzünde vorsichtig ca. 3 ml Benzin, 10 ml Diesel- bzw. Heizöl in der Porzellanschale (die Öle evtl. vorher erwärmen). Halte in die Verbrennungsgase **a)** feuchtes Universalindikatorpapier, **b)** violettgefärbtes Iod-Stärke-Papier (wird von SO_2 entfärbt), **c)** ein Prüfröhrchen für SO_2 am Gasspürgerät.

Versuch: ⟦V⟧ 115.3

Geräte: RG, RG-Halter, Brenner, Holzspan, durchbohrter Stopfen, Glasröhrchen mit Spitze, Abdampfschale

Chemikalien/Stoffe: Sägespäne, blaues Lackmuspapier

Durchführung: Erhitze Sägespäne nach Abb. Wenn Dämpfe aus der Glasrohrspitze strömen, versuche, sie zu entzünden. Halte eine Abdampfschale in die Flamme (Ruß?). Lösche die Brennerflamme und öffne das RG. Nimm Teer mit dem Holzspan auf und halte ihn in die Flamme (Ruß?).

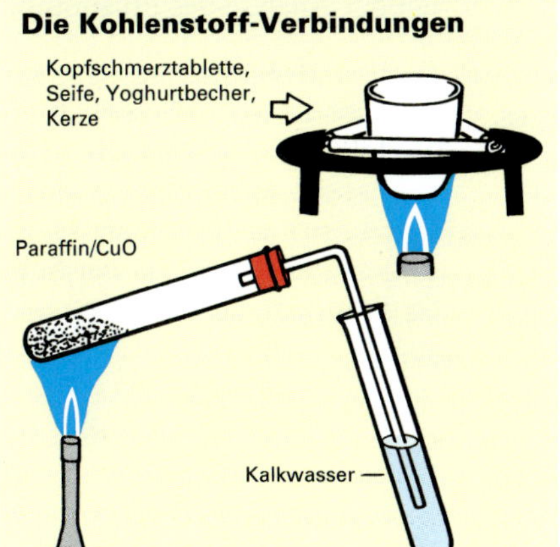

Die Kohlenstoff-Verbindungen

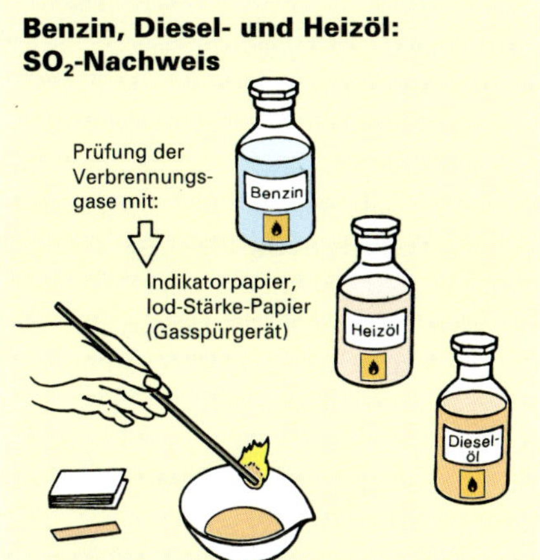

Benzin, Diesel- und Heizöl: SO_2-Nachweis

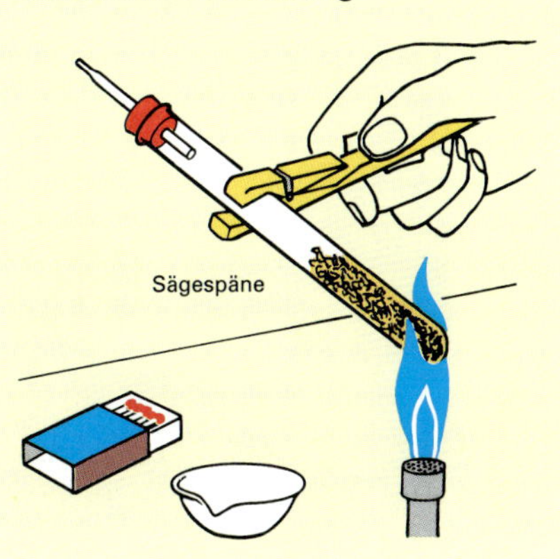

Holzkohle-Gewinnung

Das entschlüsselte Gefahrenzeichen

Was die Warnziffern an LKWs bedeuten:

1. Ziffer: **Hauptgefahr**   2. Ziffer: **Zusätzliche Gefahr**

entzündbare Flüssigkeit — erhöhte Gefahr

Nummer der **Gefahr**	**33**	
Nummer des **Stoffes**	**1203**	1203: Benzin

Gefahrgut-Schlüssel (Auszug)

Nr.	Stoff	Nr.	Stoff
0080	Dynamit	1428	Natrium
1017	Chlor	1789	Salzsäure
1170	Ethanol	1824	Natronlauge
1202	Heizöl	1830	Schwefelsäure

Energie gespart und Umwelt geschont

Jährlich muß jede Heizungsanlage einmal vom Schornsteinfeger überprüft werden, weil Brennstoff gespart und die Umwelt so wenig wie möglich durch C, CO_2, SO_2 und KW belastet werden soll.
Ob eine Anlage optimal arbeitet, zeigt das Meßergebnis:

Rußzahl: 1 ⟦1⟧ 2 ⟦1⟧ 3 ⟦1⟧	Mittelwert ▶ ⟦1⟧	
Ölderivate (unverbrannte Ölbestandteile) ja ☐ nein ⟦x⟧		
Lufttemperatur in °C ⟦20⟧	Abgasverlust in % ⟦8,3⟧	
Abgastemperatur in °C ⟦191⟧	Druckdifferenz in hPa ⟦0,1⟧	
Kohlenstoffdioxid Volumengehalt in % ⟦12⟧ ⟦x⟧	Das Meßergebnis entspricht der Verordnung ⟦x⟧	

Fragen und Aufgaben

A 115.1 Der Explosionsbereich von Auto-Benzin-Dämpfen liegt bei 0,6–8,0 Vol.% in der Luft. Weshalb ist das Entleeren eines Benzinkanisters in der Garage gefährlich?

A 115.2 Überlege, wie jeder Verbraucher den Ausstoß von Heizungsabgasen verringern kann.

A 115.3 Holzkohlenmeiler (Bild 4): Wird ein Holzstangenkamin (Ø 30 cm) mit glühender Holzkohle beschickt, verschwelt das dicht darum gestapelte und außen mit Erde abgedeckte Holz bei geringer Luftzufuhr zu Holzkohle. Heute wird Holzkohle hauptsächlich in riesigen Kesseln hergestellt. Nenne Gründe hierfür.

Ethanol ist eine farblose, hygroskopische Flüssigkeit. Sie verbrennt mit blaßblauer Flamme zu CO_2 und H_2O, mischt sich mit Wasser, wird als Genußmittel (und in der Industrie als Löse-, Verdünnungs- und Extraktionsmittel) verwendet. Ethanol wirkt in hohen Konzentrationen tödlich.

116.1 Die Eigenschaften des Ethanols werden durch die OH-Gruppe, die Hydroxyl-Gruppe, bestimmt. Verdünntes Ethanol ist „Trinkalkohol"

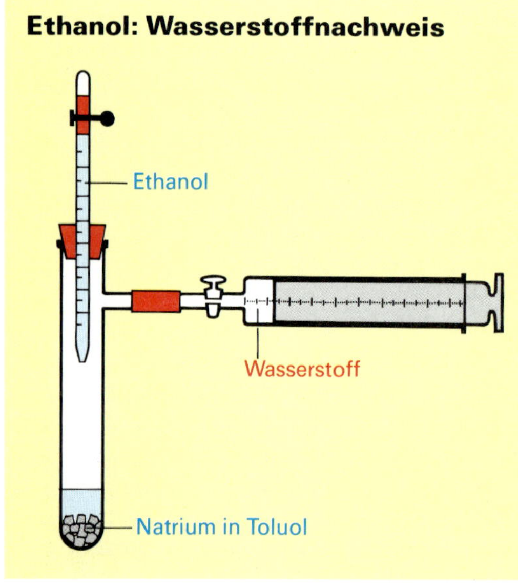

116.2 Magnesium reagiert mit Ethanol-Dampf zu Magnesiumoxid. Das Ethanol-Molekül muß also Sauerstoff enthalten

116.3 Ethanol reagiert mit Natrium ähnlich wie Wasser, jedoch langsamer; H_2 wird frei

38.1 Ethanol C_2H_5OH – das älteste Genußmittel

Ethanol **(Abb. 116.1)** wird im täglichen Sprachgebrauch „**Alkohol**" genannt. Der typische Alkoholgeruch unterscheidet ihn von anderen organischen Stoffen. In den **alkoholischen Getränken** ist Ethanol in unterschiedlicher Konzentration enthalten. Auch für **kosmetische Präparate** wird Ethanol verwendet. Parfüme sind in Alkohol gelöste Duftstoffe. Ethanol dient als **Lösemittel** für Farben, Lacke und medizinische Wirkstoffe. Außerdem ist es Desinfektions- und Konservierungsmittel.

Die Ethanol-Formel. Entzündet man Ethanol und leitet die Verbrennungsgase durch Kalkwasser (Versuch nach Abb. 102.1), erfolgt Trübung durch CO_2: Demnach enthält das Ethanol-Molekül **Kohlenstoff**. Der Nachweis des **Sauerstoffs** gelingt mit dem Versuch **Abb. 116.2**: Hier oxidiert der Sauerstoff des Ethanols das Magnesium zu weißem Magnesiumoxid. **Wasserstoff** als Verbindungspartner läßt sich durch die Reaktion mit Natrium feststellen **(Abb. 116.3)**. Weitere Elemente sind bei der Analyse des Ethanols nicht nachweisbar.

Jetzt muß geklärt werden, in welchem **Zahlenverhältnis** Kohlenstoff-, Sauerstoff- und Wasserstoff-Atome im Ethanol-Molekül vorliegen. Die **Molekülmasse** läßt sich aus der Dichte des Ethanol-Dampfes ermitteln. Sie beträgt **46 u**. Dies entspricht einem Molekül, das aus zwei C-Atomen (2 x 12 u = 24 u), einem O-Atom (16 u) und sechs H-Atomen (6 x 1 u = 6 u) aufgebaut ist. Zu der Summenformel C_2H_6O sind zwei verschiedene Strukturformeln denkbar:

In der Strukturformel **(1)** sind die H-Atome wie bei einem Alkan direkt an C-Atome gebunden. Dagegen ist in der Strukturformel **(2) ein H-Atom an ein O-Atom** gebunden. Diese Gruppierung ähnelt einem Wasser-Molekül. Die Reaktion des Ethanols mit Natrium zeigt **wasserähnliches** Verhalten. Auch Wasser reagiert mit Natrium unter Wasserstoff-Abgabe (die Alkane dagegen nicht). Für das Ethanol-Molekül trifft also die Strukturformel **(2)** zu. In der Summenformel erscheint die **OH-Gruppe (Hydroxyl-Gruppe)** gesondert: C_2H_5OH. Da sie die Eigenschaften der Alkohole wesentlich bestimmt, heißt sie auch **funktionelle Gruppe.**

> Alkohole (= Alkanole) enthalten die Hydroxylgruppe –OH als funktionelle Gruppe   R–O̲–H

116.4 Methanol wird großtechnisch mit Hilfe von Katalysatoren aus Kohlenstoffmonooxid und Wasserstoff synthetisiert

Nicht für Genußzwecke bestimmtes Ethanol wird „vergällt", d. h. mit ungenießbaren Zusätzen vermischt. Es wird dann **Brennspiritus** genannt; dieser enthält 94 % Ethanol. Der **Wassergehalt** des Spiritus läßt sich mit wasserfreiem, weißem Kupfersulfat nachweisen **(Abb. 117.3)**.

38.2 Methanol CH₃OH – eine Grundchemikalie

Methanol ist eine leicht brennbare und **sehr giftige** Flüssigkeit (>20 ml sind tödlich, >5 ml führen zur Erblindung). Methanol und Ethanol unterscheiden sich in der **Boraxprobe (Abb. 117.1)**. Der Bedarf der chemischen Industrie an Methanol als Grundchemikalie ist sehr groß, denn es ist **Ausgangsstoff** zur Herstellung vieler Kunststoffe und ein hervorragendes Lösemittel. Als Benzin-Zusatz (bis zu 15 %) verbessert es die Klopffestigkeit. Großtechnisch wird Methanol aus Kohlenstoffmonooxid und Wasserstoff hergestellt **(Abb. 116.4)**.

38.3 Die homologe Reihe der Alkanole

Von der Formel eines Alkans läßt sich die Formel eines **Alkanols** (= Alkohols) ableiten. Hierzu genügt der Tausch eines Wasserstoff-Atoms gegen eine Hydroxyl-Gruppe; z. B. wird aus Propan C_3H_8 das Propanol C_3H_7OH. Die **Namen** der Alkanole werden gebildet, indem man die **Endung -ol** an den Namen des entsprechenden Alkans anhängt. Wie die Alkane, so bilden auch die Alkanole eine **homologe Reihe**. Ihre aufeinanderfolgenden Glieder sind jeweils um eine CH_2-Gruppe größer **(Abb. 117.4)**.

Ethanol löst sich in Wasser, d. h. es ist wasserliebend = hydrophil. Diese Fähigkeit wird durch die polare Hydroxylgruppe –OH verursacht. Bei ihr zieht – wie im Wassermolekül – das O-Atom das mit dem H-Atom gemeinsam gebildete Elektronenpaar stärker zu sich, die Atombindung wird polar **(Abb. 117.2)**:

Wasser (polar) δ^+H $O^{\delta-}$ $H^{\delta+}$ Ethanol (polar) $CH_3–CH_2$ $\overline{O}^{\delta-}$ $H^{\delta+}$

Andererseits löst sich Ethanol auch (schwach) **in Benzin**, weil zwischen der Kohlenstoff-Kette des Ethanols und dem unpolaren Hexan-Molekül Van-der-Waals-Kräfte wirken (vgl. S. 103). So wie die Benzinlöslichkeit der Alkanole mit der Länge der Kohlenwasserstoff-Kette wächst, sinkt ihre Wasserlöslichkeit. So ist Decanol $C_{10}H_{21}OH$ in Benzin gut, in Wasser gar nicht löslich. Der **Siedepunkt** des Ethanols (78 °C) liegt, verglichen mit Ethan (– 89 °C), hoch. Ursache hierfür ist die **Wasserstoff-Brücke**, die sich zwischen dem schwach negativ geladenen O-Atom mit dem schwach positiv geladenen H-Atom des Nachbarmoleküls bildet **(Abb. 117.2)**.

117.1 Methanol und Ethanol werden mit Borax versetzt und angezündet: Nur Methanol zeigt eine grüne Flamme

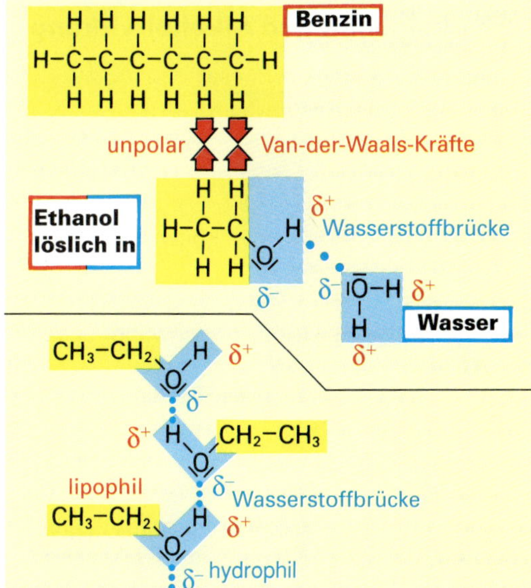

117.2 Stoffe lösen sich in solchen Lösemitteln, deren Moleküle ähnlich gebaut sind bzw. ähnliche Polarität besitzen wie der zu lösende Stoff

Name alte Bezeichnung	Formel	Smp. in °C	Sdp. in °C	Kalotten-Modell
Methanol Methylalkohol	CH_3OH	– 97	+ 65	
Ethanol Ethylalkohol	C_2H_5OH	–114	+ 78	
Propanol Propylalkohol	C_3H_7OH	–126	+ 97	
Butanol Butylalkohol	C_4H_9OH	– 90	+117	

117.4 Alkanole leiten sich von Alkanen ab und bilden wie diese eine homologe Reihe. Schmelz- und Siedepunkte sind höher als bei Alkanen

117.3 Wassernachweis im Alkohol durch Blaufärbung. „Absoluter Alkohol" ist wasserfrei

118.1 Das aufgesetzte Gärröhrchen verhindert das Eindringen von Luft, die den Alkohol zu Essigsäure oxidieren würde (s. Abb. 121.4)

Alkoholgehalt und Alkoholwirkung

118.2 Jeder Vollrausch kostet den Menschen mehr als 10 000 000 nicht regenerierbare Gehirnzellen, die Leistung des Gehirns läßt nach

118.3 Ausgangsstoffe für die Bierherstellung sind Gerste, Hopfen, Hefe und Wasser

38.4 Die alkoholische Gärung

Das Gesetz schreibt vor, daß **Getränke-Alkohol** nur durch die alkoholische Gärung hergestellt werden darf. Hierbei wird eine Zuckerlösung (meist Traubenzucker) durch Einwirkung von Hefen zu Ethanol und Kohlenstoffdioxid vergoren **(Abb. 118.1)**.

$$C_6H_{12}O_6 \xrightarrow[\text{Hefe-Enzyme}]{\text{Gärung}} 2\ C_2H_5OH + 2\ CO_2 \text{ / Energie wird frei}$$

Hefen sind einzellige Pilze, die bestimmte Wirkstoffe (Enzyme) enthalten. **Enzyme sind Bio-Katalysatoren.** Sie bewirken den Abbau von Zucker zu Ethanol und Kohlenstoffdioxid. (Die Hefezellen gewinnen dabei Energie zur Aufrechterhaltung ihrer Lebensvorgänge.) Ist der **Alkoholgehalt** auf 18 % gestiegen, bricht die Gärung ab. Säfte mit einem **Zuckergehalt** von mehr als 30 % sind nicht gärfähig. Hohe Konzentrationen an Zucker oder Ethanol töten also Hefezellen ab.

Industriealkohol wird hauptsächlich synthetisch hergestellt. Dabei wird Wasser katalytisch an Ethen addiert ($H_2C{=}CH_2 + H_2O \longrightarrow C_2H_5OH$).

Wein gewinnt man aus dem Saft ausgepreßter Trauben. Der Most vergärt mit speziellen Zuchthefen in großen Fässern. Läßt man die Schalen blauer Trauben mitgären, erhält man Rotwein.

Branntwein entsteht durch mehrfach wiederholte Wein-Destillation („Brennen"), wodurch der Akoholgehalt heraufgesetzt wird. Aus vergorenem Getreide brennt man Korn und Whisky, aus Zuckerrohr Rum, aus Reis Arrak, aus Kartoffeln Wodka und aus Früchten, wie z. B. Kirschen, Kirschwasser.

Bier. Das älteste deutsche Lebensmittelgesetz aus dem Jahre 1516 verfügt, daß Bier nur aus Malz, Hopfen, Hefe und Wasser hergestellt werden darf **(Abb. 118.3)**. Keimende Gerste enthält ein Enzym, das Gerstenstärke in gärfähigen Malzzucker überführt. In großen Kupferkesseln wird das vom Rückstand befreite Malz (süße Würze) mit Hopfen gekocht. Der Hopfen macht das Bier haltbar und verleiht ihm den herbbitteren Geschmack. Die gekühlte Würze wird bei 5 °C mit Zuchthefen 10 Tage lang vergoren **(Abb. 118.4)**. Die Nachgärung bei 2 °C dauert rund 8 Wochen.

Alkoholismus. Größere Alkohol-Mengen verursachen körperliche und seelische Schäden **(Abb. 118.2)**. Gewohnheitsmäßiges Trinken – es genügen täglich 2 Liter Bier oder 1 Liter Wein – führt zur Trunksucht (Alkoholismus). Dabei werden Herz, Nieren und besonders Leber und Nerven angegriffen und das soziale Verhalten nachteilig verändert. Bei Jugendlichen wirken bereits 10 g Alkohol wie 40 g bei Erwachsenen.

118.4 Die Stärke der Gerste wird in Malzzucker verwandelt, der mit Hefe im Keller vergärt. Hopfen sorgt für Geschmack und Haltbarkeit

38.5 Alkanole mit mehreren OH-Gruppen

Ethanol mit nur einer Hydroxyl-Gruppe (OH-Gruppe) im Molekül ist einwertig. Der Begriff **Wertigkeit** bezieht sich auf die **Anzahl der OH-Gruppen**. Alkanole mit mehreren OH-Gruppen sind mehrwertige Alkanole. (Regel: Ein C-Atom kann immer nur eine OH-Gruppe binden.) Mehrwertige Alkanole sind **zähflüssiger** und haben **höhere Schmelz- und Siedepunkte** als die entsprechenden einwertigen Alkanole (vgl. Abb. 117.4 mit 119.1). Außerdem sind sie sehr gut **in Wasser löslich**, auch wenn sie längerkettig sind. Diese Eigenschaftsunterschiede erklären sich damit, daß die mehrwertigen Alkanole **mehr Wasserstoff-Brücken** bilden können als die einwertigen.

Ethandiol oder **Glycol** CH$_2$OH–CH$_2$OH ist mit zwei OH-Gruppen ein **zweiwertiges** Alkanol. Die ölige Flüssigkeit ist **sehr giftig**. Ein Glycol-Wassergemisch im Verhältnis 1:1 gefriert erst bei − 40 °C. Es dient deshalb als Frostschutzmittel in wassergekühlten Motoren. Ebenfalls im Kraftfahrzeug wird Glycol als Bremsflüssigkeit in der hydraulischen Bremsanlage eingesetzt. Die chemische Industrie braucht Glycol zur Herstellung von Polyester-Harz, einem wichtigen Kunststoff.

Propantriol oder **Glycerin** CH$_2$OH–CHOH–CH$_2$OH ist mit drei OH-Gruppen ein **dreiwertiges** Alkanol. Die sirupartige, **ungiftige** Flüssigkeit schmeckt süß. Mit Wasser mischt sie sich in jedem Verhältnis. Glycerin ist hygroskopisch. In Hautcreme, Zahnpasta und Stempelfarbe verhindert Glycerin, daß diese Stoffe eintrocknen. Große Mengen Propantriol verarbeiten die Sprengstoffabriken. Sie stellen daraus das hochexplosive **Nitroglycerin** her. Durch Aufsaugen des flüssigen Nitroglycerins in Kieselgur, einem Mineral, entsteht das Dynamit. Dieser „Sicherheitssprengstoff" ist gegen Erschütterungen unempfindlich.

38.6 Diethylether C$_2$H$_5$–O–C$_2$H$_5$ oder „Ether"

Wird Ethanol mit konzentrierter Schwefelsäure erhitzt, entsteht Diethylether. Dabei spaltet sich Wasser ab **(Abb. 119.4)**. Diethylether und Butanol haben die gleiche Summenformel, die Molekülstrukturen unterscheiden sich jedoch (siehe Abb. 117.4). Im Ether-Molekül sind zwei Kohlenwasserstoffreste (R$_1$ und R$_2$) über ein Sauerstoff-Atom verbunden: R$_1$–O–R$_2$.

Ether verdunstet rasch (Siedepunkt 35 °C). Die Ether-Dämpfe sind leicht **entflammbar (Abb. 119.3)**. Mit Luft bilden sie **hochexplosive** Gasgemische. Ether sind hervorragende **Lösemittel** für Fette und Harze. In der Medizin wurde Ether früher als Narkosemittel verwendet. Das Beruhigungsmittel „Hoffmannstropfen" ist eine Mischung aus Ether und Ethanol (1:3) sowie Pflanzenwirkstoffen.

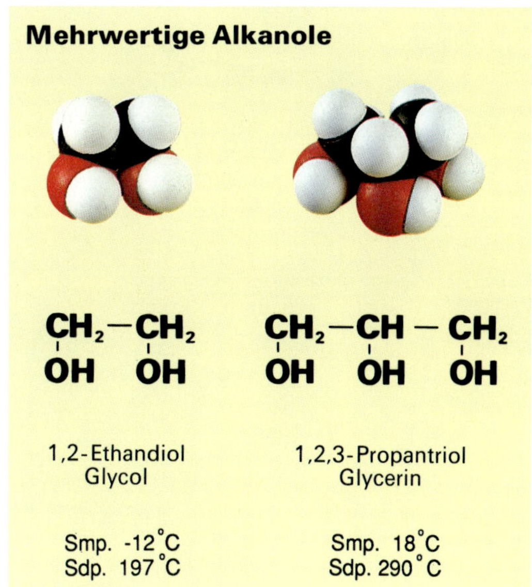

119.1 Glycol (zweiwertiges Alkanol) und Glycerin (dreiwertiges Alkanol) werden als Frostschutzmittel verwendet

V 119.1 Mische Ethanol★ a) mit Wasser und prüfe mit Indikator b) mit Benzin★ Vergleiche den Geruch von Ethanol und Brennspiritus.

LV 119.2 In einem Verbrennungslöffel wird etwas Ethanol★ in einem Standzylinder verbrannt. Das an der Wand niedergeschlagene Kondensat wird mit etwas entwässertem Kupfersulfat★ geprüft. Dann wird Kalkwasser zugegeben und geschüttelt.

A 119.3 Stelle zu dem Versuch Abb. 116.3 das Reaktionsschema auf (im RG bleibt Natriumethylat C$_2$H$_5$ONa zurück).

A 119.4 Vergleiche die Elektronenformeln von Ethanol und von Natriumhydroxid.

A 119.5 Trage in ein Diagramm die Schmelz- und Siedepunkte von Methan, Ethan, Propan und Butan (Tabelle 103.1) sowie von Methanol, Ethanol, Propanol und Butanol ein (10 mm = 20 °C).

119.2 Der bes. Hinweis: Methanol und Ethanol als Treibstoff sind klopffest (Octan-Zahl über 100) und verbrennen umweltfreundlich

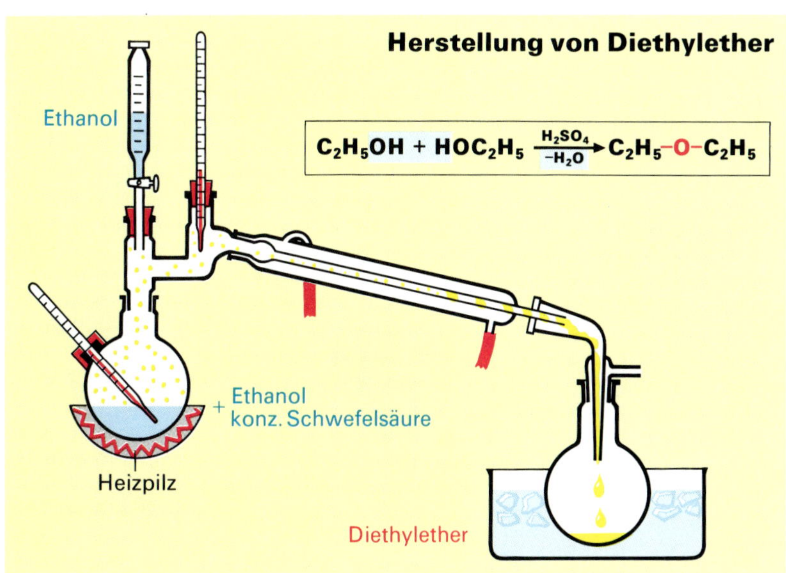

119.4 Diethylether ist eine eigenartig süßlich riechende Flüssigkeit. Längeres Einatmen von Ether-Dämpfen führt zu Bewußtlosigkeit

119.3 Eine Flamme, sogar heiße Laborgeräte, entzünden die schweren Ether-Dämpfe

120.1 Formaldehyd ist giftig. Es entsteht bei unvollständiger Verbrennung von Auto- und Flugzeugkraftstoffen, Zigaretten und Erdgas

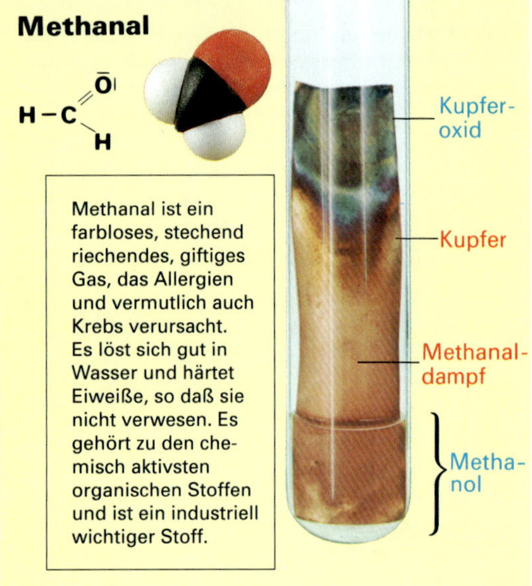

120.2 Methanol reduziert erhitztes Kupferoxid und wird selbst zu giftigem Methanal oxidiert:
$$CuO + CH_3OH \rightarrow Cu + HCHO + H_2O$$

120.3 Ethanal reduziert Ag⁺-Ionen einer Silbersalz-Lösung zu Silber: $Ag^+ + e^- \rightarrow Ag$

39.1 Methanal HCHO (Formaldehyd)

Wird Kupfer-Blech in der Brennerflamme erhitzt, überzieht es sich mit einer schwarzen Kupferoxid-Schicht. Taucht man das heiße Blech in Methanol, erscheint wieder Kupfer. Aus dem Reagenzglas entweicht ein stechend riechendes Gas: Methanal **(Abb. 120.2)**. Bei dieser Reaktion werden dem Methanol zwei H-Atome entzogen (diese H-Atome werden von dem O-Atom des CuO zu H_2O oxidiert). Das **Al**kanol wird **dehyd**riert; man bezeichnet Methanal daher allgemein auch als **Aldehyd.**

$$CH_3OH \xrightarrow{-2\,H} H-C\overset{\bar{O}|}{\underset{H}{}} \qquad R-C\overset{\bar{O}|}{\underset{H}{}}$$

Alkanale (= Aldehyde) enthalten die funktionelle CHO-Gruppe

Die Alkanale (auch Aldehyde genannt) bilden eine **homologe Reihe**, die sich wiederum von den Alkanen ableitet. Ihre Benennung erfolgt durch Anhängen der Endung **–al** an den Namen des entsprechenden Alkans.
Methanal HCHO (Formaldehyd) dient zur Herstellung von Kunststoffen (z. B. Resopal®) und von Bindemitteln z. B. für Holzspanplatten. Bei unsachgemäßer Behandlung entweicht aus ihnen giftiges Formaldehyd (vgl. S. 125). **Formalin** ist eine 35%ige wäßrige Methanal-Lösung. Da sie Eiweiße gerinnen läßt (auch das von Bakterien), eignet sie sich zum **Desinfizieren** im Krankenhaus und zum **Konservieren** von Tierpräparaten, Kosmetika und Haarshampoo.
Ethanal CH_3CHO (Acetaldehyd) verdunstet leicht. Als wichtiges Zwischenprodukt der chemischen Industrie wird die stechend riechende Flüssigkeit u. a. zu Essigsäure und synthetischem Kautschuk verarbeitet.
Alkanal-Nachweise. Wird eine ammoniakalische Silbernitrat-Lösung mit Ethanal versetzt und leicht erwärmt, zeigt sich ein Silber-Spiegel **(Abb. 120.3)**. Ethanal reduziert die Silber-Ionen zu Silber (Christbaumschmuck und Spiegel werden so versilbert). Auch die Fehlingsche Probe beruht auf der Reduktionswirkung der Alkanale **(Abb. 120.4, V 121.1)**.

39.2 Propanon $H_3C-CO-CH_3$ (Aceton)

Propanon entsteht, wenn man den Alkohol 2-Propanol dehydriert. Die farblose, feuergefährliche Flüssigkeit gehört zur Stoffklasse der **Alkanone (Ketone)**. Propanon ist **Lösemittel** für Lacke, Harze und Klebstoffe.

$$\genfrac{}{}{0pt}{}{CH_3}{CH_3}CHO\bar{H} \xrightarrow{-2\,H} \genfrac{}{}{0pt}{}{CH_3}{CH_3}C=\overset{.}{O}$$

Ketone enthalten die funktionelle CO-Gruppe

$$R_1-\underset{O}{\overset{|}{C}}-R_2$$

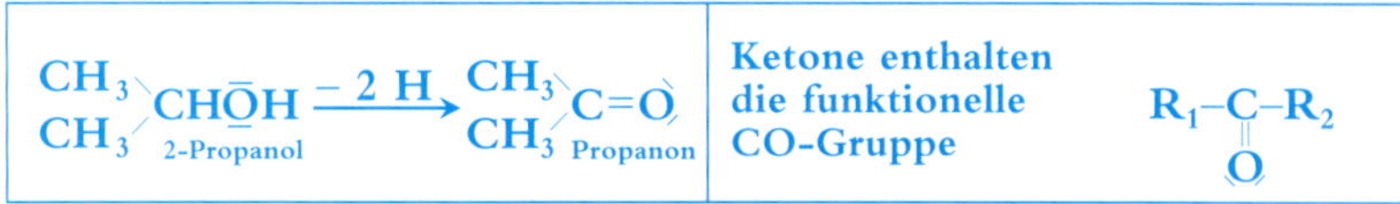

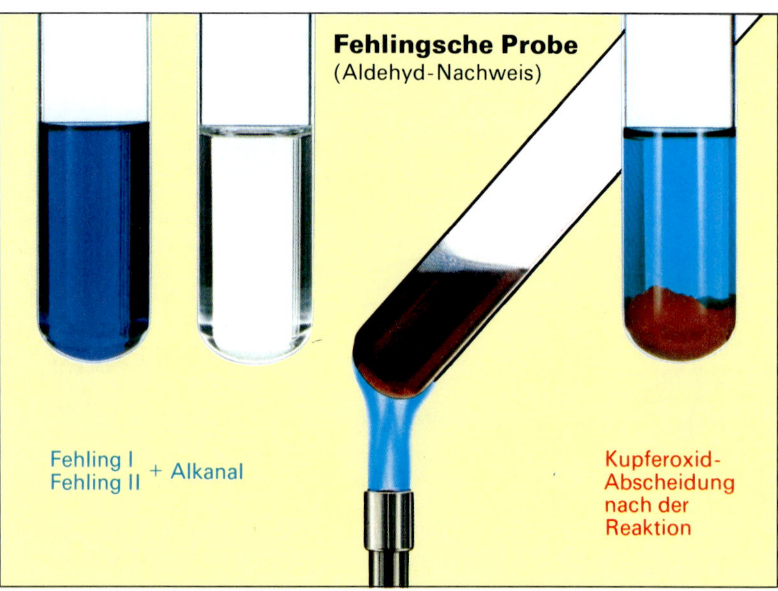

120.4 In erwärmter Fehlingscher Lösung (eine alkalische Kupfer(II)-sulfat-Lösung) entsteht durch Reduktion rotes Kupfer(I)-oxid

40 Carbonsäuren (Alkansäuren)

40.1 Ethansäure CH₃COOH (Essigsäure)

Wein, der längere Zeit offensteht, wird sauer. Essigbakterien gelangen mit der Luft in den Wein. Sie oxidieren Ethanol über Ethanal zu Ethansäure **(Abb. 121.4)**. Ethansäure entsteht auch, wenn man ein erhitztes, oxidiertes Kupfer-Drahtnetz in eine Ethanal-Lösung taucht: Das Ethanal wird zu Ethansäure oxidiert, das Kupferoxid zu Kupfer reduziert.

$$CH_3-C \overset{\bar{O}|}{\underset{H}{}} + CuO \longrightarrow CH_3-C \overset{\bar{O}|}{\underset{\bar{O}-H}{}} + Cu$$

Die Oxidation erfolgt durch den Einbau eines Sauerstoff-Atoms in die CHO-Gruppe des Ethanals. Es entsteht die für organische Säuren typische **Carboxyl-Gruppe –COOH**. Verbindungen mit der Carboxyl-Gruppe werden allgemein **Carbonsäuren**, aber auch Alkansäuren genannt.

> **Carbonsäuren enthalten die funktionelle COOH-Gruppe**
> $$R-C \overset{\bar{O}|}{\underset{\bar{O}-H}{}}$$

Carbonsäuren leiten sich von den Alkanen ab. Sie bilden die **homologe Reihe** der **Alkansäuren.** Ihre Namen erhält man durch Anhängen der Endung **-säure** an den Namen des entsprechenden Alkans (Methan – Methansäure, Ethan – Ethansäure usw., Abb. 122.4).

Ethansäure CH₃COOH oder **Essigsäure** riecht stechend **(Abb. 121.1)**. 100%ige Essigsäure erstarrt unterhalb von 17 °C zu eisartigen Kristallen und heißt deshalb „**Eisessig**". Wird dieser angezündet, verbrennt er zu Kohlenstoffdioxid und Wasser. Verdünnte Essigsäure ist ein ungiftiges Konservierungsmittel (Essiggurken).
Konzentrierte Essigsäure leitet den elektrischen Strom nur schwach. Wird Wasser hinzugegeben (in diesem Fall ungefährlich, siehe aber S. 72) steigt die Leitfähigkeit an. Ursache hierfür sind Wassermoleküle, die den Wasserstoff der Carboxyl-Gruppe als Wasserstoff-Ion abspalten.

$$CH_3COOH \xrightarrow[\text{Wasser}]{} H^+ + CH_3COO^-$$

Die Essigsäure gehört zu den **schwachen Säuren**. Wie die anorganischen Säuren reagiert sie mit unedlem Metall zu Salzlösung und Wasserstoff. Die Salze der Essigsäure heißen **Acetate** oder **Ethanate**. Essigsäure greift auch Kupfer an. Es entsteht giftiges Kupferacetat oder „Grünspan". Grünspanvergiftungen waren früher häufig, als kupfernes Kochgeschirr gebräuchlich war. Medizinische Umschläge aus „essigsaurer Tonerde" (= Aluminiumacetat) wirken entzündungshemmend.

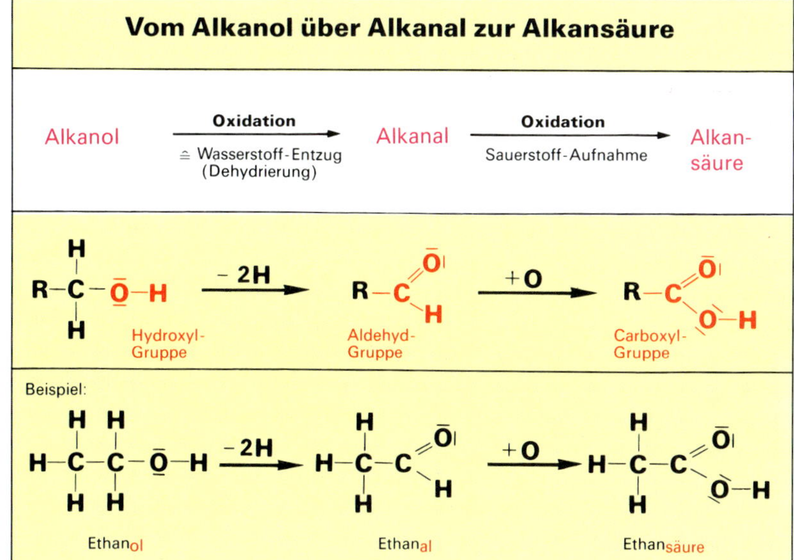

121.4 Ethanol läßt sich oxidieren, es entsteht Ethanal. Die Oxidation von Ethanal führt zur Ethansäure (Essigsäure)

Ethansäure ist eine farblose, klare, stark hygroskopische, brennbare Flüssigkeit mit stechend-saurem Geruch. Unterhalb 17 °C bildet sie farblose, eisartige Kristalle (Eisessig). Sie mischt sich vollständig mit Wasser und ist eine relativ schwache Säure. 80%ig hat sie jedoch die Ätzwirkung von konz. HCl.

121.1 Speiseessig ist 5%ige wäßrige Ethansäure. 25%ige Ethansäure heißt Essigessenz, 100%ige heißt Eisessig

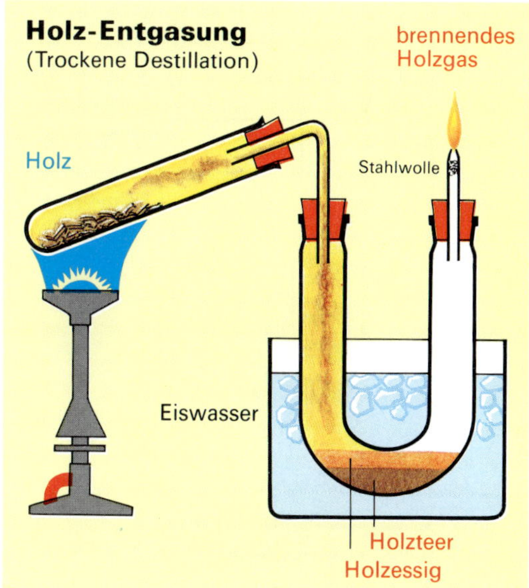

121.2 Bei der trockenen Destillation von Holz destilliert neben Teer braunroter Holzessig, aus dem man Essigsäure gewinnen kann

> **IV 121.1** Man führt nach Abb. 120.4 mit einigen Tropfen Formalin⋆ die Fehlingsche Probe⋆ durch. (Fehling I: CuSO₄, Fehling II: Kalium-Natrium-Tartrat und KOH)
>
> **V 121.2** Gib 3 ml Silbernitrat-Lösung⋆ in ein neues Reagenzglas. Versetze mit Ammoniakwasser⋆, bis eine klare Lösung vorliegt. Nach Zugabe von 1 ml Formalin⋆ erwärme vorsichtig, ohne das RG zu schütteln.
>
> **V 121.3** Gib in ein Reagenzglas 3 ml Eisessig⋆. Wirf ein kleines Stück Magnesiumband hinein und verdünne tropfenweise mit Wasser.
>
> **A 121.4** Stelle zu V 121.3 das Reaktionsschema auf. Folge dem Schema: Metall + Säure → Salz + Wasserstoff.
>
> **V 121.5** Prüfe die Leitfähigkeit von Eisessig⋆. Verdünne mit Wasser (Bürette) und beobachte die Leitfähigkeitsänderung.

121.3 Der besondere Hinweis: Die meisten Carbonsäuren sind nicht giftig

122.1 Bei Gefahr scheiden Ameisen einen sauren Stoff aus: „Ameisensäure". (Ameise 6x vergrößert)

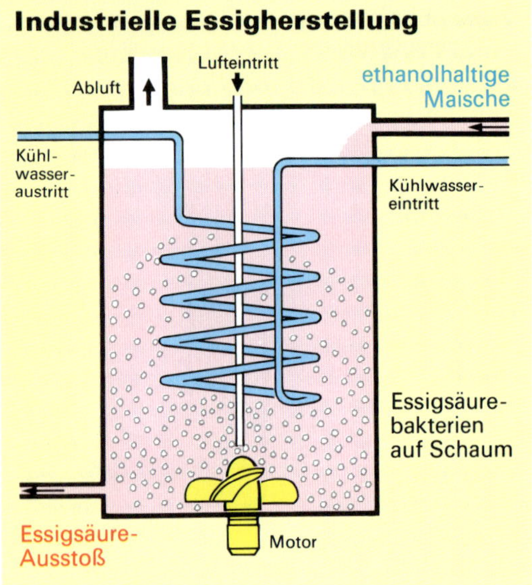

122.2 Ethanol wird durch Essig-Bakterien, die sich auf der Oberfläche des Schaums befinden, zu Essigsäure oxidiert

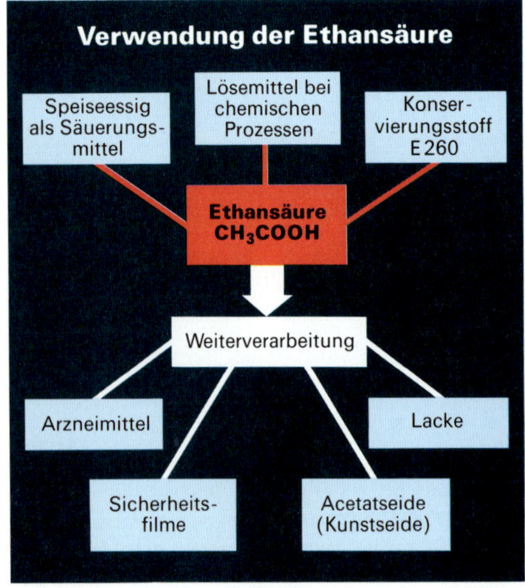

122.3 Ethansäure wird rein oder als wichtiges Zwischenprodukt eingesetzt

Essig aus Wein. Speiseessig wird biochemisch aus billigem Wein (Weinessig) oder aus vergorenen Früchten (Fruchtessig) gewonnen. Hierbei wird die alkoholhaltige Flüssigkeit – die Maische – in große Stahlbehälter geleitet **(Abb.122.2)**. Mit einem sich schnell drehenden Flügelrad wird dann Luft angesaugt und die Maische zu Schaum verquirlt. Die Luft liefert den Atmungssauerstoff für die **Essigbakterien**, die frei in der Flüssigkeit schwimmen und das Ethanol zu Essigsäure oxidieren. Ist die Essigbildung abgeschlossen, wird die Hälfte der Flüssigkeit abgelassen. Zum verbliebenen Rest fließt erneut Maische. So sind immer genügend Essigbakterien für die weitere Säuregewinnung vorhanden. Die Bakterientätigkeit erlahmt ab 30 °C. Deshalb wird zu große Oxidationswärme durch Kühlwasser abgeführt.

Der **Bedarf der chemischen Industrie** an Ethansäure ist groß. Kunstseide (Acetatseide), Arzneimittel (z. B. Aspirin) und Farben werden daraus hergestellt. Technische Ethansäure gewinnt man synthetisch: Ausgangsstoffe sind Ethen oder Methanol und Kohlenstoffmonooxid. Früher wurde Essigsäure aus dem „Holzessig" erhalten. Dieser bildet sich bei der trockenen Destillation von Holz (Abb. 121.2). Die vielseitige Verwendung der Ethansäure zeigt **Abb. 122.3**.

Methansäure HCOOH (Ameisensäure) findet sich in den Brennhaaren der Brennesseln sowie in den Giftdrüsen der Ameisen **(Abb. 122.1)**. Auch Bienen-, Wespen- und Mückenstiche enthalten Ameisensäure. Die Säure **lähmt** Beutetiere und **konserviert** die Fichtennadeln der Ameisenbauten. Methansäure riecht unangenehm stechend. In ihrer **Stärke** übertrifft sie die Ethansäure um das Vierfache. Mit verdünnter Methansäure wird im Haushalt Kesselstein entfernt (Entkalken von Kaffeemaschinen, Waschautomaten, Tauchsiedern usw.). Außerdem wird die Säure auch als **Konservierungsmittel** für Fruchtsäfte und Silofutter (s. S. 125) eingesetzt.

40.2 Die homologe Reihe der Carbonsäuren

Die **Eigenschaften** der Carbonsäuren **(Tabelle 122.4)** werden zum einen von der funktionellen **COOH-Gruppe**, zum anderen von der **Länge der Kohlenstoffkette** bestimmt. Carbonsäuren mit 1 – 4 Kohlenstoff-Atomen sind stechend riechende Flüssigkeiten, die sich in jedem Verhältnis mit Wasser mischen. Hier überwiegt der Einfluß der **hydrophilen** (wasserfreundlichen) COOH-Gruppe. Mit wachsender Kettenlänge nimmt das **hydrophobe** (wasserfeindliche) Verhalten des Kohlenwasserstoff-Restes zu – die Wasserlöslichkeit sinkt. Gießt man geschmolzene Stearinsäure auf 30 °C warmes Wasser, richten sich die Säuremoleküle sofort aus: Der erstarrte „Stearinsäure-Kuchen" ist nur auf der dem Wasser zugewandten Unterseite benetzbar (hydrophile COOH-Gruppen).

Name	Alte Bezeichnung	Formel	Smp. (°C)	Sdp. (°C)	Namen der Salze
Methansäure	Ameisensäure	HCOOH	8	100	Methanate
Ethansäure	Essigsäure	CH₃COOH	17	118	Ethanate
Propansäure	Propionsäure	C₂H₅COOH	– 2	141	Propanate
Butansäure	Buttersäure	C₃H₇COOH	– 6	164	Butanate
Pentansäure	Valeriansäure	C₄H₉COOH	– 35	187	Pentanate
Hexadecansäure	Palmitinsäure	C₁₅H₃₁COOH	63	350	Palmitate
Octadecansäure	Stearinsäure	C₁₇H₃₅COOH	71	370	Stearate
Octadecensäure	Ölsäure	C₁₇H₃₃COOH	16	260	Oleate
Octadecadiensäure	Linolsäure	C₁₇H₃₁COOH	– 5	228	Linolate
Octadecatriensäure	Linolensäure	C₁₇H₂₉COOH	– 80	197	Linolenate

122.4 Zusammenstellung der ersten fünf Carbonsäuren und der wichtigsten Fettsäuren; die letzten drei sind z. T. mehrfach ungesättigt

Auf der Oberseite dagegen perlt das Wasser ab (hydrophobe Kohlenwasserstoff-Reste, **Abb. 123.1**). Die langkettigen Carbonsäuren sind am Aufbau der Fette beteiligt. Man nennt sie deshalb **Fettsäuren**. Öl- und Stearinsäure haben die gleiche Kettenlänge. Die Stearinsäure ist fest, die **Ölsäure** jedoch flüssig. Der Grund: Die Ölsäure besitzt eine **C=C-Doppelbindung** im Molekül; sie gehört deshalb zu den **ungesättigten** Fettsäuren (siehe auch Seite 127).

40.3 Carbonsäuren mit mehreren funktionellen Gruppen

Die **Ethandisäure COOH–COOH (Oxalsäure)** gehört mit zwei Carboxyl-Gruppen zu den **Dicarbonsäuren**. Sie ist ein farbloser, kristalliner Stoff, der sich in Wasser leicht löst. Oxalsäure ist **saurer** als Ameisensäure. **Oxalate** – die Salze der Oxalsäure – sind im Rhabarber, im Spinat und im Sauerklee enthalten **(Abb. 123.2)**. Calciumoxalat ist wasserunlöslich. Es bildet sich bei bestimmten Stoffwechselkrankheiten im Körper. Hier können die feinen Kristalle die Nierenkanälchen verstopfen oder sich zu Nierensteinen verklumpen.

Die **Milchsäure** ordnet man in die Reihe der **Hydroxy-Carbonsäuren**. Diese sind durch die OH-Gruppen der Alkanole und die COOH-Gruppen der Carbonsäuren gekennzeichnet **(Abb. 123.4)**. Die Milchsäure entsteht beim Abbau des Milchzuckers durch Milchsäurebakterien, sie ist in saurer Milch, im Sauerkraut und im Silofutter (Silage) enthalten. Bei ungenügender Sauerstoff-Versorgung der Muskulatur unseres Körpers wird der Blutzucker nicht bis zu Kohlenstoffdioxid und Wasser, sondern nur bis zur Milchsäure abgebaut. So wird Muskelkater im Muskelgewebe z. T. durch Milchsäure-Bildung verursacht.

Auch die **Weinsäure** und die **Citronensäure** sind Vertreter der Hydroxy-Carbonsäuren. Sie bewirken den säuerlichen Geschmack mancher Obstsorten. Mitunter kristallisiert das Kalium-Salz der Weinsäure in Weinfässern und Weinflaschen als „Weinstein" aus.

Carbonsäuren als Konservierungsstoffe. Abgepackte Lebensmittel werden von der Herstellung bis zum Verzehr oft lange gelagert. Damit die Nahrungsmittel nicht verschimmeln, gären oder verfaulen, gibt man Konservierungsstoffe hinzu (Abb. 123.4). Diese müssen **gesundheitlich unbedenklich** sein und dürfen weder Geschmack noch Geruch beeinträchtigen. Als unbedenklich gilt z. B. die Konservierung von Marmelade mit **Citronensäure** oder von Käse- und Fruchtzubereitungen mit **Sorbinsäure**. Diese Stoffe werden im Körper zu Kohlenstoffdioxid und Wasser abgebaut. Die für Fisch und Fleisch gebräuchliche **Benzoesäure** kann dagegen gesundheitsschädlich sein **(Abb. 123.3)**.

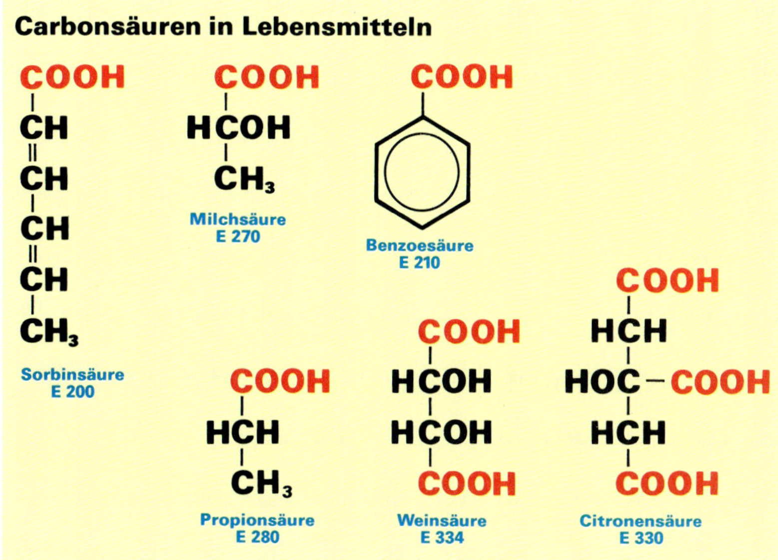

123.4 Sorbin- und Benzoesäure sind neben Ameisensäure (EG-Nr.: E 236) und Essigsäure (E 260) die wichtigsten Konservierungsstoffe

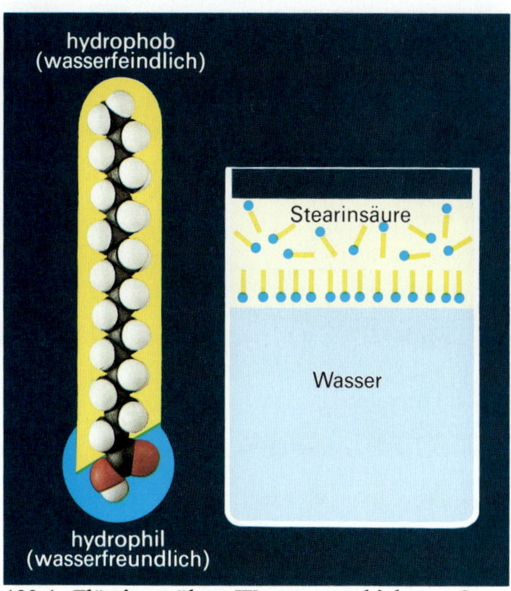

123.1 Flüssige, über Wasser geschichtete Stearinsäure erstarrt. Auf der Oberseite perlt Wasser ab, die Unterseite wird benetzt

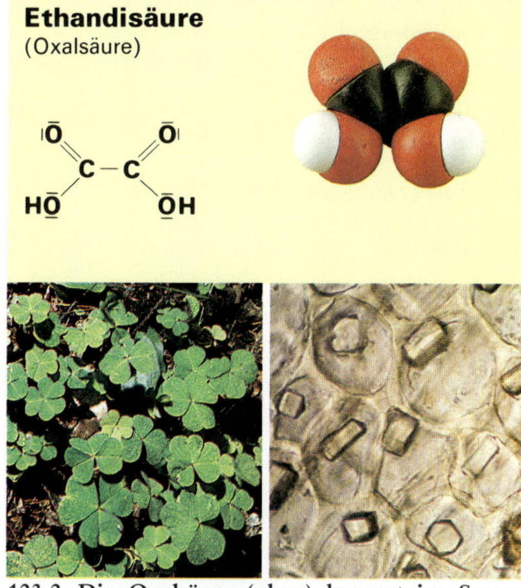

123.2 Die Oxalsäure (oben) kommt im Sauerklee (unten links) kristallin als Kaliumhydrogenoxalat vor (unten rechts)

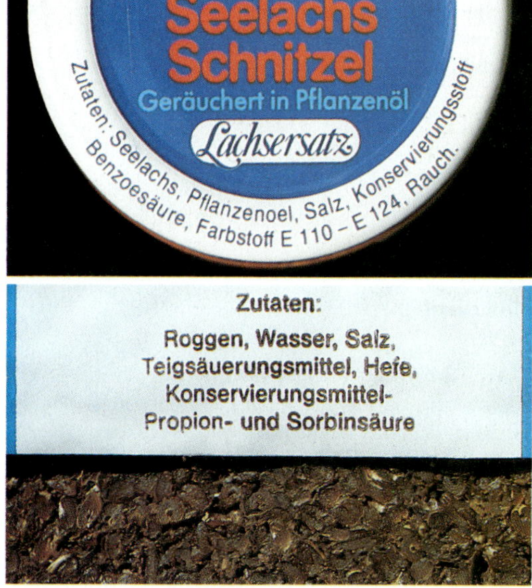

123.3 Konservierungsmittel und Farbstoffe werden oft durch eine EG-Nr. angegeben

Enteisung

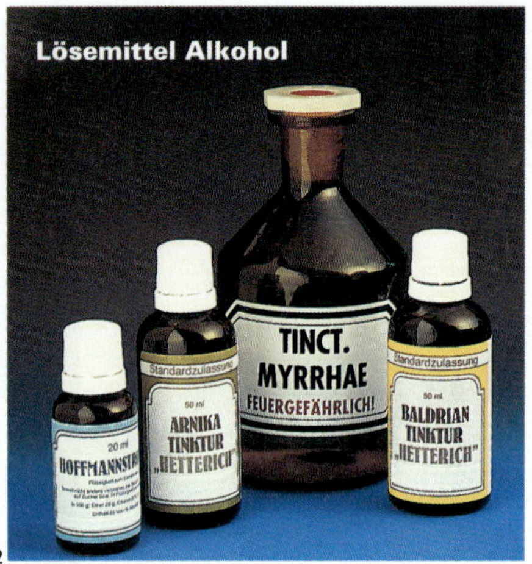

Lösemittel Alkohol

Frostschutzmittel Glycol

Versuch: V 124.1

Geräte: RG-Ständer, 6 RG, Trichter, Papierfilter, Mörser, Pistill, Uhrglas

Chemikalien/ Stoffe: Ethanol★, Iod★, Parfüm, Benzin★, Harz, Orangenschalen, Blätter

Durchführung: 1. Zerreibe zerkleinerte Orangenschalen (oder Blätter) im Mörser, gib etwas Ethanol (od. Brennspiritus) hinzu, rühre um und filtriere. Laß einige Tropfen des Filtrats auf dem Uhrglas verdunsten.
2. Führe Löseversuche gemäß Abbildung durch und trage die Beobachtungen in eine Tabelle ein.

Versuch: V 124.2

Geräte: 2 Erlenmeyerkolben 300 ml, 2 durchbohrte Stopfen, 2 U-Glasrohre, 2 Standzylinder

Chemikalien/ Stoffe: Traubenzucker, Trauben, Hefe, Kalkwasser

Durchführung: 1. Löse in 200 ml warmem Wasser 20 g Traubenzucker in einem Erlenmeyerkolben. Gib 2 g frische Hefe hinzu, die vorher in 10 ml Wasser aufgeschlämmt wurde.
2. Gib den Saft gepreßter Weintrauben in den anderen Erlenmeyerkolben.
3. Leite das bei 1 bzw. 2 entstehende Gas durch Kalkwasser.

Versuch: V 124.3

Geräte: Waage, großes Uhrglas, 2 RG, 1 großes RG, Glaskugel Ø 0,5 cm, Holzklotz, Becherglas 250 ml, Thermometer, Stoppuhr

Chemikalien/ Stoffe: Glycol★, Glycerin, Eis, Kochsalz

Durchführung: 1. Wiege Glycerin auf einem Uhrglas aus. Prüfe das Gewicht nach 30 Min. **2.** Fülle je ein großes RG 15 cm hoch mit Glycol und Glycerin. Laß je eine Glaskugel in die schräggelegten RG rollen. Miß die „Roll-Zeit". **3.** Bestimme den Gefrierpunkt gemäß Abb. Notiere Temperatur- und Zustandsänderung.

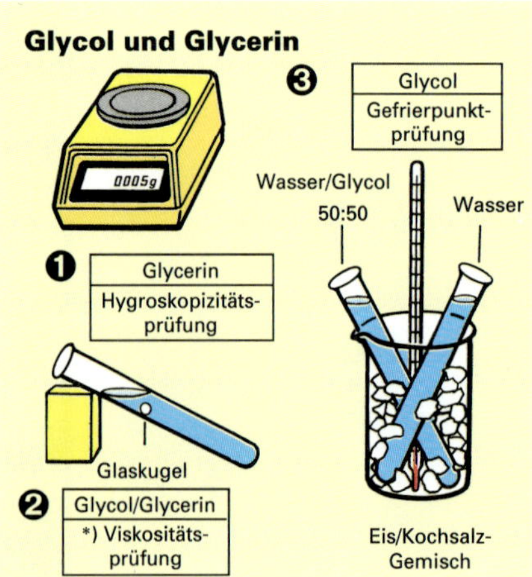

Enzyme sind die „Bio-KAT"

Voraussetzung für die Vergärung des Traubenzuckers zu Alkohol ist der Biokatalysator Hefe. Hefe besteht aus lebenden, eiweißhaltigen Zellen. Erhitzt man eine gärende Zuckerlösung zum Sieden, „stoppt" die Gärung. Erfolgt die Gärung demnach nur mit lebenden Zellen? 1897 gelang es, aus Hefe einen zellfreien Saft zu pressen, der Zucker zu Alkohol vergor. Damit war bewiesen, daß nicht die lebende Zelle selbst, sondern bestimmte Eiweiße – die Enzyme – die Gärung verursachen. Enzyme sind Biokatalysatoren, die chemische Reaktionen in lebenden Zellen beeinflussen, ohne sich dabei selbst zu verändern.

Glycol für eisfreie Flugzeuge

Mit Schnee und gefrierendem Regen wird das Fliegen im Winter riskant, denn schon mit nur 1 mm dickem Eis kann sich die Form der Tragflächen so verändern, daß beim Steigflug die Hälfte des Luftauftriebes verlorengeht. Bei drohender Vereisungsgefahr werden die Flugzeuge deshalb vor dem Start mit einem Anti-Eis-Gemisch besprüht (Bild 1).
Je nach Flugzeugtyp benötigt man zum Besprühen zwischen 400 und 4000 Liter dieses Gemisches aus 85 % Glycol, 5 % 2-Propanol und 10 % Wasser. Wenn der „Vogel" erst mal fliegt, werden die kritischen Stellen beheizt. Glycol wird biologisch abgebaut.

Fragen und Aufgaben

A **124.1** Abbildung 2 zeigt Verwendungsbeispiele von Ethanol bei pharmazeutischen Produkten. Finde weitere ethanolhaltige Erzeugnisse des Alltags.

A **124.2** Nenne Gründe, die eine Gärung abbrechen bzw. gar nicht erst beginnen lassen.

A **124.3** Ordne folgende Glycerineigenschaften nachstehenden Verwendungsbeispielen zu: a) hält geschmeidig, b) hält Stoffe feucht, c) ist hautfreundlich – 1. Stempelfarbe 2. kosmetische Präparate 3. Klarsichtfolie.

---

*) Viskosität = Zähigkeit

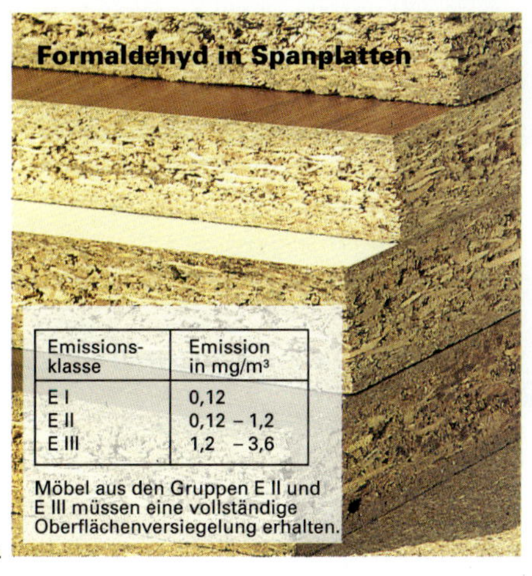

4

5

6

Versuch: V 125.1

Geräte: RG mit Ansatzrohr, Winkelrohr, durchbohrter Stopfen, Gummischlauch

Chemikalien/ Stoffe: Schiffs Reagenz, 3 filterlose Zigaretten

Durchführung: Gib Schiffs Reagenz 2 cm hoch in ein RG, dessen seitlicher Ansatz mit der Wasserstrahlpumpe verbunden ist. Verschließe das RG durch einen Stopfen mit Winkelrohr, das mit seinem unteren Ende in Schiffs Reagenz taucht und an dessen oberen Ende nacheinander 2 bis 3 Zigaretten aufgesteckt und angezündet werden. (Schiffs Reagenz wird durch Formaldehyd rot.)

Versuch: V 125.2

Geräte: 2 RG, Abdampfschale, Stativ, Muffe, Ring, Drahtnetz, Brenner

Chemikalien/ Stoffe: verd. Essigsäure*, verd. Natronlauge*, Ameisensäure*, Kalkstein, Universalindikator

Durchführung: 1. Gib zu verdünnter Essigsäure etwas Universalindikator und dann tropfenweise verdünnte Natronlauge, bis die Lösung neutral reagiert.
2. Dampfe die Lösung vorsichtig ein.
3. Tropfe etwas verdünnte Ameisensäure auf ein Stück Kalkstein.

Versuch: V 125.3

Geräte: RG, RG-Halter, Petrischale, Brenner

Chemikalien/ Stoffe: Sorbinsäure, Wasser, Weißbrotscheibe

Durchführung: Gib eine Spatelspitze Sorbinsäure und 2 ml Wasser in ein RG. Erwärme das Ganze, bis eine klare Lösung entsteht. Befeuchte die eine Hälfte einer Weißbrotscheibe mit dieser Lösung, während die andere Hälfte unbehandelt bleibt.
Laß die ganze Scheibe einige Tage zugedeckt in einer Petrischale ruhen.

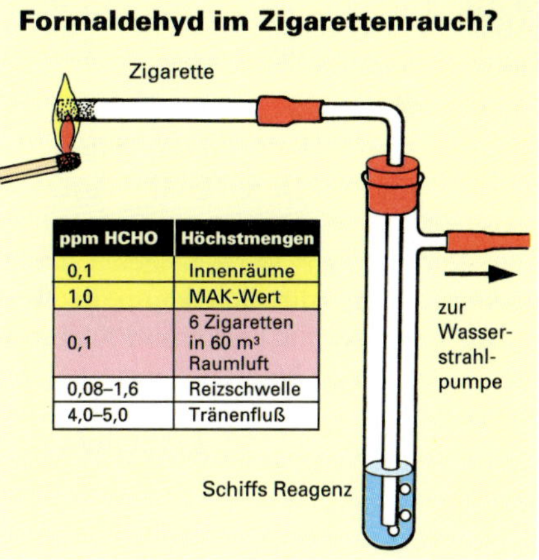

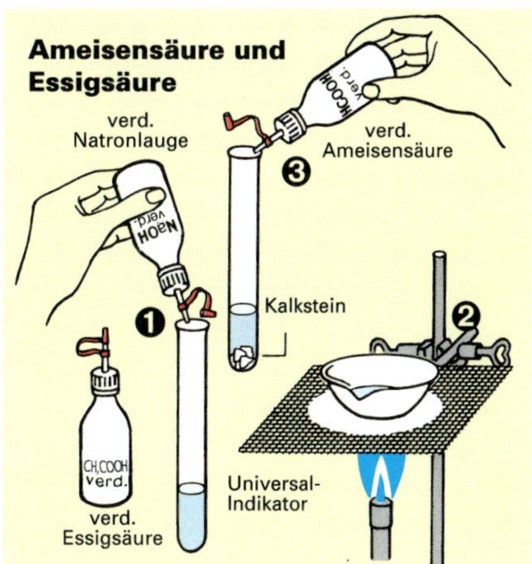

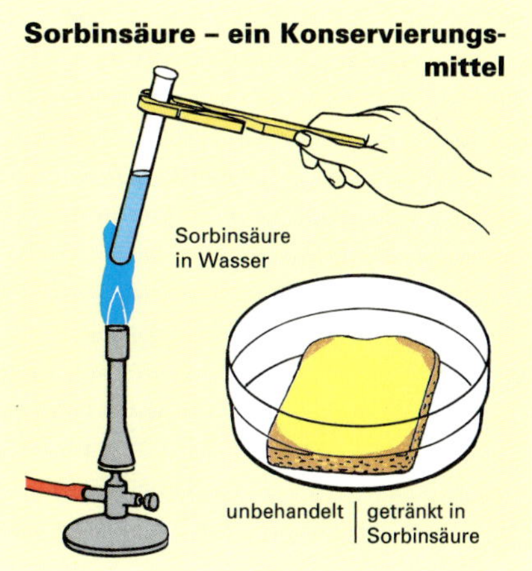

Zuviel Formaldehyd in Möbeln

Schwindelgefühl, Kopfschmerz, Augenbrennen und Brechreiz sind die Beschwerden, wenn stehend riechendes Formaldehyd, z. B. aus Möbeln, austritt, deren Preßspanplatten nur einseitig beschichtet sind und die deshalb den Grenzwert für Innenräume (0,12 mg/m³) überschreiten. So wurde eine Möbelfirma gerichtlich gezwungen, ihre Schrankwand zurückzunehmen. Messungen der Raumluft beim Kunden hatten ergeben, daß der Grenzwert überschritten war. Formaldehyddämpfe stehen im Verdacht, krebserregend zu sein. Da auch Kosmetika, Haarshampoos und Farben Formaldehyd enthalten können: unbelastete Produkte wählen.

Warum Silofutter länger haltbar bleibt

Ameisensäure konserviert nicht nur die Fichtennadeln des Ameisenhaufens, sie eignet sich auch ausgezeichnet zur Grünfutterkonservierung im Silo (Bild 5). Als „Amasil" (das ist 85%ige Ameisensäure), verdünnt mit der 4fachen Wassermenge, wird sie auf das Futter aufgesprüht. Das Mittel tötet die meisten Bakterien ab, nicht jedoch die säureliebenden und erwünschten Milchsäurebakterien. Milchsäurebakterien senken den pH-Wert unter 5 und hemmen deshalb das Wachstum der anaeroben (ohne Sauerstoff lebenden) Bakterien. So bleibt das Tierfutter länger haltbar.

Fragen und Aufgaben

A 125.1 Formaldehyd härtet Eiweiß und verhindert so die Verwesung. Wie erklärt sich die desinfizierende (keimtötende) Wirkung von Formalin?

A 125.2 Aus Wein wird Essig (Abb. 6). Drücke die Reaktionsschritte mit einem Reaktionsschema aus (s. S. 121).

A 125.3 Die Ausscheidungen eines bestimmten Schimmelpilzes im Brot (Aflatoxine) gehören zu den stärksten krebserregenden Stoffen. Deshalb: Verschimmeltes Brot ganz (!) wegwerfen. Statt Schnittbrot (schimmelt trotz Sorbinsäure schneller) frisches Brot kaufen. Wann bildet sich auf Marmelade giftiger Schimmel?

125

126.1 Ester aus langkettigen Carbonsäuren und langkettigen Alkanolen sind Wachse. Hierzu zählt auch das Bienenwachs

V **126.1** Untersuche das Lösevermögen von Ethansäureethylester★. Benutze hierzu Proben von angetrocknetem Alleskleber, Paraffin, Bienenwachs, Styropor® und Celluloid.

V **126.2** Untersuche die Löslichkeit von Ethansäureethylester★ in Wasser und Benzin★.

A **126.3** Die Ester-Bildung aus Carbonsäure und Alkohol läßt sich mit der Neutralisationsreaktion einer Säure und einer Lauge vergleichen. Finde Gemeinsamkeiten und Unterschiede.

A **126.4** Methansäureethylester★ riecht nach Rum. Er wird als Aromastoff für Backwaren eingesetzt.
Schlage einen Herstellungsweg vor und schreibe das Reaktionsschema. Verfahre entsprechend mit den übrigen in Tabelle 126.3 aufgeführten Estern.

126.2 Der besondere Hinweis: Polyester, wie Diolen, entstehen aus einem mehrwertigen Alkanol und einer mehrwertigen Carbonsäure

41.1 Ester – Aromastoffe, Lösemittel, Wachse

Ethansäure und Ethanol, mit katalytisch wirkender konzentrierter Schwefelsäure erhitzt, verbinden sich unter Wasserabspaltung zu **Ethansäureethylester**. Der leicht flüchtige, nach Klebstoff riechende Ester sammelt sich in der Vorlage **(Abb. 126.4)**. Allgemein gilt:

$$\text{Carbonsäure + Alkanol} \xrightarrow[\text{(Abspaltung von Wasser)}]{\text{Kondensation}} \text{Ester + Wasser}$$

Reaktionen, bei denen sich Stoffe unter Wasserabspaltung verbinden, sind Kondensationsreaktionen.

Will man die Kondensationsreaktion der Ester-Bildung rückgängig machen, muß der Ester mit Wasser geschüttelt werden:

$$\text{Ester + Wasser} \xrightarrow[\text{(Einlagerung von Wasser)}]{\text{Hydrolyse}} \text{Carbonsäure + Alkanol}$$

Die Umkehrung einer Kondensationsreaktion ist eine Hydrolyse.

Der Name des **Esters** bildet sich aus dem Namen der **Säure** (z. B. Ethansäure), gefolgt vom **Alkyl-Rest des Alkanols** (also Ethyl statt Ethanol) und der Bezeichnung **-ester**: Ethansäure-ethyl-ester.

Ester aus kurzkettigen Carbonsäuren und Alkanolen sind leicht flüchtige Stoffe, die sich kaum in Wasser lösen. Dafür sind sie selbst gute **Lösemittel** für Lacke und Klebstoffe („Alleskleber"). Ethansäureethylester wird auch als Nagellackentferner verwendet.

Manche Ester bestimmen das Aroma von Früchten wie Birne, Apfel, Ananas oder Aprikose. **„Naturidentische Aroma-Ester"** werden synthetisch hergestellt **(Tabelle 126.3)**.

Bei der Reaktion von anorganischen Säuren und Alkanolen entstehen ebenfalls Ester. Aus Salpetersäure und dem dreiwertigen Alkanol Glycerin entsteht **Nitroglycerin**; dieser wichtige Sprengstoff ist der Trisalpetersäureester des Glycerins.

Wachse sind Ester aus langkettigen Carbonsäuren und langkettigen Alkanolen **(Abb. 126.1)**. Wachse **schützen** Pflanzen vor zu starker Wasserverdunstung. So sondern die Blätter einer brasilianischen Palmenart soviel Wachs ab, daß es durch Abbürsten gewonnen und zu Kerzen verarbeitet wird (Karnaubawachs). In der **Industrie** sind Wachse als Grundlage für kosmetische Salben und Lederpflegemittel von Bedeutung. Die wichtigsten natürlichen Ester sind die **Fette**.

Ester als «Fruchtaroma»

Name / Geruch	Formel
Methansäureethylester / Rum	$H-\overset{\overset{\displaystyle O}{\|}}{C}-\underline{O}-C_2H_5$
Ethansäurepentylester / Birnen	$CH_3-\overset{\overset{\displaystyle O}{\|}}{C}-\underline{O}-C_5H_{11}$
Butansäureethylester / Ananas	$C_3H_7-\overset{\overset{\displaystyle O}{\|}}{C}-\underline{O}-C_2H_5$
Benzoesäureethylester / Pfefferminz	$\langle\text{Benzolring}\rangle-\overset{\overset{\displaystyle O}{\|}}{C}-\underline{O}-C_2H_5$

126.3 Ester aus kurzkettigen Carbonsäuren und Alkanolen sind flüssige Duftstoffe

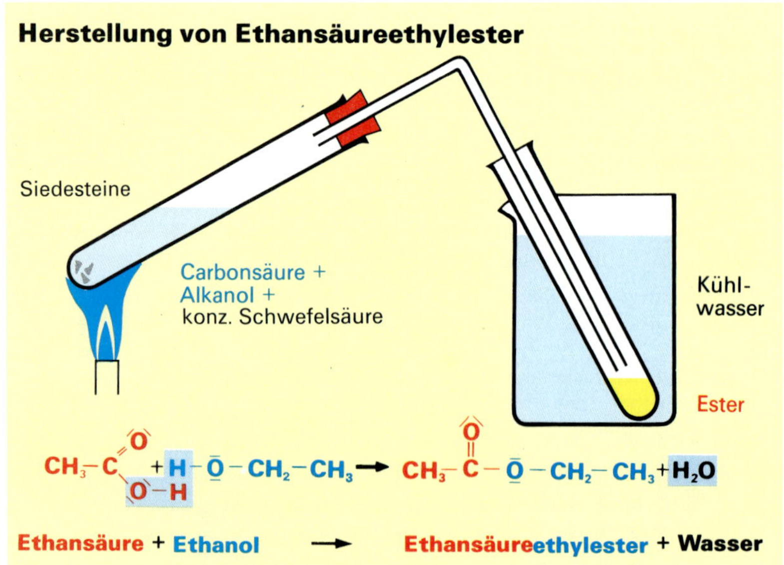

126.4 Die Bildung des Ethansäureethylesters ist eine Kondensationsreaktion; sie wird durch Zugabe von konz. Schwefelsäure beschleunigt

42.1 Fette – die energiereichsten Nährstoffe

Fette sind ein wesentlicher Bestandteil unserer Nahrung. Als „sichtbare" Fette wie Salatöl, Margarine, Butter oder „versteckt" in Wurst, Käse oder Milch decken sie ein Viertel unseres Energiebedarfs (**Abb. 127.1**). Fette sind Ester aus Glycerin und langkettigen Carbonsäuren. Glycerin ist ein dreiwertiges Alkanol: $CH_2OH—CHOH—CH_2OH$. Die im Fett gebundenen **langkettigen Carbonsäuren heißen „Fettsäuren"**. Am häufigsten ist das Glycerin mit der Palmitinsäure $C_{15}H_{31}COOH$, der Stearinsäure $C_{17}H_{35}COOH$ und der Ölsäure $C_{17}H_{33}COOH$ verestert (**Abb. 127.3 und 127.4**).

Fette sind Ester aus Glycerin und Fettsäuren.

Die Palmitin- und Stearinsäure sind fest und gehören zu den **gesättigten Fettsäuren**. Zwischen ihren C-Atomen befinden sich nur Einfachbindungen. Dagegen zählen die Ölsäure und die Linolsäure – beide sind flüssig – zu den **ungesättigten Fettsäuren**. Ihre Moleküle enthalten eine oder mehrere C=C-Doppelbindungen. **Natürliche Fette sind gemischte Ester**, d. h. ein Glycerin-Molekül ist mit verschiedenen Fettsäuren verestert. Das Überwiegen der einen oder anderen Fettsäure ist der Grund dafür, daß es unterschiedliche Fettarten gibt.

Im **Rindertalg** liegt die Hälfte der veresterten Fettsäuren gesättigt vor (**Tabelle 127.2**). Deshalb ist Rindertalg **fest**. Fette mit vorwiegend ungesättigten Fettsäuren sind dagegen **flüssig**. Sie werden als **Öl** bezeichnet. Ein Beispiel hierfür ist das Sonnenblumenöl, dessen Moleküle überwiegend die ungesättigte Linolsäure $C_{17}H_{31}COOH$ enthalten (Tabelle 127.2).

Ungesättigte Fettsäuren reagieren mit Iod. Unter Aufklappen der C=C-Doppelbindung(en) wird es addiert. In der **Lebensmittelchemie** nutzt man diese Reaktion, um den Anteil der ungesättigten Fettsäuren in einem Nahrungsfett zu bestimmen. Als Maß dient die **Iodzahl**. Sie gibt an, wieviel Gramm Iod von 100 Gramm Fett addiert werden (Tabelle 127.2).

Fett liefert nicht nur Energie, es ist auch am Aufbau der Körperzellen beteiligt. Einige ungesättigte Fettsäuren (z. B. die Linolsäure) sind lebenswichtige oder **essentielle Fettsäuren**. Da sie der Körper nicht selbst aufbauen kann, müssen sie mit der Nahrung aufgenommen werden. So beträgt der tägliche Bedarf an Linolsäure zwei bis drei Gramm. Wird diese Dosis unterschritten, kommt es zu **Entwicklungsstörungen**. Umgekehrt führt Überernährung zu Fettansatz. **Übergewicht** verringert die Lebenserwartung des Menschen. Bestimmte **Vitamine** (z. B. A, D, E) sind fett-, aber nicht wasserlöslich. Der Körper kann diese Vitamine deshalb nur bei gleichzeitiger Fettaufnahme für sich nutzbar machen.

127.1 Fette sind die energiereichsten aller Nahrungsmittel. Eine völlig fettfreie Ernährung führt zu schweren Gesundheitsschäden

Fettsäuren in Nahrungs-Fetten		Schmelzpunkt in °C	Tierische Fette			Pflanzliche Fette			
			Rindertalg	Schweinefett	Butterfett	Olivenöl	Sonnenblumenöl	Sojabohnenöl	Leinöl
gesättigte Fettsäuren	Palmitinsäure $C_{15}H_{31}COOH$	+63	30	27	25	15	5	10	7
	Stearinsäure $C_{17}H_{35}COOH$	+71	20	14	13	2	2	3	3
ungesättigte Fettsäuren	Ölsäure $C_{17}H_{33}COOH$	+16	39	45	30	71	27	24	38
	Linolsäure $C_{17}H_{31}COOH$	−5	3	8	2	8	65	54	44
	Iodzahl		40	65	35	80	130	120	180

127.2 Massenanteil wichtiger Fettsäuren in Nahrungsfetten in Prozent. Die Iodzahl gibt den Anteil ungesättigter Fettsäuren an

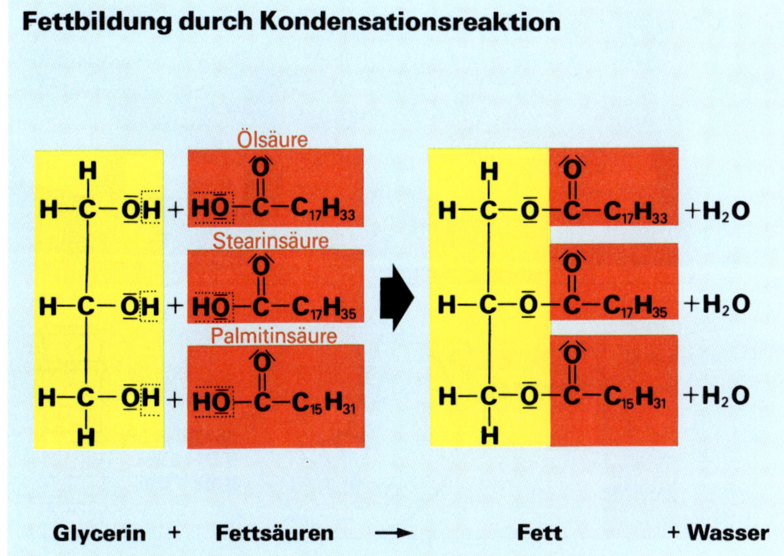

127.4 Mit einem Glycerin-Molekül sind unterschiedliche Fettsäuren verestert. Naturfette sind Gemische verschiedener Fettmoleküle

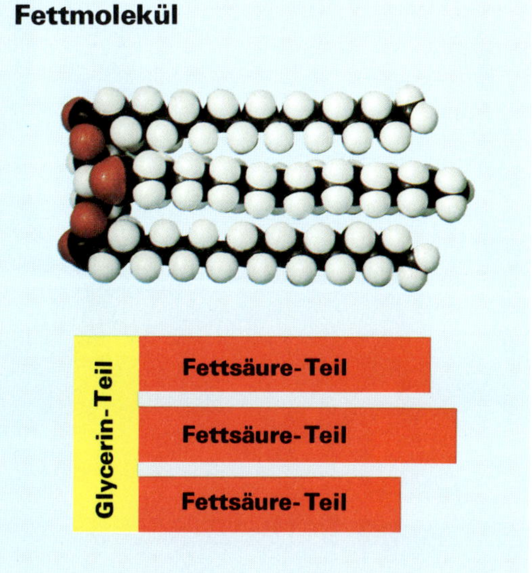

127.3 Modell eines natürlichen Fettmoleküls. Die Kettenlängen sind unterschiedlich

Fette – Ester des Glycerins mit Fettsäuren

128.1 Fette entzünden sich bei ca. 300 °C von selbst. Fettbrände erstickt man durch Abdecken (Abschneiden der Sauerstoff-Zufuhr)

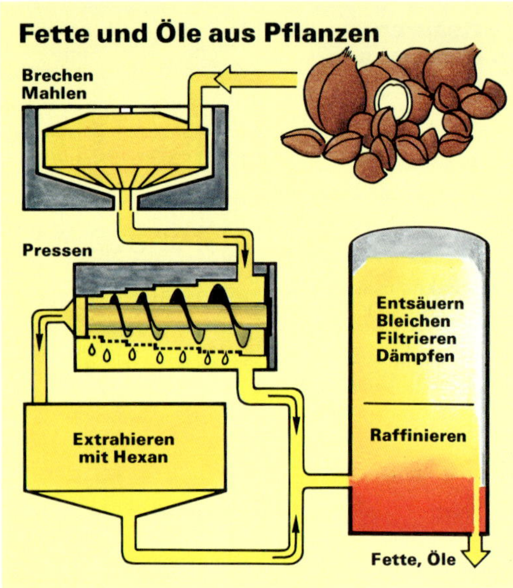

128.2 Die fetthaltigen Samen und Früchte verschiedener Pflanzen sind die Rohstoffe für die Ölgewinnung und Margarineherstellung

Eigenschaften der Fette. Fette lassen sich leicht nachweisen. Hierzu betupft man saugfähiges Papier mit der zu untersuchenden Probe. Ist Fett vorhanden, bildet sich ein durchscheinender **Fettfleck**. Fett mischt sich nicht mit Wasser. Wird Öl mit Wasser geschüttelt, entsteht eine **Emulsion** (in Wasser schwebende Öltröpfchen). Die Emulsion entmischt sich aber sogleich wieder, und die Ölschicht schwimmt auf dem Wasser. Bestimmte Stoffe verzögern das Entmischen einer Emulsion. Hierzu gehört das **Eiweiß** der Milch. Es umhüllt die Fetttröpfchen und verlangsamt dadurch die Entmischung vom Wasser. „Entmischungs-Verzögerer" wie das Eiweiß nennt man **Emulgatoren**. Benzin und Ethansäureethylester lösen Fette gut und eignen sich deshalb als Reinigungsmittel. Fleckenpasten enthalten neben dem Lösemittel noch Magnesiumoxid, das das aus dem Gewebe herausgelöste Fett aufsaugt.

Die Schmelzpunkte der Fettsäuren sind sehr unterschiedlich. Stearinsäure schmilzt bei 71 °C, Ölsäure bei 16 °C und Linolsäure bei − 5 °C. Diese Unterschiede erklären, warum ein Fett (das verschiedene Fettsäuren enthält) keinen festen Schmelzpunkt hat, sondern einen **Schmelzbereich**. Entzündetes Fett darf niemals mit Wasser gelöscht werden **(Abb. 128.1)**. Das 300 °C heiße Fett würde das Wasser (Sdp. 100 °C) sofort in Dampfblasen umwandeln, die das Fett verspritzen (hohe Verletzungs- und Brandgefahr). **Fettbrände** erstickt man durch Abdecken.

Fettgewinnung. Tierische Fette werden aus dem Fettgewebe von Fisch oder Schlachttieren ausgeschmolzen. Pflanzliche Fette liefern die Samen und Früchte von Kokospalme, Erdnuß, Raps, Sonnenblume und Ölbaum. Die fetthaltigen Pflanzenrohstoffe werden in der Ölmühle zerkleinert und auf 80 °C erhitzt, damit beim Pressen das Öl besser abfließt. Der Preßrückstand enthält noch bis zu 8 % Fett, das mit dem Lösemittel Hexan **extrahiert** (= herausgelöst) wird. Das flüchtige Hexan wird später durch Erhitzen wieder vom Fett getrennt. Raffination befreit das Öl von störenden Farb- und Geruchsstoffen **(Abb. 128.2)**.

Margarineherstellung. Im vorigen Jahrhundert wurde Butter knapp. Ein französischer Wissenschaftler fand einen Ausweg: Er verrührte Rindertalg, Magermilch und Wasser zu einem Streichfett, das er Margarine nannte **(Abb. 128.3** und **128.4)**. Aber bald konnte auch nicht mehr genügend Talg geliefert werden. Nun half das 1902 entwickelte Verfahren des deutschen Chemikers NORMAN. Ihm gelang die Anlagerung von Wasserstoff **(Hydrieren)** an die C=C-Doppelbindungen mit einem Nickel-Katalysator. So entstehen C–C-Einfachbindungen: Aus **flüssigen Ölen** werden **feste Fette**. Durch diese **Fetthärtung** ist es möglich, flüssiges Erdnuß-, Oliven- oder Baumwollöl in festes Speisefett für die Margarineherstellung umzuwandeln. Unterschiedliche Verpackungen verhindern eine Verwechslung von Margarine und Butter.

128.3 Herstellen von Margarine. Die benötigten Mengen gibt der Versuchsteil an

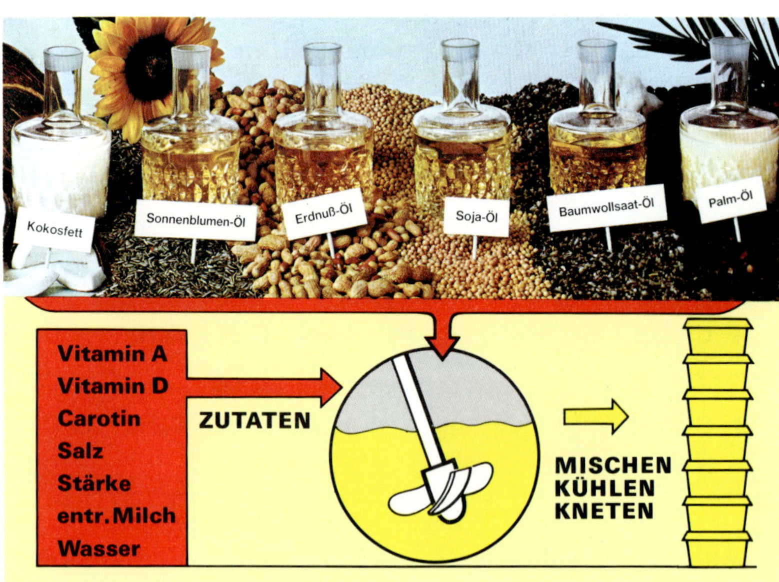

128.4 Im Margarinewerk stellt man aus Ölen und festen Fetten sowie bestimmten Zutaten eine streichfähige Fettmischung her

43.1 Seifen, die Natrium- und Kalium-Salze der Fettsäuren

Die Verseifung. Fett ist eine Verbindung aus Glycerin und Fettsäuren. Kocht man Fett mit (wasserverdünnter) Lauge, wird das Fett zuerst – durch das anwesende Wasser – in Glycerin und Fettsäuren gespalten:

$$\textbf{Fett} + \textbf{Wasser} \xrightarrow[\text{hoher Druck, hohe Temperatur}]{\text{FETTSPALTUNG}} \textbf{Glycerin} + \boxed{\textbf{Fettsäuren}}$$

Während man das Glycerin als wertvolles Nebenprodukt, z. B. für Salben und Cremes, abtrennt, werden die freiwerdenden Fettsäuren weiter mit Lauge neutralisiert:

$$\boxed{\textbf{Fettsäuren}} + \textbf{Lauge} \xrightarrow[\text{Seifenbildung}]{\text{NEUTRALISATION}} \textbf{Seife (Salz)} + \textbf{Wasser}$$

Faßt man **Fettspaltung** und **Neutralisation** zusammen, ergibt sich für die **Verseifung** das in **Abb. 129.4** dargestellte Reaktionsschema:

$$\textbf{Fett} + \textbf{Lauge} \xrightarrow{\text{VERSEIFUNG}} \textbf{Glycerin} + \textbf{Seife}$$

Der Verseifungsprozeß hinterläßt einen gallertartigen Seifenleim. Er besteht aus Wasser, Glycerin und Seife. Aus diesem Gemisch läßt sich die Seife durch **Aussalzen** abtrennen: Wird Kochsalz zum Seifenleim hinzugegeben, sondert sich die Seife ab und schwimmt oben auf der wäßrigen Glycerin-Kochsalzlösung – denn Seife löst sich nicht in einer konzentrierten Kochsalzlösung **(Abb. 129.3)**.

Die zur Seifenherstellung notwendigen Fettsäuren werden in zunehmendem Maße aus langkettigen Alkanen gewonnen. Diese lassen sich mit Katalysatoren zu Fettsäuren oxidieren. Wird Seife mit Natronlauge hergestellt, erhält man die feste **Kernseife (Abb. 129.4)**. Bevor die Kernseife zu Stücken gepreßt wird, gibt man noch Farb- und Duftstoffe hinzu. Reibende Zusätze wie Bimssteinpulver verbessern die Reinigungskraft. Die weiche **Schmierseife** entsteht mit Kalilauge **(Abb.129.1)**.

Bei der Verseifung der Fette durch Natronlauge (oder Kalilauge) entstehen Seifen und Glycerin. Seifen sind die Natrium-Salze (oder Kalium-Salze) der Fettsäuren.

129.1 Seifen sind Alkalisalze der Fettsäuren; Natrium-Salze sind harte Kernseifen, Kalium-Salze weiche Schmier- und Rasierseifen

> ☑ **129.1** Zerreibe im Mörser Leinsamen oder Haselnußkerne. Übergieße alles mit Benzin* und rühre um. Bringe einen Tropfen der Lösung auf Papier. Halte das Papier gegen Licht.
>
> ☑ **129.2** Mische im Reagenzglas wenig Speiseöl mit Wasser. Schüttle kräftig und laß das Glas eine Zeitlang ruhig stehen.
>
> ☑ **129.3** Olivenöl und Kokosfett werden in je einem Reagenzglas in Benzin* gelöst. Dann werden 1–2 ml Brom-Wasser* dazugegeben, die Reagenzgläser verschlossen und sachte geschüttelt.
>
> ☑ **129.4** Stelle Margarine her: Erwärme 200 g Kokosfett bis zum Schmelzen, vermische mit 50 g Salatöl und kühle im Eisbad ab. Füge danach 1 Eigelb, 1 g Kochsalz und 50 ml Dickmilch hinzu. Vermische alles mit dem elektrischen Rührgerät unter Kühlung zu einer streichfähigen Emulsion.

129.2 Der bes. Hinweis: Auf Helgoland gibt es für Trink- und Brauchwasser je eine Leitung. Gewaschen wird mit Spezialseife. Erkläre!

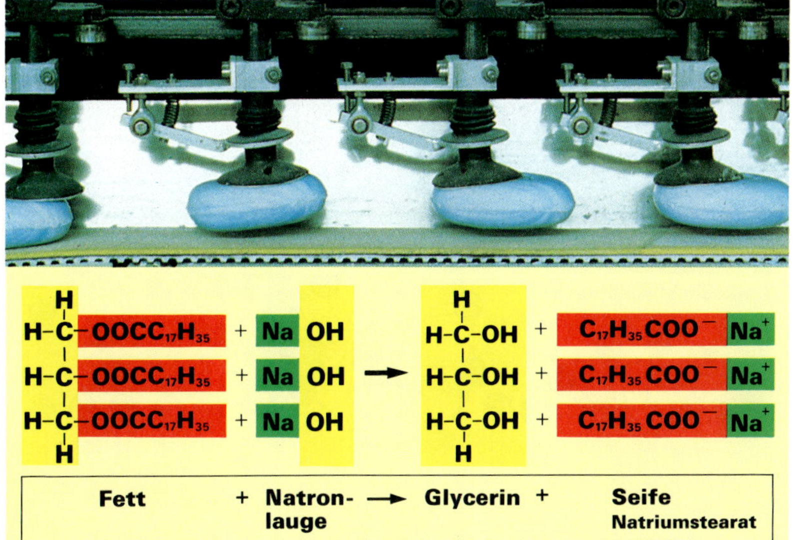

129.4 Bei der Seifenherstellung werden u. a. pflanzliche Fette und Öle unter Zusatz von Lauge gekocht. Es bilden sich Glycerin und Seife

129.3 Kokosfett wird mit Lauge gekocht und die Seife durch NaCl-Zugabe ausgesalzen

130.1 Die Oberflächenspannung des Wassers trägt eine Rasierklinge

130.2 Oben: „Normaler" Wassertropfen. Unten: Mit Seifenlösung entspannter Wassertropfen; er dringt in das Textilgewebe ein

43.2 Waschmittel und ihre Wirkung

Die Oberflächenspannung des Wassers. Legt man eine Rasierklinge vorsichtig auf eine ruhige Wasseroberfläche, schwimmt sie. Wie von einem gespannten Häutchen wird die Klinge getragen **(Abb. 130.1)**. Tropft man jedoch Seifenlösung auf das Wasser, sinkt die Rasierklinge zu Boden. Offensichtlich wird die Tragfähigkeit der Wasseroberfläche durch die Seife beeinflußt – das Wasser ist „dünnflüssiger" geworden: Seifenlösung verringert die **Oberflächenspannung** des Wassers.

Der Körper mit der kleinstmöglichen Oberfläche ist die Kugel. Deshalb formt die „Spannkraft" des Wassers kugelförmige Tropfen. Durch Seifenlösung wird diese Spannkraft herabgesetzt – der Tropfen zerfließt. Seifenhaltiges Wasser kann daher in Textilgewebe eindringen und es benetzen **(Abb. 130.2)**.

Die Waschwirkung der Seife. Seifen bestehen – wie alle Salze – aus negativen Säurerest-Ionen und positiven Metall-Ionen. Die Säurerest-Ionen (z. B. $C_{17}H_{35}COO^-$) haben einen fettfreundlichen und einen wasserfreundlichen Teil. Fettfreundlich oder **lipophil** ist die $C_{17}H_{35}$-Kette, während sich die COO^--Gruppe wasserfreundlich bzw. **hydrophil** verhält **(Abb. 130.3)**. Gelangen Seifen-Ionen ins Wasser, wird die wasserfreundliche COO^--Gruppe in das Wasser hineingezogen. Das fettfreundliche, aber wasserfeindliche $C_{17}H_{35}$-Ende ragt aus der Grenzfläche (Wasser/Luft) heraus. Man bezeichnet die Seifen-Ionen als **grenzflächenaktiv**, da sie die Grenzfläche Wasser/Luft aktiv durchstoßen. Hierbei werden die Anziehungskräfte zwischen den Wassermolekülen so herabgesetzt, daß die Oberflächenspannung sinkt: Es liegt „entspanntes Wasser" mit hoher Benetzungskraft vor.

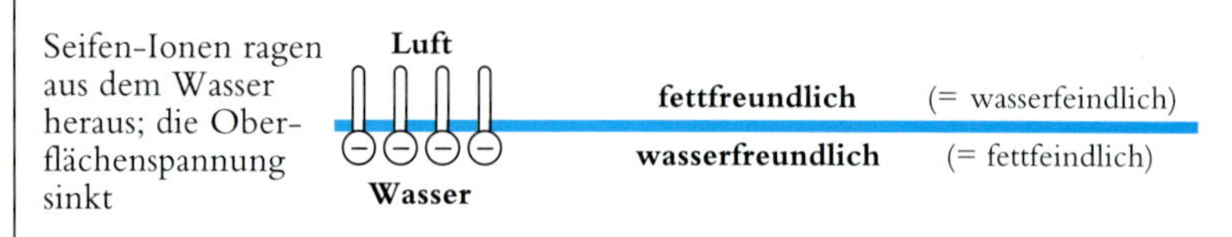

Beim Waschen mit Seife kann das entspannte Wasser porentief in das Textilgewebe eindringen. Treffen die Seifenteilchen auf Fett- bzw. Ölschmutz, tauchen sie mit ihren fettfreundlichen Enden in diese Schmutzteilchen ein. Die COO^--Gruppen ragen nach außen ins Wasser und bilden eine negative Hülle um die Fett- und Öltröpfchen. Da auf diese Weise alle Schmutzteilchen gleich geladen sind, stoßen sie sich gegenseitig ab, zerteilen sich und heben sich von der Faser ab. Sie schweben in der Waschflüssigkeit. Schmutzteilchen und Seifenwasser bilden also eine Emulsion **(Abb. 130.4)**.

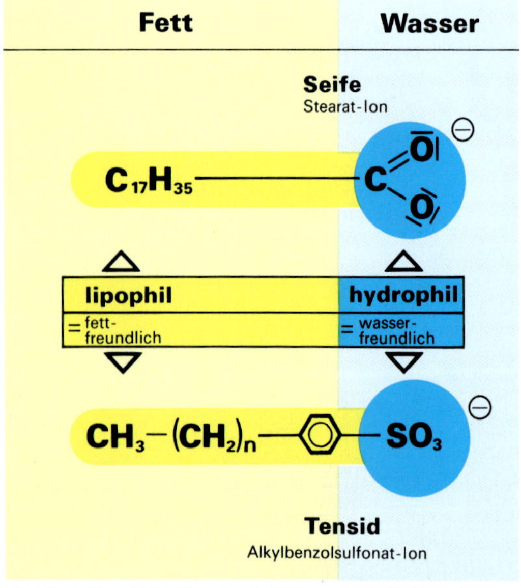

130.3 Für die Waschwirkung sind Seifen-Ionen bzw. Tensid-Ionen verantwortlich

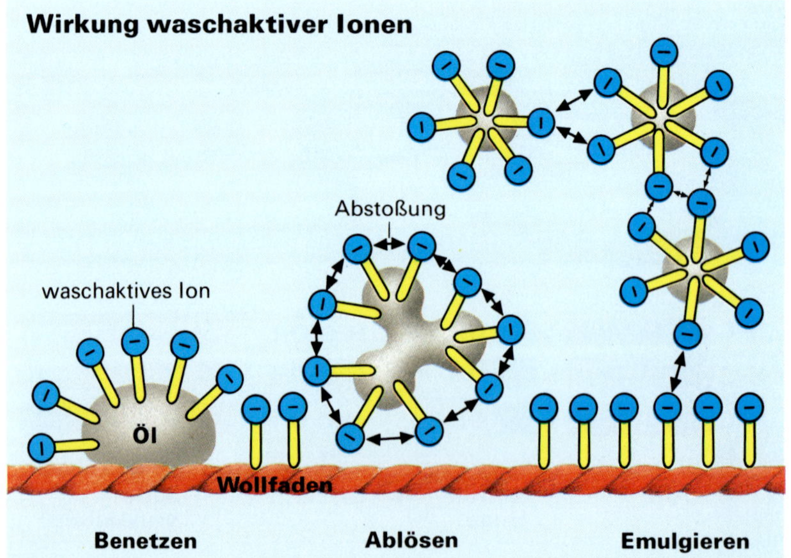

130.4 Öl-Schmutzteilchen werden von negativen, sich gegenseitig abstoßenden Waschmittel-Ionen benetzt und emulgiert

43.3 Tenside – moderne Waschmittel

Seife kann ihre Waschkraft nur in sehr weichem Wasser voll entfalten. Dagegen bildet sie mit den Ca^{2+}-Ionen des harten Wassers wasserunlösliche „Kalkseife", die sich auf der Gewebefaser der Wäsche als Verkrustung (Kalkschleier) absetzt. **Tenside** sind moderne Waschmittel, die keine Kalkseife bilden. In ihrer Waschkraft übertreffen sie daher die Seife. Wie sie enthält auch das Tensid-Ion einen fettfreundlichen und einen fettfeindlichen Teil (Abb. 130.3). Tenside sind in fast allen Reinigungsmitteln enthalten (Waschpulver, Geschirrspülmittel, Haarshampoo usw.). Ein viel gebrauchtes Tensid ist das Alkylbenzolsulfonat.

Vollwaschmittel bestehen nur zu etwa 15 % aus Tensiden **(Abb. 131.4)**. Hauptbestandteil sind **Wasserenthärte**r. Ein wirksamer Wasserenthärter ist das Natriumphosphat oder *NTP*. Das Phosphat bindet die Ca^{2+}-Ionen des harten Wassers. So werden Kesselsteinbildung ($CaCO_3$) an den Heizstäben der Waschmaschine und Kalkablagerungen in der Wäsche verhindert. Das Phosphat ist allerdings umweltbelastend (s. unten). Es wird heute weitgehend durch umweltschonende Natrium-Aluminium-Silikate („Sasil") ersetzt (s. S. 161). **Optische Aufheller** („Weißmacher") sind Stoffe, die beim Waschen auf die Faser aufziehen. Sie reflektieren das unsichtbare, ultraviolette Licht (UV-Licht) als sichtbares, bläulich-weißes Licht und überstrahlen so den Gelbstich der Wäsche **(Abb. 131.1)**. **Bleichmittel** (z. B. Natriumperoxoborat) spalten – besonders bei der hohen Temperatur des Kochwaschgangs – atomaren Sauerstoff ab. Dieser bleicht die Wäsche und entfernt Tee-, Wein- oder Obstflecke durch Oxidation. Organische Verschmutzungen wie Milch-, Blut- und Eigelbflecken werden bereits im Vorwaschgang durch eiweißspaltende **Enzyme** „verdaut". Enzyme verlieren im Kochwaschgang ihre Wirkung, da sie durch Temperaturen über 60 °C zerstört werden.

Waschmittel belasten die Umwelt. Das Waschmittelgesetz von 1962 verlangt, daß mindestens 80 % der Tenside eines Waschmittels **biologisch** (d. h. durch Bakterien) abbaubar sein müssen. Dies wird dadurch erreicht, daß Tenside mit unverzweigten Kohlenwasserstoff-Ketten eingesetzt werden (Tenside mit verzweigten Ketten sind schwer abbaubar und verursachen Schaumbildung auf den Gewässern; **Abb. 131.3**).

Noch ungelöst ist das Problem der **Überdüngung** der Gewässer durch die Phosphate der Wasserenthärter (und der noch hinzukommenden ausgewaschenen Düngemittel). Überdüngung läßt Algen wuchern. Wenn sie absterben und verfaulen, entziehen Fäulnisbakterien dem Wasser den letzten Sauerstoff: Die Lebewesen ersticken – das Gewässer kippt um. Deshalb müssen Waschmittel äußerst sparsam **dosiert** werden (s. S. 133).

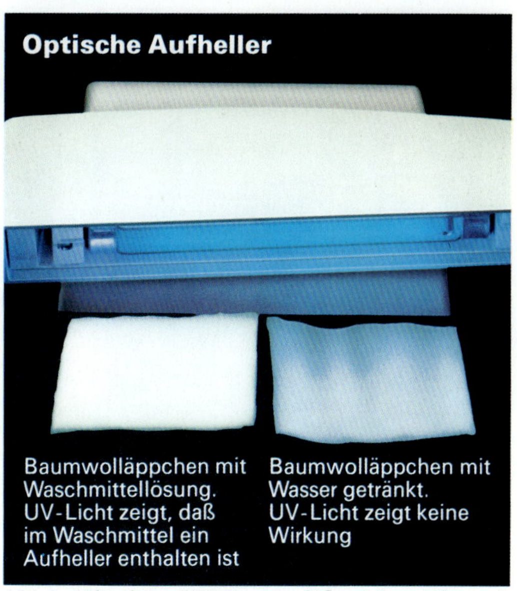

131.1 Mit einer UV-Lampe läßt sich prüfen, ob ein Waschmittel mit optischem Aufheller verwendet wurde

V **131.1** Schüttle Ruß mit Wasser und verteile das Gemisch auf 2 Gläser. Gib zu einer Probe Seife und filtriere anschließend beide Proben.

V **131.2** Vermische in einem Reagenzglas Wasser und Öl und in einem zweiten Seifenwasser und Öl. Beobachtung?

V **131.3** Stelle eine verdünnte Seifenlösung her und gib verdünnte Calciumchlorid-Lösung hinzu. Beobachte! Ersetze die Seife durch ein modernes Waschmittel und wiederhole den Versuch.

V **131.4** Fülle eine Schale mit Wasser und streue Schwefelblüte oder Kaffeepulver auf die Wasseroberfläche (Salzstreuer verwenden). Gib einen Tropfen Geschirrspülmittel auf die Mitte der Wasseroberfläche.

V **131.5** Trockne eine zuvor in Waschmittellösung getauchte Papierserviette und betrachte sie im UV-Licht (Kontrollversuch).

131.2 Der besondere Hinweis: Wenn jeder 1 % Waschmittel einsparen würde, ließen sich Kläranlagen um jährlich 7000 t Chemikalien entlasten

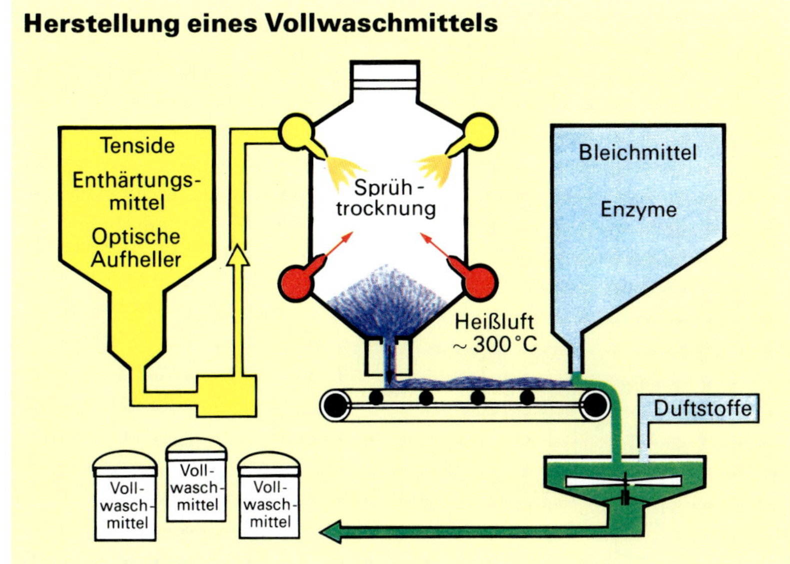

131.4 Neben der eigentlichen Waschsubstanz, den Tensiden, enthält ein Waschmittel weitere Stoffe zur Steigerung der Waschkraft

131.3 Biologisch nicht abbaubare Tenside schäumen im Gewässer

1

2

3

Versuch: [V] 132.1

Geräte: 2 RG, RG-Halter, 2 Bechergläser (50, 150 ml), 2 Tropfpipetten, Dreifuß, Drahtnetz, Brenner

Chemikalien/ Stoffe: Ethansäureethylester★, verd. Natronlauge★, Styropor®, Phenolphthalein

Durchführung: 1. Prüfe den Geruch von Ethansäureethylester. **2.** Wirf ein kleines Stückchen Styropor in ein mit Ethansäurethylester 1 cm hoch gefülltes BG. **3.** Tropfe zu 5 ml Ethansäureethylester jeweils Phenolphthalein und verdünnte Natronlauge (schütteln) bis zur Rotfärbung. Erwärme im Wasserbad.

Versuch: [V] 132.2

Geräte: 1 Demo-RG, 4 RG, 3 Stopfen, RG-Gestell, durchbohrter Stopfen, Winkelrohr, Becherglas 500 ml, Stativ, Muffe, Klammer, Brenner

Chemikalien/ Stoffe: Orangenschalen, Orangenöl

Durchführung: 1. 15 g Orangenschalenschnitzel und 100 ml Wasser werden in einem Demonstrations-RG gemischt und die Mischung nach Abb. vorsichtig destilliert (nach 5 Min. Ölschicht auf dem Wasser). **2.** Führe Löseversuche mit Orangenöl gemäß Abb. durch.

Versuch: [V] 132.3

Geräte: Kl. Porzellanschale, Drahtnetz, Dreifuß, Brenner, Glasstab, Tropfpipette, RG, RG-Ständer, Waage, Stopfen

Chemikalien/ Stoffe: Stearinsäure, dest. Wasser, verd. Natronlauge★

Durchführung: Erwärme in einer kleinen Porzellanschale 0,6 g Stearinsäure (kleine Flamme). Gib ca. 2 ml verd. Natronlauge hinzu und erwärme unter Umrühren weiter. Gieße das Reaktionsprodukt in ein RG, fülle es bis zur Hälfte mit dest. Wasser und schüttle gut. (Schaumbildung?)

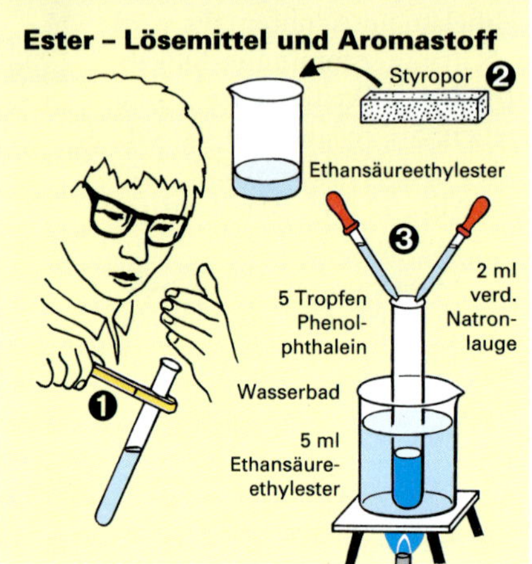

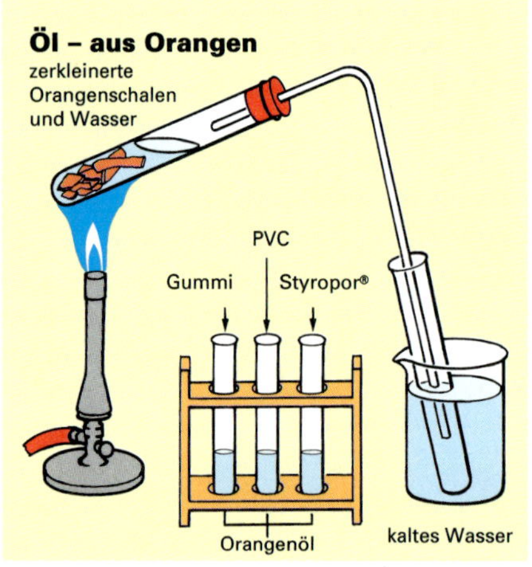

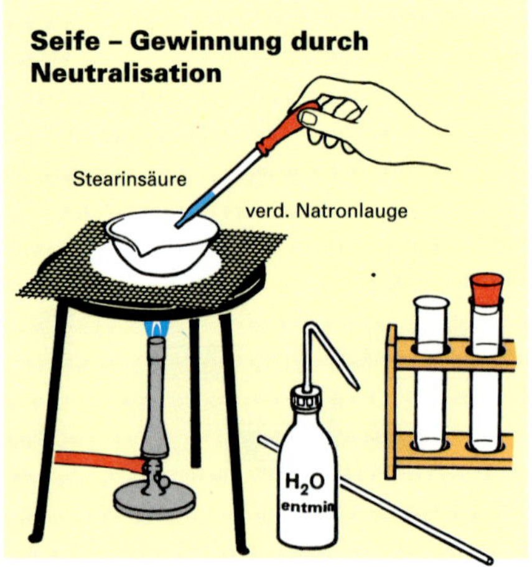

„Nachwachsendes Diesel-Öl"

Als aussichtsreichster Pflanzen-Kraftstoff in Deutschland gilt der aus Rapsöl gewonnene „Bio-Diesel". Mit seiner hohen Energiedichte (67 Liter ≙ 60 l Diesel) stößt der damit betriebene ELSBETT-Dieselmotor nur soviel CO_2 aus, wie der Raps beim Wachstum aufgenommen hat (nachwachsender Rohstoff). In einer Großproduktionsanlage will man pro Jahr 30000 t Raps zermahlen und in 10500 t Bio-Diesel umwandeln. Die Produktionsabfälle, Glycerin und Rapskuchen, sollen als Kosmetikrohstoff bzw. als Tierfutter vermarktet werden. Bei einem Rapsanbau auf 5 Mio. ha Brachland könnte der erzielte Ölertrag 10 Mio. Autos (Jahresleistung 14000 km) versorgen.

Seife – im Mittelalter ein Luxusartikel

Die Herstellung eines „reinigenden Breies" aus Ziegenfett und Holzasche war schon im Altertum bekannt. Daß Asche durch Wasser „ausgelaugt", also zu einer Lauge wird, kann man leicht nachweisen: Man gibt Zigarettenasche in Wasser, filtriert und prüft das Filtrat mit Indikatorpapier. Im Mittelalter wurde Seife kostspielig durch Kochen von Fetten mit Holzasche oder Soda (aus Meerespflanzen gewonnen) hergestellt. Zum Massenprodukt wurde Seife erst mit der billigen Sodaherstellung. Die Hygiene verbesserte sich, das Kindbettfieber, an dem bis 1850 viele Frauen starben, verschwand durch Desinfektionsmaßnahmen der Geburtshelfer.

Fragen und Aufgaben

[A] **132.1** Warum entfärbt sich Phenolphthalein, wenn Ethansäureethylester mit Natronlauge reagiert (V 132.1)? Das Reaktionsschema erleichtert die Antwort:

$$CH_3-\underset{O}{\overset{O}{C}}-O-C_2H_5 + NaOH \rightarrow CH_3COONa + CH_3CH_2OH$$

[A] **132.2** Die Ausbeute des Öls (V 132.2) ist gering und die Wasser-Abtrennung schwierig. Wenn der Lehrer oder die Lehrerin (LV!) deshalb den RG-Inhalt mit 2 ml Diethylether versetzt, schüttelt und die obere Phase auf ein Uhrglas pipettiert – was passiert dann unter dem Abzug?

[A] **132.3** Begründe, warum der träge Stickstoff auch im ELSBETT-Motor NO_x bildet.

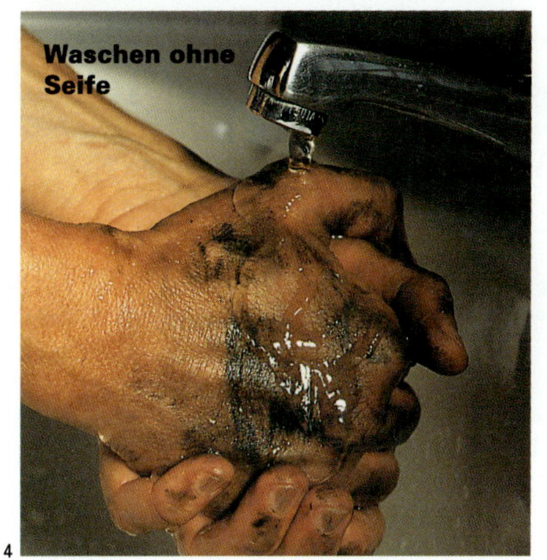

4

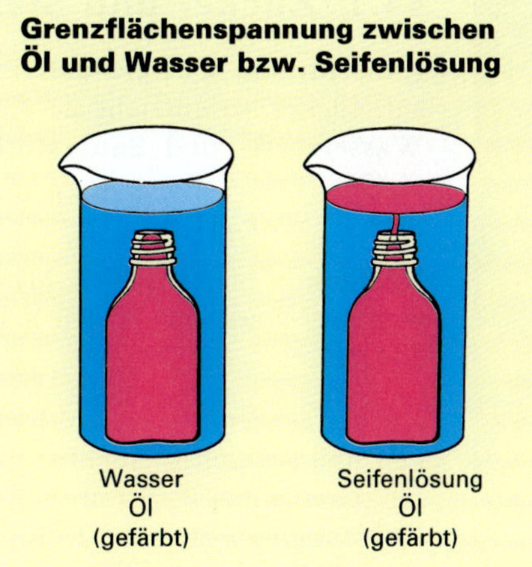

5

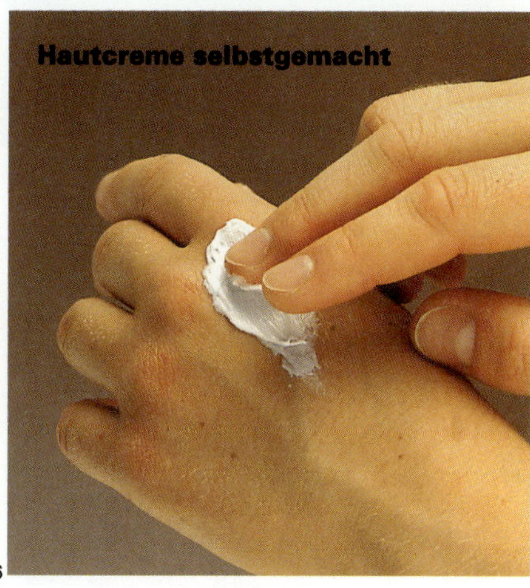

6

Versuch: $\boxed{V}$ 133.1

Geräte: Erlenmeyerkolben 150 ml, Tropfpipette, 3 RG, RG-Gestell

Chemikalien/ Stoffe: Seifenlösung, Wasser, Phenolphthalein, verd. Salzsäure★, Ethanol★, Calciumchloridlösung★

Durchführung: Löse Seife in Ethanol und gib 1 Tropfen Phenolphthalein dazu. (Reaktion?) Dann mische alles langsam mit dest. Wasser (siehe A 133.2).
Gib in 3 RG je 5 ml Seifenlösung. Tropfe zum 1. Calciumchloridlösung, zum 2. Indikator und dest. Wasser und zum 3. verd. Salzsäure.

Versuch: $\boxed{V}$ 133.2

Geräte: 5 RG, RG-Ständer, 3 Bechergläser, Dreifuß, Drahtnetz, Brenner, Glasrohr, durchbohrter Stopfen, Glasröhrchen, Stativ, Muffe, Klammer

Chemikalien/Stoffe: siehe Abbildung

Durchführung: ❶ Gib zu einem Tensid die Stoffe 1 – 5 (s. Abb.) und schüttle.
❷ Erhitze ein Baumwolltuch mit trockenem Tintenfleck in Natriumperborat-Lösung.
❸ Baue Versuch 3 auf.
Prüfe das kalkhaltige, harte Wasser vor und nach dem Vollwaschmittel-Durchlauf.

Versuch: $\boxed{V}$ 133.3

Geräte: 2 Bechergläser 150 ml, Kristallisierschale 250 ml, RG, RG-Halter, Glasstab, Thermometer, Meßzylinder 10 ml, kl. Petrischale, Waage, 2 x Dreifuß-Drahtnetz-Brenner

Chemikalien: siehe Abbildung

Durchführung: Gib in Becherglas Ⓐ 30 g Mandelöl, 3 g Bienenwachs und 0,5 g Cetylalkohol und erwärme das Ganze im Wasserbad auf 80 °C. Mische Ⓐ mit Ⓑ (6 ml dest. Wasser, 75 °C), rühre bis zum Erkalten (!) weiter und füge 1 Tropfen Parfüm hinzu. Fülle die fertige Creme in die Petrischale.

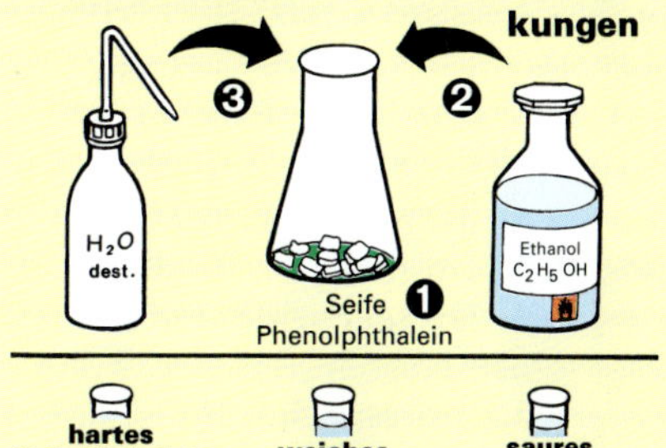

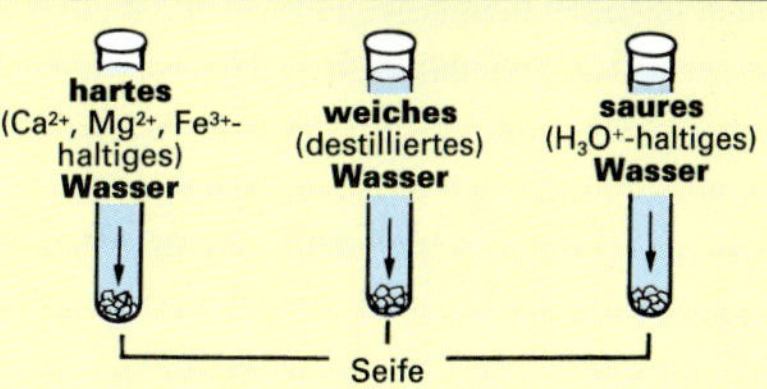

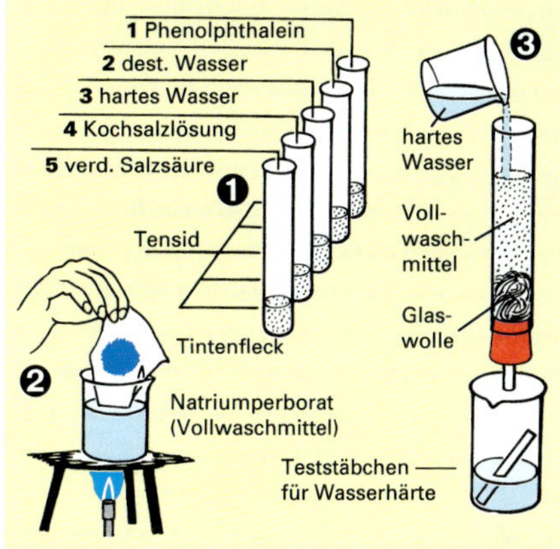

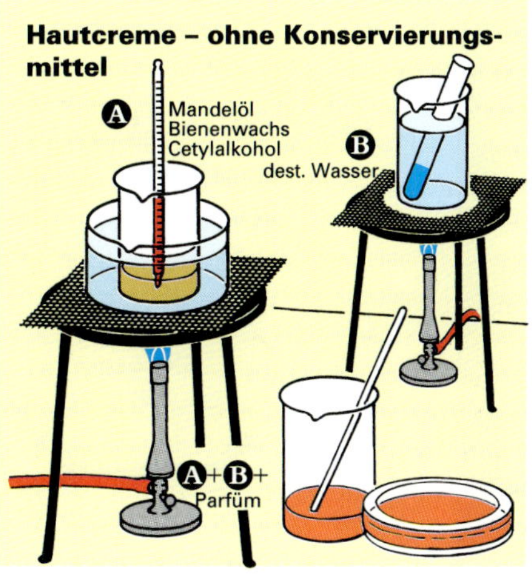

Warum Seifenlösung in den Augen brennt

Wer bei der Kopfwäsche nicht aufpaßt, hat den Seifenschaum in den Augen und ein schmerzhaftes „Brennen" dazu. Wieso?
Taucht man in die wäßrige Seifenlösung Indikatorpapier, erfolgt der für alkalische Reaktion typische Farbumschlag. Das Reaktionsschema erklärt den Vorgang zwischen Wasser und Natriumstearat:

$$HOH + C_{17}H_{35}COO^- + Na^+$$
$$\longrightarrow Na^+ + OH^- + C_{17}H_{35}COOH$$

Die Hydroxid-Ionen der Natronlauge bewirken die alkalische Reaktion und damit die Bindehautreizung. Die wasserunlösliche Fettsäure verursacht die Laugentrübung.

Wasch-Tips für Umweltbewußte

- Bei normal verschmutzter Wäsche **Vorwaschgang weglassen**
- **Nicht öfter als nötig** waschen
- **Fassungsvermögen** der Waschmaschine **voll ausnutzen**
- **Feinwaschmittel** im Normalfall
- **Vollwaschmittel** nur bei starker Verschmutzung
- **Kochwaschgang** nur zur Desinfektion
- Waschmittel nach der **Wasserhärte** dosieren.
- Zur Entlastung der Kläranlage **nicht waschen:** montags, samstags am Vormittag, an Regentagen,
- **Waschen statt reinigen**, Lösemittel meiden.

Fragen und Aufgaben

$\boxed{A}$ **133.1** Eine neutrale, alkoholische Seifenlösung wird durch Wasserzusatz alkalisch (V 133.2). Erkläre das dazugehörende Schema:

$$C_{17}H_{35}COO^- + HOH \rightarrow C_{17}H_{35}COOH + OH^-$$

$\boxed{A}$ **133.2** Beeinflußt Körperschweiß (enthält Salze und Säuren) die Waschkraft der Seife?

$\boxed{A}$ **133.3** Aus der Flasche (Abb. 5) fließt im BG mit reinem Wasser kein Öl aus, nur in dem BG mit Seifenlösung. Erkläre.

$\boxed{A}$ **133.4** Konservierungsstoffe töten Bakterien (lebende Zellen). Welchen Nachteil für die Hautzellen hat Creme mit Konservierungsmitteln gegenüber selbstgemachter?

133

134.1 Zucker, Stärke und Cellulose gehören zu den Kohlenhydraten. Zucker und Stärke sind Hauptbestandteil der Nahrung

134.2 Zucker wird durch konzentrierte Schwefelsäure zersetzt. Dabei spaltet sich Wasser ab, Kohlenstoff bleibt übrig

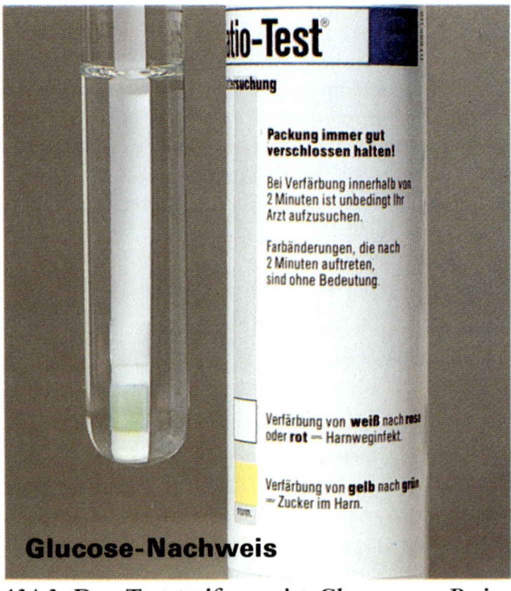

134.3 Der Teststreifen weist Glucose, z. B. im Harn zuckerkranker Menschen, nach

44.1 Zucker und Stärke

Konzentrierte Schwefelsäure ist hygroskopisch (siehe S. 72). Gießt man sie auf Zucker, so entzieht sie die im Zuckermolekül $C_6H_{12}O_6$ gebundenen **Wasserstoff-** und **Sauerstoff**-Atome im Zahlenverhältnis 2:1, also als H_2O:

$$C_6H_{12}O_6 \xrightarrow{\text{konzentrierte Schwefelsäure}} 6\ C + 6\ H_2O.$$

Kohlenstoff bleibt zurück. Da der Vorgang exotherm ist, schäumt der entstehende Wasserdampf den Kohlenstoff zu einer porösen Masse auf (**Abb. 134.2**).

Zucker gehört zu den **Kohlenhydraten (Abb. 134.1)**. Diese Verbindungen sind aus den Elementen **C**, **H** und **O** aufgebaut. Die H- und O-Atome treten dabei (fast immer) im Zahlenverhältnis 2:1 auf.
Kohlenhydrate wie der Traubenzucker $C_6H_{12}O_6$ werden in grünen Pflanzen aus **Kohlenstoffdioxid** und **Wasser** aufgebaut. Die hierzu benötigte **Energie** liefert die Sonne. Das Blattgrün oder Chlorophyll wirkt bei der Fotosynthese als **Bio-Katalysator**.

$$6\ CO_2 + 6\ H_2O \xrightarrow[\text{Katalysator (Blattgrün)}]{\text{Lichtenergie}} C_6H_{12}O_6 + 6\ O_2$$

Die verschiedenen Zuckerarten unterscheiden sich in ihrem Aufbau:

1. **Monosaccharide** sind **Einfachzucker**. Ihre Moleküle liegen als Ringe vor (Beispiel: Traubenzucker, **Abb. 134.4 oben**).
2. **Disaccharide** sind **Zweifachzucker**. Sie bestehen aus zwei verbundenen Ringen (Beispiel: Rohrzucker, **Abb. 134.4 unten**).
3. **Polysaccharide** sind **Vielfachzucker**. Ihre Riesenmoleküle setzen sich aus vielen Ringen zusammen (Beispiel: Stärke, **Abb. 135.4 oben**)

Traubenzucker (= Glucose) $C_6H_{12}O_6$ ist ein Monosaccharid, das reifen Weintrauben den süßen Geschmack gibt. Unser Blut enthält Traubenzucker als **Energielieferant**. Durch Oxidationsvorgänge wird dieser „Blutzucker" verbraucht. Der Blutzuckerspiegel von 0,1 g/100 ml Blut schwankt kaum. Bei der **Zuckerkrankheit** wird dieser Wert jedoch überschritten. Zucker kann im Harn zuckerkranker Menschen mit Teststreifen nachgewiesen werden (**Abb. 134.3**).

Im Traubenzucker-Molekül bilden fünf C-Atome und ein O-Atom („**Sauerstoff-Brücke**") einen Ring. Für den süßen Geschmack und die gute Wasserlöslichkeit werden die fünf **Hydroxyl-Gruppen** verantwortlich gemacht. In einer Traubenzucker-Lösung ist ein geringer Teil der Ringmoleküle (weniger als 1 %) zu Ketten aufgespalten. Dabei entsteht durch Wanderung eines H-Atoms am Ende der Kette eine **CHO-Gruppe**: $CH_2OH–CHOH–CHOH–CHOH–CHOH–CHO$. Traubenzucker reagiert deshalb – wie alle Alkanale – mit Fehling-Lösung (Abb. 120.4).

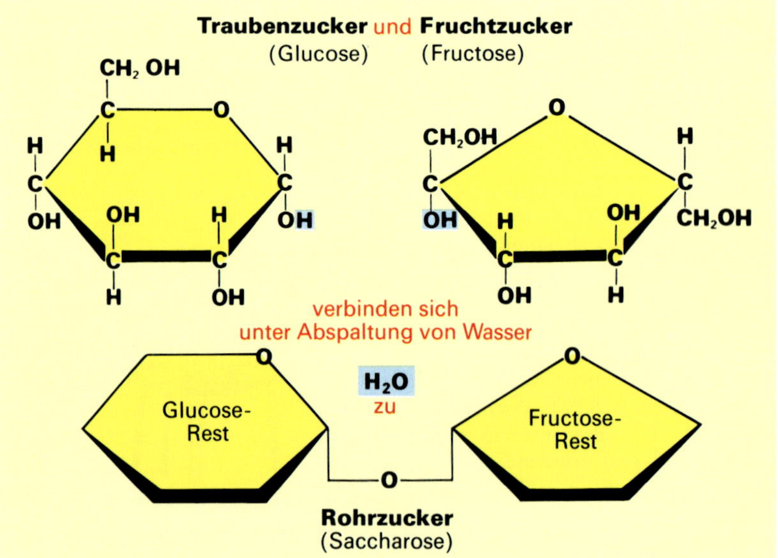

134.4 Traubenzucker und Fruchtzucker verbinden sich zu Rohrzucker (Rohrzucker in vereinfachtem Symbol)

Fruchtzucker (= Fructose) $C_6H_{12}O_6$ ist ein Monosaccharid mit der gleichen Summenformel wie Glucose. Die beiden Zucker **unterscheiden sich** jedoch im Aufbau ihrer Ringmoleküle **(Abb. 134.4 oben)**. Fruchtzucker kommt – zusammen mit Traubenzucker – in süßen Früchten und im Honig vor. In reifen Tomaten ist Fructose der einzige Zucker.

Rohrzucker (= Saccharose) $C_{12}H_{22}O_{11}$ zählt zu den Disacchariden. Das Saccharose-Molekül ist aus den Monosacchariden **Glucose und Fructose** aufgebaut. Der Zusammenschluß der beiden Einfachzucker ist eine **Kondensation** (Abb. 134.4). Umgekehrt erfolgt **Hydrolyse**, wenn das Disaccharid (z. B. durch Säurezugabe) wieder aufgespalten wird.

$$\underset{\text{Glucose}}{C_6H_{12}O_6} + \underset{\text{Fructose}}{C_6H_{12}O_6} \overset{\text{Kondensation (Wasserentzug)}}{\underset{\text{Hydrolyse (Wasseranlagerung)}}{\rightleftharpoons}} \underset{\text{Saccharose}}{C_{12}H_{22}O_{11}} + \underset{\text{Wasser}}{H_2O}$$

Saccharose ist ein Zucker, der sowohl im **Zuckerrohr** als auch in der **Zuckerrübe** vorkommt **(Abb. 135.1)**. Rohr- und Rübenzucker besitzen also den gleichen Molekülbau. Um Rübenzucker rein zu gewinnen, werden die geschnitzelten Zuckerrüben mit heißem Wasser ausgelaugt. Fremdstoffe, die noch im Rohsaft enthalten sind, fällt man mit Kalkmilch aus. Anschließend wird der gefilterte Saft zum „Dicksaft" mit 85 % Zuckergehalt eingedampft. Beim Abkühlen kristallisiert der Zucker aus und wird abzentrifugiert. In körnigen Kristallen (Kristallzucker), pulverisiert (Puderzucker) oder in großen Kristallen (Kandiszucker) gelangt er in den Handel.

Malzzucker (= Maltose) $C_{12}H_{22}O_{11}$ ist ebenfalls ein Disaccharid. Er besteht aus **zwei Glucose-Molekülen**. Maltose entsteht in keimender Gerste durch Abbau der im Korn gespeicherten Stärke. Beim Bierbrauen wird der Malzzucker zu Ethanol vergoren (siehe S. 118).

Stärke, ein Polysaccharid **(Abb. 135.4)**, wird aus vielen Glucose-Molekülen unter Wasserabspaltung aufgebaut. Kocht man Stärke in verdünnter Säure, wird sie wieder in Glucose gespalten. Stärke ist kein einheitlicher Stoff. Es gibt **unverzweigte** Kettenmoleküle, die aus mehreren hundert Glucose-Einheiten bestehen (Amylose). Den Hauptbestandteil der Pflanzenstärke bilden **verzweigte** Riesenmoleküle aus einigen tausend Glucose-Einheiten (Amylopektin). Diese **Riesen- oder Makromoleküle** sind nicht mehr wasserlöslich; sie quellen lediglich auf und bilden Stärkekleister.

Werden Lichtbündel auf eine Glucose- und auf eine Stärkelösung gerichtet, wird das Licht nur von der Stärke gestreut. Dieser TYNDALL-Effekt gilt als Nachweis für Makromoleküle (Abb. 148.2). Iod-Kaliumiodid-Lösung ist ein **Nachweismittel** für Stärke **(Abb. 135.3)**. Sie färbt sie tiefblau (Amylose) bis rotbraun (Amylopektin).

135.1 **Rübenzuckerfabrik.** Durch Züchtung wurde der Zuckergehalt der Zuckerrübe von 6 % auf 20 % gesteigert

> **V** 135.1 Vergleiche den Geschmack von Trauben-, Frucht- und Rohrzucker.
>
> **V** 135.2 a) Tauche je ein Glucose-Teststäbchen kurz in stark verdünnte Lösungen von Trauben-, Frucht-, Rohrzucker und Stärke. b) Versetze die Lösungen mit Fehling-Lösung I + II★ und erwärme vorsichtig.
>
> **V** 135.3 Weise die CHO-Gruppe des Traubenzuckers mit der Silberspiegelprobe nach (siehe V 121.2).
>
> **LV** 135.4 Man versetzt eine Saccharose-Lösung mit verdünnter Salzsäure★, kocht einige Minuten und läßt abkühlen. Dann neutralisiert man mit verdünnter Natronlauge★ und prüft mit Fehling-Lösung I + II★.
>
> **V** 135.5 Stärke-Nachweis: Laß etwas Stärke in einem Reagenzglas mit heißem Wasser aufquellen. Tropfe Iod-Kaliumiodid-Lösung hinzu und lasse abkühlen.

135.2 **Der besondere Hinweis: Ein Quadratmeter Blattfläche produziert stündlich etwa 1 g Zucker**

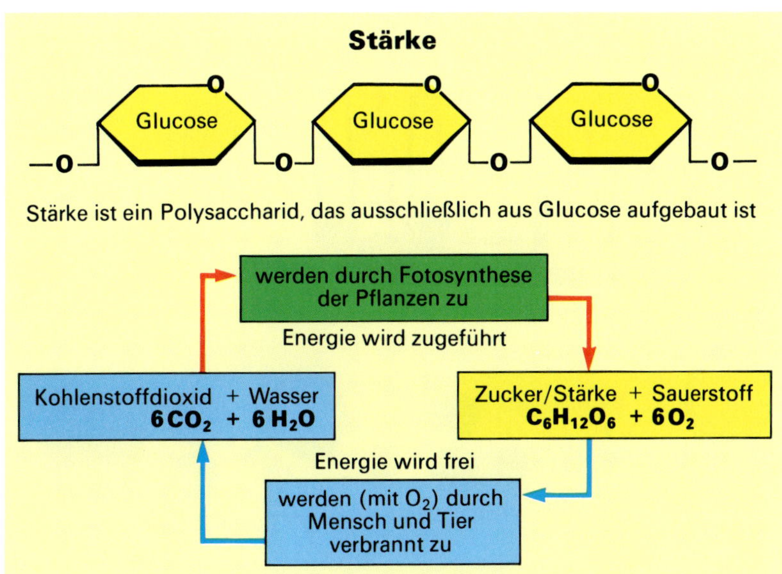

135.4 **Energiereiche Kohlenhydrate werden durch Fotosynthese aufgebaut und unter Energieabgabe wieder abgebaut**

135.3 **Stärkenachweis mit Iod-Kaliumiodid-Lösung in der Kartoffel**

136.1 Baumwollfasern sind reine Cellulose. Die Cellulose ist, zusammen mit dem Lignin, der Gerüststoff pflanzlicher Zellen

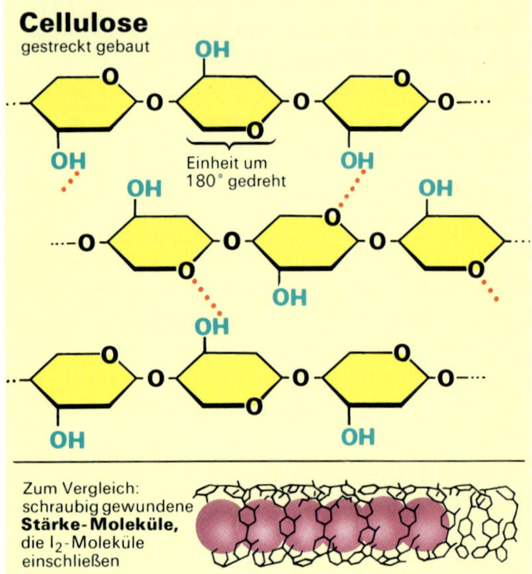

136.2 In der Cellulose sind die Glucose-Einheiten parallel angeordnet. Zwischen den Ketten bilden sich Wasserstoff-Brücken

136.3 Diese Papiermaschine produziert pro Tag über 200 Tonnen Papier

44.2 Cellulose

Watte, die aus Baumwolle gewonnen wird, ist **reine Cellulose (Abb. 136.1)**. Ebenso wie Stärke ist auch die Cellulose ein Polysaccharid, das aus aneinandergereihten Glucose-Molekülen aufgebaut ist (LV 137.2). Gibt man einen Tropfen Iod-Kaliumiodid-Lösung auf Watte, erfolgt jedoch – im Gegensatz zur Stärke – **keine Farbreaktion**. Dieses Verhalten deutet auf unterschiedliche Molekülstrukturen hin:

In einem **Stärke-Molekül** ist die aus Glucose-Einheiten gebildete Kette **schraubig** gewunden. Diese Schraubenform ermöglicht die Reaktion mit Iod. Die I₂-Moleküle werden von der Stärke eingeschlossen („Einschlußverbindung"). Das **Cellulose-Molekül** dagegen ist **gestreckt** gebaut, weil jede zweite Glucose-Einheit um 180° gedreht ist. Eine Einschlußverbindung mit Iod kann nicht erfolgen. Die fadenförmigen Cellulose-Moleküle richten sich **parallel** aus. Dadurch können sich zwischen den Sauerstoff-Atomen und den Hydroxyl-Gruppen benachbarter Moleküle **Wasserstoff-Brücken** ausbilden **(Abb. 136.2)**. So entstehen Fasern mit hoher Zugfestigkeit. In Pflanzen wie Baumwolle, Flachs, Hanf und Sisal sind die Cellulose-Fasern zu Bündeln angeordnet. Diese lassen sich zu Fäden verspinnen.

Die Zellwände der Pflanzen bestehen aus einem Cellulose-Geflecht, das eine hohe Biegefestigkeit des Pflanzenkörpers gewährleistet. Durch Einlagerung von **Lignin** (= Holzstoff) verholzen die Zellwände – hierdurch erhöht sich die Druckfestigkeit. Cellulose ist die in der Natur am weitesten verbreitete organische Verbindung. Die jährliche Celluloseproduktion der Pflanzen weltweit schätzt man auf über 100 Milliarden Tonnen.

Obwohl die Cellulose aus Glucose-Molekülen aufgebaut ist, kann sie nur von bestimmten **Bakterien** „verdaut" werden. Diese Bakterien verfügen über **Cellulase**, ein cellulosespaltendes Enzym. Schnecken, einige Insektenarten (z. B. Termiten) und Pflanzenfresser wie Kühe und Pferde beherbergen in ihrem Verdauungssystem solche Bakterien, deren Enzyme Cellulose in Traubenzucker spalten können. So wird die **Cellulose als Nahrung** genutzt. Die Verdauungsenzyme des Menschen können der Cellulose nichts anhaben. Trotzdem ist sie als verdauungsfördernder **Ballaststoff** in unserer Nahrung notwendig.

In der Natur sind celluloseabbauende Bakterien und Pilze wichtig. Sie helfen mit, daß pflanzliche Überreste zu lockerem **Humus** verrotten. Dadurch wird verhindert, daß die Erde unter abgestorbenen Pflanzen erstickt. Cellulose ist gegen Wasser und organische Lösemittel beständig. Gewebe aus Cellulose **(Baumwollkleidung)** saugt Feuchtigkeit auf, da die Hydroxyl-Gruppen benetzbar sind.

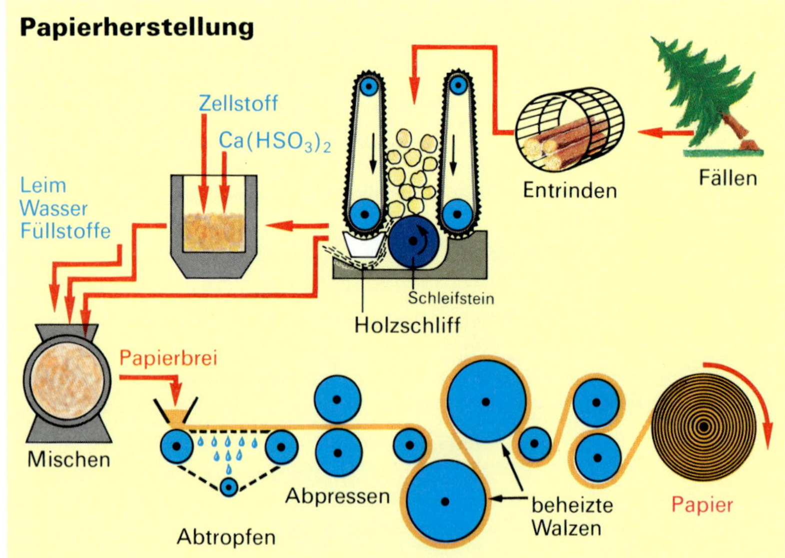

136.4 Calciumhydrogensulfit-Lösung entfernt aus dem Holzschliff Lignin; anschließend wird der Cellulose-Brei zu Papier gewalzt

Papier aus Cellulose (Zellstoff). Bereits vor 5000 Jahren benutzten die Ägypter Schreibpapier, das sie aus dem Cellulose-Mark der Papyruspflanze herstellten. Heute wird die Cellulose für die Papier- und Zellstoff-Fabrikation hauptsächlich aus Fichten- und Kiefernholz gewonnen. Da **Holz** ein **teurer Rohstoff** ist, deckt man mittlerweile über 50 % des Cellulose-Bedarfs durch **Altpapier** (Recyclingpapier, **Abb. 137.1**).

Das zur Papierherstellung bestimmte, zuvor entrindete Holz wird gegen einen sich drehenden Schleifstein gepreßt und so zu feinen Fasern zerrissen (Holzschliff). **Zeitungspapier** besteht bis zu 80 % aus diesem Holzschliff. Es enthält neben der Cellulose den Holzstoff – das Lignin. Ligninhaltiges Papier vergilbt und wird brüchig. Lignin läßt sich im Papier nachweisen **(Abb. 137.3, V 137.3)**. **Hochwertiges Papier** muß holzfrei, also ligninfrei, sein. Das Lignin läßt sich aus dem Holzschliff lösen, wenn er mit Calciumhydrogensulfit-Lösung $Ca(HSO_3)_2$ gekocht wird; es entsteht **Zellstoff** (Cellulose). Die hierbei anfallenden Sulfit-Abwässer **belasten** – falls sie nicht geklärt werden – **die Gewässer.**

Entwässert man den ligninfreien Zellstoffbrei und trocknet ihn in dünnen Schichten, entsteht ungeleimtes, nicht „tintenfestes" **Filterpapier.** Soll **Schreib- oder Druckpapier** hergestellt werden, muß man dem Zellstoffbrei **Leimstoffe** (bis zu 30 %) und **Füllstoffe** (z. B. Gips) zusetzen. Die Füllstoffe verstopfen die Poren. Dadurch erhält das Papier beim Walzen eine glatte Oberfläche **(Abb. 136.3 und 4)**. Durch Chlor erhält man gebleichtes, weißes Papier – aber auch krebserregende CKW. Deshalb wird zunehmend **chlorfreies** (z. B. peroxidgebleichtes) **Papier** angeboten.

Cellulose als vielseitiger Rohstoff. Die Cellulose reifer Baumwolle (Abb. 136.1) kann man direkt als **Textilfaser** verarbeiten. Cellulose aus Holz und Stroh muß dagegen erst in Textilfasern umgewandelt werden. Hierzu wird die Cellulose mit Natronlauge aufgequollen und Kohlenstoffdisulfid zugesetzt. Es entsteht eine zähflüssige (= viscose) Masse. Diese „Viscose" wird durch Spinndüsen in ein angesäuertes Bad gepreßt, wo sie zu **REYON-Fäden** erstarrt. Drückt man die Viscose durch eine Schlitzdüse, entsteht **Cellophan-Folie.**

Cellulose besitzt **Hydroxyl-Gruppen**, die sich mit **Ethansäure** zu **Celluloseacetat** verestern lassen. Celluloseacetat löst sich in Aceton. Wird diese Lösung durch feine Spinndüsen gepreßt, verdunstet das Lösemittel, und die **Acetatseide** erstarrt zu Fäden. Da die Acetatseide keine benetzbaren Hydroxyl-Gruppen mehr aufweist, nehmen die Fasern kaum Wasser auf und trocknen deshalb schnell. Mit **Salpetersäure** verestert, entsteht aus Cellulose der Sprengstoff Cellulosenitrat (= Schießbaumwolle). Hieraus wird **Schießpulver** hergestellt. Auch die **Nitrolacke** und **Celluloid** sind Produkte aus Cellulose.

137.1 Altpapier-Aufbereitungsanlagen entfernen auch die Druckfarben. Schmutzteilchen werden unsichtbar fein zerteilt

$\boxed{V}$ **137.1** Cellulose-Nachweis: Betupfe Filterpapier oder Watte mit einer Lösung aus Iod* in Zinkchlorid-Lösung*. Beobachte die Farbänderung nach einigen Minuten.

$\boxed{LV}$ **137.2** Man gibt etwas Watte und einige ml konz. Salzsäure* in ein RG und läßt einige Minuten sieden. Nach dem Abkühlen neutralisiert man und prüft mit Fehling-Lösung*.

$\boxed{V}$ **137.3** Lignin-Nachweis: Man löst etwas Phloroglucin* in 3 ml konz. Salzsäure* und gibt je einen Tropfen der Lösung auf Holz, Zeitungspapier und weißes Schreibpapier.

$\boxed{V}$ **137.4** Die „Brennprobe" unterscheidet reine Wolle (verglüht, Horngeruch) von Baumwolle (Verhalten wie Papier).

$\boxed{A}$ **137.5** SCHÖNBEIN hängte 1846 eine mit H_2SO_4/HNO_3 getränkte Baumwollschürze über den Ofen. Die Schürze verpuffte. Welcher Stoff war erfunden?

137.2 Der besondere Hinweis: Um 100 kg weißes Papier herzustellen, braucht man 238 kg Holz, 760 kWh Energie und 44 000 l Wasser!

Einfach-Zucker Monosaccharide	Zweifach-Zucker Disaccharide	Vielfach-Zucker Polysaccharide
$C_6H_{12}O_6$	$C_{12}H_{22}O_{11}$	$(C_6H_{10}O_5)_n$
Fruchtzucker Fructose mit Hefe gärfähig in Früchten im Honig	**Rohrzucker** Saccharose mit Hefe gärfähig im Zuckerrohr in Zuckerrüben	**Dextrin** lösliches Spaltprodukt der Stärke im Brot
Traubenzucker Glucose mit Hefe gärfähig in Trauben und anderen Früchten	**Malzzucker** Maltose mit Hefe gärfähig Spaltprodukt der Stärke in keimendem Getreide	**Stärke** quellfähiger Reservestoff der Pflanzen, leichtverdauliches Hauptnahrungsmittel
	Milchzucker Lactose mit Hefe nicht gärfähig in der Milch	**Cellulose** unlöslicher Gerüststoff der Pflanzen, für den Menschen unverdaulich

137.4 Menschen nutzen Einfachzucker, Zweifachzucker und Stärke als Nahrung, Wiederkäuer auch Cellulose (mit Hilfe von Bakterien)

137.3 Das Lignin läßt sich im Holz und in holzhaltigem Papier nachweisen (Rotfärbung)

138.1 Mit der Nahrung aufgenommene tierische und pflanzliche Eiweiße werden in körpereigenes Eiweiß umgewandelt

138.2 Eiweißnachweis durch Farbreaktionen:
Oben: Biuret-Reaktion
Unten: Xanthoprotein-Reaktion

138.3 NH$_3$ färbt rotes Lackmus-Papier blau, H$_2$S färbt Bleiacetat-Papier schwarz

45.1 Eiweiße – stoffliche Grundlage des Lebens

Eiweiße gehören – zusammen mit den Kohlenhydraten und den Fetten – zu den **Hauptbestandteilen der Nahrung (Abb. 138.1)**. Man nennt die Eiweiße auch **Proteine** (gr. Protos = das Erste), weil sie der „Ausgangsstoff" allen Lebens sind. Nur die **Pflanzen** können Eiweiße aus einfachen, anorganischen Verbindungen aufbauen. **Tiere und Menschen** sind auf die Zufuhr von Eiweißen mit der Nahrung angewiesen. Eiweißstoffe werden (im Gegensatz zu den Kohlenhydraten und den Fetten) im Körper **nicht gespeichert**. Nimmt ein Erwachsener über längere Zeit nicht täglich mindestens 70 g Eiweiß mit der Nahrung auf, treten **Mangelkrankheiten** auf, z. B. Stoffwechselstörungen.

Eiweiße können **wasserlöslich** sein wie das Eiweiß im Eiklar des Hühnereis oder das Eiweiß des Blutplasmas. Dagegen besteht die Hornsubstanz von Nägeln, Haaren oder Hufen aus **wasserunlöslichem** Eiweiß.

Das Eiklar ist besonders geeignet, die **Eigenschaften** der Proteine zu untersuchen. So streut eine wäßrige Eiweißlösung einen scharf gebündelten Lichtstrahl (**TYNDALL-Effekt**). Dies ist eine Folge der Teilchengröße. Die Molekül-Massen der Eiweiße liegen zwischen 10000 und 500000 u – Eiweiße sind also **Makromoleküle**. Bei einer Temperatur von 60 °C gerinnt das Hühnereiweiß, es **koaguliert**. Das Bluteiweiß des Menschen ist noch temperaturempfindlicher, es gerinnt bereits bei 42 °C. **Eiweißgifte** wie Alkohol, Säuren und Schwermetallsalze bringen Eiweiß ebenfalls zur Gerinnung. Diese Koagulation ist nicht mehr rückgängig zu machen. Man sagt, das Eiweiß ist **denaturiert**.

Die **Gerinnung** von Eiweiß beim Erhitzen dient als **Nachweis** dieser Stoffklasse. Empfindlicher ist die **Biuret-Reaktion**: Hier wird eine Eiweißlösung mit Kupfersulfat-Lösung und verdünnter Natronlauge versetzt. Violettfärbung zeigt Eiweiß an. Auch konzentrierte Salpetersäure ist geeignet, Eiweiß nachzuweisen – sie färbt Eiweiß gelb. Diese **Xanthoprotein-Reaktion** (gr. xanthos = gelb) kann auch bei festen Eiweißstoffen angewendet werden (**Abb. 138.2**).

Wird (getrocknetes) Eiweiß im Reagenzglas stark erhitzt, zersetzt es sich. **Kondenswasser**-Bildung im kalten Bereich des Reagenzglases zeigt die Elemente Wasserstoff und Sauerstoff an. Darüber hinaus entweichen **Ammoniak**-Gas NH$_3$ und **Schwefelwasserstoff**-Gas H$_2$S. Ammoniak färbt angefeuchtetes Universalindikatorpapier blau; Schwefelwasserstoff schwärzt Bleiacetat-Papier (**Abb. 138.3**). Im Reagenzglas bleibt ein **schwarzer Rückstand** – Kohlenstoff. Eiweiße sind also aus den Elementen **Kohlenstoff, Wasserstoff, Sauerstoff, Stickstoff** und **Schwefel** aufgebaut.

Name	Symbol	Strukturformel	Bedeutung
Glycin	Gly	$H{-}CH(NH_2){-}COOH$	In fast allen Eiweißen; am Enzym-Aufbau beteiligt
Alanin	Ala	$CH_3{-}CH(NH_2){-}COOH$	Wichtiger Baustein, z.B. im Eiweiß der Seide
***Valin**	Val	CH_3 / $CH{-}CH(NH_2){-}COOH$ / CH_3	Lebensnotwendig für Nerven- und Muskeltätigkeit
***Iso-leucin**	Ileu	CH_3 ; $CH_3{-}CH_2{-}CH{-}CH(NH_2){-}COOH$	Lebenswichtige Aminosäure, aktiviert das Hormonsystem
Cystein	Cys	$HS{-}CH_2{-}CH(NH_2){-}COOH$	In geringer Menge in fast allen Eiweißen, zur Behebung von Vergiftungen etc.

138.4 Häufige, in Eiweißen vorkommende Aminosäuren; * bedeutet: lebenswichtige (= essentielle) Aminosäure

45.2 Aminosäuren – die Bausteine der Proteine

Wird Eiweiß längere Zeit in konzentrierter Salzsäure gekocht, so zerfällt es in seine Bausteine, die **Aminosäuren**. Die einfachste Aminosäure ist das Glycin (Gly), auch Aminoethansäure genannt. Charakteristisch für eine Aminosäure sind die **Amino-Gruppe** $-NH_2$ und die **Carboxyl-Gruppe** $-COOH$ (Abb. 139.1). Die Formel erhält man, wenn im Molekül der Ethansäure CH_3COOH ein H-Atom des Alkanrestes durch die NH_2-Gruppe ersetzt wird: CH_2-NH_2-COOH. Aus der Propansäure entsteht entsprechend Aminopropansäure (= Alanin) usw. Die in der Natur vorkommenden **20 Aminosäuren** sind einheitlich aufgebaut: An einem C-Atom sind die Amino-Gruppe, die Carboxyl-Gruppe, ein Wasserstoff-Atom und ein Rest $-R$ (meist ein Alkyl-Rest) gebunden. Die Aminosäuren unterscheiden sich also lediglich in ihrem Rest $-R$. Einige Aminosäuren enthalten in diesem Rest auch Schwefel-Atome **(Abb. 138.4)**.

Aminosäuren sind feste, salzartige Stoffe mit **guter Wasserlöslichkeit**. Ihre Lösungen reagieren neutral, weil sich Aminosäuren sowohl wie Säuren als auch wie Basen verhalten. Aminosäuren können **Protonen H$^+$ abgeben (Säureverhalten)** und gleichzeitig **Protonen H$^+$ aufnehmen (Baseverhalten)**. Die Protonenabgabe erfolgt an der für Säuren kennzeichnenden Carboxyl-Gruppe. Das freie Elektronenpaar des Stickstoff-Atoms der Amino-Gruppe dagegen ermöglicht die Protonenaufnahme. Somit hat sich das Aminosäure-Molekül zu einem **Zwitterion** umgelagert, das gleichzeitig eine positive und eine negative Ladung trägt.

> Aminosäuren enthalten die Carboxyl-Gruppen $-COOH$ und die Amino-Gruppe $-NH_2$
>
> $$H_2\overset{+}{N}-CH_2-COOH \rightarrow H_3\overset{\oplus}{N}-CH_2COO^{\ominus}$$

Bedingt durch ihren ähnlichen Bau lassen sich einzelne Aminosäuren in einem Gemisch nur schwer feststellen. Als geeignetes **Trennverfahren** erweist sich die Chromatographie, weil hier die verschiedenen Aminosäuren von einem Fließmittel unterschiedlich schnell transportiert werden (siehe S. 9). Ninhydrin, über das Chromatogramm gesprüht, läßt die Aminosäuren als Farb-Flecken hervortreten **(Abb. 139.2)**.

Bereits in der **Uratmosphäre** der Erde konnten sich aus Wasser, Methan, Ammoniak und Wasserstoff Aminosäuren bilden. Die elektrischen Entladungen von Gewitterblitzen lieferten die Reaktionsenergie. Der Modellversuch nach MILLER **(Abb. 139.3)** ahmt die Bedingungen der Uratmosphäre mit elektrischen Entladungen, kochendem (Meer-) Wasser und dem Wasserkreislauf nach. Unter den Verbindungen, die entstehen, lassen sich Aminosäuren nachweisen, nicht jedoch Eiweiße.

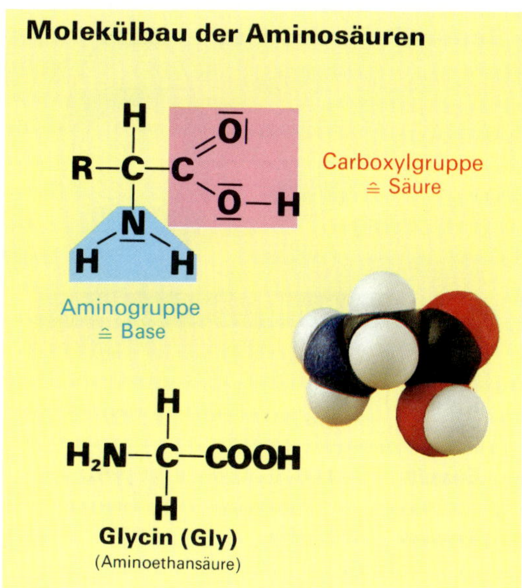

139.1 Aminosäuren haben zwei funktionelle Gruppen: die Amino-Gruppe und die Carboxyl-Gruppe

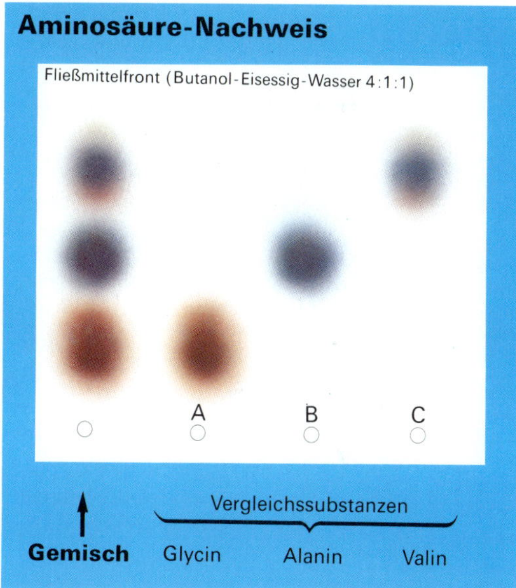

139.2 Chromatogramm: Ein Fließmittel transportiert die einzelnen Aminosäuren unterschiedlich weit, Ninhydrin macht sie sichtbar

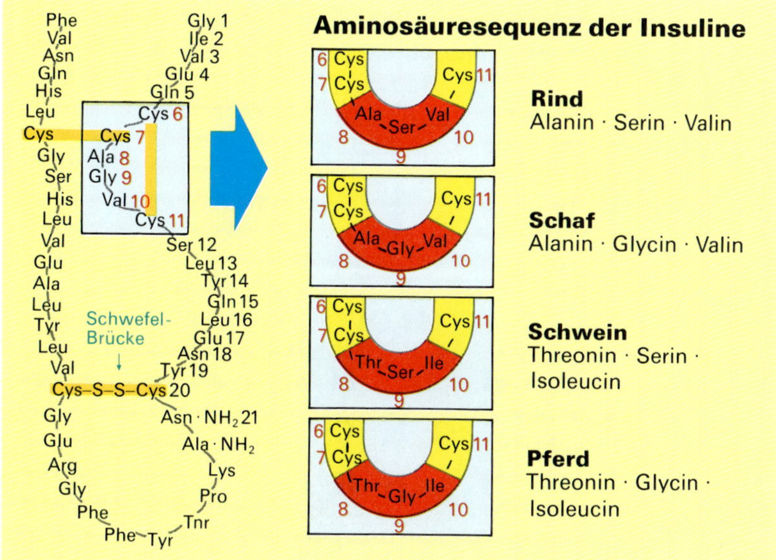

139.4 In der Kette eines Protein-Moleküls (hier das Insulin) folgen die verschiedenen Aminosäuren in einer festgelegten Reihenfolge (Sequenz)

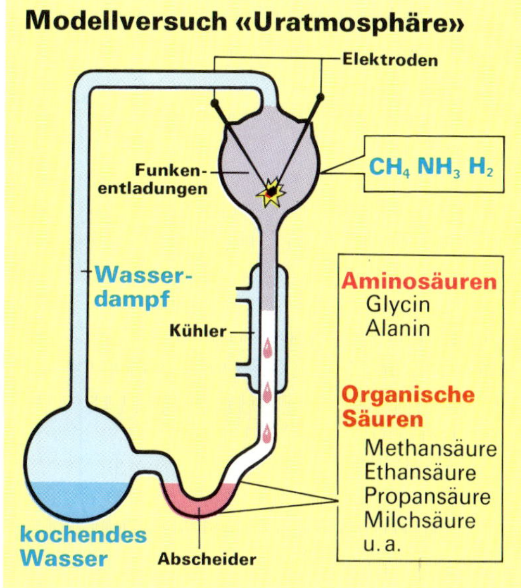

139.3 Bei 600 °C bilden sich aus H_2O, CH_4, NH_3 und H_2 u. a. Aminosäuren

Bestandteile des Eies

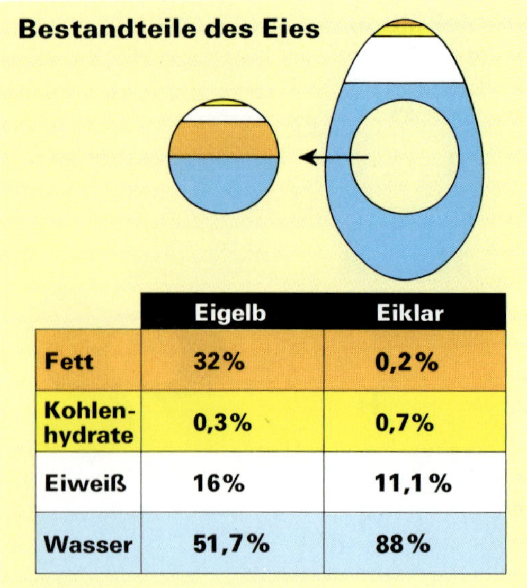

	Eigelb	Eiklar
Fett	32%	0,2%
Kohlenhydrate	0,3%	0,7%
Eiweiß	16%	11,1%
Wasser	51,7%	88%

140.1 Das Hühnereiweiß hat einer ganzen Stoffklasse den Namen gegeben. Die Nährstoffverteilung im Ei ist ungleich

[V] **140.1** Verbrenne Haare, Federn und Wollfäden und vergleiche den „Geruch".

[LV] **140.2** Man verdünnt Eiklar mit 150 ml Wasser und führt die Nachweisreaktionen nach Abb. 138.2 durch.

[V] **140.3** Versetze Eiklar-Lösung mit einer Schwermetallsalz-Lösung (z. B. PbCl₂★).

[V] **140.4** Prüfe, wie sich eine wäßrige Aminoethansäure-Lösung gegenüber Indikatorpapier verhält. Vgl. mit Ethansäure.

[V] **140.5** Stecke einen silbernen Löffel 10 Min. in das Weiße eines gekochten Hühnereis. Erkläre die Farbänderung.

[A] **140.6** Überlege, warum faule Eier nach Schwefelwasserstoff riechen (Abb. 138.4).

[A] **140.7** Die wäßrige Lösung von Aminoethansäure leitet den elektrischen Strom nicht. Was folgt hieraus?

140.2 Der bes. Hinweis: Der tägliche Eiweißbedarf eines Menschen beträgt mindestens 1 Gramm pro Kilogramm Körpergewicht

Bestandteile der Milch

Fett	3%–5%
Kohlenhydrate	4%–5%
Eiweiß	3%–4%
Wasser	87%–89%
Salze	0,5%–1%
Vitamine	< 0,1%

140.3 Milch enthält alle für Entwicklung und Wachstum nötigen Stoffe

45.3 Die Peptidbindung – Aminosäuren verbinden sich

In Eiweißen sind die Aminosäure-Moleküle durch die **Peptidbindung** verkettet. Hierbei verbindet sich jeweils die Carboxyl-Gruppe einer Aminosäure mit der Amino-Gruppe der benachbarten Aminosäure unter Wasserabspaltung (Kondensation). Lagern sich zwei Aminosäuren aneinander, entsteht ein **Dipeptid (Abb. 140.4)**. Viele verkettete Aminosäure-Moleküle bilden ein **Polypeptid**. Übersteigt die Molekülmasse 10 000 u, spricht man von einem **Protein**.

Peptidkette eines Protein-Moleküls (Ausschnitt)
$$- - - N - C - C - N - C - C - N - C - C - N - C - C - - -$$
Glycin Alanin Cystein Alanin

In der Kette eines bestimmten Protein-Moleküls folgen die verschiedenen Aminosäuren in einer festgelegten Reihenfolge oder Sequenz aufeinander **(Aminosäuresequenz)**. Die Zahl der Kombinationsmöglichkeiten ist unvorstellbar groß: So könnte ein Peptid, das lediglich die 20 natürlichen Aminosäuren je einmal enthält, **2,5 Trillionen** verschiedene Kettenmoleküle bilden. Jede Tier- und Pflanzenart besitzt ihr **arteigenes Protein**. Selbst das einzelne Individuum einer Art unterscheidet sich von seinen Artgenossen durch „individuelles Eiweiß". Trotzdem ähneln sich die Eiweiße verwandter Arten: So ist das **Insulin** (ein den Blutzuckerspiegel regulierendes Hormon) aus 51 Aminosäuren aufgebaut. Dabei unterscheiden sich die Insulin-Moleküle verschiedener Säuger nur in einem kurzen Kettenabschnitt (Abb. 139.4)

Die **Polypeptid-Ketten** sind meist in Form von „Schrauben" oder typischen „Schleifen" gewunden. Diese werden durch **Wasserstoff-Brücken** (die sich zwischen den Amino- und den Carboxyl-Gruppen bilden) bzw. durch **Schwefel-Brücken** (Abb. 139.4 links) in ihrer Lage gehalten.

Proteine können unter Wasseraufnahme **(Hydrolyse)** wieder zu Aminosäuren gespalten werden. Im Magen und im Darm erfolgt diese Hydrolyse durch Verdauungsenzyme (z. B. Pepsin). So wird **körperfremdes** Eiweiß bis zu den Aminosäuren abgebaut und anschließend zu **körpereigenem** Eiweiß aufgebaut. Von 20 Aminosäuren werden 12 in der Leber selbst gebildet. Die restlichen 8 Aminosäuren müssen in der Nahrung enthalten sein; es sind lebenswichtige, sogenannte **essentielle Aminosäuren**. Das Milcheiweiß **(Abb. 140.3)** ist besonders reich an essentiellen Aminosäuren. Auch Fleisch, Fisch und Eier **(Abb. 140.1)** enthalten hochwertige Eiweißkombinationen.

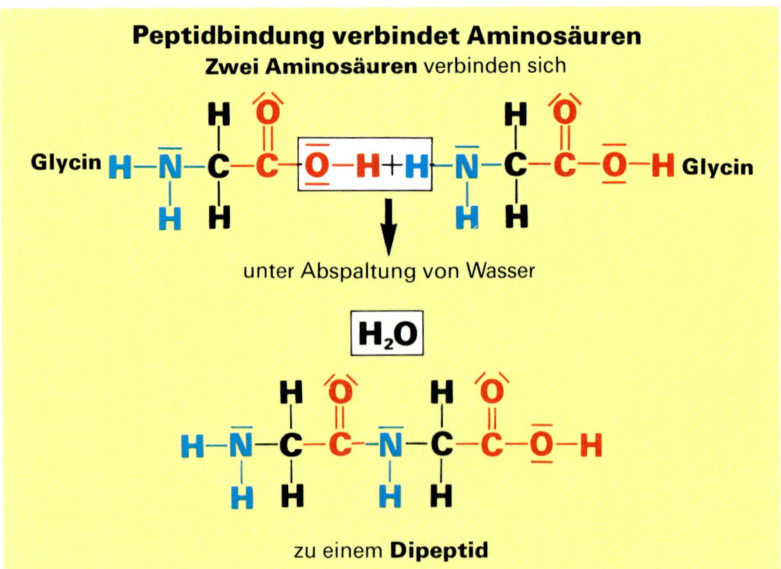

140.4 Aminosäuren werden durch Peptidbindungen kettenförmig miteinander zu „Polypeptiden" verbunden

46 Enzyme

46.1 Enzyme – die Biokatalysatoren der Zelle

Speck verbrennt über offener Flamme mit großer Hitze und in kürzester Zeit. Im Körper darf diese Energie weder in dieser Höhe noch in dieser Geschwindigkeit freigesetzt werden. Damit sämtliche chemischen Reaktionen in den Körperzellen bei Körpertemperatur und in angemessener Zeit ablaufen können, sind **Enzyme** notwendig. Enzyme sind kompliziert gebaute Eiweißverbindungen. Sie katalysieren bestimmte Reaktionen unter ganz bestimmten Reaktionsbedingungen (wie H-Ionenkonzentration, Temperatur u. a.). Die Enzyme selbst verändern sich bei ihrer Tätigkeit nicht.

Das Enzym **Katalase**, das in fast allen lebenden Zellen vorkommt, zerlegt Wasserstoffperoxid H_2O_2 in Wasser und Sauerstoff. Dabei wird Energie an den Körper abgegeben.

$$2\ H_2O_2 \xrightarrow{\text{Katalase}} 2\ H_2O + O_2 \ /\ \text{Energie wird frei}$$

Die Zerlegung von Wasserstoffperoxid ist lebenswichtig, da es im Zellstoffwechsel als giftiges Zwischenprodukt entsteht.

Im menschlichen Körper gibt es etwa 10 000 Enzyme. Sie steuern als **Biokatalysatoren** die Lebensvorgänge in allen Zellen. Fällt ein einziges Enzym aus, reagiert der Körper mit Krankheitserscheinungen. Jedes Enzym beeinflußt nur einen bestimmten Reaktionsschritt, dann wird es von einem anderen Enzym abgelöst. Enzyme wirken nach dem Schlüssel-Schloß-Modell. Hitze und Schwermetall-Salze machen Enzyme unwirksam. Sie gelten als **Katalysatorgifte (V 141.1, Abb. 141.4)**.

Das **Verdauungs-Enzym** Pepsin wird von der Magenschleimhaut abgesondert. Es ist für die Eiweißverdauung notwendig. Pepsin kann seine Wirkung aber nur bei Anwesenheit von Salzsäure entfalten. Bei Verdauungsstörungen, wenn Pepsin und Magensäure fehlen, werden Pepsin und Säure zusammen in einer Kapsel verabreicht **(Abb. 141.1)**.

Enzyme werden auch in **Backhilfen** für Brot und Kekse verwendet. Soll die Trübung von **Fruchtsäften** abgebaut werden, um sie zu klären, muß man Enzyme zugeben, die die Cellulose spalten. Gerbereien setzen enzymatische Beizmittel ein, um **Lederhäute** schneller von Fett und Haaren zu befreien.

Am bekanntesten ist der Einsatz eiweißspaltender Enzyme (Proteasen) in **Waschmitteln**. Die Wirkung dieser „biologisch-aktiven" Enzyme auf Milch-, Eigelb-, Blut- und Kakaoflecke ist zwischen 35 bis 60 °C, also hauptsächlich beim Vorwaschen, am stärksten **(Abb. 141.3)**.

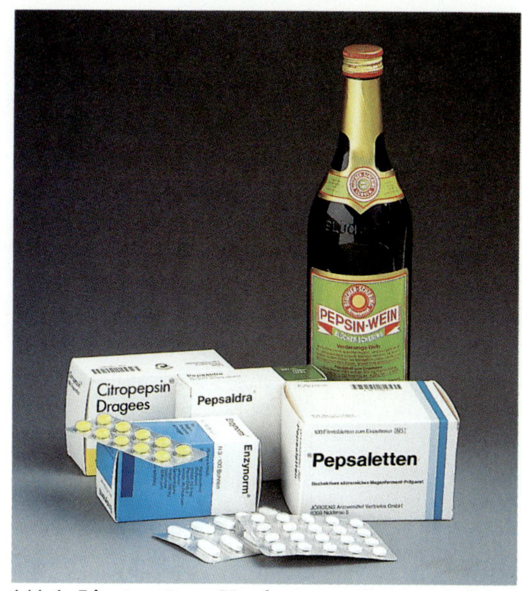

141.1 Liegt eine Verdauungsstörung infolge einer „Unterfunktion der Magenschleimhaut" vor, kann der Arzt Pepsin-Präparate verordnen

Enzym	Wirkung
Pepsin	Eiweiß-Verdauung
Protease	Backhilfe
Pektinase	Abbau von Fruchtsaft-Trübung
Katalase	Konservierung von Lebensmitteln
Cellulase	cellulosespaltendes Enzym, S.136

V 141.1 Wirf in ca. 100 ml einer 3%igen Wasserstoffperoxid-Lösung⋆ ein erbsengroßes Stück Backhefe. Beobachte die Reaktion und die Temperaturveränderung.

V 141.2 Koche rohen Kartoffelbrei in 2 RG auf. Laß abkühlen und versetze das 1. RG mit H_2O_2-Lösung⋆. Gib in das 2. RG nacheinander einige Tropfen $CuSO_4$⋆- und H_2O_2⋆-Lösung. Vergleiche!

A 141.3 Wieso lassen sich Nahrungsmittel durch Erhitzen konservieren?

141.2 Viele Enzyme wirken noch nach der Extraktion aus der Zelle. So katalysieren abgetötete Hefezellen die Vergärung von Zucker

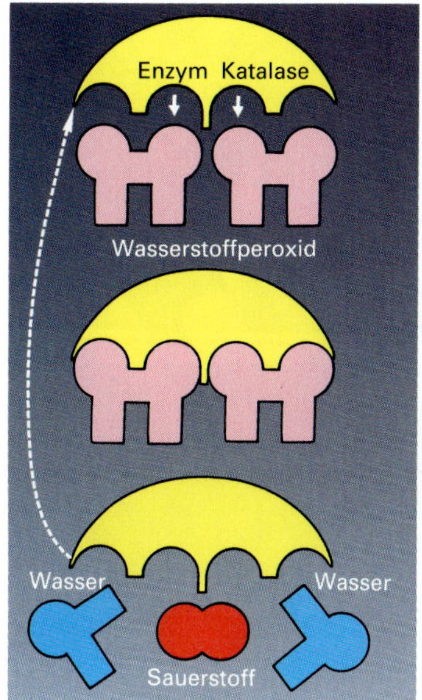

141.4 Das Schlüssel-Schloß-Modell für die Enzymwirkung auf H_2O_2. Dort, wo ein heißer Pfennig die Katalase zerstört, wird H_2O_2 nicht zersetzt

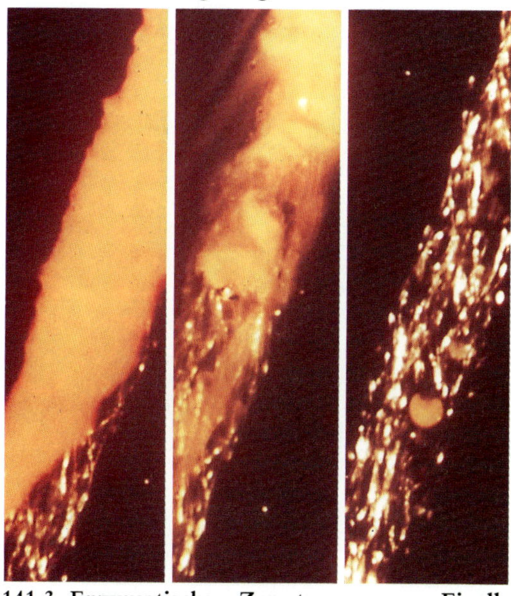

141.3 Enzymatische Zersetzung von Eigelb durch Waschmittel, die Proteasen enthalten

47.1 Kunststoffe – leicht, robust, isolierend

Der erste wirkliche brauchbare, vollsynthetische Kunststoff wurde 1938 hergestellt: Es war **Nylon**. Nylon hat das Kunststoff-Zeitalter eingeleitet. Kunststoffe zählen zu den „modernen Werkstoffen". Durch ihre **Vorteile** haben sie in vielen Anwendungsbereichen Metalle, Holz und Stein verdrängt. Kunststoff-Teile sind **besonders leicht (Abb. 142.1)**. Mit einer Dichte von höchstens 2,2 g/cm^3 sind sie nur etwa halb so schwer wie Porzellan, Glas oder Leichtmetalle. In Fahrzeugen verringern Kunststoffe das Gesamtgewicht und helfen so, den Kraftstoffverbrauch herabzusetzen (etwa $^1/_3$ der PKW-Teile bestehen heute aus Kunststoff).

Kunststoffe sind **elektrische Nichtleiter**. Ihre Isolierwirkung ist derart hoch, daß sie die Herstellung winziger elektronischer Bauteile erlauben **(Abb. 142.3)**. Da die meisten Kunststoffe **widerstandsfähig gegen Feuchtigkeit** sind, werden Elektrokabel heute kunststoffummantelt unter Putz verlegt.

Wärmedämm-Material aus Kunststoff spart Energie ein, z.B. bei Hauswänden (Abb. 144.3). Hierzu ein Vergleich: Die Wärmemenge, die in einer Stunde durch eine Kupfer-Platte dringt, braucht bei einer gleich dicken Styropor-Platte 100 Tage.

Chemikalien gegenüber reagieren die verschiedenen Kunststoffe unterschiedlich. Während viele Kunststoffbehälter **säure- und laugenfest** sind, würden sie sich auflösen, brächte man sie mit Aceton oder Halogenalkanen zusammen (vgl. V 147.1).

Die glatten Kunststoff-Oberflächen sind **leicht zu reinigen**. Dieser hygienische Vorteil wird besonders bei Kinderspielzeug oder bei keimfrei zu haltenden Krankenhauseinrichtungen geschätzt. Im Gegensatz zu Holz und einigen Metallen sind viele Kunststoffe äußerst **widerstandsfähig gegenüber Luft und Wasser**: Bootskörper und Gartenmöbel haben den Dauertest längst hinter sich.

Diesen Kunststoff-Vorzügen stehen jedoch auch **Nachteile** gegenüber. So sind manche Kunststoffe **nicht kratzfest**: eine teflonbeschichtete Bratpfanne z. B. darf nicht mit einem Messer „bearbeitet" werden. Weil bestimmte Kunststoff-Gewebe **hitzeempfindlich** sind, müssen Temperaturangaben beim Bügeln und Waschen genau eingehalten werden. Da Kunststoffe Nichtleiter sind, können sie sich beim Reiben **elektrostatisch aufladen**: Ein über das Haar gezogenes Hemd aus Synthetikfaser „knistert", und eine mit dem Reinigungstuch aufgeladene Schallplatte zieht erst recht den Staub an. Kunststoff-Müll belastet die Umwelt, da er nicht verrottet.

142.1 Fester als Stahl, aber fünfmal so leicht: CFK, carbonfaserverstärkter Kunststoff in Flugzeugen, Surfbrettern und Tennisschlägern

142.2 Wie außergewöhnlich robust Verbundwerkstoffe sind, zeigt die Belastungsprobe dieses Stabhochsprung-Stabes

142.3 In der Elektrotechnik sind Kunststoffe die am meisten verwendeten Isolatoren

142.4 Bedeckt man eine biologisch abbaubare Folie mit Komposterde, wird sie durch Pilze und Bakterien verfärbt und schließlich zersetzt

Verbundwerkstoffe – Kunststoffe mit besonderen Eigenschaften

Durch Zusatz von Glas- oder Kohlenstoff-Fasern in die noch flüssige Kunststoffmasse läßt sich die Festigkeit, das Biege- und Ermüdungsverhalten der Kunststoffe erheblich verbessern (**Abb. 142.2**). **Glasfaserverstärkte Kunststoffe (GFK)** aus Polyesterharzen z. B. ermöglichen die Herstellung von Bootskörpern, Leuchttürmen oder Autokarosserien. In der Luftfahrt wird verstärkt auf **carbonfaserverstärkte Kunststoffe (CFK)** zurückgegriffen. Man baut bereits Rümpfe für Kleinflugzeuge, die im Vergleich zu früheren Konstruktionen um 20 % schneller sind, 45 % weniger Treibstoff verbrauchen und eine um 50 % gesteigerte Nutzlast erlauben.

Weil Kunststoffe nicht verrotten, wachsen die Müllberge. Deshalb versucht die Forschung, Werkstoffe zu entwickeln, die biologisch abbaubar sind. Erste Versuche für eine durch Bakterien zersetzbare Kunststoff-Folie sind in der Erprobung: Die neue Folie ist eine Zellstoff-Kunststoff-Kombination, die im Kompost vollständig verrottet (**Abb. 142.4**). Nach 14 Tagen ist die Folie pulverisiert, und nach 8 Wochen sind 80 % ihrer Masse zersetzt. Versuche mit Algen und Wasserflöhen sollen die Ungiftigkeit des entstandenen Humus bewiesen haben. Damit biologisch abbaubare Kunststoffe auch auf öffentlichen Deponien verrotten können, müssen „bakterienfreundliche Verrottungsplätze" gefunden werden, die zum „Fressen" anregen. Derartige Anlagen und die dazugehörigen braunen Mülltonnen gibt es aber erst in wenigen Gemeinden.

Wie die natürlichen Stoffe Cellulose und Eiweiß bestehen auch die **Kunststoffe aus Makromolekülen.** Diese setzen sich aus kleinen Bausteinen – den **Monomeren** – zusammen. Die **Tabelle 143.4** nennt Beispiele. Nach ihrem Verhalten unterteilt man Kunststoffe in drei Gruppen:

1. Thermoplaste. Sie werden in der Wärme weich und formbar: Die unvernetzten Makromoleküle verlieren ihren Zusammenhalt und gleiten aneinander vorbei. Abgekühlt verharren die Molekülketten in ihrer neuen Lage: der Kunststoff ist (wieder) fest (**Abb. 143.1**).

2. Duroplaste. Sie sind harte, spröde, wärmebeständige Kunststoffe. Erst bei Temperaturen von mehr als 300 °C zersetzen sie sich, ohne vorher zu erweichen. Ein Duroplast-Werkstück stellt ein einziges, stark vernetztes Makromolekül dar (**Abb. 143.2**).

3. Elastomere. Sie sind wie Gummi elastisch verformbar. Ihre Makromoleküle sind nur schwach vernetzt. Erwärmt verhalten sich die Elastomere wie die thermoplastischen Kunststoffe (**Abb. 143.3**).

Kunststoff-Name	Monomer	Handels-name	Verwendung
Polyethen **PE**	$H_2C{=}CH_2$	Vestolen A Hostalen Lupolen Baylon	Haushaltartikel, Kabelisolierungen, Folien, Spielzeug, Schutzhelme
Polypropen **PP**	$H_3C{-}CH{=}CH_2$	Vestolen P Hostalen PP Novolen	Haushaltartikel, Schuhabsätze, Folien, Mülltonnen, Bierkästen
Polyvinyl-chlorid PVC	$ClHC{=}CH_2$	Vestolit Hostalit Vinoflex Vinnol	Folien, Platten, Borsten, Isolierungen, Kunstleder, Flaschen, Schläuche, Fußbodenbeläge, Apparate
Polystyrol **PS**	$C_6H_5{-}HC{=}CH_2$	Vestyron Hestyron Luran	Haushaltartikel, Elektrogeräte, Verpackung, Joghurtbecher
Polytetrafluorethen **PTFE**	$F_2C{=}CF_2$	Teflon Hostaflon	Temperaturbeständige Beschichtungen, Dichtungen, Isolierungen

143.4 Es gibt etwa zwei Dutzend wichtige Kunststoffarten, aber mindestens 5 000 Handelsnamen (meist Phantasiebezeichnungen)

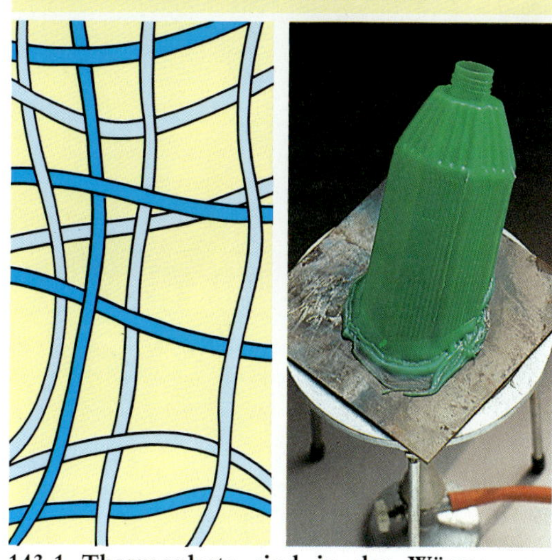

143.1 Thermoplaste sind in der Wärme verformbar. Nach der Abkühlung werden sie wieder fest, wie z. B. Polyethen

143.2 Duroplaste sind hart, spröde und temperaturbeständig, d. h. durch Wärme nicht verformbar, wie z. B. Bakelit

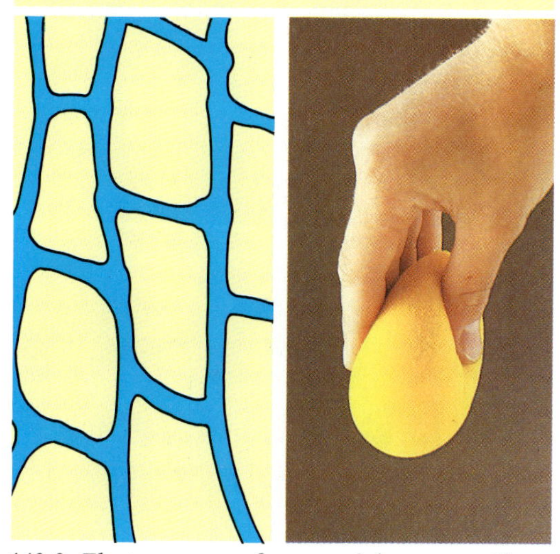

143.3 Elastomere verformen sich nur vorübergehend, wie z. B. vulkanisierter Naturkautschuk

144.1 Die aus Gummibäumen abgezapfte Kautschukmilch (Latex) gerinnt nach Zugabe von Methansäure zu Rohkautschuk

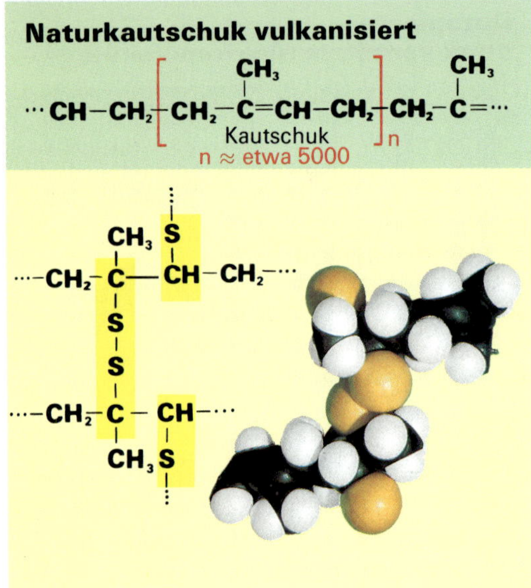

144.2 Wird Rohkautschuk mit Schwefel erhitzt (vulkanisiert), verliert er die Eigenschaft, ab 35 °C klebrig zu werden

144.3 Ansetzen einer Wärmedämmplatte aus schwer entflammbarem Styropor

47.2 Kunststoffe, die durch Polymerisation entstehen

Wie erwähnt, bestehen Kunststoffe aus Makromolekülen. Ihre Synthese aus den Monomeren kann auf drei Arten erfolgen: 1. durch **Polymerisation**, 2. durch **Polykondensation**, 3. durch **Polyaddition**.

Polymerisation. Die Monomere der Polymerisations-Kunststoffe besitzen im Molekül eine C=C-Doppelbindung (Abb. 143.4). Die Kettenbildung zum Polymer erfolgt, indem die Doppelbindungen eines jeden Monomers nach den Seiten aufklappen. Durch Bildung gemeinsamer Elektronenpaare können sich die Monomere so zu Makromolekülen verbinden. Diese bestehen aus einigen 100 bis weit über 100 000 Monomeren; Kettenlängen bis zu 0,001 mm sind möglich. Polymerisationen verlaufen exotherm. Licht, Wärme oder Katalysatoren lösen sie aus.

Polyethen PE ist der wichtigste Kunststoff. Wird Ethen (Ethylen) bei einem Druck von 350 MPa polymerisiert, entsteht weiches Hochdruck-Polyethen. Das härtere Niederdruck-Polyethen wird katalytisch bei Normaldruck gewonnen. PE und das verwandte Polypropen eignen sich zur Herstellung von Tragetaschen, Mülltonnen, Bierkästen usw.

Polystyrol PS. Wird ein H-Atom des Ethens gegen den Benzolring ausgetauscht, entsteht Styrol **(Abb. 144.4).** Die Flüssigkeit polymerisiert zu Polystyrol, einem harten und spröden Kunststoff (Anwendungsbeispiele: Tonbandkassetten, Joghurtbecher). Mit einem Treibmittel läßt sich PS zu **Styropor** verschäumen (98 % „Luft"). Wärmedämmplatten **(Abb. 144.3)** und Verpackungen werden daraus gefertigt.

Polyvinylchlorid PVC. Ersetzt man beim Ethen ein H- durch ein Cl-Atom, entsteht Vinylchlorid, der Ausgangsstoff des PVC-Kunststoffs (Abb. 143.4). Das vielseitige Material wird zu Folien, Fußbodenbelägen, Kabelisolierungen, Schallplatten usw. verarbeitet. PVC ist besonders verrottungsfest. Beim Verbrennen entstehen giftiges HCl-Gas und Dioxin.

Polytetrafluorethen PTFE. Das Monomer ist das Tetrafluorethen (Abb. 143.4). Hier sind sämtliche H-Atome des Ethens durch Fluor ersetzt. Aus Poly**te**trafluorethe**n** besteht die bis 300 °C beständige **Teflon** („Anti-Haft")-Beschichtung von Bratpfannen.

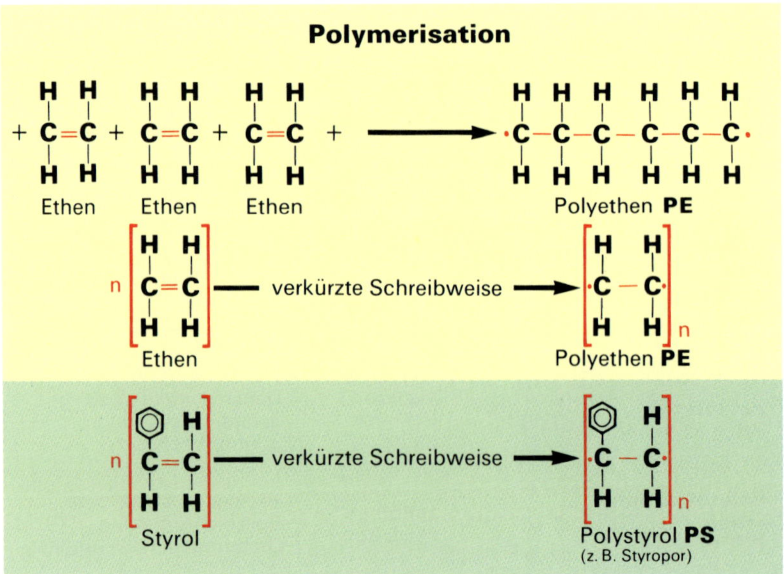

144.4 Bei der Polymerisation verbinden sich kurze Moleküle unter Aufbrechen der Doppelbindungen zu Makromolekülketten

Naturkautschuk und Buna. Der **Latex**, die Milch des Gummibaums, enthält etwa 40 % Naturkautschuk **(Abb. 144.1)**. Durch Säurezugabe ballen sich die Kautschukteilchen zusammen. Sie werden von der Flüssigkeit abgetrennt, zu „Kautschukfellen" gewalzt und an der Luft getrocknet. Dieser Rohkautschuk ist jedoch ab 35 °C klebrig. Deshalb wird er **vulkanisiert**, d. h. mit **Schwefel**-Pulver vermischt und auf über 130 °C erhitzt. Hierbei vernetzen sich die Makromoleküle des Kautschuks über S–S-Schwefelbrücken **(Abb. 144.2)**. Vulkanisierten (also mit Schwefel erhitzten) Kautschuk bezeichnet man als Gummi. **Weichgummi** enthält nur 2 %, **Hartgummi** dagegen bis zu 30 % Schwefel. Ruß als Füllstoff verbessert die Abriebfestigkeit (Autoreifen); Alterungsschutzmittel verhindern, daß der Gummi vorzeitig brüchig wird. Meist wird ein Gemisch aus Natur- und Synthese-Kautschuk (Buna) verarbeitet. **Buna** gewinnt man durch Polymerisation des 1,3-Butadiens $CH_2=CH–CH=CH_2$.

47.3 Kunststoffe, die durch Polykondensation entstehen

Die Bildung von Makromolekülen durch eine Vielzahl von Kondensationen nennt man **Polykondensation**. Monomere der Polykondensations-Kunststoffe tragen an beiden Molekülenden funktionelle Gruppen. Die Verbindung der Monomere erfolgt – wie bei der Esterbildung – **unter Abspaltung von Wasser**. Zu den Polykondensations-Kunststoffen zählen die äußerst bruchfesten und zähen **Polyamide**. Reißverschlüsse, Schrauben, Zahnräder und Schutzhelme werden daraus hergestellt. Die Zugfestigkeit von Polyamid-Fasern wird von keiner Naturfaser erreicht. Man fertigt daraus auch Netze und Schiffstaue **(Abb. 145.1)**.

Nylon. Ähnlich wie bei den Proteinen sind die Monomere der Polyamide **über Peptidbindungen** (–CO–NH–) zu Makromolekülen verkettet. Nylon wird aus einer Dicarbonsäure (z. B. Decandisäure) und einem Diamin (Kohlenwasserstoff mit 2 NH_2-Gruppen, z.B. Diaminohexan) gewonnen. Die Endgruppen –COOH und –NH_2 der Monomere reagieren unter Wasserabspaltung **(Abb. 145.4)**. Bei dem Versuch **Abb. 145.3** sind die beiden Monomere übereinandergeschichtet. An der Grenzfläche der Flüssigkeiten bildet sich eine Nylonhaut, die sich als Faden aufwickeln läßt.
Technisch gewinnt man Nylon-Fäden durch das **Schmelzspinnen (Abb. 145.2)**. Eine Pumpe preßt geschmolzenes Nylon-Granulat durch Spinndüsen. Der noch warme Faden wird durch rasches Aufwickeln gedehnt (d. h. verstreckt). Hierbei bilden sich zwischen den jetzt parallel ausgerichteten Makromolekülen zusätzliche Wasserstoffbrücken aus; die Zerreißfestigkeit wird so deutlich erhöht. Die Spinngeschwindigkeit dieses Verfahrens beträgt mehr als 1000 Meter in der Minute.

145.1 Synthetische Taue werden in der Schiffahrt eingesetzt. Sie enthalten das Polyamid Nylon, eine Faser mit hoher Zugfestigkeit

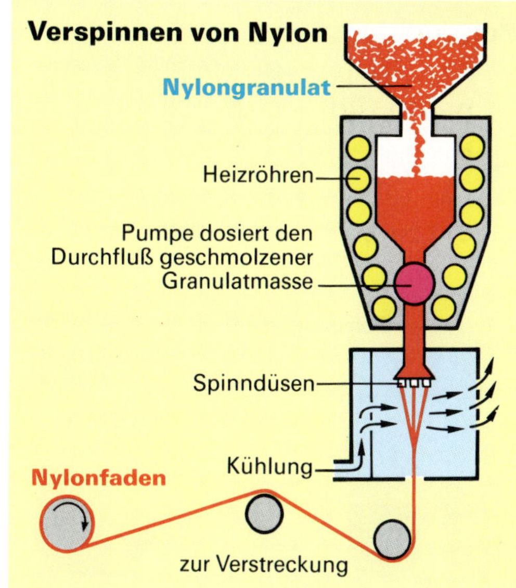

145.2 Beim Schmelzspinnen wird die körnige Substanz (Granulat) bei hoher Temperatur geschmolzen und durch Spinndüsen gepreßt

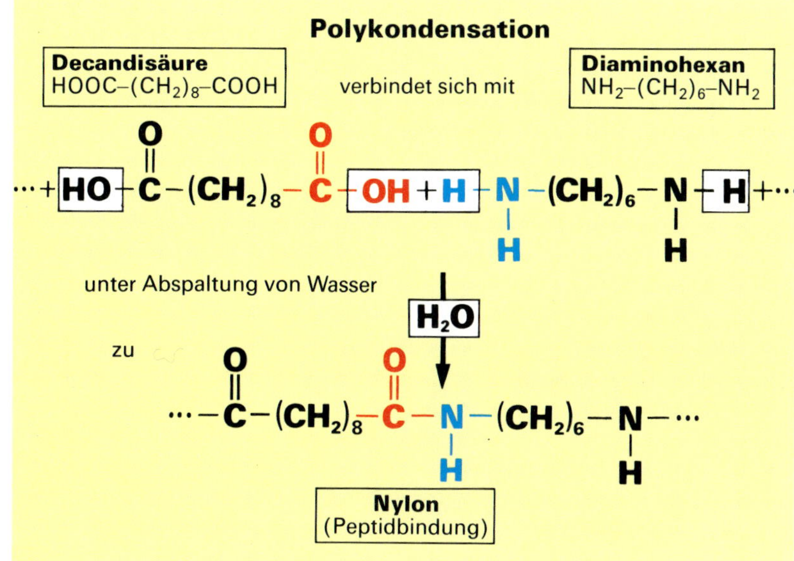

145.4 Nylon entsteht aus einer Dicarbonsäure und einem Diamin unter Abspaltung von Wasser

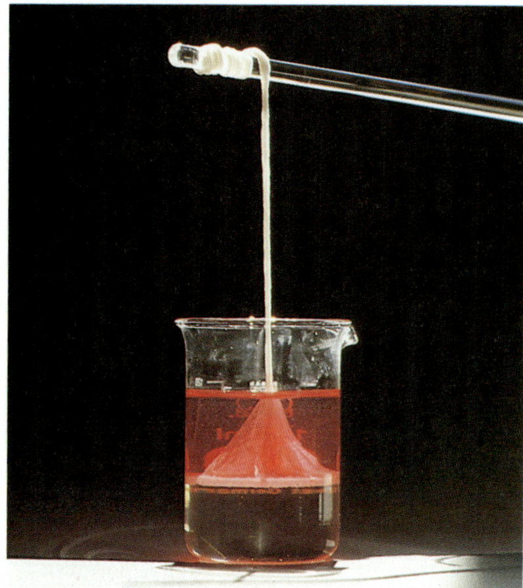
145.3 Hier bildet sich ein Nylonfaden durch „Grenzflächenkondensation" (LV 147.3)

146.1 Kunststoffprodukte im Auto aus Polyurethan: Instrumententräger, Lenkrad und Türgriff

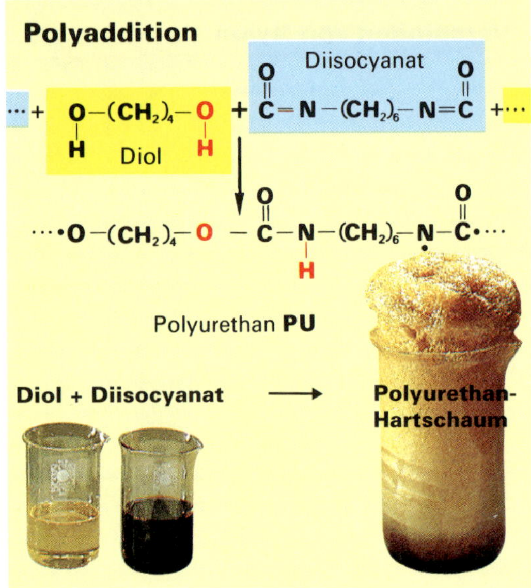

146.2 Polyurethan ist der bekannteste, durch Polyaddition hergestellte Kunststoff. Ihn gibt es als Isolier- und als Polsterschaum

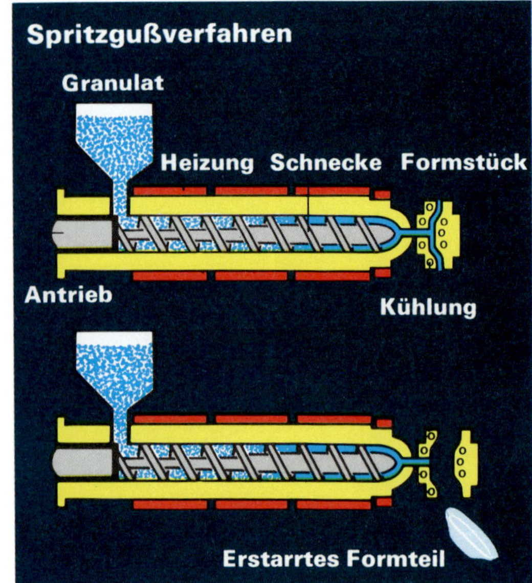

146.3 Der Kunststoff wird flüssig ins Formstück gespritzt und erstarrt ausgeworfen

Phenoplaste. Phenol (Benzolring mit einer Hydroxyl-Gruppe) und Methanal können durch **Polykondensation** Makromoleküle bilden (**Abb. 146.4**). Werden diese erwärmt und gleichzeitig hohem Druck ausgesetzt, vernetzen sie durch den Einbau weiterer Methanal-Moleküle. So entsteht das **Bakelit**, einer der ältesten Duroplaste. Bei nur schwacher Vernetzung erhält man **Lacke**; mittlere Vernetzung liefert **Phenolharze**. Aus phenolharzgetränkten Geweben, Papierbahnen, Holzfurnieren oder einfach nur Sägespänen werden Schichtpreßstoffe (z. B. Resopal für Küchenmöbel) hergestellt.

Polyester werden aus mehrwertigen Alkanolen (z. B. Ethandiol) und mehrwertigen Carbonsäuren (z. B. Ethandisäure) aufgebaut. **Unter Wasseraustritt** verestern die Monomere. Da an beiden Molekülenden der Monomere funktionelle Gruppen vorhanden sind, reagieren sie zu makromolekularen Polyestern (Abb. 146.4). Polyesterfasern (z. B. Diolen, Trevira) sind **hydrophob** (= wasserabstoßend), da die hydrophilen COOH- und OH-Gruppen bei der Veresterung verlorengehen. Deshalb trocknen die knitterarmen Polyestergewebe besonders rasch. Allerdings können sie − im Gegensatz zur Baumwolle − keine Körperfeuchtigkeit aufnehmen. Mischgewebe aus Baumwolle und Polyester dagegen sind hautfreundlich und trotzdem pflegeleicht.

47.4 Kunststoffe, die durch Polyaddition entstehen

Bei der **Polyaddition** entstehen die **Makromoleküle aus zwei verschiedenen Monomeren**, ohne daß es zur Bildung von Nebenprodukten kommt. Statt dessen werden durch Molekülumbau der Monomere Bindungen frei, die zur Kettenbildung genutzt werden.

Polyurethan PU. Dieser durch Polyaddition hergestellte Kunststoff ist ein Thermoplast (s. S. 143). Monomere sind ein Alkandiol (zweiwertiges Alkanol) und ein Diisocyanat (**Abb. 146.2**). Bei der Addition klappt die N=C-Doppelbindung des Diisocyanats auf. Von der OH-Gruppe des Alkandiols wandert das H-Atom zum N-Atom des Diisocyanats. Jetzt kann die Addition durch Ausbildung eines gemeinsamen Elektronenpaars zwischen O und C erfolgen. Fortgesetze Addition an den Molekül-Enden führt schließlich zur Bildung des Makromoleküls.

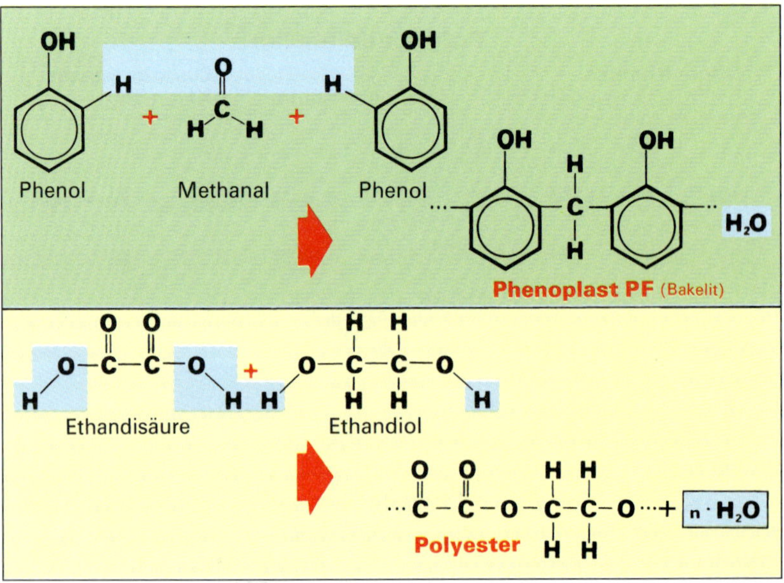

146.4 Phenoplast (o) und Polyester (u) entstehen aus den jeweiligen Monomeren unter Abspaltung von Wasser (Polykondensation)

Die Polyadditionsreaktion verläuft ohne Schaumbildung. Bei **Wasserzugabe** entwickelt sich jedoch CO_2-Gas, das als Treibmittel wirkt, so daß **Kunststoff-Schaum** entsteht. Die Eigenschaften des Schaums lassen sich durch die Wahl der Ausgangsstoffe beeinflussen. So können **harter** Montageschaum für den Hausbau (Einsetzen von Fenstern, Abb. 149.5), **elastischer** Polsterschaum für Sitzmöbel oder Formteile für die Innenausstattung von Fahrzeugen hergestellt werden **(Abb. 146.1)**.

Verarbeitung von Kunststoffen

Die verschiedenen Kunststoffe werden von den Chemiewerken, als **Granulat** gekörnt, an die weiterverarbeitende Industrie geliefert. Hieraus fertigt man – zum Teil mit besonderen Zusätzen – die unterschiedlichsten Endprodukte. Bei der Verarbeitung nutzt man die Eigenschaft der Kunststoffe, bei höherer Temperatur formbar zu werden. Ein häufig angewandtes Verfahren ist das **Spritzgießen:** Bereits eingefärbtes Granulat bringt man in einem beheizten Zylinder zum Schmelzen. Eine Schneckenpresse spritzt dann die plastische Kunststoffmasse in den Hohlraum eines gekühlten Formstücks **(Abb.146.3)**. Dort erstarrt der Kunststoff innerhalb von Sekunden und wird als Fertigteil aus dem sich öffnenden Formstück geworfen. Auf diese Weise preßt man Wannen, Eimer oder Schüsseln. Folien entstehen, wenn plastischer Kunststoff durch eine Ringdüse gedrückt und wie ein Luftballon aufgeblasen wird.

47.5 Kunststoff-Recycling

Der wichtigste Rohstoff der Kunststoff-Industrie – das Erdöl – steht nur begrenzt zur Verfügung und ist entsprechend teuer. Deshalb ist man bemüht, produktionsbedingten Kunststoffabfall möglichst zu vermeiden bzw. Kunststoffmüll wieder zu verwerten. **Sortierte** Kunststoffe (wie ausgediente Mülltonnen oder Flaschenkisten) werden direkt zu neuen Produkten umgeschmolzen. Nach Verfahren wird gesucht, um auch **unsortierten Kunststoffmüll** zu nutzen und ihn z. B. durch **Pyrolyse** (Hitzespaltung) in wiederverwendbare Chemikalien zu zerlegen (s. S. 149).

Der Versuch **Abb. 147.3** zeigt die **Rückgewinnung von Rohstoffen aus Altreifen:** Durch Pyrolyse freigesetzte Crackprodukte kondensieren oder entweichen in den Kolbenprober. Da die Crackprodukte Bromwasser entfärben, müssen sie Alkene enthalten. Die technische Versuchsanlage **(Abb. 147.1)** arbeitet nach dem Wirbelschicht-Prinzip: Unter Luftabschluß wird zerkleinerter Kunststoffmüll von sehr heißem, aufgewirbelten Quarzsand zerlegt. Die anfallenden Pyrolyseöle lassen sich durch Destillation trennen. Das Pyrolysegas dient zum Beheizen des Wirbelschichtreaktors; Überschußgas ist für Synthesen einsetzbar.

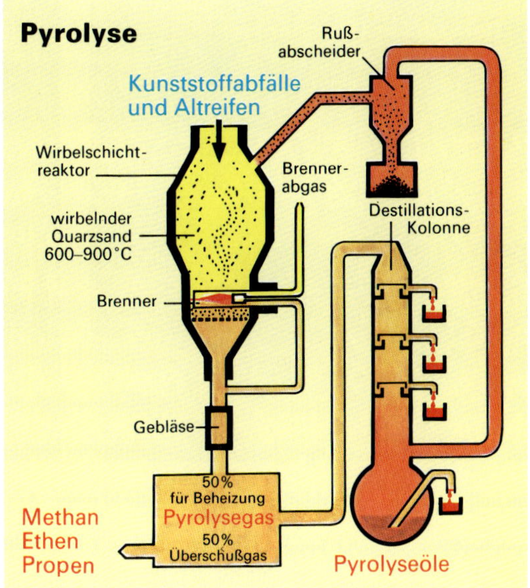

147.1 Versuchsanlage zur Rohstoffrückgewinnung aus Kunststoffabfällen und Altreifen durch Hitzezersetzung

V 147.1 Untersuche verschiedene Kunststoffproben auf **a)** elektrische Leitfähigkeit, **b)** Wärmeleitfähigkeit, **c)** Brennbarkeit (Vorsicht! Abzug!) (vgl. mit Abb. 147.4).

V 147.2 Schneide das Blatt eines Gummibaumes an, laß Milchsaft austreten und gib etwas Essig hinzu. Knete die Masse zwischen den Fingern. Beobachtung?

LV 147.3 Man löst 2 g Sebacinsäuredichlorid* in 50 ml 1,1,2-Trichlortrifluorethan und schichtet darüber eine Lösung aus 2,2 g Hexamethylendiamin* und 0,4 g Natriumhydroxid*, in 50 ml Wasser gelöst. Die an der Grenzfläche sich bildende Nylonhaut zieht man mit der Pinzette als Faden heraus und spult ihn auf (siehe Abb. 145.3).

LV 147.4 Desmophen® (50 g) und Desmodur® (60 g) werden in einem Joghurtbecher zu Hartschaum verrührt. (Vorsicht – Chemalienspritzer sofort mit Wasser abspülen!)

147.2 Der besondere Hinweis: Aus 100 kg Kunststoffmüll entstehen durch Pyrolyse 42 kg Gas und 26 kg Öl

Polyethen Polyvinylchlorid	Polyurethan-Schäume	Polypropen	Polyamide Polyester	Phenoplaste Polystyrole

Kunststoff Name	Brennbarkeit	Flamme	Geruch beim Erhitzen
Polyethen	brennbar	leuchtend, blauer Kern	nach Paraffin
Polyvinylchlorid	verkohlt	grün gesäumt	stechend nach **HCl**
Polyurethan	brennt, tropft und schäumt	leuchtend	stechend
Polypropen	brennbar	leuchtend	harzartig
Polyamide	brennbar	bläulich	nach verbranntem Horn
Phenoplaste	verlöschen außerh. d. Fl.	in der Flamme rußend	stechend nach Phenol und Formaldehyd
Polystyrol	brennbar	leuchtend, rußend	süßlich

147.4 Brennbarkeit, Aussehen der Flamme und Brandgeruch sind wichtige Kunststoff-Erkennungsmerkmale

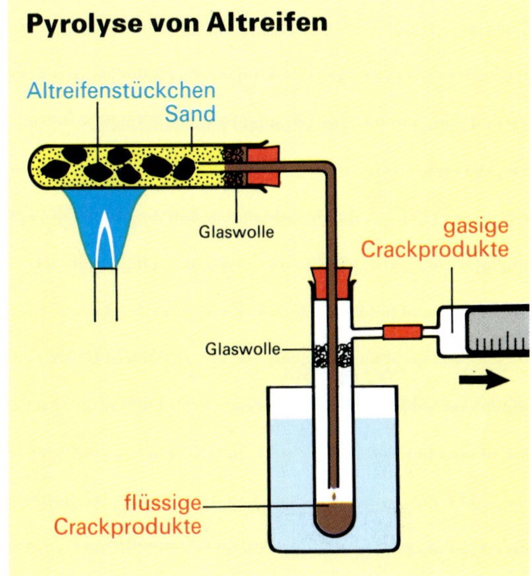

147.3 In den Crackprodukten befinden sich gesättigte Alkane und ungesättigte Alkene

PROJEKT: Chemie erleben

1

2

3

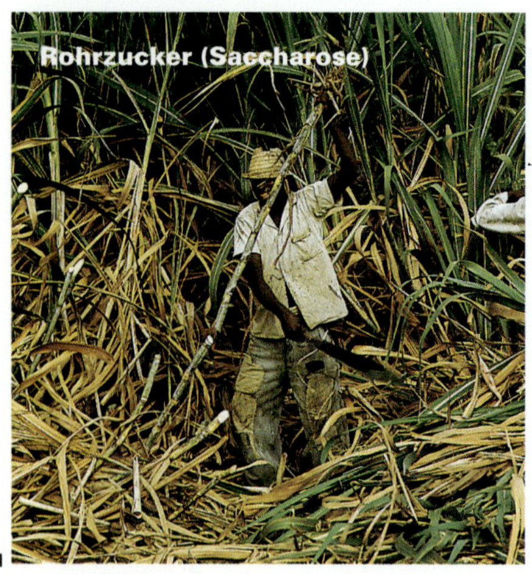

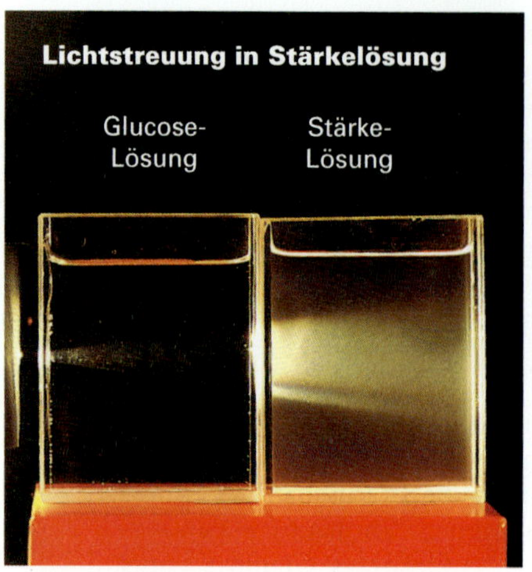

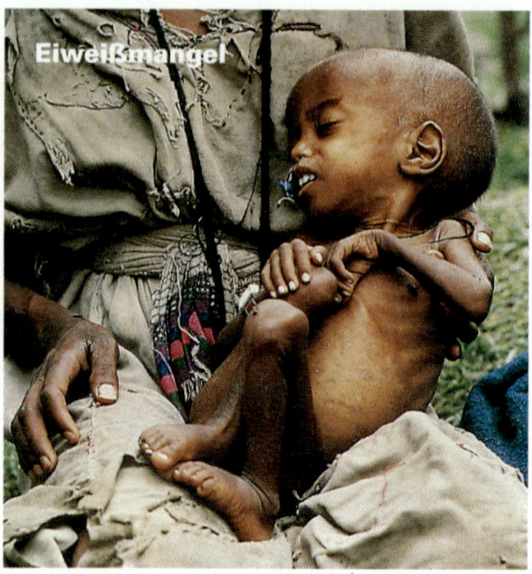

Versuch: V 148.1

Geräte: RG, RG-Halter, 2 BG 50 u. 250 ml, Brenner, Dreifuß, Drahtnetz

Chemikalien/ Stoffe: Saccharose, Glucose-Teststäbchen, Essigsäure*, verd. Natronlauge*, Hefe, Indikatorpapier

Durchführung: **1.** Koche etwas Saccharoselösung mit einigen Tropfen Essigsäure 2 Min. lang. Neutralisiere mit verd. Natronlauge (Indikator) und prüfe die Lösung mit Glucose-Teststäbchen. **2.** Gib Hefe in eine Saccharose-Lösung und erwärme 15 Min. im Wasserbad. Prüfe das Filtrat mit einem Glucose-Teststäbchen.

Rohrzucker-Spaltung durch Säure oder Enzym (als Bio-KAT)

Versuch: V 148.2

Geräte: 7 RG, RG-Ständer, 2 BG 150 ml, Brenner, Dreifuß, Drahtnetz

Chemikalien/ Stoffe: Stärke, Essigsäure*, Natronlauge*, Iod*-Kaliumiodid-Lösung, Glucose-Teststäbchen

Durchführung: Tropfe Essigsäure in verd. Stärkelösung und erhitze zum Sieden. Entnimm 3 x alle 30 Sek. je 2 Proben. Prüfe **a)** mit KI/I_2-Lösung, **b)** mit Teststäbchen (vorher mit Natronlauge neutralisieren). **c)** Versetze stark verd. Stärkelösung mit Speichel. Stelle das RG 10 Min. in ein 40 °C warmes Wasserbad. Prüfe auf Glucose.

Stärke-Spaltung mit Säure oder Enzym

Versuch: V 148.3

Geräte: 6 RG, RG-Halter, RG-Ständer, Brenner

Chemikalien/ Stoffe: siehe Abbildung

Durchführung: **1.** Erhitze und verbrenne Eiklar.
2. Je 3 ml Eiweißlösung (Eiklar in Wasser gelöst) werden **a)** mit einigen Tropfen verd. Salzsäure*, **b)** mit ein wenig Kupfersulfat-Lösung* und **c)** mit 3 ml Ethanol* versetzt.
3. Gib in ein RG 3 ml Eiweißlösung, 3 ml Natronlauge* (Schutzbrille!) und einige Tropfen Kupfersulfat-Lösung*. Schüttle kräftig durch und erwärme leicht.

Eiweiß-Reaktionen

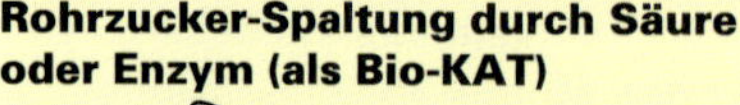

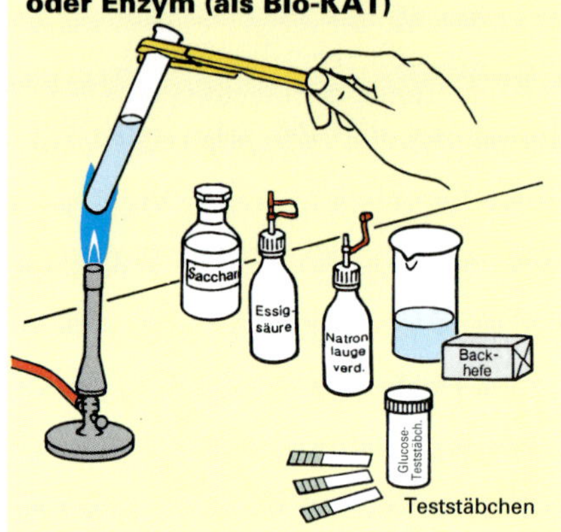

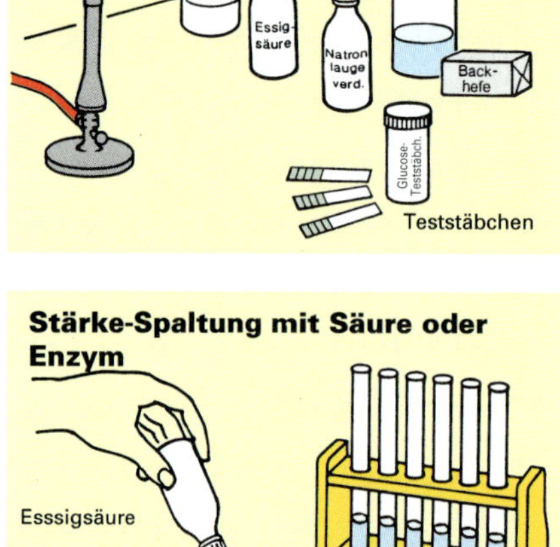

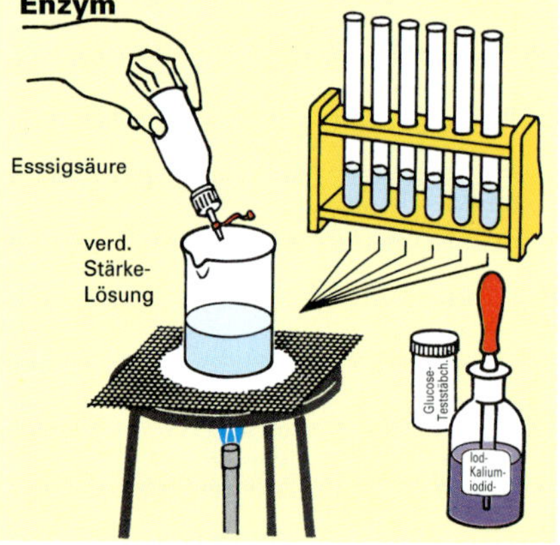

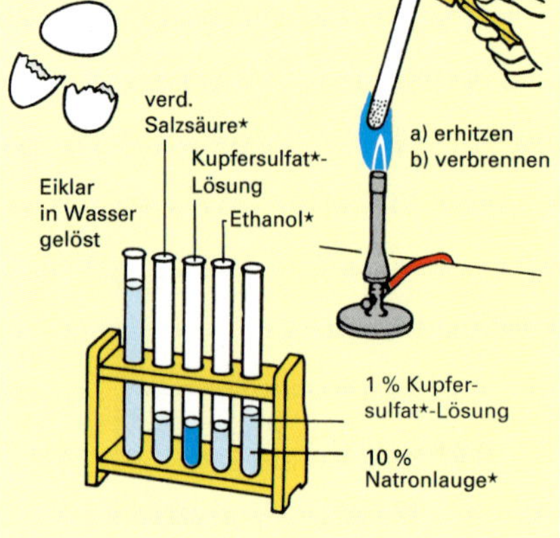

Die Tücken des Zuckers

Meist verrät sich Zucker in Nahrungsmitteln am süßen Geschmack, so daß man ihn bewußt und damit kontrolliert und in Maßen aufnehmen könnte. Er schleicht sich aber auch versteckt ein: mit Tomatenmark, Gewürzgurken oder Würstchen. Unabhängig, ob bemerkt oder unbemerkt aufgenommen, kann ein Übermaß an Zucker einerseits zu Übergewicht, andererseits zu der gefürchteten Karies, der Zahnfäule, führen. Sie wird durch Bakterien im Zahnbelag ausgelöst, die Kohlenhydrate, und hier besonders Zucker, zu Säuren abbauen. Diese entkalken den harten Zahnschmelz und verursachen schließlich ein Loch im Zahn.

Fleisch und doch kein Fleisch: Tofu

Strenge Vegetarier lehnen nicht nur Fleisch und Fisch, sondern auch Eier und Milchprodukte strikt ab. Damit der Körper aber nicht unter Eiweißmangel leidet (Bild 3), müssen Vegetarier auf pflanzliche „Ersatz"-Eiweiße ausweichen. Als hochwertiger Eiweißlieferant wird die Sojabohne angebaut. Man bereitet aus ihr den seit über 2000 Jahren in Ostasien bekannten (und jetzt auch bei uns erhältlichen) Tofu zu. Tofu ist vitaminreich, enthält wenig Fett und bietet alle lebenswichtigen Aminosäuren. Selbst mit einer pikanten Soße gereicht, schmeckt er nur „fleischähnlich", aber er ersetzt – was die Eiweißzufuhr betrifft – alle Fleischarten vollwertig.

Fragen und Aufgaben

A 148.1 Verdünne ca. 1 ml Stärkekleister mit 250 ml Wasser. Laß im dunklen Raum Taschenlampenlicht durch die Lösung fallen. Vergleiche mit einer Zuckerlösung (Abb. 2).

A 148.2 Bluteiweiß gerinnt bei 42 °C. Was bedeutet dies für fiebrige Krankheiten?

A 148.3 Trinkwasser aus Kupferleitungen ist für die Zubereitung von Babynahrung gefährlich. So sind Säuglinge, die kupferionenhaltige Nahrung bekamen, erkrankt bzw. gestorben.

Überlege, welche Wirkung Kupfer-Ionen auf Eiweiße haben (siehe V 148.3).

Versuch:	V 149.1
Geräte:	7 RG, RG-Ständer, 6 Stopfen, RG-Halter, Brenner
Chemikalien/ Stoffe:	Universalindikatorpapier, Rest s. Abb.

Durchführung: 1. Zerdrücke etwas Aceton auf einem Tischtennisball mit einem zweiten Ball. Warte kurz und überprüfe die Festigkeit. **2.** Erhitze (Abzug!) PVC im RG. Halte feuchtes Indikatorpapier in die Zersetzungsgase. **3.** Fülle 6 RG mit den angegebenen Flüssigkeiten 2 cm hoch. Gib je eine Probe Kunststoff (z. B. PVC) hinzu, verschließe die RG und schüttle. Notiere das Verhalten jetzt und nach einer Woche.

Versuch:	V 149.2
Geräte:	Blechdose, Glasstab, 2 Schälchen, Brenner, Dreifuß, Drahtnetz
Chemikalien/ Stoffe:	Nylon-Gewebe, Perlon-Schnur

Durchführung: Erhitze (langsam!) Nylon-Gewebe in einer Blechdose, bis sich das Gewebe verflüssigt. Versuche, mit dem Glasstab einen Faden zu ziehen.
Wiederhole den Versuch mit Perlon-Schnur.

Versuch:	V 149.3
Geräte:	Metallform (Tee-Ei oder Blechdose mit Deckel), Schälchen, Becherglas, Tiegelzange, Brenner, Dreifuß, Drahtnetz
Chemikalien/ Stoffe:	4 g Polystyrol (Styropor P), Kupfernetz, Fett

Durchführung: Erhitze Wasser im BG. Lege das Kupferdrahtnetz über das BG, so daß das Styropor P im Wasserdampf quellen kann. Fülle das vorgeschäumte Styropor in die ausgefettete Metallform, verschließe sie fest (!) und laß sie 10 Min. in Wasser kochen. Kühle unter fließendem Wasser und öffne die Form.

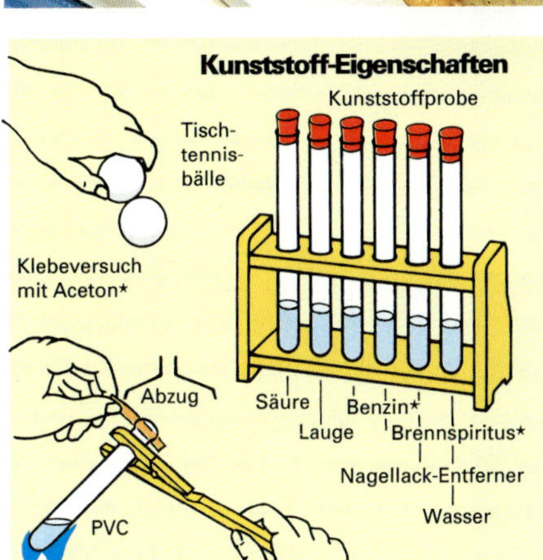

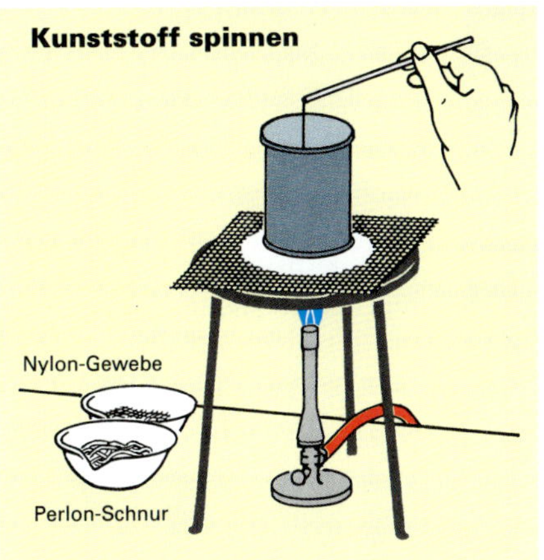

Wohin mit den Schrott-Autos?

Bisher ist ein nach Werkstoff getrenntes Recycling unrentabel. Deshalb werden Autos in Shredderanlagen in so kleine Stücke zerschlagen, bis diese durch einen Rost auf ein Fließband fallen. Darüber hängende Elektromagnete ziehen die Eisenteile an; die leichten Teile blasen Ventilatoren weg. Der Rest landet in einem Wasserbecken, wo die Nichteisenmetalle, wie Kupfer, auf den Boden sinken; die Kunststoffe schwimmen auf dem Wasser. Während das Kupfer eingeschmolzen wird, wandern Kunststoffe, Holz und andere Materialien (25 %) immer noch auf die Deponie.

Kunststoffe – zu schade für den Müll

Wer Kunststoffe in den Müll gibt, beansprucht Deponie-Volumen und vergeudet nutzbaren Kunststoff oder kostbare Energie. Das Problem: Die einzelnen Kunststoffe unterscheiden sich im Molekülbau und Schmelzpunkt; während der eine gerade schmilzt, hat sich der andere längst zersetzt. Deshalb kann man nur Kunststoffe recyceln, die sortenrein gesammelt wurden. Hierfür erhalten die Kunststoffe einen Code, z. B. PE für Polyethylen. Mit jedem Recycling-Prozeß verliert der Kunststoff allerdings an Qualität. Schließlich läßt er sich nur noch verbrennen (Heizwert höher als Erdöl), bevor er als Häuflein Asche sachgerecht entsorgt wird.

Fragen und Aufgaben

A 149.1 Vergleiche tabellarisch Vor- und Nachteile der Kunststoffeigenschaften.

A 149.2 Der Kunststoffanteil im Müll beträgt 7 Gewichts-%, aber 11 Volumen-%. Begründe, auf welche Kunststoffgegenstände man am ehesten verzichten kann bzw. auf welche umweltverträglichen Auswege man „umsteigen" kann.

A 149.3 Bei der Müllverbrennung gibt es Probleme: Die in einigen Kunststoffen eingelagerten Glas- oder Kohlenstoff-Fasern können die Filter der Abgasreinigungsanlagen verstopfen. Dann gibt es Gefahren, die von der PVC-Verbrennung ausgehen – welche? (V 149.1)

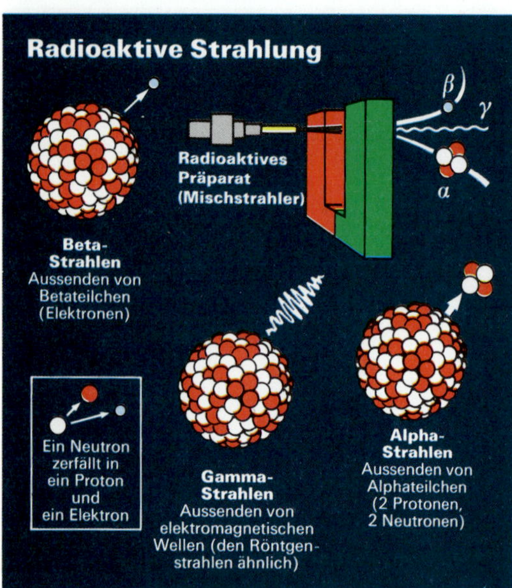

150.1 Alpha- und Betastrahlen werden in einem magnetischen Feld in entgegengesetzte Richtungen abgelenkt

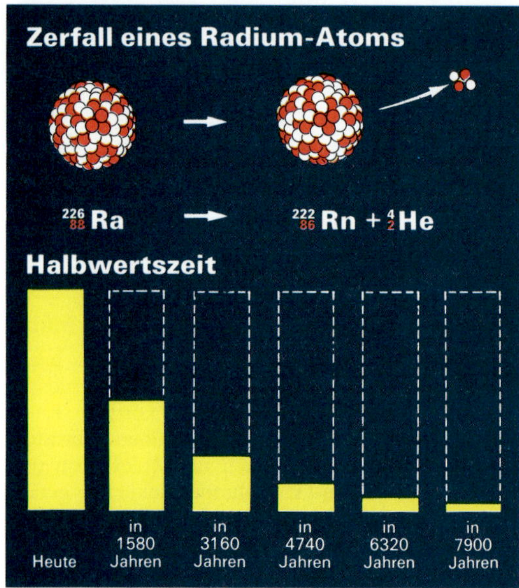

150.2 Die Halbwertszeit (HWZ) ist die Zeit, in der die Hälfte der Atomkerne eines radioaktiven Stoffes zerfällt

48.1 Atomkerne lassen sich spalten

Die radioaktive Strahlung: 1896 entdeckte der Physiker BECQUEREL eine vom Uranerz ausgehende, unsichtbare Strahlung. MARIE CURIE nannte diese Strahlung „radioaktiv". Zusammen mit ihrem Mann isolierte sie zwei weitere radioaktive Elemente (Po, Ra). RUTHERFORD gelang es 1911, die radioaktive Strahlung im Magnetfeld zu zerlegen (**Abb. 150.1**). Dabei stellte er fest, daß die abgelenkte α-Strahlung eine Teilchenstrahlung ist. Die positiven α-Teilchen entsprechen in ihrem Aufbau den Helium-Atomkernen ($^{4}_{2}$He). Die negative β-**Strahlung** wird in die entgegengesetzte Richtung abgelenkt. Hier sind es Elektronen, die im Atomkern radioaktiver Stoffe durch den Zerfall von Neutronen (in Protonen und Elektronen) frei werden. Die γ-**Strahlung**, mit energiereicher Röntgenstrahlung vergleichbar, wird im Magnetfeld nicht abgelenkt.

Dringt radioaktive Strahlung in lebende Zellen ein, verändert sie darin die Atome chemischer Verbindungen: Aus den Atomhüllen werden Elektronen herausgeschlagen, so daß Ionen entstehen (**Ionisation**). Als Folge stellen sich − oft erst nach Monaten oder Jahren − schwere Stoffwechselstörungen ein. Wird der Zellkern getroffen, stirbt die Zelle ab oder beginnt zu wuchern (Krebs). In Keimzellen wird die Erbinformation verändert; Mißbildungen zeigen sich bei den Nachkommen. Die radioaktive Strahlung ist **gefährlich** und muß **abgeschirmt** werden. Bei der α-Strahlung genügt hierzu dickes Papier. Die β-Strahlung wird von einer 0,5 mm dicken Aluminium-Platte zurückgehalten. Vor der γ-Strahlung schützen nur 20 cm dicke Blei-Platten oder 100 cm dicke Betonwände.

Der Atomzerfall. Der neutronenreiche (instabile) Radium-Kern zerfällt in einen Radon-Kern und einen Helium-Kern (α-Teilchen): Ra (226 u) $\longrightarrow$ Rn (222 u) + He (4 u), **Abb. 150.2**. Die Zerfallsgeschwindigkeit radioaktiver Elemente wird als **Halbwertszeit (HWZ)** angegeben. In dieser Zeitspanne verliert ein radioaktiver Stoff die Hälfte seiner Masse durch Zerfall. Die Halbwertszeit ist für ein Element charakteristisch und nicht beeinflußbar. Für das Uran-Isotop 238 beträgt sie 4,5 Milliarden Jahre, für Radium 214 jedoch nur 0,00155 Sekunden. Die Massenabnahme des Radium-Isotops 226 veranschaulicht Abb. 150.2.

Die Kernspaltung. 1938 gelang HAHN, STRASSMANN und indirekt auch LISE MEITNER ein folgenreiches Experiment: Sie beschossen Uran mit langsamen Neutronen (Geschwindigkeit unter 2 km/s). Dabei zerplatzten die Uran-Kerne des Isotops U 235. Als Reaktionsprodukte konnten die Elemente Krypton und Barium nachgewiesen werden. Die Summe ihrer Atommassen entsprach fast der Masse des Uran-Kerns. Außerdem wurden bei jeder Uran-Kernspaltung enorme Energiemengen und zwei bis drei schnelle Neutronen (10 000 km/s) freigesetzt (**Abb. 150.3**).

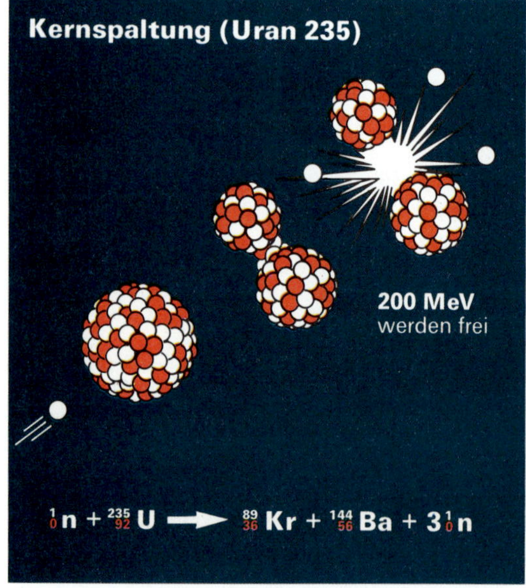

150.3 Ein Neutron spaltet einen U 235-Kern: Energie, Neutronen und 2 Spaltkerne werden frei

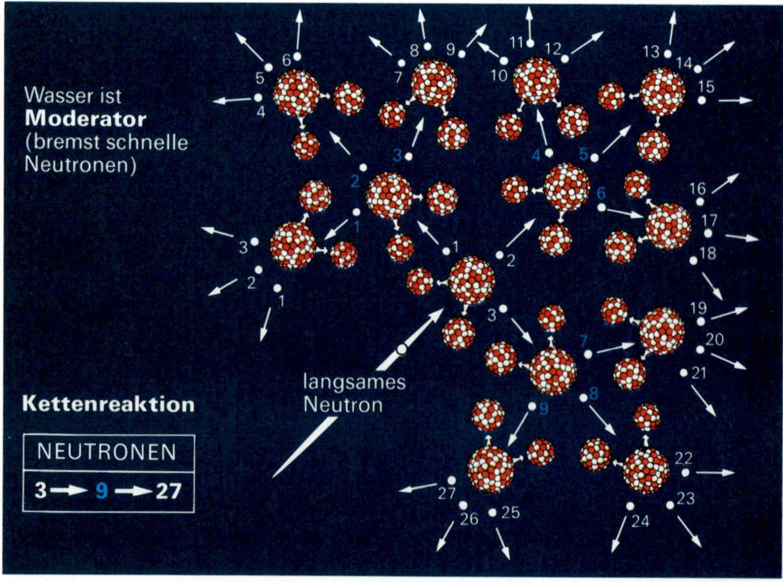

150.4 Eine U 235-Kernspaltung setzt 3 Neutronen frei, die 3 weitere Kerne spalten; die nächsten 9 Neutronen spalten 9 Kerne usw.

48.2 Energie-Gewinnung durch Kernspaltung

Die Kettenreaktion. Nur langsame Neutronen spalten die Kerne des Uranisotops 235. Werden die bei einer Kernspaltung abgegebenen schnellen Neutronen durch einen **Moderator** (z. B. Wasser) in ihrer Geschwindigkeit gebremst, können sie weitere Urankerne spalten. So werden in einer Spaltserie nacheinander 3, 9, 27, 81, 243, 729, 2187 usw. Neutronen freigesetzt. Lawinenartig kommt eine Kettenreaktion in Gang. Dabei werden ungeheure Energiemengen frei **(Abb. 150.4)**.

Uran-Anreicherung. Uranerze sind metallarm. Ihr Abbau lohnt sich deshalb bereits bei einem Uranoxid-Gehalt von 0,1 %. Um das Schwermetall zu gewinnen, wird es mit Schwefelsäure aus dem Gestein herausgelöst und − nach aufwendigen Umsetzungen − mit Ammoniak als uranreiches, gelbes Pulver („yellow cake") ausgefällt **(Abb. 151.1)**. Da natürliches Uran aber zu **99,3 %** aus dem nicht spaltbaren Isotop U 238 und nur zu **0,7 %** aus dem spaltbaren Isotop U 235 besteht, reichert man das U 235 in einem besonderen Verfahren auf etwa 3 % an.

Die kontrollierte Kettenreaktion im Kernkraftwerk KKW. In Kernkraftwerken wird die lawinenartig anwachsende Kettenreaktion verlangsamt; man spricht deshalb von einer „kontrollierten" Kettenreaktion. Die dabei freiwerdende Energie wird in elektrische umgewandelt und diese in das Stromnetz eingespeist **(Abb. 151.3)**.

Ein Kernkraftwerk wird heute meist als **Druckwasserreaktor** gebaut **(Abb. 151.4)**. In einem Reaktor befinden sich die zu Brennelementen gebündelten **Heizstäbe**. Sie enthalten nur schwach angereichertes (3%) Uran 235. Durch Kernspaltungen freigewordene Wärme wird vom **Wasser** aufgenommen. Seine Temperatur erhöht sich dabei auf 350 °C, der Wasserdruck steigt auf 15 MPa (deshalb: Druckwasserreaktor). Gleichzeitig wirkt das Wasser als Moderator, da es schnelle Neutronen verlangsamt. Zwischen den Heizstäben sind **Regelstäbe** aus Cadmium oder Bor angeordnet. Die Regelstäbe fangen Neutronen ein. Je tiefer man diese Stäbe zwischen die Heizstäbe schiebt, desto mehr Neutronen „verschlucken" sie: die Zahl der Kernspaltungen geht zurück. So läßt sich der Reaktor regeln bzw. ganz abschalten.

Das erhitzte Moderatorwasser gibt seine Wärme im **Wärmetauscher** ab und strömt dann zur erneuten Wärmeaufnahme zu den Heizstäben zurück. Der vom Wärmetauscher erzeugte Heißdampf treibt die **Turbine** an, auf deren Achse sich der **Generator** mitdreht. Den Turbinen-Abdampf kühlt man mit Flußwasser zu Kondenswasser und pumpt es zum Wärmetauscher zurück. Die Trennung der beiden Wasserkreisläufe erhöht die Sicherheit. Selbst bei einem Leck wird dadurch die Gefahr, daß radioaktives Wasser in die Umwelt gelangt, niedrig gehalten.

151.1 Aus dem Erz wird Uran mit H_2SO_4 gelöst und nach weiteren Behandlungsstufen mit Ammoniak als gelbes Pulver ausgefällt

151.2 Wird Kernenergie in kürzester Zeit durch eine „unkontrollierte" Reaktion frei, gibt es eine Explosion unvorstellbarer Größe

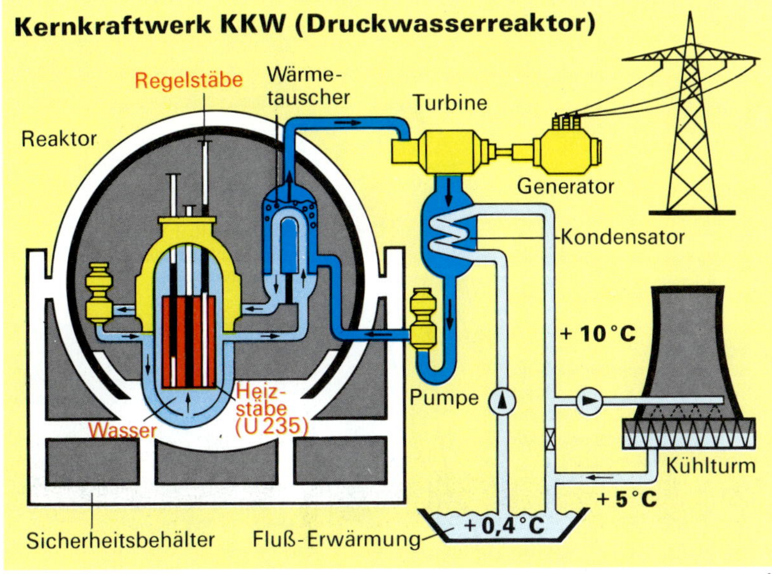

151.4 Die „kontrollierte" Kettenreaktion im KKW setzt Wärmeenergie frei, die (über erhitztes Wasser) in elektrische umgewandelt wird

151.3 Kernkraftwerk (Druckwasserreaktor) mit einer Leistung von 1300 Megawatt

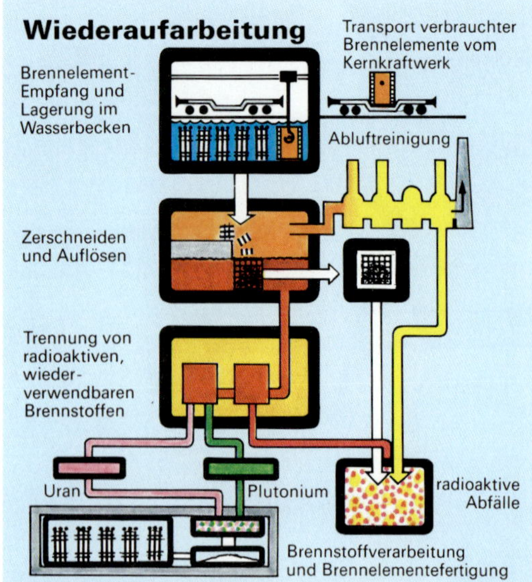

152.1 Ungenutztes U und spaltbares Pu werden aus verbrauchten Brennelementen abgetrennt und wiederverwertet

152.2 Mittelaktiver Müll im Salzstock Asse. Hochaktiver Müll wartet vielerorts noch immer auf strahlungssichere Endlager

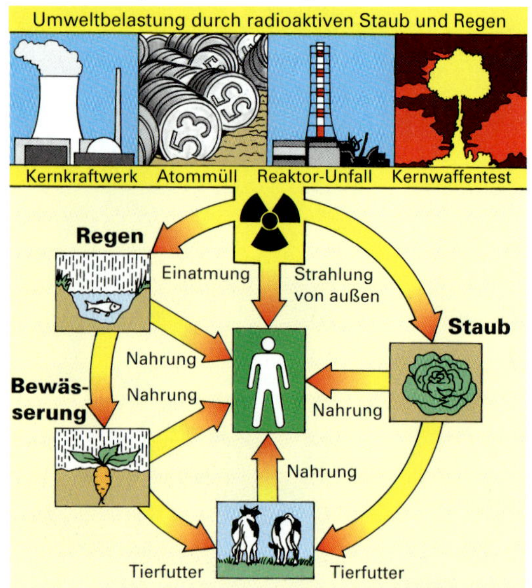

152.3 Auf vielen Wegen können radioaktiv strahlende Stoffe in den Menschen gelangen

Reaktorsicherheit. Ein KKW muß so konstruiert sein, daß selbst bei dem **g**rößten **a**nzunehmenden **U**nfall **(GAU)** keine Radioaktivität in die Umwelt gelangen kann. Für Sicherheit sollen sorgen: der Druckbehälter (Gewicht über 500 t), die gasdichte Stahlkugel, eine 2 m dicke Stahlbetonkuppel (soll Flugzeugabsturz überstehen), Unterdruck im Reaktorgebäude (bei einem Leck darf keine Luft entweichen) und Filtersysteme.

Unter **Entsorgung** eines Kernkraftwerkes versteht man die **Wiederaufbereitung** der verbrauchten Brennelemente und die **Endlagerung** des radioaktiven Abfalls **(Abb. 152.2)**. Wiederverwertbare Uran- und Plutonium-Reste werden von den nicht mehr verwertbaren radioaktiven Abfällen (Atommüll) abgetrennt und erneut der Brennelement-Fertigung zugeführt **(Abb. 152.1)**. Den schwach radioaktiven Abfall kann man direkt in Stahlfässer einschließen (Flüssigkeiten werden zuvor eingedampft). Mittelstark strahlender Müll wird zusammen mit Beton in Fässer gefüllt. Hochaktiven Abfall schmilzt man in kleine Glaskugeln ein. Aber: Ungelöste Fragen der Entsorgung hochradioaktiver Brennstäbe (Transporte auf öffentlichen Straßen? Exporte ins Ausland?), **Reaktorunfälle** (von Harrisburg mit Teilschmelze des Reaktorkerns, GAU von Tschernobyl) und Vertuschungen von Störfällen veranlassen immer mehr Menschen, gegen die Nutzung der Kernenergie zu stimmen.

Die unkontrollierte Kettenreaktion in Kernwaffen. Eine Kettenreaktion kann nur ablaufen, wenn eine Mindestmenge (kritische Masse) an spaltbarem Material vorhanden ist. Andernfalls entweichen zu viele Neutronen, ohne auf Atomkerne zu treffen und diese zu spalten. In der **Atombombe** Abb. 151.2 ist das zu 90 % hoch angereicherte Uran 235 innerhalb einer Sprengstoffhülle auf zwei Halbkugeln verteilt. Jede stellt für sich eine **unterkritische Masse** dar. Bei der Zündung des Sprengstoffs werden die Halbkugeln zu einer **überkritischen Masse** zusammengedrückt. Jetzt löst ein Neutron (z. B. aus der kosmischen Strahlung) die Kettenreaktion aus. Der Tamper, ein Bombenkernmantel aus schwerem Metall, hindert das Uran daran, vorzeitig zu verdampfen. In Sekundenbruchteilen detoniert die Bombe. (Eine **Neutronenbombe** gibt eine besonders starke, lebensvernichtende Neutronenstrahlung ab.)

Bomben-Detonation und Fallout. Im Explosionszentrum einer 20-Megatonnen-Bombe (Sprengkraft entspricht 20 Mio. Tonnen TNT-Sprengstoff) verdampft die Materie zu einem riesigen, glühenden Gasball. Die Temperaturen erreichen 20 Millionen °C. Tödliche γ- und Neutronenstrahlung breiten sich aus. Eine gewaltige Druck- und Sogwelle bringt Häuser zum Einsturz, Wälder gehen in Flammen auf. Radioaktiver Staub wird bis in die Stratosphäre gerissen. Als radioaktiver Niederschlag (Fallout) kann er riesige Gebiete verseuchen **(Abb. 153.1)**. Lokaler Fallout (bis zu 400 km) verursacht eine hohe örtliche Strahlung **(Abb. 153.2)**.

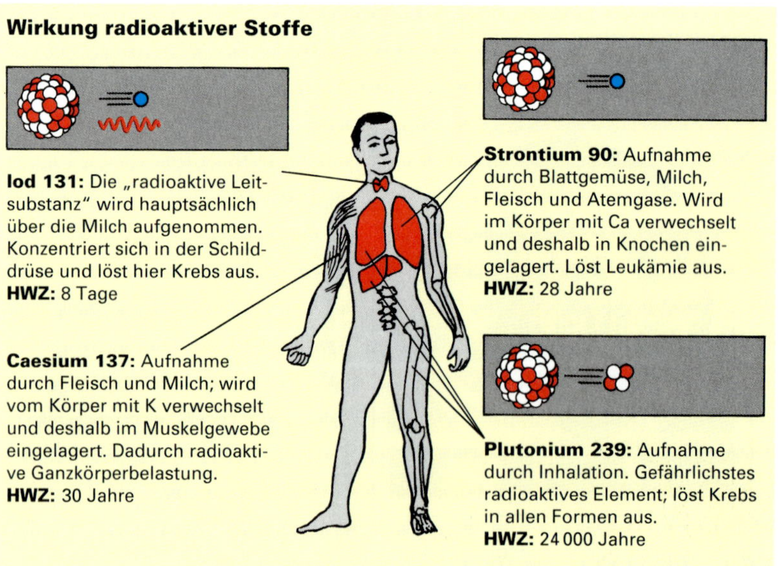

152.4 Die radioaktiven Elemente konzentrieren sich in verschiedenen Organen. Ihre Gefährlichkeit hängt von der Menge, Art und HWZ ab

Der **troposphärische Fallout** wirkt noch 4 000 km weit. **Globaler Fallout** mit dem radioaktiven Caesium 137 und Strontium 90 läßt sich weltweit noch nach Monaten oder Jahren nachweisen.

Gesundheitsrisiken durch radioaktive Strahlung. Mit der Emission aus Kernkraftwerken und Wiederaufbereitungsanlagen, von Atombombentests und Reaktorunfällen steigt die Strahlenbelastung der Erdbevölkerung **(Abb. 152.3)**. Kurz nach dem Reaktorunfall in Tschernobyl 1986 erhöhte sich bei uns die **Radioaktivität**. In der Milch stieg die für Iod angegebene Aktivität pro Liter von 1 Becquerel auf 800 Bq, d. h. in jedem Liter Milch zerfielen mehr als 800 Atome bei gleichzeitiger α- und β-Strahlung:

$$^{131}_{53}\text{Iod} \xrightarrow[\text{HWZ: 8 Tage}]{\beta^-,\, \gamma} \,^{131}_{54}\text{Xenon (stabil)}$$

Radioaktive Strahlung ist für Menschen immer gefährlich. Darüber dürfen auch sogenannte **Grenzwerte** nicht hinwegtäuschen. Um die Gefährlichkeit der Strahlen für Menschen richtig einzuschätzen, genügen die Bq-Angaben nicht. Man muß außerdem wissen, daß die von einem radioaktiven Stoff ausgehende Strahlung auf die durchstrahlte Materie **Energie** überträgt (und dabei Atome in Ionen verwandelt). Bildet man nun den Quotienten aus aufgenommener Energie und Masse, ergibt sich die **Energiedosis**; diese hat die Einheit **1 Gy** (Gray) = 1 J • kg^{-1} **(Abb. 153.4)**.

Bei der Wirkung radioaktiver Strahlung auf Körperzellen kommt es nicht nur auf die Energiedosis, sondern auch auf die **Strahlungsart** an. Trifft eine Energiedosis von 1 Gy auf Mensch oder Tier, ist ihre biologische Wirkung bei α-Strahlung bis zu 20 x so groß wie bei β- oder γ-Strahlung. Demnach ist ein Gy, verursacht durch α-Strahlung, vergleichbar (äquivalent) mit 20 Gy, verursacht durch β- und γ-Strahlung, Abb. 153.4. Die Zahl 20 ist der sogenannte **Bewertungsfaktor BWF**. Mit ihm läßt sich die biologische Wirksamkeit berechnen. Hierbei wird die Energiedosis mit dem BWF multipliziert; so erhält man die **Äquivalentdosis**. Sie berücksichtigt die unterschiedliche Gefährlichkeit der Strahlungsarten ebenso wie das bestrahlte Körpervolumen. Als Einheit der Äquivalentdosis wurde **1 Sv** (Sievert) festgelegt: 1 Sv = 1 J • kg^{-1}. Die Wirkung einiger radioaktiver Stoffe auf einzelne Organe im Menschen zeigt **Abb. 152.4**.

Nuklearmedizin. In der Medizin wird radioaktive Strahlung gezielt eingesetzt, um Krebszellen zu zerstören. Kurzlebige radioaktive Isotope helfen in der Diagnostik (Krankheitserkennung). So wird verabreichtes Iod (oder neuerdings das noch „sanftere" Technetium, Halbwertszeit 6 Std.) in der Schilddrüse angereichert. Die aufgezeichnete Strahlungsintensität ergibt ein Bild (Szintigramm), das Rückschlüsse auf den Gesundheitszustand der Drüse erlaubt **(Abb. 153.3)**.

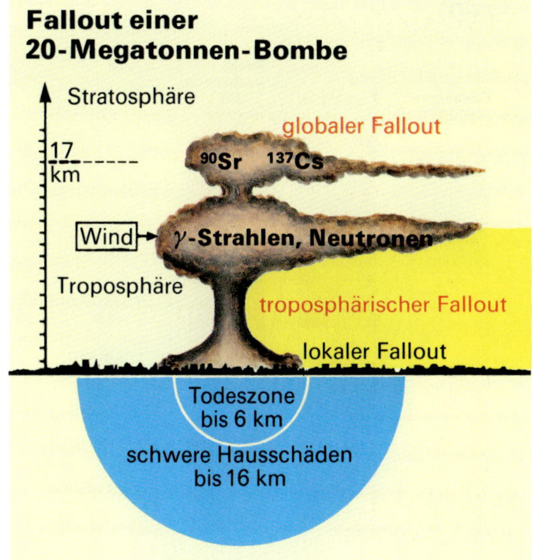

153.1 Unter Fallout versteht man radioaktive Bestandteile, die nach einer Atombombenexplosion zur Erde sinken

153.2 Die durch Kernwaffen-Tests verseuchte Südsee-Insel kann nur noch mit Schutzanzügen betreten werden

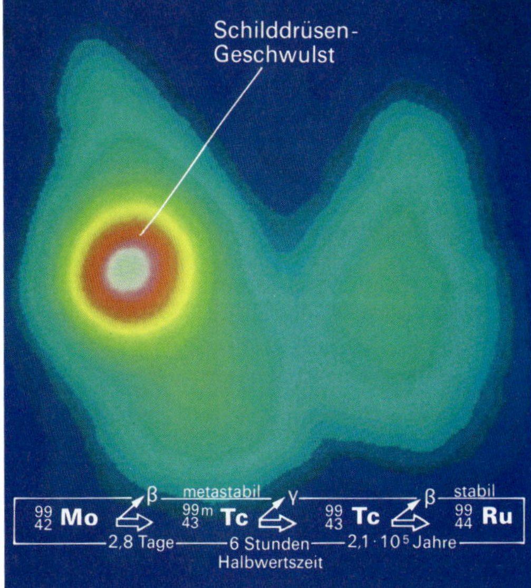

153.3 Ein Szintigramm der mit radioaktivem Technetium angereicherten Drüsenlappen

Becquerel (Bq) Einheit der **Aktivität**	Gray (Gy) Einheit der **Energiedosis**	Sievert (Sv) Einheit der **Äquivalentdosis**
ausgedrückt durch die **Anzahl** der **Kernzerfälle** in einem bestimmten **Zeitraum**:	ausgedrückt durch die **Strahlungs-Energie**, die **1 kg Masse** aufnimmt:	ausgedrückt durch die **Energiedosis** mal **Bewertungsfaktor**: für β- und γ-Strahlung BWF 1, für α-Strahlung BWF 20.
$1\,\text{Bq} = \dfrac{1\,\text{Kernzerfall}}{1\,\text{Sek.}}$	$1\,\text{Gy} = 1\,\dfrac{\text{Joule}}{\text{kg}}$	$1\,\dfrac{\text{J}}{\text{kg}} \cdot 20 = 20\,\text{Sv}$
Kernzerfall	Strahlungsenergie-Aufnahme 1 kg	Wirkung von 1 Gy•BWF auf Lebewesen

153.4 Mit Becquerel kann man die Menge, mit Gray die Strahlungsenergie, mit Sievert jedoch die Schädlichkeit der Strahlung auf den Menschen angeben

Erdöl

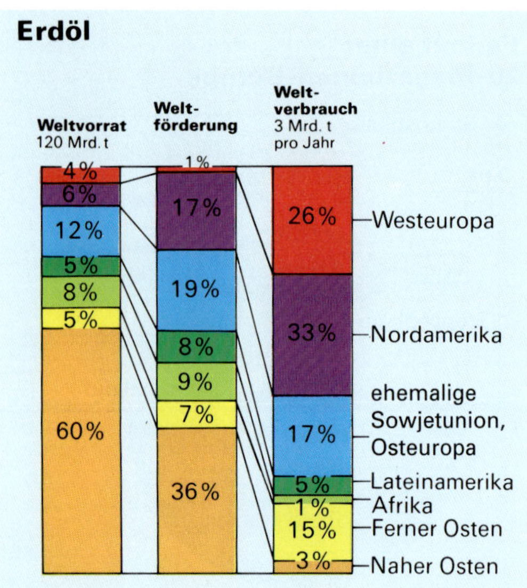

154.2 Westeuropa ist am Erdöl-Weltvorrat zu 4%, an der Weltförderung zu 1% beteiligt. Sein Verbrauch beträgt jedoch 26%

154.3 Das Erdöl wird überland – oft viele hundert Kilometer – durch Pipelines zu den Raffinerien gepumpt

154.4 Die Bundesrepublik Deutschland ist auf die Einfuhr von Rohstoffen angewiesen

Erdöl-Transportwege

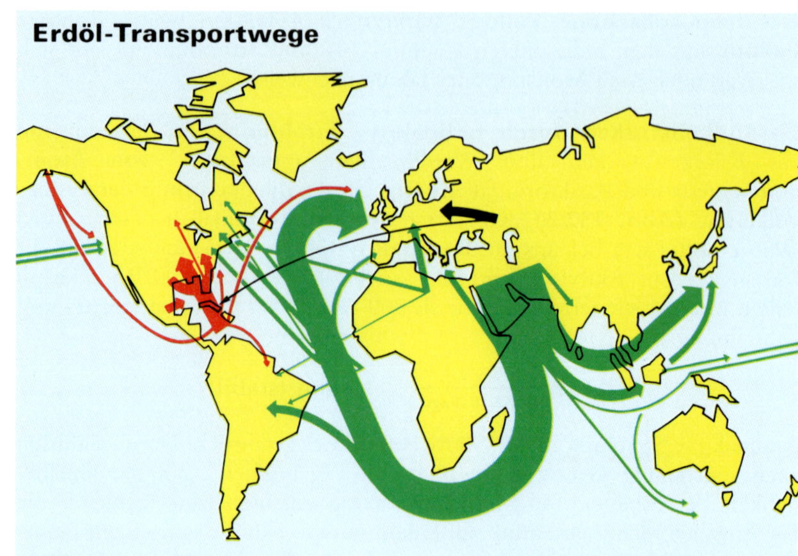

154.1 Erdöl gehört zu den wichtigsten Energieträgern und Rohstoffen. Es wird durch Pipelines geleitet und mit Tankschiffen transportiert

Aus wenigen Rohstoffen stellt die chemische Industrie ein breites Sortiment der verschiedensten Produkte her. Das **Erdöl** nimmt als Rohstoff und Energielieferant eine Schlüsselstellung ein **(Abb. 154.2)**. Durch Pipelines gepumpt **(Abb. 154.3)** oder auf dem Seeweg **(Abb. 154.1)** gelangt es zu den Verbraucherländern.

Raffinerien zerlegen das Erdöl in die Fraktionen Kraftstoffe, Heiz- und Schmieröle. In benachbarten **petrochemischen Anlagen** werden Kohlenwasserstoffe zu ungesättigten oder aromatischen **Zwischenprodukten** umgewandelt. Diese verarbeitet man weiter zu waschaktiven Substanzen, Kunststoffen, Synthesefasern usw. **(Abb. 154.5)**. Schwefel, der in den Raffinerien anfällt, wird durch Rohrleitungen zu Schwefelsäure-Fabriken gepumpt. Die dort produzierte Schwefelsäure nutzt man – wieder an anderer Stelle – zum Aufschluß von Rohphosphaten. Dabei fallen Phosphat-Dünger und Phosphorsäure an (Abb. 89.1).

Viele Synthesen der organischen Chemie benötigen **Chlor**; so auch die PVC (= Polyvinylchlorid)-Synthese. Chlor liefert die **Chloralkali-Elektrolyse (Abb. 155.2)**. Gleichzeitig wird dabei auch Wasserstoff (und Natronlauge) freigesetzt. In einem Reaktor reagiert dieser Wasserstoff mit Luftstickstoff zu Ammoniak. Aus Ammoniak schließlich stellt man Salpetersäure und Stickstoff-Dünger her.

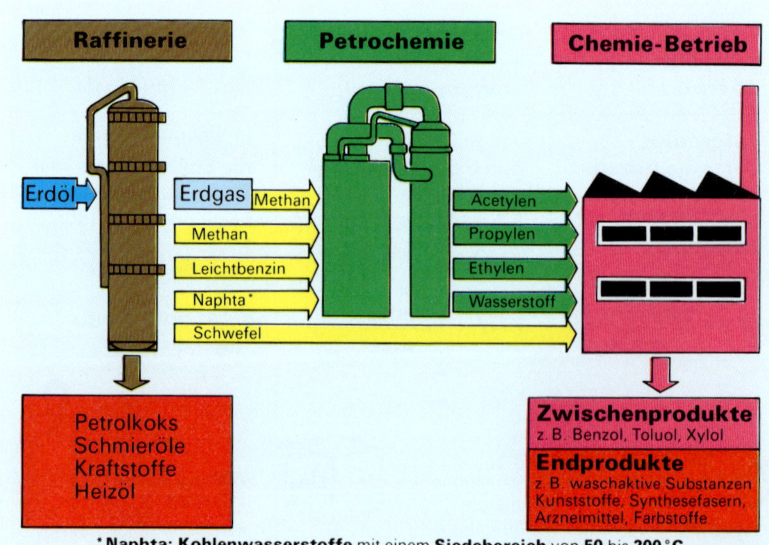

154.5 Nur ca. 10% des in der Welt geförderten Erdöls und Erdgases werden in der Industrie zu Nutzprodukten verarbeitet

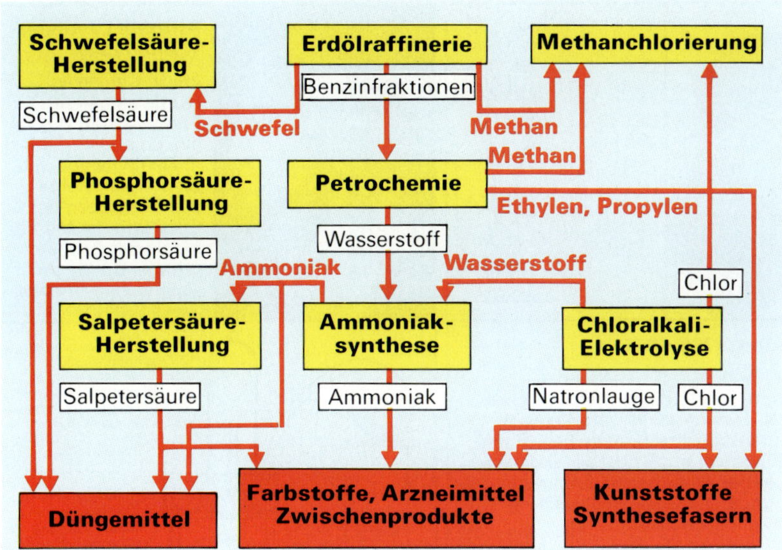

155.1 Voneinander abhängige Industriebetriebe produzieren kostengünstig, wenn sie zusammengelegt werden

Der Zusammenschluß einzelner Produktionsbetriebe zu einem **großen Verbund** erspart teure und zum Teil gefährliche Transporte. Zudem entfällt eine kostspielige Lagerhaltung, da die Zwischenprodukte gleich weiterverarbeitet werden können **(Abb. 155.1)**.

Der Verbund bietet auch **energiewirtschaftliche Vorteile**. So kann die freiwerdende Wärme einer **exothermen** Reaktion bei einem **endothermen** Vorgang eingesetzt werden:

Die Ammoniak-Synthese zum Beispiel verläuft exotherm. Die Wärmeenergie wird im Kühler (siehe Abb. 79.4) abgegeben und zur Erzeugung von Wasserdampf genutzt, der Turbinen antreibt. Diese sind mit Generatoren gekoppelt. Jetzt steht elektrische Energie zur Verfügung. Diese wird bei der endotherm verlaufenden Chloralkali-Elektrolyse benötigt, um aus einer wäßrigen Natriumchlorid-Lösung Chlor, Wasserstoff und Natronlauge zu gewinnen.

Als **rohstoffarmes Land** ist die Bundesrepublik Deutschland darauf angewiesen, Rohstoffe einzuführen und zu veredeln **(Abb. 154.4)**. Die hochwertigen **Veredlungsprodukte** wie Kunststoffe, Medikamente, Düngemittel usw. werden in alle Welt **exportiert**. Mit den hierdurch erzielten Einnahmen können **fehlende Güter** wie Nahrungsmittel, Erze, Heiz- und Treibstoffe **importiert** werden **(Abb. 155.3)**.

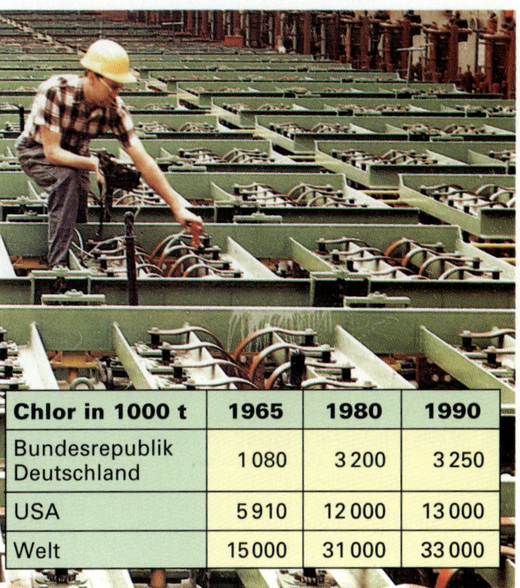

Chlor in 1000 t	1965	1980	1990
Bundesrepublik Deutschland	1 080	3 200	3 250
USA	5 910	12 000	13 000
Welt	15 000	31 000	33 000

155.2 Chloralkali-Elektrolyse. Für Länder, die Veredlungsprodukte herstellen, ist der Chlor-Bedarf Leistungsmesser

Internationale Abhängigkeit beim Import von Erzen

155.3 Länder, die nur über wenige eigene Erzvorkommen verfügen, sind auf Erzimporte angewiesen

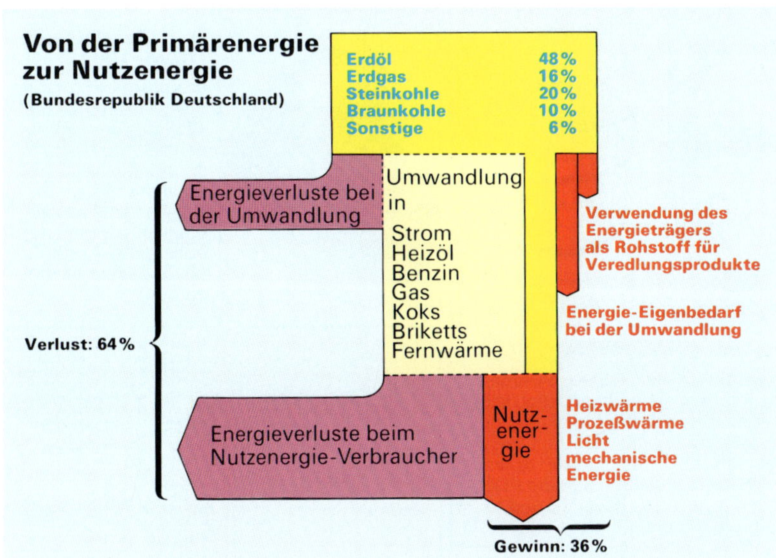

155.5 Energie-Einsparung bedeutet Umweltschutz (geschonte Rohstoffe, weniger Schadgase). 1980 betrug der Energieverlust noch 64 %

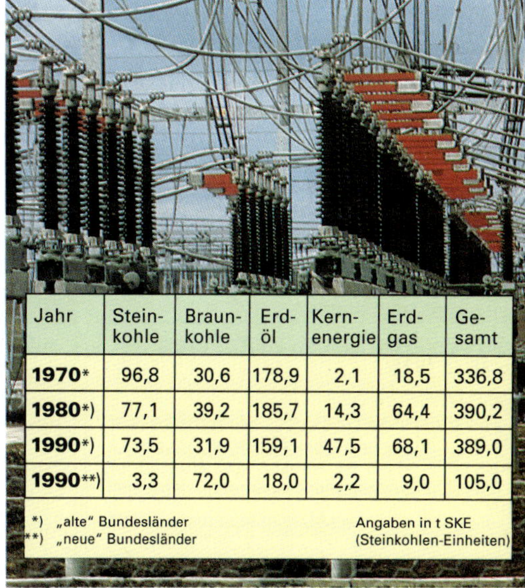

Jahr	Stein-kohle	Braun-kohle	Erd-öl	Kern-energie	Erd-gas	Ge-samt
1970*	96,8	30,6	178,9	2,1	18,5	336,8
1980*)	77,1	39,2	185,7	14,3	64,4	390,2
1990*)	73,5	31,9	159,1	47,5	68,1	389,0
1990)**	3,3	72,0	18,0	2,2	9,0	105,0

*) „alte" Bundesländer
**) „neue" Bundesländer
Angaben in t SKE (Steinkohlen-Einheiten)

155.4 Der Energiebedarf in der Bundesrepublik Deutschland ging seit 1980 zurück

Amadeo Avogadro (1776–1856)

Professor für Physik in Turin. Arbeitete über das Verhalten der Gase und Dämpfe. Mit Hilfe des Satzes von Avogadro wurden zahlreiche Atom- und Molekülmassen gasiger Stoffe bestimmt

Satz von AVOGADRO:

«Volumi eguali di gas nelle stesse condizioni di temperatura e di pressione contengono lo stesso nùmero di molecole»

Gleiche Volumina von Gasen enthalten bei gleicher Temperatur und gleichem Druck die gleiche Anzahl Moleküle

John Dalton (1766–1844)

Sohn eines Webers in Cumberland. Ab 12 Jahren (!) betätigte er sich als Lehrer, ab 1800 gab er nur noch Privatunterricht; daneben intensive Forschungsarbeit, Buch-veröffentlichungen und Vorträge. Erstmals Anwendung der Atomtheorie auf quantitative Untersuchungen zur Zusammensetzung der Stoffe; Atomgewichtstabellen

Antoine Lavoisier (1743–1794)

Franz. Chemiker, wurde hingerichtet. Führte Begriff «Oxid» ein, unterteilte Stoffe in Elemente und Verbindungen, stellte das Gesetz von der Erhaltung der Masse auf und ist Mitbegründer der wissenschaftlichen Chemie

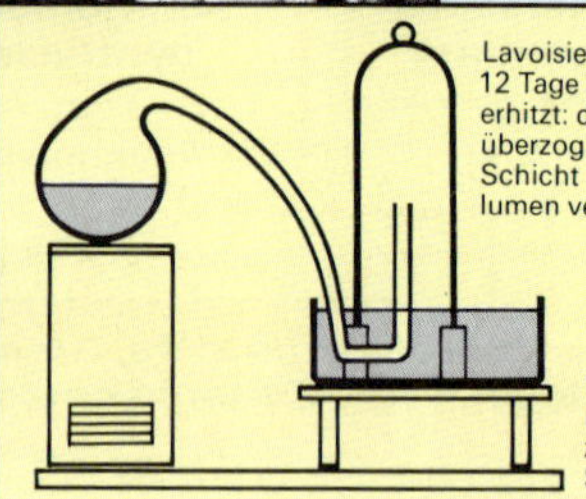

Jöns Jakob Berzelius (1779–1848)

Schwedischer Chemiker. Sehr vielseitiger Forscher. Er untersuchte die Mengenverhältnisse vieler Elemente und Verbindungen und stellte die erste brauchbare Tabelle der Atommassen auf. Er führte die heutige chemische Zeichensprache ein und entdeckte die Elemente Se, Si, Zr und Th

Abb. rechts: Mittelalterliche Alchemisten-küche

Friedrich Wöhler (1800–1882),

Professor der Chemie in Berlin und Göttingen. Entdecker vieler Stoffe und Reaktionsabläufe. Seine Harnstoffsynthese widerlegte die These, organische Stoffe ließen sich nicht synthetisch darstellen

Brief von WÖHLER an BERZELIUS am 28. 2. 1828

*Lieber Herr Professor!
… und muß Ihnen erzählen, daß ich Harnstoff machen kann, ohne dazu Nieren oder überhaupt ein Tier, sey es Mensch oder Hund nötig zu haben. Das cyansaure Ammoniak ist Harnstoff …*

$$NH_4OCN \xrightarrow{\text{Erhitzen}} O=C\begin{smallmatrix} NH_2 \\ NH_2 \end{smallmatrix}$$

Ammoniumcyanat (anorganische Verbindung) — Harnstoff (organische Verbindung)

Justus von Liebig (1803–1873)

wurde 1824 Professor der Chemie in Gießen und 1852 Ordinarius in München. Durch seine Arbeiten über die Struktur der Moleküle und die Verbesserung der organischen Analyse trug er wesentlich zum Fortschritt der organischen Chemie bei. Er erkannte, daß die Pflanzen dem Boden Nährsalze entziehen und führte deshalb die Mineraldüngung ein

D. I. Mendelejew (1834–1907)

Professor in St. Petersburg, veröffentlichte 1869 das erste Periodensystem, das dem heutigen sehr ähnelt. Er stellte Lücken im PSE fest und sagte Eigenschaften von noch unbekannten Elementen mit Erfolg voraus.

			Ti = 50	Zr = 90	? = 180
			V = 51	Nb = 94	Ta = 182
			Cr = 52	Mo = 96	W = 186
			Mn = 55	Rb = 104,4	Pr = 197,4
			Fe = 56	Ru = 104,4	Ir = 198
		Ni =	Co = 59	Pd = 106,6	Os = 199
H = 1			Cu = 63,4	Ag = 108	Hg = 200
	Be = 9,4	Mg = 24	Zn = 65,2	Cd = 112	
	B = 11	Al = 27,4	? = 68	Ur = 116	Au = 197?
	C = 12	Si = 28	? = 70	Sn = 118	
	N = 14	P = 31	As = 75	Sb = 122	Bi = 210?
	O = 16	S = 32	Se = 79,4	Te = 128?	
	F = 19	Cl = 35,5	Br = 80	I = 127	
Li = 7	Na = 23	K = 39	Rb = 85,4	Cs = 133	Tl = 204
		Ca = 40	Sr = 87,6	Ba = 137	Pb = 207
		? = 45	Ce = 92		
		?Er = 56	La = 94		
		?Yt = 60	Di = 95		
		?In = 75,6	Th = 118?		

Herrmann Staudinger (1881–1965)

Professor in Freiburg. Seine Forschung galt den Substanzen, deren Moleküle aus vielen tausend bis Millionen Atomen zusammengesetzt sind. Zielgerichtete Kunststoffsynthesen wurden hiernach möglich

STAUDINGERS Entdeckung, daß organische Naturstoffe aus Makromolekülen bestehen und sich aus Monomeren aufbauen, begründete das «Kunststoffzeitalter».

Makromolekül

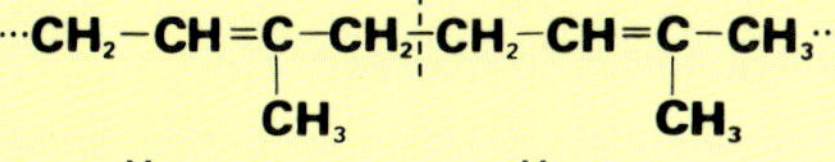

Marie Curie (1867–1934)

Geb. in Warschau, durfte als Mädchen in Polen damals nicht studieren (tat es aber heimlich). Ging mit 24 Jahren nach Paris, wo sie PIERRE CURIE heiratete. Beide entdeckten das Radium und Polonium und erarbeiteten die Grundlagen der Radioaktivität. Sie erhielten 1903 den Nobelpreis für Physik; 1911 bekam Marie Curie einen zweiten für Chemie. Sie starb an den Folgen radioaktiver Strahlung, deren gefährliche Wirkung sie nicht kannte.

August Kekulé (1829–1896)

Schüler von Liebig in Gießen, Professor in Bonn. Er verband exakte Wissenschaft mit visionärer Phantasie, so nahm er als erster für das Benzol eine ringförmige Struktur an

KEKULÉ sprach 1859 von der Vierwertigkeit des Kohlenstoffs, von Kohlenstoffketten und erkannte 1865 die Benzol-Struktur

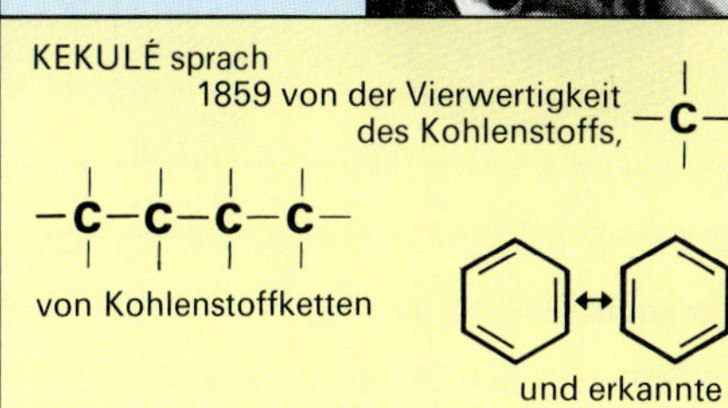

Otto Hahn (1879–1968)

Professor in Berlin. Seine 1938 mit FRITZ STRASSMANN (und LISE MEITNER) gemachte Entdeckung, daß sich der Atomkern des Urans durch Beschuß mit langsamen Neutronen spalten läßt, erlangte eine ungeahnte Bedeutung für Wissenschaft und Technik.

Abb. links: Mit diesen Geräten wurde die Uran-Kernspaltung nachgewiesen.

Svante Arrhenius (1859–1927)

Professor in Stockholm. Seine Untersuchungen der Elektrolysevorgänge bildeten die Grundlage für seine Ionenlehre. Er bestimmte Ionenladungen. So veröffentlichte er wesentliche Erkenntnisse über den Aufbau der Atome

Nach der Theorie von ARRHENIUS (1884) sind

– Säuren Stoffe, die Wasserstoff enthalten und in wäßrigen Lösungen Wasserstoffionen bilden:

$$HCl_{(g)} \longrightarrow H^+_{(aq)} + Cl^-_{(aq)}$$

– Laugen Stoffe, die die OH-Gruppe enthalten und in wäßrigen Lösungen Hydroxidionen bilden:

$$NaOH_{(s)} \longrightarrow Na^+_{(aq)} + OH^-_{(aq)}$$

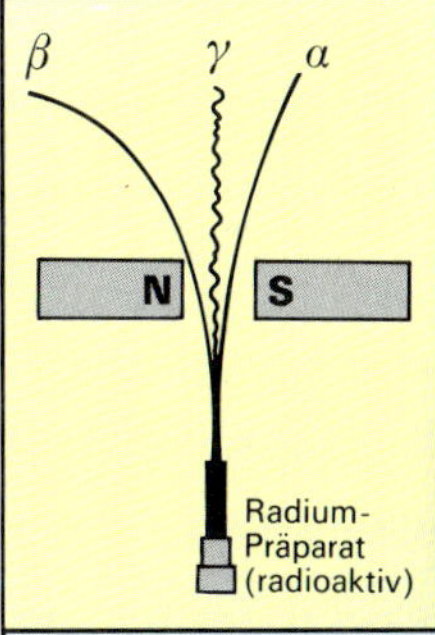

Ernest Rutherford (1871–1937)

Professor in Montreal, Manchester und Cambridge. Mit seinem Streuversuch und seiner mit FREDERICK SODDY zusammen aufgestellten Hypothese, daß die Radioaktivität ein Atomzerfall sei, begründete er die moderne Theorie vom Atombau. 1919 gelang ihm der Nachweis von Atomumwandlungen durch radioaktive Strahlen

Fritz Haber (1868–1934)

Professor an der TH Karlsruhe. Entdecker des Verfahrens, Ammoniak aus Wasserstoff und Stickstoff unter hohem Druck, hoher Temperatur und mit Hilfe von Katalysatoren herzustellen. C. BOSCH baute hierfür die technische Anlage.

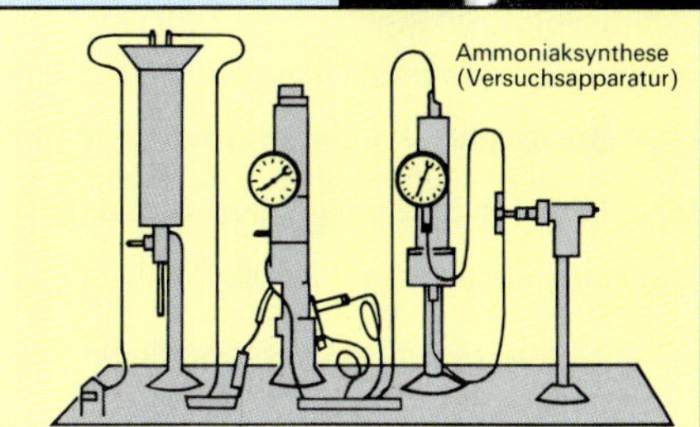

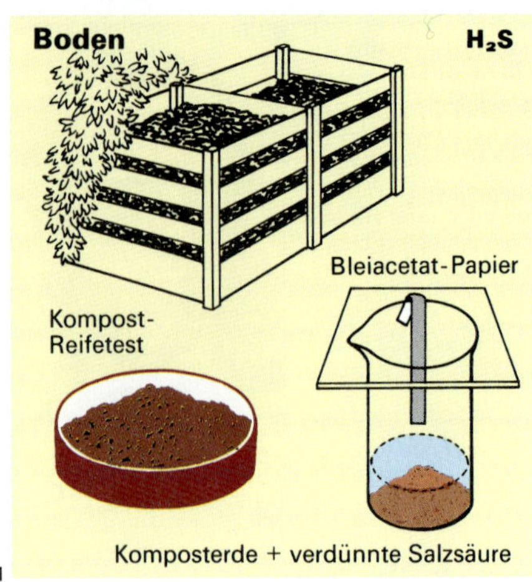

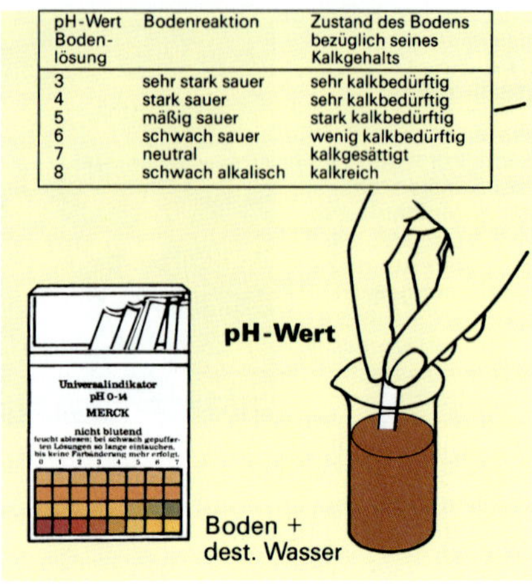

pH-Wert Boden-lösung	Bodenreaktion	Zustand des Bodens bezüglich seines Kalkgehalts
3	sehr stark sauer	sehr kalkbedürftig
4	stark sauer	sehr kalkbedürftig
5	mäßig sauer	stark kalkbedürftig
6	schwach sauer	wenig kalkbedürftig
7	neutral	kalkgesättigt
8	schwach alkalisch	kalkreich

Versuch: $\boxed{V}$ 158.1

Geräte: Becherglas 250 ml, Löffel, Glasplatte

Chemikalien/ Stoffe: Salzsäure (18 %)★, Bleiacetat★-Papier, Kompostproben (verschiedene Reifestadien)

Durchführung: Versetze in einem BG einen Löffel voll Kompost mit 18%iger Salzsäure (Schutzbrille!). Decke das BG mit einer Glasplatte ab und klemme dabei einen Streifen angefeuchtetes Bleiacetat-Papier fest (s. Abb.). Verfärbt sich der Teststreifen (durch H₂S) braun oder schwarz, ist der Kompost noch unreif. (Nach 9 Monaten ist jeder richtig aufgesetzte Kompost reif.)

Boden

Saurer Regen versauert nicht nur Gewässer, sondern auch die Böden. Sinkt der pH-Wert unter pH 5, werden z. B. die giftigen Aluminium-Ionen freigesetzt (s. S. 75). Für jede Bodenart lassen sich pH-Idealwerte angeben, z. B. für Waldböden pH 5,5. Liegen die gemessenen pH-Werte deutlich unter dem Richtwert, deutet dies auf eine Versauerung hin. Nährstoffe, wie Stickstoff- und Kaliumsalze, werden von Pflanzen am besten bei Boden-pH-Wert 5,5 und Phosphorsalze bei pH-Wert 6–7 aufgenommen. Mit pH-Tests läßt sich also feststellen, ob ein Boden den besten pH-Bereich bietet. Dieser liegt z. B. bei Fichten zwischen 5,5-6,5.

Versuch: $\boxed{V}$ 158.2

Geräte: Becherglas 250 ml, Löffel

Chemikalien/ Stoffe: Universalindikatorpapier: pH 0-14

SO₂-Emissionen (Abb. 6) aus Heizungskaminen bilden mit Luftfeuchtigkeit Sauren Regen, der den Boden versauert. Die Höhe der Versauerung erfährt man durch die pH-Wert-Messung.

Durchführung: Rühre trockenen Boden mit dest. Wasser länger durch und laß ihn 1/4 Stunde stehen. Dann tauche ein pH-Teststäbchen in das überstehende Wasser. Nach dem Farbumschlag bestimme den pH-Wert mit der Farbskala.

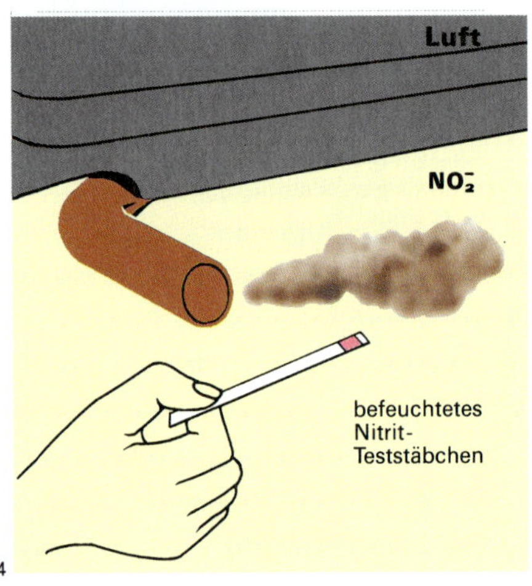

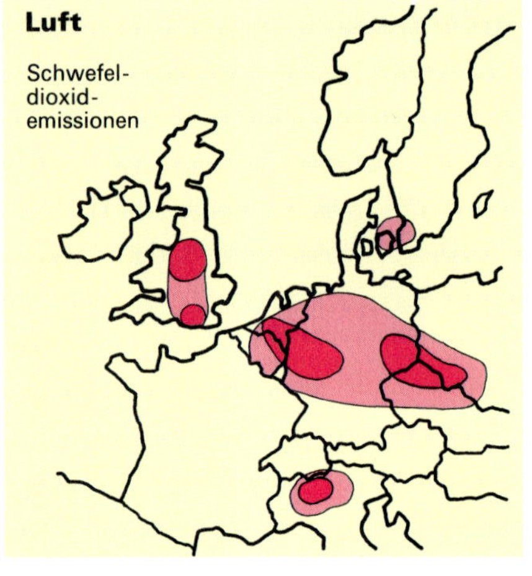

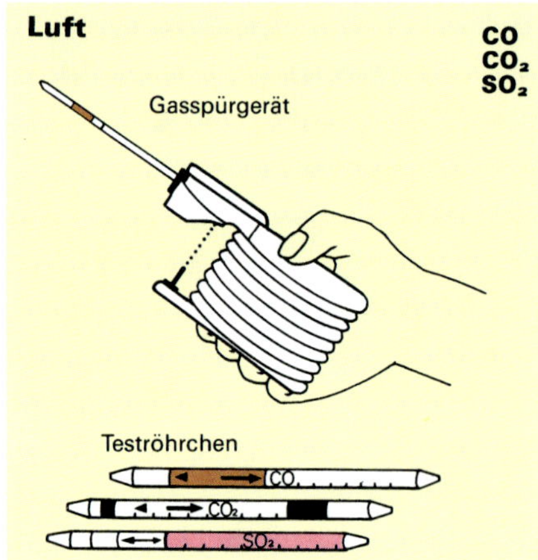

Versuch: $\boxed{V}$ 158.3

Chemikalien/ Stoffe: Nitrit-Teststäbchen

So wie die SO₂-Emissionen mit Luftfeuchtigkeit H₂SO₄-haltigen Sauren Regen bilden, entsteht entsprechend aus NO₂-haltigen Autoauspuff-Abgasen HNO₃-haltiger Saurer Regen. NO₂ läßt sich einfach nachweisen.

Durchführung: Befeuchte ein Nitrit-Teststäbchen (tauche es kurz in ein wassergefülltes RG) und halte es in den Abgasstrom eines KFZs (kurzatmen!): Die Testzone wird sich violett färben. Je dunkler die Färbung, desto höher ist die Stickstoffdioxid-Konzentration.

Luft

Saubere Luft ist selten. In der Regel wird sie durch Abgase der Industrie, der Heizungen und der Autos verschmutzt. Bei ungünstiger Wetterlage bildet sich Smog. Verschmutzte Luft enthält Schadgase, die giftig und deshalb gesundheitsschädlich sind; sie lassen sich leicht nachweisen.

Auspuffe, Industrieschlote und (!) Schornsteine von rund 80 Millionen Einwohnern alleine in Deutschland belasten die Luft mit CO, SO₂, NOₓ, Pb, Cd,. Kohlenwasserstoffen und Staub. 370 000 000 Autos verbrennen täglich ca. 55 000 000 000 Liter Treibstoff zu Abgaswolken mit insgesamt 160 verschiedenen Giftstoffen.

Versuch: $\boxed{V}$ 158.4

Geräte: Gasspürgerät

Chemikalien/ Stoffe: Teströhrchen für CO, CO₂ und SO₂ (NO₂)

An einer stark befahrenen Straßenkreuzung wird die Luft auf Kohlenstoffmonooxid, Kohlenstoffdioxid, Schwefeldioxid und eventuell Stickstoffdioxid untersucht. Auch aus dem Kohleofen oder der Ölheizung kann man Abgase nachweisen.

Durchführung: Stecke hierzu nacheinander das entsprechende Teströhrchen auf das Gasspürgerät, betätige die Pumpe und lies – gemäß der Verfärbung – den Schadgasgehalt ab.

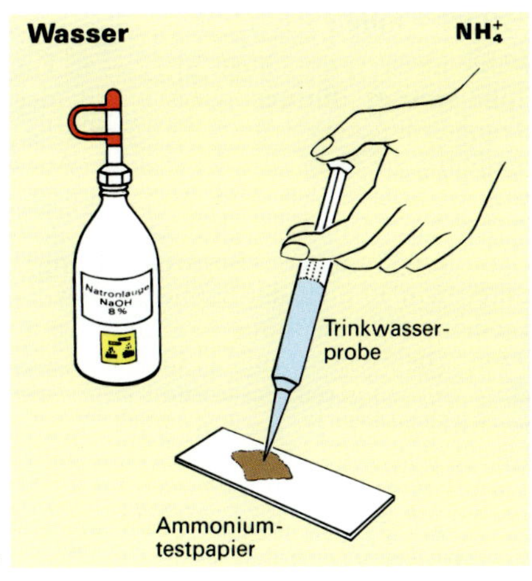

8

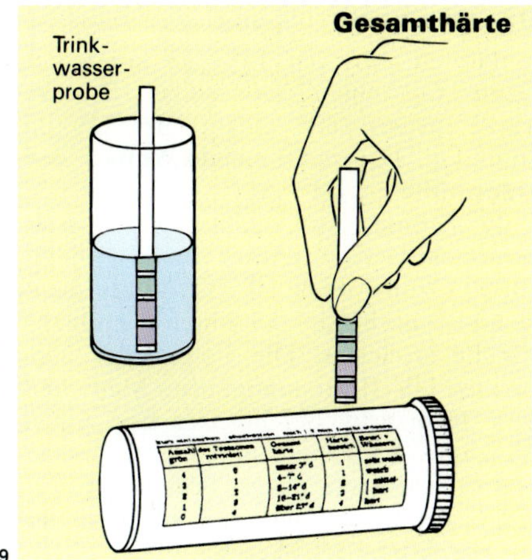

Versuch: $\boxed{V}$ **159.1**

Geräte: Kleine Plastikspritze

Chemikalien/ Stoffe: Ammonium-Teststreifen, verd. Natronlauge★, Trinkwasser-Proben, Haushaltsreiniger

Durchführung: Gib einen Trinkwasser-Tropfen aus einer Spritze auf einen Ammonium-Teststreifen. Füge einen Tropfen verd. Natronlauge aus der Tropfflasche hinzu. Bildet sich sofort ein braunschwarzer Fleck, ist NH_4^+ zugegen: Das Trinkwasser muß beanstandet werden.

Wiederhole den Versuch mit einem Haushaltsreiniger.

Wasser

Ist ein Gewässer durch Fäkalien und/oder durch die von den Feldern abgeschwemmten Düngemittel verunreinigt, kommt es zu erhöhten Ammonium-Konzentrationen. Sie führen zur Bakterienverseuchung. In diesem Fall muß wegen der Infektionsgefahr Badeverbot ausgesprochen werden. In Gewässern mit pH-Werten über 7 kann sich aus Ammonium-Salzen Ammoniak-Gas freisetzen, das für Fische und andere Wasserlebewesen bereits in geringster Konzentration als Zellgift wirkt.

Trinkwasser darf auf keinen Fall nachweisbares Ammoniak bzw. Ammonium-Ionen enthalten.

Versuch: $\boxed{V}$ **159.2**

Geräte: Glasgefäß

Chemikalien: Wasserhärte-Teststäbchen

Weiches Wasser enthält wenige, hartes Wasser viele Calcium-Ionen. Hartes Wasser erhöht den Waschmittelverbrauch und belastet die Abwässer. Deshalb: Waschmittel nach der Härte dosieren. Den Härtegrad kann man selbst bestimmen.

Durchführung: Alle vier Zonen eines Wasserhärte-Teststäbchens werden in die Wasserprobe getaucht, herausgezogen und abgeschüttelt. Nach 10 Sek. läßt sich die Härte mit Hilfe der Skala bestimmen. Vergleiche mit dem Wert des Wasserwerks.

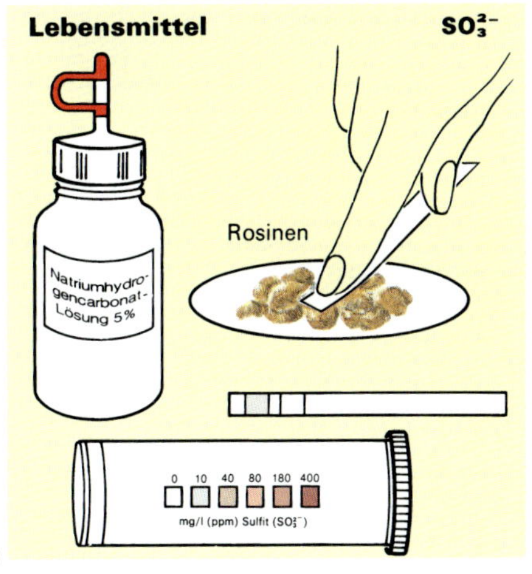

Wasser

Maximalwerte für	Güteklasse		
	I	II	III
pH-Werte	6,8–8,5	6–8,5	5,5–9
Sauerstoff mg/l	10	6	4
Sauerstoffsättigung	76%	50%	30%
Gesamthärte °dH	20	30	40
Nitrat mg/l	13	30	> 50
Ammonium mg/l	1	3	> 4

Güteklasse	I: unbelastet/sehr gering belastet
	II: verschmutzt
	III: stark verschmutzt

11

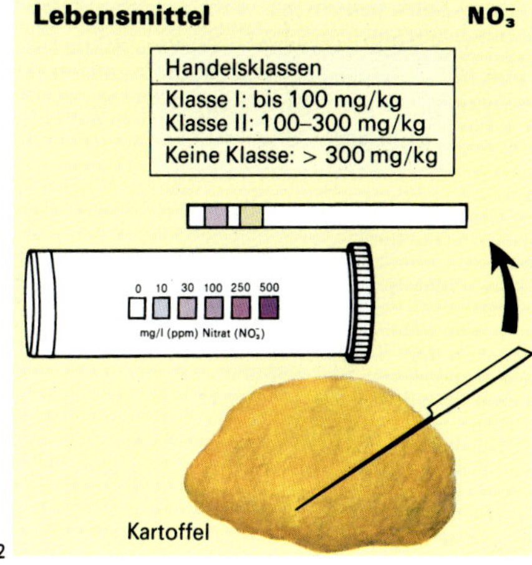

Versuch: $\boxed{V}$ **159.3**

Geräte: Uhrglas

Chemikalien/ Stoffe: Natriumhydrogencarbonat-Lösung 5%, Sulfit-Teststäbchen, geschwefelte Rosinen

Wegen seiner bakterienhemmenden Wirkung wird Sulfit als Konservierungsmittel eingesetzt. Hier ein einfacher Nachweis.

Durchführung: Gib einige Tropfen Natriumhydrogencarbonat-Lösung auf geschwefelte Rosinen, laß sie 5 Sek. einwirken und drücke ein Sulfit-Teststäbchen auf die Rosinen. Bestimme den Sulfit-Gehalt, sobald sich der Teststreifen verfärbt hat.

Lebensmittel

Lebensmittel werden oft nur nach ihrer äußeren Beschaffenheit beurteilt. Wichtig jedoch ist die „innere" Qualität: sie ist u. a. abhängig von der Schadstoffarmut. Zu den Risiko-Stoffen zählen, außer Schwermetallen und Pflanzenschutzmittel-Rückständen, Nitrat (wird im Körper zu giftigem Nitrit) und Sulfit ($SO_2 + H_2O \rightarrow H_2SO_3$; SO_3^{2-} = Sulfit-Ion). Für Rosinen (nicht Korinthen!) sind 1000 mg Sulfit/kg Rosinen erlaubt, für Kartoffelpüree 100 mg/kg.

Der Mensch „darf" täglich 0,7 mg SO_2/kg Körpergewicht aufnehmen. Es gibt aber Personen, die schon bei nur 20 mg SO_2 über Kopfschmerzen klagen.

Versuch: $\boxed{V}$ **159.4**

Geräte: Küchenmesser

Chemikalien/ Stoffe: Nitrat-Teststäbchen, Kartoffel

Durchführung: Schneide eine Kartoffel ein, schiebe ein Nitrat-Teststäbchen in die Schnittstelle und presse diese vorsichtig 5 Sek. zusammen. Nimm das Teststäbchen heraus und werte es durch den Vergleich mit der Farbskala aus. (Babynahrung darf höchstens 250 mg Nitrat/kg enthalten.)

Abbildungs-Hinweis: Die vorgeschlagenen Handelsklassen (I + II) sind hilfreich, denn nur Kartoffeln mit niedrigen Nitratgehalten lassen sich längere Zeit lagern.

159

PROJEKT: Die Umwelt-Reportage

OZON – oben zuwenig

In Höhen zwischen 12 – 45 km bildet Ozon (O_3) einen notwendigen Schutzschild gegen die gefährliche UV-B-Strahlung. Der zunehmende **Abbau der Ozonhülle** wird durch freiwerdende Chlor-Atome aus zerfallenden FCKW verursacht (1 Chlor-Atom „knackt" bis zu 10000 Ozon-Moleküle). FCKW zerfallen, wenn sie nach 10 – 15 Jahren die Ozonschicht erreichen. Die Folgen der verstärkten UV-B-Strahlung: beim Menschen u. a. Hautkrebs, bei Pflanzen und Algen Abnahme der Fähigkeit, CO_2 in Zucker und O_2 umzusetzen. Das bedeutet: weniger Nahrung und weniger Sauerstoff für die wachsende Bevölkerung.

1

Die **Ozonmessung** durch die UBA-Station erfolgt indirekt, d. h., nicht der Schadstoff selbst wird „eingefangen" und analysiert, sondern ein Umsetzungsprodukt in Filtern. Die Filter werden dazu mit einer Kaliumiodid-Stärke-Lösung imprägniert. Durch das Ozon wird das Iodid zu Iod oxidiert:

$$O_3 + 2 KI + H_2O \rightarrow O_2 + 2 KOH + I_2$$

Das freigesetzte Iod (I_2) bildet mit Stärke einen gelben bis braunen Farbkomplex, siehe Titelbild. Auf **Bild 2** liegen die imprägnierten Filter in offenen Petrischälchen, die, zum Schutz vor Regen, umgedreht in entsprechenden Halterungen befestigt sind.

µg/m³	Zeit	Auswirkungen von Ozon
120	13 – 30 Min. schwere Arbeit	Schleimhautreizungen von Auge, Nase, Rachen und Hals, Leistungsabfall bei Sportlern
240	2 Std. Arbeit	Einschränkung der Lungenfunktion bei Schulkindern
300	1 Std. Arbeit	Einschränkung der Lungenfunktion bei Erwachsenen
400	3 Std.	Beeinträchtigung der Augen-Dunkeladaption
500	Std. Ø Wert des Tages	Husten und Brustschmerzen bei alltäglicher Arbeit

 5

2

Die **Meßstelle** des UmweltBundesAmtes in Deuselbach im Hunsrück, 480 m ü. NN **(Bild 1)**, ist eine von 8 Meßstellen, die netzartig über die Bundesrepublik Deutschland verteilt sind. Gemessen werden u. a. Luftschadstoffe, wie z. B. Schwefeldioxid, Stickoxide und Ozon. Hier die Ozon-Werte vom Juni 1992:

Maximalwerte der Ozonkonzentration

Tag	Uhrzeit MEZ	Mikrogramm/m³
15. 6. 92	10.00	180
	16.00	220
	18.00	260
	20.00	308
	24.00	185

4

Sonnenabhängig steigen im Sommer die Ozonkonzentrationen auffallend an, während sie im Winter wieder sinken. Dabei sind die Werte in verkehrsreichen Städten niedriger als im verkehrsarmen Umland. In Ballungsgebieten reagiert nämlich das Ozon mit dem Stickstoffmonooxid der Abgase und wird dabei wieder abgebaut, besonders ohne Sonne, also nachts **(Bild 6)**. **Oben**, in der Atmosphäre, ist Ozon als UV-B-Filter unverzichtbar und muß erhalten bleiben, z. B. durch **Verzicht** auf FCKW. **Unten**, in Bodennähe, schadet Ozon, weil es giftig ist **(Bild 5)**. Deshalb muß seine Bildung vermieden werden, z. B. durch **Verzicht** auf viele überflüssige Freizeitautofahrten.

OZON – unten zuviel

Während die Ozonschicht in 12 – 45 km Höhe **immer dünner wird**, wächst der Ozongehalt über der Erdoberfläche. Hauptursache hierfür ist der ständige Ausstoß an Stickoxiden und Kohlenwasserstoffen aus den Kraftfahrzeugen – vor allem im Sommer **(Sommer-Smog)**. Unter dem Einfluß des Sonnenlichts verwandeln sich diese Stoffe u. a. zu giftigem Ozon. Die Folgen: Augen- und Schleimhäute werden gereizt; es kommt zu Atembeschwerden (z. B. bei körperlichen Anstrengungen). Das aggressive Gas greift aber auch Autoreifen, Nylongewebe und Farben an, schädigt Bäume **(Bild 4)** und Pflanzen und fördert den Treibhauseffekt.

3

Die **Laboranalyse**: Um die Färbung des gebildeten „Iod-Stärke-Komplexes" in einem Photometer zu erfassen **(Bild 3)**, muß der Komplex aus dem Filter herausgelöst werden. Der am Ende der Untersuchung errechnete Ozonwert ist ein indirektes Maß für das in den unteren Luftschichten vorhandene Ozon. Mit einer Konzentration von **180** Mikrogramm Ozon pro Kubikmeter Luft ist der gültige **Grenzwert** erreicht. Die Bevölkerung wird „vorbeugend" gewarnt. Ab **360** µg/m³ erfolgt noch einmal eine „besondere" Warnung (von 1994 an in der Schweiz: Grenzwert 120, Ozonalarm ab 200). Es gibt bereits heute Leute, die den frohen Ausruf „schönes Wetter heute" als Hohn verstehen.

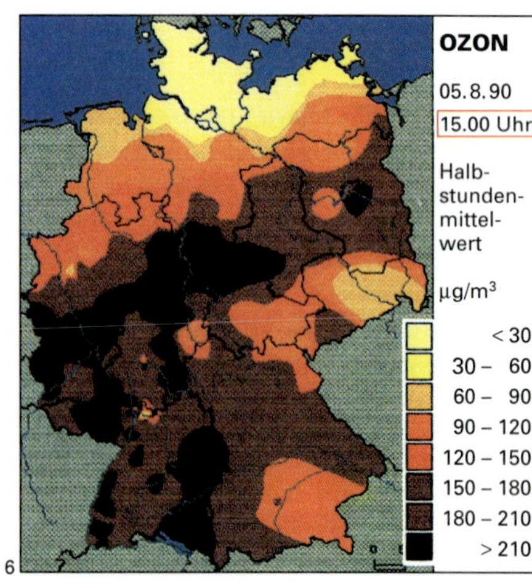

6

PROJEKT: Die Zeitungswand

Tote Robben als Sondermüll

Kiel. Die im Sommer 1988 an die Nordseestrände gespülten toten Robben waren nicht an einem geheimnisvollen Virus, sondern an einer Überdosis „Nordsee" gestorben. Vollgepumpt mit Quecksilber- und Cadmium-Verbindungen sowie dem hochgiftigen PCB durften sie nicht vergraben werden. Sie waren als Sondermüll zu entsorgen. Doch da die Filter der Müllverbrennungsanlage für derart hohe Schadstoffmengen nicht ausreichten, mußten die Kadaver in 60-l-Behältern im Verhältnis 1:2 mit Sägespänen so vermischt werden, daß die bei der Verbrennung freiwerdenden Schadgase die Grenzwerte nicht überschritten.

Ozonkiller-Schaum verfeuern

Karlsruhe. Isolierschäume, die die als „Ozonkiller" bekannten FCKW enthalten, können nach neuen Untersuchungen schadstoffarm verbrannt werden.
Die in den Schäumen enthaltenen FCKW seien vollständig zerstört worden. Der Emissionsgrenzwert für das bei der Verbrennung auftretende Folgeprodukt Fluorwasserstoff könne mit den heute üblichen Abgasreinigungsanlagen eingehalten werden.
Ein ausgedienter Kühlschrank enthält 150 Gramm FCKW im Kühlkreislauf und 500 (!) Gramm im Isolierschaum (aus dem die FCKW sonst auf der Deponie langsam ausgasen).

Die Hölle auf Erden

28. 2. 91, Kuwait-City. Vor ihrem Abzug aus Kuwait steckten die irakischen Soldaten 727 Ölquellen in Brand und pumpten 500 Mio. l Öl ins Meer. Die den Himmel verdunkelnden Rauchwolken enthalten soviel Ruß, Schwefel und Stickoxide, daß ein Tag in Kuwait-City etwa die gleiche schädigende Wirkung hat, wie das Rauchen von 250 Zigaretten. Der über 100 km lange Ölteppich läßt zehntausende Seevögel elendig verenden und Pflanzen auf dem Meeresboden ersticken. Für Fische, Krebse und Korallen gibt es keine Nahrung mehr. Erst im Süden fängt sich der Ölteppich und verschont dort die Meerwasser-Entsalzungsanlagen.

Plastik statt Papier?

Victoria, Kanada. Trinkbecher u. a. aus geschäumten Kunststoffen sollen die Umwelt geringer als Papierbecher u. a. belasten, so der Chemiker M. HOCKING. Ein Papierbecher erfordere 12mal soviel Prozeßdampf, 36mal soviel Strom und das Doppelte an Kühlwasser wie die Herstellung eines Kunststoffbechers. Zudem sollen je Papierbecher 1,8 g, für Kunststoff hingegen nur 0,05 g anorganischer Chemikalien benötigt werden. Allerdings würden die zur Aufschäumung der Kunststoffe eingesetzten Gase die Ozonkonzentration erhöhen; verrottendes Papier dagegen belaste die Umwelt mit dem Treibhausgas Methan.

Algenblüte durch Silikate?

Hamburg. „Gigantische Mengen Kieselalgen" wurden im August 1991 an der Deutschen Bucht gefunden. Vermutlich ist die Kieselalgenblüte auf neue Waschmittel zurückzuführen, die als Ersatz für Phosphate jetzt Silikate erhalten. Diese sind bei den Kieselalgen für den Aufbau ihrer Schalen erforderlich und offenbar in großen Mengen dort vorhanden, wo die Elbe in die Nordsee fließt. Die Algen liefern zwar Sauerstoff, nach einem plötzlichen massenartigen Absterben der Algen verbrauchen die sie zersetzenden Bakterien jedoch soviel Sauerstoff, daß Muscheln und Seesterne ersticken. Baden ist in dem schleimigen Schaum unmöglich.

Auf Hawaii-Toast lieber verzichten

Wer Spinat ißt, muß bedenken, daß dieser viel Nitrat speichert. Hohe Nitratgehalte gefährden die Gesundheit: aus Nitrat wird im Magen durch Bakterien Nitrit (2 g schwere Vergiftung, 4 g tödlich). In der Magensäure bildet Nitrit außerdem mit den „Aminen" aus Käse und Kohl krebserregende „Nitrosamine". Deshalb keine gepökelten Fleischwaren mit Käse überbacken (Hawaii-Toast), da hier Nitrit auf Amine trifft. Damit nitrat-/nitritreiche Gemüse, Fleisch- und Wurstwaren nicht täglich und in großen Mengen verzehrt werden, sollen Speisepläne abwechslungsreich sein (Gerichte nicht aufwärmen: Nitritbildung!)

Hinweise zum Umgang mit Gefahrstoffen

Gemäß der Gefahrstoffverordnung sind gefährliche Stoffe durch Gefahrensymbole zu kennzeichnen; auf besondere Gefahren (R-Sätze) und auf sachgemäßen Umgang (S-Sätze) muß hingewiesen werden.

In den Versuchen sind Gefahrstoffe mit ★ gekennzeichnet.

<table>
<tr>
<td>T bzw. T +
</td>
<td>Xn bzw. Xi
</td>
<td>C
</td>
<td>F bzw. F +
</td>
<td>O
</td>
<td>E
</td>
<td>N
</td>
</tr>
<tr>
<td>Giftige Stoffe
Erhebliche Gesundheitsschäden durch Einatmen, Verschlucken oder Aufnahme durch die Haut möglich.
Keine Schülerversuche!</td>
<td>Gesundheitsschädliche Stoffe
Gesundheitsschäden durch Einatmen, Verschlucken oder Aufnahme durch die Haut möglich.

Reizende Stoffe
Reizwirkung auf Augen, Haut und Atmungsorgane.</td>
<td>Ätzende Stoffe
Zerstörung des Hautgewebes nach Berührung.</td>
<td>Leicht- bzw. hochentzündliche Stoffe
Entzünden sich von selbst oder an heißen Gegenständen, können mit Wasser leicht entzündliche Gase bilden.</td>
<td>Brandfördernde Stoffe
Andere brennbare Stoffe können entzündet werden, ausgebrochene Brände werden gefördert.</td>
<td>Explosionsgefährliche Stoffe
Explosion ist unter bestimmten Bedingungen möglich.
Keine Schülerversuche!</td>
<td>Umweltgefährdende Stoffe
Giftig bzw. sehr giftig für Wasserorganismen, in Gewässern längerfristige schädliche Wirkungen möglich; in der nichtaquatischen Umwelt giftig für Pflanzen, Tiere, insbesondere Bienen, und Bodenorganismen; Gefahr für die Ozonschicht.</td>
</tr>
</table>

Stoff		Kennbuchstabe	Gefahrensymbol	R-Sätze (s. S. 165)	S-Sätze (s. S. 164)	E-Sätze (s. S. 165)
Alkohol		F		11	2-7-16	1-10
Ameisensäure	> 90 %	C		35	2-23-26-45	1-10
	25-90 %	C		34	2-23-26	1-10
	10-25 %	Xi		34	2-23-26	1-10
Ammoniakwasser	10-35 %	Xi		36/37/38	2-26-45	1
Ammoniumchlorid		Xn		22-36	22	6-16
Ammoniummolybdat		Xn		22		1
Ammoniumthiocyanat		Xn		20/21/22-32	2-13	1
Bariumchlorid		Xn		20/22	28	1-3
Bariumhydroxid		Xn		20/22-34	26-28	1-3
Benzin		F, Xn		11-20/21-40	9-16-33	10-12
Bleiacetat		T,		40-33-48/22	53-44	4-7-8-14
Bleinitrat		Xn		20-22-33	53-44	4-7-8-14
Brennspiritus		F		11	2-7-16	1-10
Brom		C, T+		26-35	1/2-7/9-26-45	16
Brom-Lösung		C		26-35	7/9-26	16
Butan		F+		12	2-9-16-33	
Calciumchlorid		Xi		36	2-22-24	1
Calciumnitrat		Xi, O		8-36		1
Chlor		T		23-36/37/38	1/2-7/9-45	
Chloroform		Xn		20/22-38-40-48	2-36/37	11-12
Cobaltchlorid Hexahydrat		T		22-43-49	53-24-37	11
Dieselöl		Xn		10	—	10-12

Stoff		Kenn- buchstabe	Gefahren- symbol	R-Sätze (s. S. 165)	S-Sätze (s. S. 164)	E-Sätze (s. S. 165)
Eisenchlorid		Xn	✗	22-38-41	26	2
Erdgas		F+	🔥	12	2-9-16-33	—
Essigsäure	25-90 %	C	☣	34	2-23-26-45	2-10
	10-25 %	Xi	✗	34	2-23-26	2-10
Ethanol		F	🔥	11	2-7-16	1-10
Ethansäureethylester		F	🔥	11	2-16-23-29-33	10-12
Ethen		F+	🔥	12	2-9-16-33	—
Feuerzeugbenzin		F+	🔥	13	9-16-33	10-12
Formalin	> 5 %	Xn	✗	40-43	23-37	1
Glycol		Xn	✗	22	2	10
Heizöl		Xn	✗	10	—	10-12
Hexan		F, Xn	🔥 ✗	11-20/48	2-9-16-24/25-29-51	10-12
Iod		Xn	✗	20/21	2-23-25	1
Kalilauge	> 5 %	C	☣	35	2-26-27-37/39	2
	1-5 %	Xi	✗	36/38	2-26	1
Kaliumpermanganat		Xn, O	✗ 🔥	8-22	2	1
Kupfer(II)-chlorid		T	☠	25-36/37/38	37-45	11
Kupfersulfat		Xn	✗	22-36/38	2-22	11
Magnesium-Pulver		F	🔥	15-17	2-7/8-43	3
Mangandioxid		Xn	✗	20/22	2-25	3
Natronlauge	> 5 %	C	☣	35	2-26-27-37/39	2
	1-5 %	Xi	✗	36/38	2-26	1
Phloroglucin		Xi	✗	36-37-38		10
Phosphor, rot		F	🔥	11-16	7-43	1
Phosphorsäure	> 25 %	C	☣	34	26	2
	10-25 %	Xi	✗	36	25	1
Salpetersäure, verdünnte		Xi	✗	35	2-23-26-27	2
Salzsäure	> 25 %	C	☣	34-37	2-26-45	2
	10-25 %	Xi	✗	36/38	2-28	2
Schwefelsäure	> 15 %	C	☣	35	2-26-30-45	2
	5-15 %	Xi.	✗	36/38	1/2-26-30-45	2
schweflige Säure		Xi	✗	36/38	2-26	2
Sebacinsäuredichlorid		C	☣	34	26	2-16
Silbernitrat		C	☣	34	1/2-26-45	13-14
Spiritus		F	🔥	11	7-16	1-10
Strontiumchlorid						1-3
Wasserstoff		F+	🔥	12	2-9-16-33	—
Zinkchlorid		C	☣	34	1/2-7/8-28-45	2
Zinknitrat		Xn, O	✗ 🔥	8-22-36/37/38	—	2
Zink-Pulver		F	🔥	10-15	7/8-43	6-9-15

S 1 Unter Verschluß aufbewahren

S 2 Darf nicht in die Hände von Kindern gelangen

S 3 Kühl aufbewahren

S 4 Von Wohnplätzen fernhalten

S 5 Unter … aufbewahren (geeignete Flüssigkeit vom Hersteller anzugeben)

S 6 Unter … aufbewahren (inertes Gas vom Hersteller anzugeben)

S 7 Behälter dicht geschlossen halten

S 8 Behälter trocken halten

S 9 Behälter an einem gut gelüfteten Ort aufbewahren

S 12 Behälter nicht gasdicht verschließen

S 13 Von Nahrungsmitteln, Getränken und Futtermitteln fernhalten

S 14 Von … fernhalten (inkompatible Substanzen vom Hersteller anzugeben)

S 15 Vor Hitze schützen

S 16 Von Zündquellen fernhalten - Nicht rauchen

S 17 Von brennbaren Stoffen fernhalten

S 18 Behälter mit Vorsicht öffnen und handhaben

S 20 Bei der Arbeit nicht essen und trinken

S 21 Bei der Arbeit nicht rauchen

S 22 Staub nicht einatmen

S 23 Gas/Rauch/Dampf/Aerosol nicht einatmen (geeignete Bezeichnung[en] vom Hersteller anzugeben)

S 24 Berührung mit der Haut vermeiden

S 25 Berührung mit den Augen vermeiden

S 26 Bei Berührung mit den Augen gründlich mit Wasser abspülen und Arzt konsultieren

S 27 Beschmutzte, getränkte Kleidung sofort ausziehen

S 28 Bei Berührung mit der Haut sofort abwaschen mit viel … (vom Hersteller anzugeben)

S 29 Nicht in die Kanalisation gelangen lassen

S 30 Niemals Wasser hinzugießen

S 33 Maßnahmen gegen elektrostatische Aufladungen treffen

S 34 Schlag und Reibung vermeiden

S 35 Abfälle und Behälter müssen in gesicherter Weise beseitigt werden

S 36 Bei der Arbeit geeignete Schutzkleidung tragen

S 37 Geeignete Schutzhandschuhe tragen

S 38 Bei unzureichender Belüftung Atemschutzgerät anlegen

S 39 Schutzbrille/Gesichtsschutz tragen

S 40 Fußboden und verunreinigte Gegenstände mit … reinigen (vom Hersteller anzugeben)

S 41 Explosions- und Brandgase nicht einatmen

S 42 Bei Räuchern/Versprühen geeignetes Atemschutzgerät anlegen (geeignete Bezeichnung[en] vom Hersteller anzugeben)

S 43 Zum Löschen … (vom Hersteller anzugeben) verwenden (wenn Wasser die Gefahr erhöht, anfügen: Kein Wasser verwenden)

S 44 Bei Unwohlsein ärztlichen Rat einholen (wenn möglich, dieses Etikett vorzeigen)

S 45 Bei Unfall oder Unwohlsein sofort Arzt zuziehen (wenn möglich, dieses Etikett vorzeigen)

S 46 Bei Verschlucken sofort ärztlichen Rat einholen und Verpackung oder Etikett vorzeigen

S 47 Nicht bei Temperaturen über … °C aufbewahren (vom Hersteller anzugeben)

S 48 Feucht halten mit … (geeignetes Mittel vom Hersteller anzugeben)

S 49 Nur im Originalbehälter aufbewahren

S 50 Nicht mischen mit … (vom Hersteller anzugeben)

S 51 Nur in gut gelüfteten Bereichen verwenden

S 52 Nicht großflächig für Wohn- und Aufenthaltsräume zu verwenden

S 53 Exposition vermeiden. Vor Gebrauch besondere Anweisung einholen

S 54 Vor Ableitung in Kläranlagen Einwilligung der zuständigen Behörden einholen

S 55 Vor Ableitung in die Kanalisation oder in Gewässer nach dem Stand der Technik behandeln

S 56 Nicht in die Kanalisation oder die Umwelt ableiten, an genehmigte Sondermüllsammelstelle abgeben

S 57 Durch geeigneten Einschluß Umweltverschmutzung vermeiden

S 58 Als gefährlichen Abfall entsorgen

S 59 Informationen zur Wiederverwendung/Wiederverwertung beim Hersteller/Lieferanten erfragen

S 60 Dieser Stoff und/oder sein Behälter sind als gefährlicher Abfall zu entsorgen

S 61 Freisetzung in die Umwelt vermeiden. Besondere Anweisungen einholen; Sicherheitsdatenblatt zu Rate ziehen.

S 62 Bei Verschlucken kein Erbrechen herbeiführen. Sofort ärztlichen Rat einholen und Verpackung oder dieses Etikett vorzeigen.

Kombination der S–Sätze

S 1/2 Unter Verschluß und für Kinder unzugänglich aufbewahren

S 3/7/9 Behälter dicht geschlossen halten und an einem kühlen, gut gelüfteten Ort aufbewahren

S 3/9 Behälter an einem kühlen, gut gelüfteten Ort aufbewahren

S 3/14 An einem kühlen Ort entfernt von … aufbewahren (die Stoffe, mit denen Kontakt vermieden werden muß, sind vom Hersteller anzugeben)

S 3/9/14 An einem kühlen, gut gelüfteten Ort, entfernt von …, aufbewahren (die Stoffe, mit denen Kontakt vermieden werden muß, sind vom Hersteller anzugeben)

S 3/9/49 Nur im Originalbehälter an einem kühlen, gut gelüfteten Ort aufbewahren

S 3/9/14/49 Nur im Originalbehälter an einem kühlen, gut gelüfteten Ort, entfernt von … aufbewahren (die Stoffe, mit denen Kontakt vermieden werden muß, sind vom Hersteller anzugeben)

S 7/8 Behälter trocken und dicht geschlossen halten

S 7/9 Behälter dicht geschlossen an einem gut gelüfteten Ort aufbewahren

S 20/21 Bei der Arbeit nicht essen, trinken, rauchen

S 24/25 Berührung mit den Augen und der Haut vermeiden

S 36/37 Bei der Arbeit geeignete Schutzhandschuhe und Schutzkleidung tragen

S 36/39 Bei der Arbeit geeignete Schutzkleidung und Schutzbrille/Gesichtsschutz tragen

S 37/39 Bei der Arbeit geeignete Schutzhandschuhe und Schutzbrille/Gesichtsschutz tragen

S 36/37/39 Bei der Arbeit geeignete Schutzkleidung. Schutzhandschuhe und Schutzbrille/Gesichtsschutz tragen

S 47/49 Nur im Originalbehälter bei einer Temperatur von nicht über … °C (vom Hersteller anzugeben) aufbewahren

R 1   In trockenem Zustand explosionsgefährlich
R 2   Durch Schlag, Reibung, Feuer oder andere Zündquellen explosionsgefährlich
R 3   Durch Schlag, Reibung, Feuer oder andere Zündquellen besonders explosionsgefährlich
R 4   Bildet hochempfindliche explosionsgefährliche Metallverbindungen
R 5   Beim Erwärmen explosionsfähig
R 6   Mit und ohne Luft explosionsfähig
R 7   Kann Brand verursachen
R 8   Feuergefahr bei Berührung mit brennbaren Stoffen
R 9   Explosionsgefahr bei Mischung mit brennbaren Stoffen
R 10   Entzündlich
R 11   Leichtentzündlich
R 12   Hochentzündlich
R 13   Hochentzündliches Flüssiggas
R 14   Reagiert heftig mit Wasser
R 15   Reagiert mit Wasser unter Bildung leichtentzündlicher Gase
R 16   Explosionsgefährlich in Mischung mit brandfördernden Stoffen
R 17   Selbstentzündlich an der Luft
R 18   Bei Gebrauch Bildung explosionsfähiger, leichtentzündlicher Dampf-Luftgemische möglich
R 19   Kann explosionsfähige Peroxide bilden
R 20   Gesundheitsschädlich beim Einatmen
R 21   Gesundheitsschädlich bei Berührung mit der Haut
R 22   Gesundheitsschädlich beim Verschlucken
R 23   Giftig beim Einatmen
R 24   Giftig bei Berührung mit der Haut
R 25   Giftig beim Verschlucken
R 26   Sehr giftig beim Einatmen
R 27   Sehr giftig bei Berührung mit der Haut
R 28   Sehr giftig beim Verschlucken
R 29   Entwickelt bei Berührung mit Wasser giftige Gase
R 30   Kann bei Gebrauch leicht entzündlich werden
R 31   Entwickelt bei Berührung mit Säure giftige Gase
R 32   Entwickelt bei Berührung mit Säure sehr giftige Gase
R 33   Gefahr kumulativer Wirkungen
R 34   Verursacht Verätzungen
R 35   Verursacht schwere Verätzungen
R 36   Reizt die Augen
R 37   Reizt die Atmungsorgane
R 38   Reizt die Haut
R 39   Ernste Gefahr irreversiblen Schadens
R 40   Irreversibler Schaden möglich
R 41   Gefahr ernster Augenschäden
R 42   Sensibilisierung durch Einatmen möglich
R 43   Sensibilisierung durch Hautkontakt möglich
R 44   Explosionsgefahr bei Erhitzen unter Einschluß
R 45   Kann Krebs erzeugen
R 46   Kann vererbbare Schäden verursachen
R 47   Kann Mißbildungen verursachen
R 48   Gefahr ernster Gesundheitsschäden bei längerer Exposition
R 49   Kann Krebs erzeugen beim Einatmen
R 50   Sehr giftig für Wasserorganismen
R 51   Giftig für Wasserorganismen
R 52   Schädlich für Wasserorganismen
R 53   Kann in Gewässern längerfristig schädliche Wirkungen haben
R 54   Giftig für Pflanzen
R 55   Giftig für Tiere
R 56   Giftig für Bodenorganismen
R 57   Giftig für Bienen
R 58   Kann längerfristig schädliche Wirkung auf die Umwelt haben

R 59   Gefährlich für die Ozonschicht
R 60   Kann die Fortpflanzungsfähigkeit beeinträchtigen
R 61   Kann das Kind im Mutterleib schädigen
R 62   Kann möglicherweise die Fortpflanzungsfähigkeit beeinträchtigen
R 63   Kann das Kind im Mutterleib möglicherweise schädigen
R 64   Kann Säuglinge über die Muttermilch schädigen

Kombination der R-Sätze

R 14/15   Reagiert heftig mit Wasser unter Bildung leicht entzündlicher Gase
R 15/29   Reagiert mit Wasser unter Bildung giftiger und leichtentzündlicher Gase
R 20/21   Gesundheitsschädlich beim Einatmen und bei Berührung mit der Haut
R 21/22   Gesundheitsschädlich bei Berührung mit der Haut und beim Verschlucken
R 20/22   Gesundheitsschädlich beim Einatmen und Verschlucken
R 20/21/22 Gesundheitsschädlich beim Einatmen, Verschlucken und bei Berührung mit der Haut
R 23/24   Giftig beim Einatmen und bei Berührung mit der Haut
R 24/25   Giftig bei Berührung mit der Haut und beim Verschlucken
R 23/25   Giftig beim Einatmen und Verschlucken
R 23/24/25 Giftig beim Einatmen, Verschlucken und bei Berührung mit der Haut
R 26/27   Sehr giftig beim Einatmen und bei Berührung mit der Haut
R 27/28   Sehr giftig bei Berührung mit der Haut und beim Verschlucken
R 26/28   Sehr giftig beim Einatmen und Verschlucken
R 26/27/28 Sehr giftig beim Einatmen, Verschlucken und bei Berührung mit der Haut
R 36/37   Reizt die Augen und die Atmungsorgane
R 37/38   Reizt die Atmungsorgane und die Haut
R 36/38   Reizt die Augen und die Haut
R 36/37/38 Reizt die Augen, Atmungsorgane und die Haut
R 42/43   Sensibilisierung durch Einatmen und Hautkontakt möglich

Entsorgungsratschläge (E-Sätze) (EDIN 58126, Teil 2)

E 1   Verdünnen, in den Ausguß geben
E 2   Neutralisieren, in den Ausguß geben
E 3   In den Hausmüll geben, gegebenenfalls in Kunststoffbeutel (Stäube)
E 4   Als Sulfid fällen
E 5   Mit Calcium-Ionen fällen, dann E 1 oder E 3
E 6   Nicht in den Hausmüll geben
E 7   Nicht in den Müll geben, der in einer Verbrennungsanlage verbrannt wird, nach E 8 verfahren
E 8   Der Sondermüllbeseitigung zuführen
E 9   In kleinsten Portionen offen im Freien verbrennen
E 10   In gekennzeichneten Glasbehältern „Organische Abfälle" sammeln, dann E 8
E 11   Als Hydroxid fällen (pH 8), den Niederschlag zu E 8
E 12   Nicht in die Kanalisation gelangen lassen
E 13   Aus der Lösung mit unedlerem Metall (z. B. Eisen) als Metall abscheiden
E 14   Recycling-geeignet (Redestillation oder einem Recyclingunternehmen zuführen)
E 15   Mit Wasser vorsichtig umsetzen, evtl. freiwerdende Gase verbrennen oder adsorbieren oder stark verdünnt ableiten
E 16   Entsprechend den „Beseitigungsratschlägen für besondere Stoffe" beseitigen

Ratschläge zur Entsorgung

Bereits bei der Planung von Experimenten muß der Aspekt der Entsorgung bedacht werden. Dazu sind die Fachlehrerinnen und -lehrer nach den geltenden Rechtsvorschriften (Chemikaliengesetz, Gefahrstoffverordnung, Technische Regeln für den Umgang mit Gefahrstoffen, Arbeits- und Unfallschutzvorschriften) verpflichtet. Darüber hinaus müssen die Regelungen der Länder und der Kommunen berücksichtigt werden. Die nachfolgenden Ratschläge können daher lediglich eine Orientierungshilfe nach dem derzeitigen Stand (1993) bieten.

Gefahrstoffe, die zur Entsorgung an ein Entsorgungsunternehmen weitergegeben werden, müssen in der Schule in geeigneten Behältern getrennt gesammelt werden. Dabei ist vorab mit der beauftragten Firma zu klären, welche Trennungen für die weitere Behandlung der Abfälle sinnvoll sind.

Nach Verdünnen und gegebenenfalls Neutralisation dürfen Lösungen von Stoffen ins Abwasser gegeben werden, die in der Wassergefährdungsklasse 0 oder 1 (nicht bzw. schwach wassergefährdend) aufgeführt sind. Das trifft zum Beispiel für Ameisensäure, Essigsäure, Ethanol, Nitrate, Phosphate, Calcium-, Kalium- und Magnesiumchlorid, Mineralsäuren und Natrium-, Kalium- und Calciumhydroxid zu. Wassergefährdende Stoffe, wie z. B. Schwermetallsalze und organische Lösemittel, dürfen nicht ins Abwasser gelangen und sollten zur Entsorgung an ein Unternehmen abgegeben werden. Brom und Iod können in wäßriger Lösung mit gesättigter Natriumthiosulfat-Lösung reduziert werden, nach Entfärbung der Lösung kann das Reaktionsprodukt ins Abwasser gegeben werden. Die folgende Tabelle gibt eine Übersicht über die Gefahrstoffe, die in der Schule in den verschiedenen Bereichen anfallen.

Sonderabfälle in der Schule

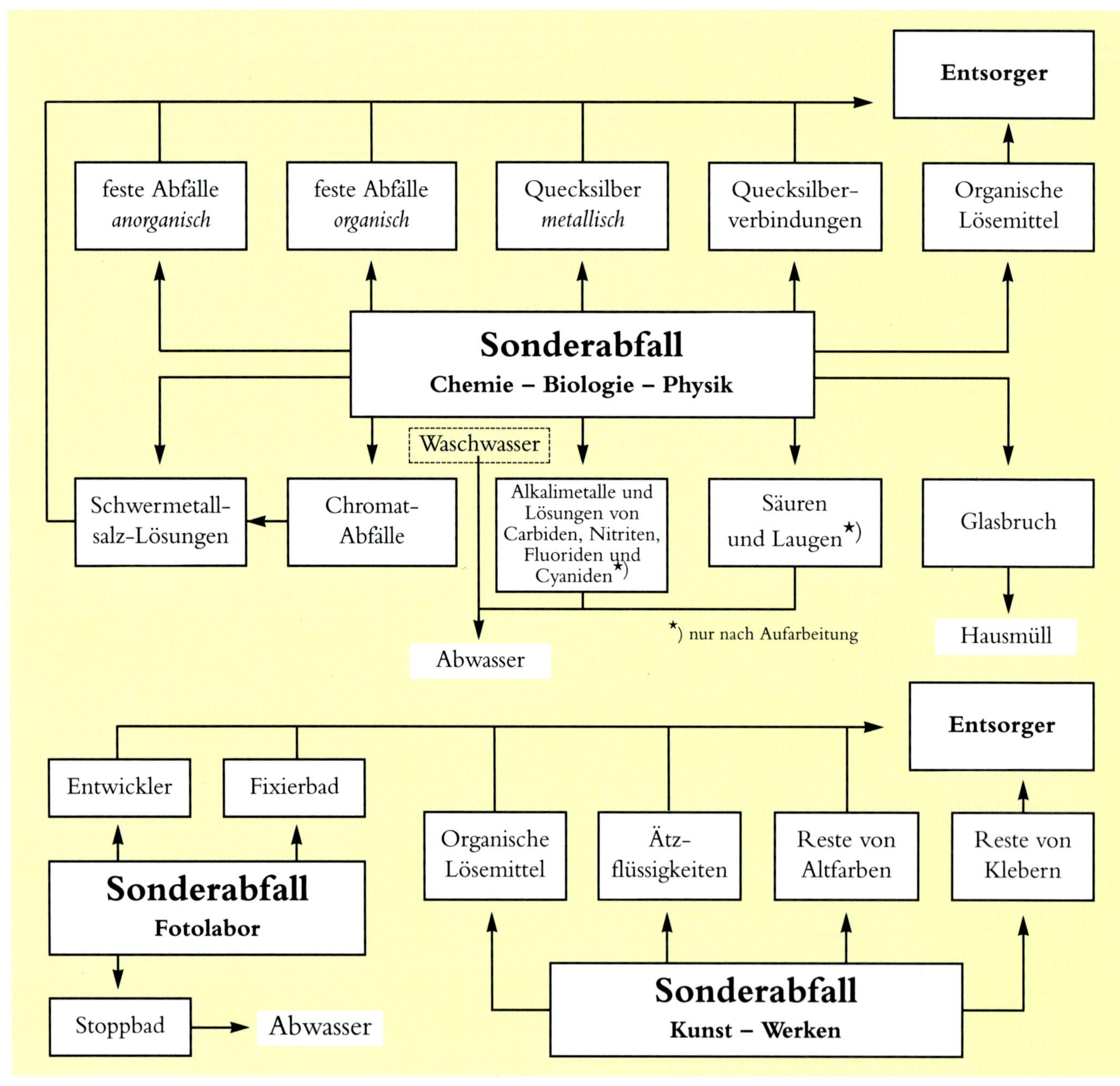

Erläuterungen zur Entsorgung in der Schule

In der folgenden Tabelle ist zusammengestellt, welche Gefahrstoffe zusammen gesammelt werden können, welche Gefäße dazu verwendet werden und mit welchem Abfallbeseitigungsschlüssel die Gefäße gekennzeichnet werden.

Abfallart		Aufbewahrung	Material / Gefäßart	Volumen	Entsorgung	Abfall-schlüssel
T	feste Abfälle anorganisch	Keine brandfördernden oder selbstentzündlichen Stoffe hinzugeben!	abschließbarer Schrank / Listenführung	Kunststoff / Weithalsbehälter mit Deckel / Kunststoffbox	5 – 50 l	• Abfälle getrennt verpacken, z. B. in Kunststoffolie einschweißen • Listenführung (siehe Anlage) • Abtransport durch Entsorgungsunternehmen	AS 59303
T	feste Abfälle organisch	Keine brandfördernden oder selbstentzündlichen Stoffe hinzugeben.	abschließbarer Schrank / Listenführung	Kunststoff / Weithalsbehälter mit Deckel / Kunststoffbox	5 – 50 l	• Abfälle getrennt verpacken, z. B. in Kunststofffolie einschweißen • Listenführung (siehe Anlage) • Abtransport durch Entsorgungsunternehmen	AS 59302
T	Quecksilber metallisch		abschließbarer Schrank	Kunststoff / Weithalsflasche mit dichtem Verschluß	bis 250 ml	• Abtransport durch Entsorgungsunternehmen	AS 35303
T	Quecksilber-verbin-dungen		abschließbarer Schrank	Glas	bis 250 ml	• Abtransport durch Entsorgungsunternehmen	AS 59303
F T	Organische Lösemittel		entlüfteter Schrank	• HDPE-Behälter • Glas (braun), kunststoffummantelt oder • Glasflasche im Eimer • belüfteter Verschluß	Höchstmengenregelung für brennbare Flüssigkeiten beachten	• Abtransport durch Entsorgungsunternehmen	AS 55220
T	Schwer-metallsalz-Lösungen	Keine Quecksilberverbindungen oder Oxidationsmittel hinzugeben.		Glas oder Kunststoff / Schraubverschluß mit Entlüftung	bis 2,5 l / 5 – 50 l	• Entsorgungsunternehmen oder Lösung durch Verdunstenlassen, Fällung oder Reduktion mit Eisenwolle eindicken, Filtrat in Gefäß „feste Abfälle anorganisch"	AS 59303
T	Chromat-abfälle	Kann Krebs erzeugen	abschließbarer Schrank	Glas	bis 250 ml	• Wenn ¾ voll, mit Natriumhydrogensulfit bei pH = 2 reduzieren (ca. 2 Stunden); wie Schwermetallverbindungen weiterbehandeln	AS 59303
C	Säuren und Laugen	verdünnte anorganische Säuren und Laugen, verd. wasserlösliche und halogenfreie organische Säuren		Glas oder Kunststoff (Polyethylen) / Schraubverschluß mit Entlüftung	bis 2,5 l / 5 – 50 l	• Nach Neutralisation in das Abwasser, falls Wassergefährdungsklasse = 0 oder 1	
	Glasbruch					• Hausmüll (kein Glascontainer)	
	Entwickler (Fotolabor)			Kunststoff	je nach Bedarf / 5 – 50 l	• Abtransport durch Entsorgungsunternehmen	AS 52723
	Fixierbad (Fotolabor)			Kunststoff	je nach Bedarf / 5 – 50 l	• Abtransport durch Entsorgungsunternehmen	AS 52707
F	Organische Lösemittel	halogenhaltige und halogenfreie, wasserlösliche und wasserunlösliche Säuren (Kunst – Werken)	entlüfteter Schrank	• HDPE-Behälter • Glas (braun), kunststoffummantelt oder • Glasflasche im Eimer • belüfteter Verschluß	Höchstmengenregelung für brennbare Flüssigkeiten beachten	• Abtransport durch Entsorgungsunternehmen	AS 55220
Xi	Ätz-flüssigkeiten	saure Schwermetallsalz-Lösung w (Säuregehalt) < 20 % (Kunst – Werken)		Glas oder Kunststoff / Schraubverschluß mit Entlüftung	bis 2,5 l / 5 – 10 l	• Abtransport durch Entsorgungsunternehmen	AS 59303
	Reste von Altfarben (Kunst – Werken)			Kunststoff / Weithalsbehälter mit Deckel / Kunststoffbox	5 – 50 l	• Abtransport durch Entsorgungsunternehmen	AS 55512
F	Reste von Klebern (Kunst – Werken)			Kunststoff / Weithalsbehälter mit Deckel / Kunststoffbox	5 – 50 l	• Abtransport durch Entsorgungsunternehmen	AS 55905

Literatur:

Asselborn, W., Demuth, R.: *Chemieunterricht ohne Entsorgungsprobleme,* Hannover 1992 · Asselborn, W, Claus, U., Eisenbarth, O.: *Gefahrstoffverordnung und Unterrichtspraxis,* Hannover 1989 · Praxis der Naturwissenschaften – Chemie, Heft 8/36 *Sicherheit und Entsorgung,* Dezember 1987 · Schriften der Landesinstitute zur Lehrerfortbildung der einzelnen Bundesländer, z. B. Arbeitsgruppe Umsetzung der Gefahrstoffverordnung in der Schule, Hg. Landesinstitut für Schule und Weiterbildung in Soest, Lehrerfortbildung in Nordrhein-Westfalen, *Sicheres Arbeiten im Chemieunterricht* 1993. Pfeifer, Roer, Hg.: *Sicherheit im Chemieunterricht,* in NiU Chemie 2, 1991, Heft 7

Stichwortverzeichnis

Stichwortverzeichnis

Laborgeräte

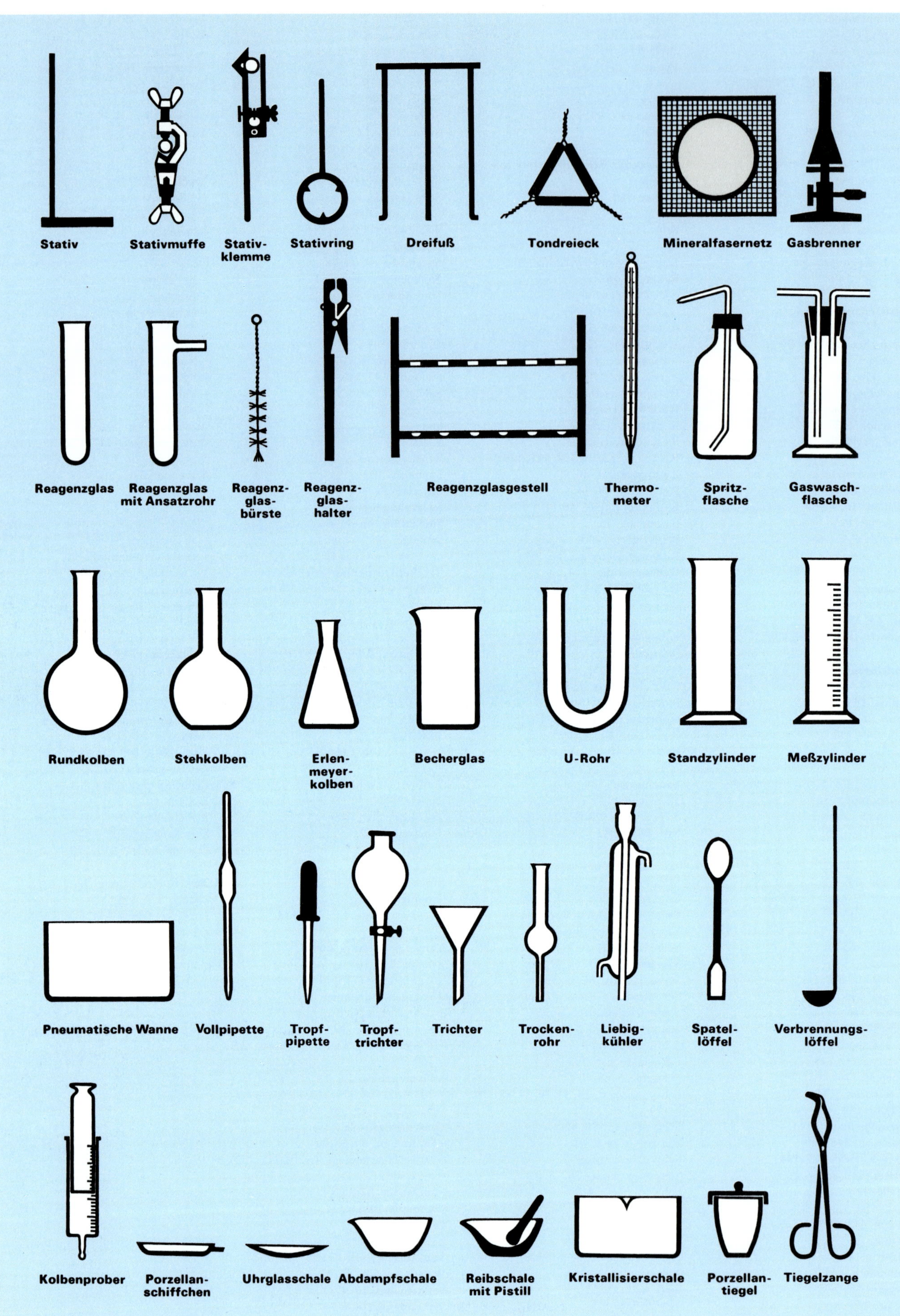

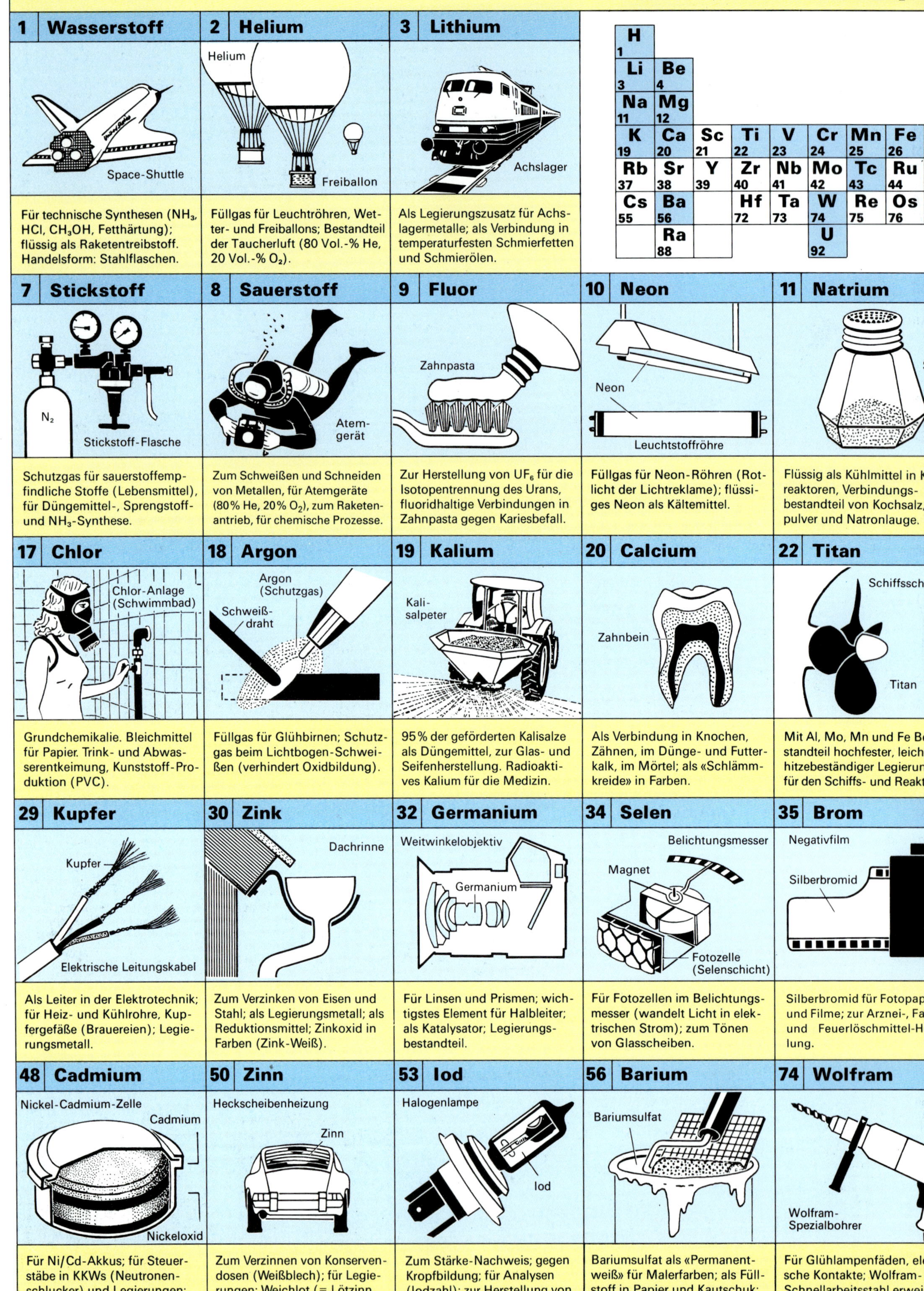

Elemente – Beispi

1 Wasserstoff
Space-Shuttle
Für technische Synthesen (NH₃, HCl, CH₃OH, Fetthärtung); flüssig als Raketentreibstoff. Handelsform: Stahlflaschen.

2 Helium
Helium
Freiballon
Füllgas für Leuchtröhren, Wetter- und Freiballons; Bestandteil der Taucherluft (80 Vol.-% He, 20 Vol.-% O₂).

3 Lithium
Achslager
Als Legierungszusatz für Achslagermetalle; als Verbindung in temperaturfesten Schmierfetten und Schmierölen.

H
1
Li Be
3   4
Na Mg
11 12
K   Ca Sc Ti V   Cr Mn Fe
19 20 21 22 23 24 25 26
Rb Sr Y   Zr Nb Mo Tc Ru
37 38 39 40 41 42 43 44
Cs Ba   Hf Ta W   Re Os
55 56   72 73 74 75 76
Ra   U
88   92

7 Stickstoff
N₂
Stickstoff-Flasche
Schutzgas für sauerstoffempfindliche Stoffe (Lebensmittel), für Düngemittel-, Sprengstoff- und NH₃-Synthese.

8 Sauerstoff
Atemgerät
Zum Schweißen und Schneiden von Metallen, für Atemgeräte (80% He, 20% O₂), zum Raketenantrieb, für chemische Prozesse.

9 Fluor
Zahnpasta
Zur Herstellung von UF₆ für die Isotopentrennung des Urans, fluoridhaltige Verbindungen in Zahnpasta gegen Kariesbefall.

10 Neon
Neon
Leuchtstoffröhre
Füllgas für Neon-Röhren (Rotlicht der Lichtreklame); flüssiges Neon als Kältemittel.

11 Natrium
Flüssig als Kühlmittel in Ke reaktoren, Verbindungsbestandteil von Kochsalz, pulver und Natronlauge.

17 Chlor
Chlor-Anlage (Schwimmbad)
Grundchemikalie. Bleichmittel für Papier. Trink- und Abwasserentkeimung, Kunststoff-Produktion (PVC).

18 Argon
Argon (Schutzgas)
Schweißdraht
Füllgas für Glühbirnen; Schutzgas beim Lichtbogen-Schweißen (verhindert Oxidbildung).

19 Kalium
Kalisalpeter
95% der geförderten Kalisalze als Düngemittel, zur Glas- und Seifenherstellung. Radioaktives Kalium für die Medizin.

20 Calcium
Zahnbein
Als Verbindung in Knochen, Zähnen, im Dünge- und Futterkalk, im Mörtel; als «Schlämmkreide» in Farben.

22 Titan
Schiffsschra
Titan
Mit Al, Mo, Mn und Fe Bestandteil hochfester, leichte hitzebeständiger Legierung für den Schiffs- und Reakto

29 Kupfer
Kupfer
Elektrische Leitungskabel
Als Leiter in der Elektrotechnik; für Heiz- und Kühlrohre, Kupfergefäße (Brauereien); Legierungsmetall.

30 Zink
Dachrinne
Zum Verzinken von Eisen und Stahl; als Legierungsmetall; als Reduktionsmittel; Zinkoxid in Farben (Zink-Weiß).

32 Germanium
Weitwinkelobjektiv
Germanium
Für Linsen und Prismen; wichtigstes Element für Halbleiter; als Katalysator; Legierungsbestandteil.

34 Selen
Belichtungsmesser
Magnet
Fotozelle (Selenschicht)
Für Fotozellen im Belichtungsmesser (wandelt Licht in elektrischen Strom); zum Tönen von Glasscheiben.

35 Brom
Negativfilm
Silberbromid
Silberbromid für Fotopapie und Filme; zur Arznei-, Far und Feuerlöschmittel-He lung.

48 Cadmium
Nickel-Cadmium-Zelle
Cadmium
Nickeloxid
Für Ni/Cd-Akkus; für Steuerstäbe in KKWs (Neutronenschlucker) und Legierungen; CdS als Farbpigment (Cd-Gelb).

50 Zinn
Heckscheibenheizung
Zinn
Zum Verzinnen von Konservendosen (Weißblech); für Legierungen: Weichlot (= Lötzinn 64% Sn, 36% Pb).

53 Iod
Halogenlampe
Iod
Zum Stärke-Nachweis; gegen Kropfbildung; für Analysen (Iodzahl); zur Herstellung von Farben und Medikamenten.

56 Barium
Bariumsulfat
Bariumsulfat als «Permanentweiß» für Malerfarben; als Füllstoff in Papier und Kautschuk; Röntgenkontrastmittel.

74 Wolfram
Wolfram-Spezialbohrer
Für Glühlampenfäden, elek sche Kontakte; Wolfram-Schnellarbeitsstahl erweich auch bei Rotglut nicht.